1000
AUTOMOBILE

1000 AUTOMOBILE

Geschichte ▪ Klassiker ▪ Technik

NGV

Cadillac

TS-V 4

Autor: Reinhard Lintelmann
Gesamtherstellung: Naumann & Göbel Verlagsgesellschaft mbH, Köln

ISBN 3-625-10543-8
www.naumann-goebel.de

Das Automobil wird in Deutschland geboren

Im Jahre 1886 begann im Buch der Verkehrsgeschichte ein neues Kapitel – das der individuellen Mobilität. Seit Jahrhunderten ersehnt, aber fast unbemerkt von den Zeitgenossen rollten die Motorkutsche von Gottlieb Daimler in Cannstatt im Königreich Württemberg und der Patent-Motorwagen von Karl Benz in Mannheim im Großherzogtum Baden in das Licht der Öffentlichkeit.

Wie kaum eine andere Erfindung veränderten die neuartigen Fortbewegungsmittel in der Folge das Leben der Menschen nachhaltig und machten sie mobil in allen Lebensbereichen. Die Botschaft dieser Antriebsquelle sorgte gleichwohl für Staunen – aber auch für Skepsis –, denn die Dampfmaschine, um 1765 vom Engländer James Watt erfunden, war schon seit über 100 Jahren ein mustergültiger Motor der rasch wachsenden industriellen Entwicklung. Als Lokomotive hat das Dampfaggregat ab etwa 1830 den Verkehr revolutioniert und zog auf Schienensträngen Menschen und Güter in großer Zahl und Menge über Länder und Kontinente, und 1860 donnerten die Züge bereits mit 100 Stundenkilometern durch die Lande. Aber der Eisenbahn fehlte bis 1886 ein vernünftiges Pendant auf der Straße. Hier herrschten nach wie vor Pferd und Wagen. Ideen zu einem pferdelosen Wagen gab es immer wieder – auch Versuche, die Dampfmaschine sinnvoll für Straßenfahrzeuge einzusetzen. Der erste bekannte Dampfwagen war 1769 der „Fardier" des Franzosen Robert Cugnot: ein Ungetüm. 1786 präsentierte der englische Ingenieur W. Symington ein weitaus eleganteres Dampfgefährt, das bereits zum Personentransport geeignet war. Onésiphore Pecquer verbesserte 1828 die Fahreigenschaften derartiger Vehikel durch die Erfindung des „Differentials". Die Dampfwagen wurden zahlreicher, vor allem in England und Frankreich. Um 1880 gab es etliche straßentaugliche, dampfgetriebene „Autos". Diese „Lokomobil" genannten Gefährte gaben sogar einiges an Tempo her. Sie waren jedoch plump, schwer zu lenken und mussten enorme Mengen Kohle und Wasser mitführen. Wer sich als stolzer Besitzer die Hände nicht schmutzig machen wollte, leistete sich einen Heizer, den Chauffeur.

Versuche mit Gasmotoren gab es auch. Der Schweizer Isaac de Rivas versah als erster Tüftler einen stationären Gasmotor mit elektrischer Zündung, setzte 1813 einen derartigen Motor in ein Fahrgestell und unternahm Probefahrten in der Gegend um Vevey am Genfer See. Mehr passierte nicht – Gas als Treibstoff mitzuführen war fast noch unmöglich. Der Wiener Siegfried Markus montierte 1865 einen großvolumigen Stationärmotor auf einen Karren und machte mit diesem Gefährt eine 200 Meter lange Probefahrt. 1888 konstruierte er ein zweites Fahrzeug mit einem Viertaktmotor, das Jahrzehnte aufgrund der falschen Datierung (1877) als erstes Automobil galt. Nikolaus August Otto stellte auf der Pariser Weltausstellung 1867 eine atmosphärische Zweitakt-Gaskraftmaschine aus, die als „leistungsfähigste und sparsamste" Maschine prämiert wurde. Aber die Leistungsfähigkeit hielt sich in engen Grenzen. Schon bei mehr als 3 PS war dieses Aggregat vier Meter hoch, die 10-PS-Maschine wog vier Tonnen. Otto suchte einen konstruktiven Ausweg. Im Mai

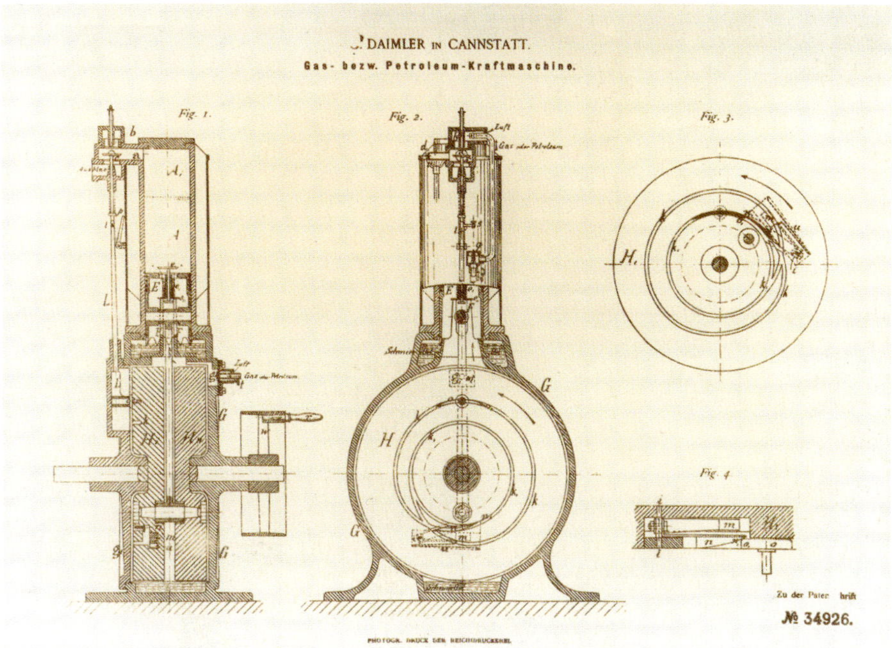

Konstruktionszeichnung des Daimler-Einzylindermotors in stehender Ausführung. Bei dem von Daimler und Maybach entwickelten Aggregat sind Kurbeltrieb und Schwungrad erstmals von einem Kurbelgehäuse umgeben.

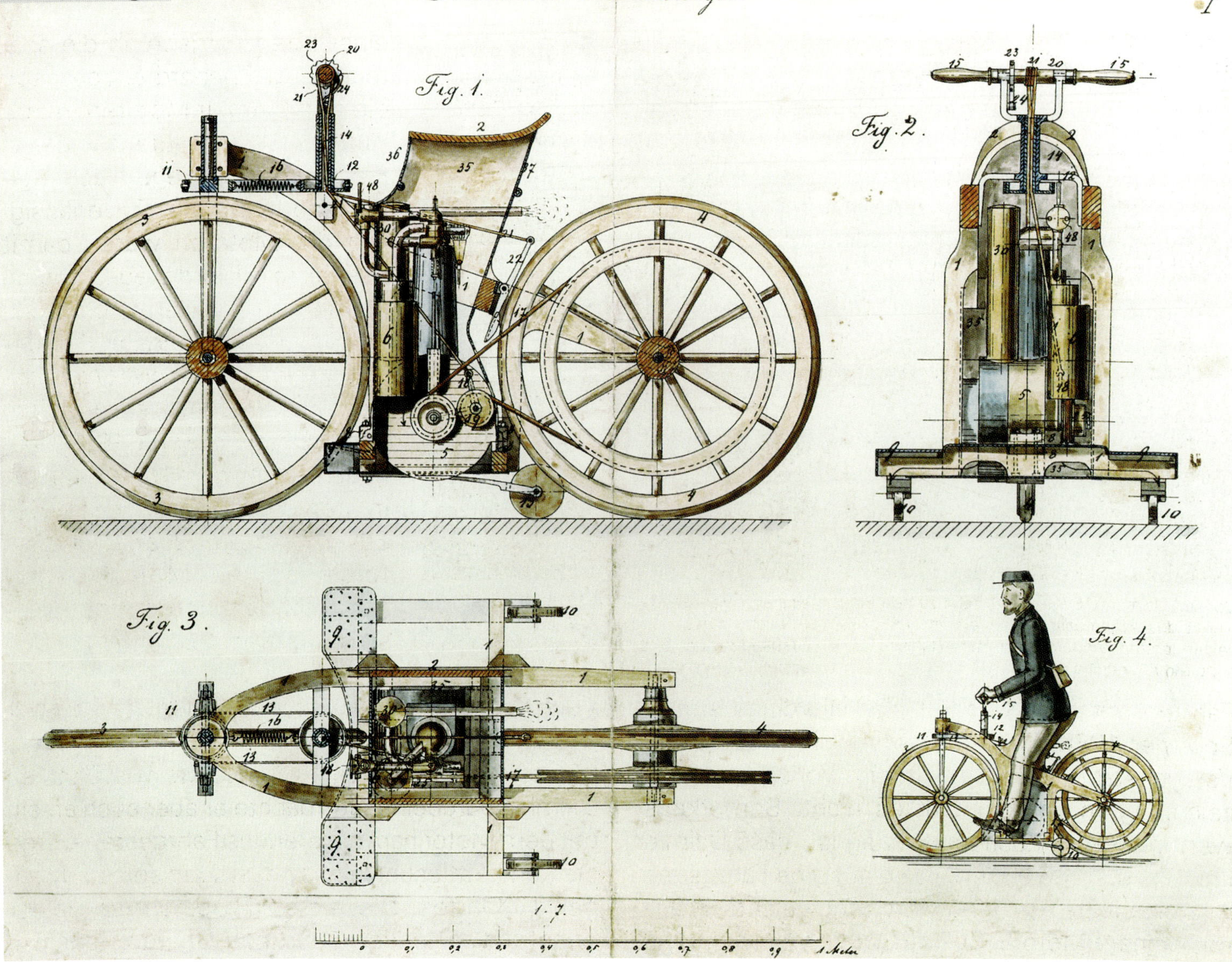

Der von Gottlieb Daimler 1885 konstruierte Reitwagen basierte auf einem Holzrahmen und rollte auf eisenbereiften Holzspeichenrädern. Er wurde mit einer Handkurbel gestartet und verfügte bereits über einen Leerlauf.

1878 gelang mit der Viertakt-Kompressionsmaschine der Durchbruch. Das Viertaktprinzip war endlich geboren und die Gasmotoren wurden kleiner und leistungsfähiger – doch sie blieben stationär.

Es blieb den Visionären, Erfindern und beharrlichen Konstrukteuren Gottlieb Daimler und Karl Benz vorbehalten, aus dem Labyrinth der Träume und Hoffnungen schließlich den Weg zu finden, der in die Zukunft der individuellen Mobilität führen sollte. Gottlieb Daimler erweckte 1883 den ersten leichten, schnell laufenden Benzinmotor zusammen mit seinem engen Mitarbeiter und Freund Wilhelm Maybach in einem Gartenhaus in Cannstatt bei Stuttgart zum Leben. In einem epochalen ersten Schritt ließen beide eine uralte Vision Wirklichkeit werden: Die universelle Viertakt-Antriebsquelle (im April 1885 zum Patent angemeldet) mit den wichtigen Detailerfindungen Glührohrzündung und Schwimmervergaser war endlich bereit zum Einbau in Kutschen, Eisenbahnwagen, Boote, Schiffe und das eben geborene Luftfahrzeug. Auch zum Antrieb von Pumpen und Stromerzeugern war das Aggregat bestens geeignet, und eine stürmische Weiterentwicklung stand vor der Tür: zu Lande, zu Wasser und in der Luft – so wie Gottlieb Daimler es wollte und wie es die drei Zacken des späteren Mercedes-Sterns symbolisierten.

Daimler baute den Motor zunächst in ein Zweirad ein, einen höchst kostengünstigen Versuchsträger. Daimlers jüngerer Sohn Adolf unternahm am 10. November 1885 mit diesem ersten Motorrad der Welt, dem am 29. August 1885 beim Patentamt angemeldeten „Reitrad", auf der drei Kilometer langen Strecke von Cannstatt nach Untertürkheim die erste öffentliche Ausfahrt. Der Einbau in eine Kutsche im Sommer 1886 war der nächste Schritt. Dokumentiert worden sind

Gottlieb Daimler (1834 – 1900) zählt zu den Pionieren des Automobilbaus. Er erhielt 1883 auf seinen ersten Viertaktmotor mit Glührohrzündung ein Kaiserliches Patent.

Wilhelm Maybach (1846 – 1929), Weggefährte Gottlieb Daimlers, schuf 1889 den vierrädrigen Stahlradwagen und konstruierte 1901 den ersten „Mercedes".

Fahrten mit der Motorkutsche allerdings erst im Sommer 1888. Frühere Fahrten ab 1886 dürften Versuchsfahrten gewesen sein. Verlässliche Aufzeichnungen darüber gibt es nicht. Bemerkenswert in diesem Zusammenhang ist, dass Daimler am 17. Juli 1888 einen Antrag auf eine Fahrgenehmigung stellte für „eine viersitzige, leichte Chaise mit kleinem Motor". Einen Führerschein benötigte er übrigens nicht, der wurde erst 1910 amtlich eingeführt. Der Daimler-Motor machte, bevor er im Automobilbau für Gesprächsstoff sorgte, zunächst als Bootsmotor Furore und bewährte sich auch als Feuerwehrpumpe und Straßenbahnantrieb. Der Bedarf an der neuen Antriebsquelle stieg rasant – 1887 produzierte Daimler bereits in einer kleinen Fabrik und wendete sich auch der Entwicklung kompletter Fahrzeuge zu.

Auf der Weltausstellung 1889 in Paris stellten Daimler und Maybach den sehr fortschrittlich konstruierten Stahlradwagen vor, der die Aufmerksamkeit auf sich lenken sollte und der auch noch, um das Maß der technischen Exklusivität voll zu machen, über ein Zahnrad-Schaltgetriebe anstelle eines Riemengetriebes verfügte. Er war jedoch seiner Zeit zu weit voraus, das Publikum erwärmte sich mehr für den mit einem Dynamo gekoppelten Motor Daimlers. Trotzdem interessierten sich eine Dame und zwei Herren besonders intensiv für den Stahlradwagen – Madame Sarazin, Monsieur Panhard und Monsieur Levassor. Es kam letztlich zu einer Lizenzvergabe an die spätere Firma Panhard & Levassor, die nun Daimler-Motoren in ihre Automobile einbaute, für die in Frankreich eine rege Nachfrage bestand. Dank der Zuverlässigkeit der Motoren waren damit bestückte Motorwagen auch schon bei den allerersten Automobilrennen erfolgreich. Mit der Gründung der Daimler-Motoren-Gesellschaft (DMG), einer Aktiengesellschaft, begann 1890 eine neue Ära, die dem Unternehmen in den Folgejahren dank der Zuverlässigkeit, Qualität und Erfolge seiner Motoren und Automobile einen raschen Aufschwung brachte.

Auch Karl Benz in Mannheim erschien 1885 auf der Bildfläche. Er verfolgte die gleiche Vision eines leichten, fahrzeugtauglichen Motors wie Gottlieb Daimler, darüber hinaus dachte er aber auch an ein mit dem Motor harmonierendes Fahrgestell – ergo die Komplettlösung eines neuartigen selbstfahrenden Gefährtes. Die ersten Probefahrten seiner Konstruktion fanden 1885 aus Gründen der Geheimhaltung im Fabrikhof statt, und endeten zum wiederholten Mal an der Fabrikmauer. Auch der erste nächtliche Ausflug auf freier Strecke dauerte nur ein paar Minuten, denn nach 100 Metern blieb der Wagen stehen. Aber aus 100 Metern wurden bald 1000 Meter und von Mal zu Mal mehr. Benz erinnerte sich später: „Ich mag mit dem Wagen eine Geschwindigkeit von 16 Stundenkilometern erreicht haben. Jede Ausfahrt stärkte mein Vertrauen, bei jeder Ausfahrt lernte ich aber auch neue Tücken des Motors kennen, andererseits zeigte mir jede Fahrt neue Wege der Verbesserungen, sodass von mir noch im Januar 1886 das Patent des Wagens angemeldet werden konnte ..."

Am 29. Januar 1886 meldete er sein „Fahrzeug mit Gasmotorenbetrieb", dessen Einzylinder-Viertakt-Benzinmotor bereits elektrische Zündung aufwies, zum Patent an. Diese Patentschrift Nummer 37435 gilt als die eigentliche Geburtsurkunde des Automobils. Die Überschrift der Patentschrift lautete „Fahrzeug mit Gasmotorenbetrieb" und begann mit den Worten: „Vorliegende Construktion be-

Verkaufsförderung anno 1886: Mit diesem Inserat, das auch als Werbeplakat für Aufmerksamkeit sorgte, versuchte man, den dreirädrigen Motorwagen bekannt zu machen.

zweckt den Betrieb hauptsächlich leichter Fuhrwerke und kleiner Schiffe, wie solche zur Beförderung von ein bis vier Personen verwendet werden ... Ein kleiner Gasmotor, gleichviel welchen Systems, dient als Triebkraft. Derselbe erhält sein Gas aus einem mitzuführenden Apparat, in welchem Gas aus Ligroin oder anderen vergasenden Stoffen erzeugt wird. Der Cylinder des Motors wird durch Verdampfen von Wasser auf gleicher Temperatur gehalten".

Im Sommer 1886 berichteten die Zeitungen über eine erste öffentliche Ausfahrt des dreirädrigen Benz-Patent-Motorwagens. So schrieb unter anderem die „Neue Badische Landeszeitung" am 04. Juni 1886: „Für Velocipedsportsfreunde dürfte es von hohem Interesse sein, zu erfahren, dass ein großer Fortschritt auf diesem Gebiet durch eine neue Erfindung, welche von der hiesigen Firma Benz & Cie. gemacht, zu verzeichnen ist. Gegenwärtig wird im genannten Geschäft, ..., ein dreirädriges Velociped, welches durch einen Motor, der in der Konstruktion den Gasmotoren gleichkommt, getrieben wird, gebaut. Der Motor, dessen Cylinderweite 9 cm beträgt und zwischen den beiden hinteren Laufrädern auf Federn über der Radachse placiert ist, repräsentiert trotz seiner Zierlichkeit annähernd eine Pferdekraft und macht 300 Touren in der Minute, wodurch die Geschwindigkeit des Fahrzeuges bis zu der eines gewöhnlichen Personenzuges gesteigert werden kann. ... Das ganze Gefährt ist nicht viel größer als ein gewöhnliches Tricicel und macht einen sehr gefälligen und eleganten Eindruck. Es ist nicht zu bezweifeln, dass dieses Motoren-Velociped sich bald zahlreiche Freunde erwerben wird, da es sich voraussichtlich für Ärzte, Reisende und Sportsfreunde etc. als äußerst praktisch und brauchbar erweisen wird."

Der Benz Patent-Motorwagen Nummer Eins geriet schnell in eine Ecke der Fabrik, weil Benz aufgrund der gemachten Erfahrungen in rascher Folge neue Modelle baute, die zwar nicht grundlegend anders waren, aber durch stärkere Motoren und robustere Fahrgestelle glänzten. Nummer Zwei erhielt einen 1,5 PS Motor, Nummer Drei einen mit 2 PS. Der hatte mittlerweile ein Leistungsgewicht von nur noch 42 Kilogramm pro PS und war mit seinen 500 Umdrehungen der erste leichte, schnell laufende Motor von Benz. Er wurde ab 1887 in einer verbesserten Variante des Dreirads eingebaut, das jetzt Holzspeichenräder, einen kleinen Benzintank und eine lederbezogene, handbetätigte Klotzbremse hatte, die unmittelbar auf die Hinterräder wirkte.

Bis 1888 erhielt Karl Benz vier weitere deutsche Patente, darunter das für einen brandsicheren Vergaser.

Auf einem der verbesserten Gefährte startete seine engagierte und mutige Frau Bertha mit den Söhnen Eugen und Richard an einem Augusttag 1888 zu früher Stunde ohne Wissen ihres Mannes schließlich zur ersten „Fernfahrt" der Automobilgeschichte. Sie führte das Trio von Mannheim mit einigen Umwegen über Weinheim, Heidelberg, Wiesloch und Durlach nach Pforzheim. Das bewies, dass der pferdelose Wagen hielt, was sein Konstrukteur anstrebte. Unterwegs reinigte Frau Bertha den verstopften Vergaser mit einer Hutnadel und isolierte ein blank liegendes Elektrokabel mit einem Strumpfband. An Steigungen war hin und wieder Schieben angesagt, weil die 1,5 PS nicht immer ausreichten. Die heftig strapazierte Klotzbremse musste einige Male mit neuem Leder bezogen werden, und in der Apotheke zu Wiesloch wurde der Vorrat an kostbarem „Ligroin" ergänzt, wie das Benzin damals hieß. In den Abendstunden kam die erste Autofahrerin der Welt mit ihren Söhnen verstaubt, aber wohlbehalten und um einige Erfahrungen reicher in Pforzheim an. Bertha Benz hat mit dieser Fahrt (einschließlich Rückfahrt 180 Kilometer) zweifelsohne die Gebrauchstüchtigkeit des Motorwagens vor aller Welt demonstriert.

Verlag und Autor wünschen allen Leserinnen und Lesern viel Vergnügen bei dem Rückblick auf fast 125 Jahre Automobilgeschichte.

Auf der britischen Insel feierte man 1896 mit dem „Emancipation Run" den Siegeszug des Automobils. Zwölf Motorwagen, zum größten Teil importierte Benz-Modelle, nahmen daran teil. Die Dame, die den vorderen Wagen lenkt, ist übrigens Bertha Ringer Benz. Sie steuerte als erste Frau ein Automobil!

1886 –1920

Konkurrenzkampf der Motorwagen

Konkurrenzkampf der Motorwagen

Popularisierung eines Fortbewegungsmittels

Zweifelsohne wurde die Zeit kurz vor dem Eintritt in das 20. Jahrhundert durch einen unermüdlichen Erfindergeist und den uneingeschränkten Glauben an die Technik geprägt. In Paris strahlte man vom Eiffelturm die erste Radiosendung aus, und 1889 öffnete die Zweite Weltausstellung ihre Pforten in der französischen Metropole – die Industrialisierung lief auf Hochtouren. Spätestens jetzt mussten auch Skeptiker einsehen, dass sich der Erfolg der neuartigen Motorwagen nicht mehr aufhalten ließ. Neben Carl Benz und Gottlieb Daimler machten sich immer mehr Tüftler um die Entstehung und um die Weiterentwicklung und Verbesserung der frühen Automobile verdient. Es waren vor allem französische Firmen, die sich bemühten, Herstellungslizenzen und Patente zu erwerben, um ihre eigenen Konstruktionen beispielsweise mit Daimler-Motoren bestücken zu können. Optisch betrachtet, glichen sich die frühen Motorwagen weitgehend – genau genommen waren es Kutschen, denen man die Deichsel entfernt und ein Antriebsaggregat unter die Sitzbank montiert hatte. Schon bald entstanden erste Karosserieformen, und Bezeichnungen wie Vis-à-Vis, Landauer oder Phaeton sorgten in den ersten Jahren des 20. Jahrhunderts in der jungen Automobilwelt für Aufmerksamkeit. Obwohl die Unterschiede in Bezug auf die Gestaltung einer Karosserie unerschöpflich waren, setzte sich schnell eine „traditionelle" Stilrichtung im Automobilbau durch. Technische Fortschritte wie beispielsweise die ständig wachsende Höchstgeschwindigkeit bescherten der Karosserieform ständig neue Details – unsere Automobile zeigten sich bald mit geschwungenen Kotflügeln und pompösen Kühlerfronten. Bis 1920 war der Begriff Aerodynamik im Automobilbau noch weitgehend unbekannt, man beschäftigte sich vorzugsweise mit technischen Problemlösungen, und zwar erfolgreich: Zuerst verschwand der Riemenantrieb. Er wurde schnell durch eine klassische Konstruktion ersetzt, die auch heute noch dem Standard entspricht: Motor, Kupplung, Getriebe und Achsantrieb.

Automobilwettbewerbe wie die legendären Gordon-Bennett-Rennen (1900) oder die Herkomer-Fahrten (1905–1907) spornten Konstrukteure zu Höchstleistungen an, was zur Folge hatte, dass die teilnehmenden Fahrzeuge ihrer Motorleistung entsprechend in unterschiedliche Klassen eingeteilt werden mussten. Zu den motortechnischen Unterschieden kamen ab etwa 1913 noch jede Menge weiterer Verschiedenheiten hinzu, weil man zwischenzeitlich von vielen technischen Neuerungen profitieren konnte, die das Autofahren noch fortschrittlicher und angenehmer machten. Zu den bedeutendsten Errungenschaften zählten unter anderem der elektrische Anlasser, der elektrische Scheinwerfer sowie das abnehmbare Rad. Während es in den USA bereits im Jahre 1916 etwa ein Dutzend Hersteller gab, die pro Jahr mehr als 10 000 Autos produzierten, konnten europäische Großfirmen von solchen Stückzahlen nur träumen. Der Krieg in Europa sorgte für drastische Einschnitte, weshalb die automobile Entwicklung hier vorübergehend ins Stocken geriet, und das Automobilgeschäft nach Ende des Ersten Weltkriegs war nicht leicht – Europa hatte viel nachzuholen. Während amerikanische Autofahrer bereits mit reichlich Luxus und Komfort (ein Sechszylinder-Modell zählte dort zum Standard) über die Straßen rollten, bemühten sich europäische Hersteller noch, handliche Vierzylinder-Wagen in rentablen Stückzahlen auf die Räder zu stellen. Natürlich bestimmten auch hier Ausnahmen die Regel: Immer wieder gab es Kunden, die einen luxuriösen Außenseiter ihr Eigen nennen konnten. Unternehmen wie Rolls-Royce und andere Nobelmarken profitierten von dieser Klientel, für die nicht die Wirtschaftlichkeit eines Automobils, sondern dessen Hubraumgröße und Zylinderzahl im Vordergrund stand.

Adler Taxi

Heinrich Kleyer, der 1886 in Frankfurt mit der Produktion von Fahrrädern unter dem Markennamen Adler seine Fabrikantenkarriere begann, fand über ein paar Umwege zum Automobilbau: Bevor er 1899 nach dem Vorbild französischer Voituretten seinen ersten Motorwagen konstruierte, fertigte er jahrelang als Zulieferer für Karl Benz Drahtspeichenräder. Der wesentliche Unterschied zu deutschen Baumustern bestand darin, dass die Kraftübertragung zur Hinterachse anstelle von Ketten hier mittels einer Welle und Zahnrädern vorgenommen wurde. Die Tatsache, dass Adler-Wagen dank dieser Pionierleistung zu den ersten deutschen Automobilen mit Kardanantrieb zählten, ist im Laufe der Automobilgeschichte leider etwas in Vergessenheit geraten. Eigene Motoren entwickelte Adler anfangs nicht – man griff, wie andere Hersteller auch, auf die robusten Einbauaggregate der französischen Firma De Dion Bouton zurück.

Modell	*Adler Taxi*
Hubraum / Zylinder	*2798 ccm / 4 Zyl.*
PS / KW	*16 / 11,7*
Bauzeit	*1904*
Stückzahl	---

Adler Typ K

1911, anlässlich der letzten Berliner Automobilausstellung vor dem Ersten Weltkrieg, präsentierte Heinrich Kleyer eine umfangreiche Modellpalette, die vom Kleinwagen bis hin zum Luxus-Tourenwagen reichte. Die robuste Bauweise der Motoren (paarweise zusammengegossene Zylinder, mit dem Getriebe verblocktes Antriebsaggregat) verhalf der Marke auch im Ausland zu ihrem guten Ruf, weshalb Adler 1912 in Wien ein Montagewerk eröffnete. Einen ganz besonderen Deal gab es mit den Engländern: Die Automobilfabrik Morgan übernahm nicht nur den Adler-Verkauf auf der britischen Insel, sondern orderte auch regelmäßig nackte Fahrgestelle, um sie mit Karosserieaufbauten nach englischem Geschmack zu versehen.

Modell	*Adler Typ K*
Hubraum / Zylinder	*1292 ccm / 4 Zyl.*
PS / KW	*13 / 9,5*
Bauzeit	*1915*
Stückzahl	—

Audi Alpensieger Typ C

August Horch, Gründer der Zwickauer Horchwerke AG, verließ 1909 das von ihm aufgebaute Unternehmen und initiierte eine neue Automobilfabrik, die er aus rechtlichen Gründen aber nicht mehr nach seinem Namen benennen durfte. Mit einem Trick – der Übersetzung seines Namens ins Lateinische (horch = audi) – rief er die Audi-Werke ins Leben. Audi fertigte diverse großvolumige Vierzylinder-Wagen und lancierte 1911 das Modell Alpensieger. Durch eine einmalige Siegesserie von 1912 bis 1914 in Folge erntete diese Baureihe auf der schwierigsten Langstreckenkonkurrenz der Welt, der Internationalen Österreichischen Alpenfahrt, besonderen Ruhm. Nach dem Ersten Weltkrieg zählte Audi übrigens zu den Herstellern, die als erste den Schalthebel für das Getriebe nicht mehr außen, sondern in der Wagenmitte platzierten.

Modell	*Audi Alpensieger Typ C*
Hubraum / Zylinder	*3564 ccm / 4 Zyl.*
PS / KW	*35 / 25,6*
Bauzeit	*1912 – 1921*
Stückzahl	---

Benz Patent Motorwagen

Karl Benz kam 1844 in Karlsruhe zur Welt und studierte dort später an der Polytechnischen Hochschule. Seine Ideen und deren Umsetzung nahmen Fahrt auf, als er mit Max Rose und Friedrich Wilhelm Esslinger 1883 die Firma Benz & Co. Rheinische Gasmotorenfabrik in Mannheim gründete. In dieser finanziell gesicherten Konstellation fand Karl Benz ein Umfeld, das seine Vision der individuellen Mobilität Realität werden ließ; hier entwickelte er seinen Motorwagen – nicht einfach eine motorisierte Kutsche, sondern eine vollkommen eigenständige Konstruktion. 1886 war es so weit: Am 29. Januar meldete er sein dreirädriges Fahrzeug mit Gasmotorenantrieb zum Patent an – das erste Automobil der Welt war offiziell geboren.

Modell	*Benz Patent Motorwagen*
Hubraum / Zylinder	*954 ccm / 1 Zyl.*
PS / KW	*0,75 / 0,5*
Bauzeit	*1886*
Stückzahl	*Einzelstück / Versuchswagen*

Benz Victoria

Die Freude über die Lösung der Lenkungsprobleme und der von ihm erfundenen Achsschenkellenkung brachte Karl Benz angeblich dazu, eine seiner nächsten Automobilkonstruktionen Victoria zu nennen. Auf den ersten Blick entsprach dieses Modell anderen zeitgenössischen Konstruktionen: Es gab vorn wie hinten Starrachsen, aber was auffiel, war hier die in Wagenmitte platzierte senkrechte Lenksäule, mit der die Achsschenkellenkung bedient wurde. Wie üblich, musste der Motor durch Drehen des Schwungrads angelassen werden. Das unter einer Holzhaube verborgene Aggregat trieb über zwei Flachriemen die Vorgelegewelle an, von dort liefen zwei Ketten zu den Hinterrädern. Der Geschwindigkeit von 25 km/h entsprechend, reichten zwei Vorwärtsgänge vollkommen aus – auf einen Rückwärtsgang konnte vorerst getrost verzichtet werden.

Modell	*Benz Victoria*
Hubraum / Zylinder	*1730 ccm /1 Zyl.*
PS / KW	*3 / 2,2*
Bauzeit	*1892 – 1896*
Stückzahl	—

Benz Victoria

Theodor Baron von Liebieg zählte 1894 zu den wenigen, die sich nicht nur einen Benz Victoria leisten konnten, sondern diesen Wagen auch intensiv nutzten. Bekannt wurde der Baron dadurch, dass er damals von seinem Heimatort Reichenberg in Böhmen nach Gondorf bei Koblenz fuhr. Bei einer Durchschnittsgeschwindigkeit von gerade mal 13 km/h war so eine Fahrt mehr als ein Abenteuer: Die Fahrzeugtechnik funktionierte zwar aus damaliger Sicht höchst zuverlässig, doch sie stellte immer wieder Herausforderungen, die damals alltäglich waren: beispielsweise ein überschwemmter Vergaser, gelockerte Muttern und das Justieren der Zündkontakte. Benzin gab es nur in Apotheken und Drogerien – der Treibstoffverbrauch lag bei etwa 21 Litern auf 100 Kilometer. Während der Reise machte von Liebieg auch einen Abstecher zu Karl Benz nach Mannheim, der sich selbst solch eine weite Fahrt bisher nicht zugetraut hatte.

Modell	*Benz Victoria*
Hubraum / Zylinder	*1990 ccm / 1 Zyl.*
PS / KW	*4 / 3*
Bauzeit	*1894 – 1896*
Stückzahl	—

Benz Velo

Schon bei der Konstruktion des Patent-Motorwagens wusste Benz, dass ein vierrädriges Fahrzeug in Kurven eine bessere Fahrstabilität hat, doch die bisher an Kutschen verwendeten Lenkungen fand er für seinen Zweck als ungeeignet. Er löste das Problem anders und meldete 1893 die Achsschenkellenkung zum Patent an. Noch im selben Jahr anlässlich der Weltausstellung in Chicago präsentierte Benz einen damit ausgestatteten Motorwagen, den Benz Velo. Dieses Modell darf sich rühmen, das erste Serienautomobil der Welt gewesen zu sein! Das Fahrzeug wurde auf einem Holzrahmen mit Eisenverstärkung aufgebaut und konnte mit einer Länge von 2250 mm durchaus als kompakt bezeichnet werden. Für das Velo konstruierte Benz einen liegend eingebauten Motor, der zunächst mit einem Oberflächenvergaser und später mit einem Schwimmervergaser – gleichfalls eine Eigenkonstruktion – bestückt wurde.

Modell	*Benz Velo*
Hubraum / Zylinder	*1045 ccm / 1 Zyl.*
PS / KW	*1,5 / 1,1*
Bauzeit	*1894 – 1900*
Stückzahl	—

Benz Parsifal

Als Benz & Cie. 1902 auf dem Pariser Autosalon das Modell Parsifal präsentierte, hatte man nicht nur die Weichen für einen erfolgreichen Weg in die Zukunft gestellt, sondern mit diesem Wagen auch ein Gegenstück zu dem Mitbewerber namens Mercedes-Simplex geschaffen. Der offiziell als Typ 12/18 PS bezeichnete Parsifal verhalf Benz zu hohem Ansehen, und prominente Besitzer wie Prinz Heinrich von Preußen förderten zusätzlich das Image des Wagens. Übrigens: Mit der Bezeichnung Parsifal tauchte zum ersten und einzigen Mal ein Eigenname für eine Benz-Modellreihe in der Markengeschichte auf! Neben dem 12/18 PS erschienen noch diverse schwächere Versionen, die nur mit einem Dreigang-getriebe bestückt wurden.

Modell	*Benz Parsifal*
Hubraum / Zylinder	*2250 ccm / 2 Zyl.*
PS / KW	*12 / 8,8*
Bauzeit	*1902 – 1903*
Stückzahl	—

Benz 8/20 PS

Um von der Nachfrage nach kleineren und preisgünstigeren Automobilen profitieren zu können, rundete Benz ab 1910 das Modellprogramm wieder nach unten ab. In einem Preisausschreiben – für den ersten Preis lockten 3.000 Mark – versuchte man zu ermitteln, auf welche Eigenschaften die Käufer besonders viel Wert legten. Den vorgelegten Ideen entsprechend, realisierte Benz einen der zahlreich vorgelegten Entwürfe – heraus kam das Modell 8/18 PS. Zum Typ 8/20 PS weiterentwickelt, avancierte dieses Automobil zum wichtigsten Produkt des Unternehmens vor dem Ersten Weltkrieg. Die Alternative zum 8/20 PS hieß 14/30 PS. Beide Wagen, die sich lediglich durch die Motorleistung und den Radstand unterschieden, konnten auch als Fahrgestell erworben und mit einem Karosserieaufbau nach Wunsch bestückt werden.

Modell	*Benz 8/20 PS*
Hubraum / Zylinder	*1950 ccm / 4 Zyl.*
PS / KW	*20 / 14,7*
Bauzeit	*1912 – 1918*
Stückzahl	—

Daimler Stahlradwagen

Als der Erfinder und Unternehmer Gottlieb Daimler nach Jahren der Forschungs- und Aufbauarbeit im November 1890 die Daimler-Motoren-Gesellschaft (DMG) gründete, stand jeglicher Erfolg noch in den Sternen. Etwa 1 000 Motoren, aber nur weniger als 20 Automobile verließen in den ersten fünf Jahren die Produktionsstätten in Cannstatt. Daimler und dessen enger Vertrauter Wilhelm Maybach hatten denn auch damit zu kämpfen, dass die Mitgesellschafter eher am Vertrieb von Motoren als am Start in das Zeitalter der individuellen Mobilität interessiert waren. Und doch setzten sich die Visionäre und damit der Erfolg durch. 1900 fertigte man mit 344 Mitarbeitern exakt 96 Automobile. Mehr Fahrzeuge zu produzieren, wäre aufgrund der aufwändigen Handarbeit kaum möglich gewesen.

Modell	*Daimler Stahlradwagen*
Hubraum / Zylinder	*565 ccm / 1 Zyl.*
PS / KW	*1,5 / 1,1*
Bauzeit	*1889*
Stückzahl	—

Daimler Stahlradwagen

Gottlieb Daimlers letzte Station vor der Selbstständigkeit war 1872 die Gasmotorenfabrik im Kölner Vorort Deutz. Nachdem er 1882 aufgrund von Differenzen mit dem Management das Werk verlassen hatte, investierte er Vermögen und Tatendrang in eine eigene Versuchswerkstatt im Garten seiner Cannstatter Villa. Gemeinsam mit Wilhelm Maybach hatte er nach langwierigen Tüfteleien das Viertaktprinzip des Otto-Motors verfeinert und optimiert, so dass endlich ein kompakter Motor für den Einbau in ein Fahrzeug zur Verfügung stand. Zunächst trieb er 1885 das erste Motorrad der Welt – den Daimler Reitwagen – an. Eine weiterentwickelte Ausführung installierten Maybach und Daimler 1886 im weltweit ersten vierräderigen Automobil – nahezu zeitgleich, aber ohne es zu wissen, mit dem Dreirad von Karl Benz.

Modell	*Daimler Stahlradwagen*
Hubraum / Zylinder	*565 ccm / 1 Zyl.*
PS / KW	*1,5 / 1,1*
Bauzeit	*1889*
Stückzahl	—

Dürkopp P 10

Der große Durchbruch im Automobilgeschäft blieb der Bielefelder Marke Dürkopp verwehrt – umso mehr stand die Herstellung von Fahrrädern, Nähmaschinen und Motorrollern unter einem besseren Stern. Zwar baute Nikolaus Dürkopp von 1898 bis in die 20er Jahre hinein jede Menge interessanter Wagen, doch all seine Modelle machten sich im imageträchtigen Wettbewerbssport mehr als rar. Auch die Fachpresse berichtete damals nur selten über die Marke. Und während andere Hersteller auf den großen Automobilausstellungen Fahrgestelle und Motorentechnik „zum Anfassen" präsentierten, suchte man auf dem Dürkopp-Stand vergeblich nach Demonstrationsmodellen. Ergänzend zu den Personenwagen, die in England unter dem Namen Watsonia verkauft wurden, fertigte Dürkopp auch Lastwagen, doch auch diese Sparte wurde 1927 zusammen mit dem PKW-Bau aufgegeben.

Modell	*Dürkopp P 10*
Hubraum / Zylinder	*2550 ccm / 4 Zyl.*
PS / KW	*32 / 23,4*
Bauzeit	*1917*
Stückzahl	—

Hansa A 16

Von der viel versprechenden Konjunktur des Automobilbaus vor dem Ersten Weltkrieg motiviert, expandierten die in Varel bei Oldenburg ansässigen Hansa-Werke, um sich neben dem Bau von Kleinwagen auch größeren Projekten widmen zu können: Sportwagen sollten das Programm bereichern, doch bevor diese Fahrzeugklasse debütierte, entwickelte man 1908 quasi als Standbein einen soliden Vierzylinder-Wagen, der in zahlreichen Karosserieversionen zu haben war. Wie damals üblich, besaß der Motor paarweise gegossene Zylinder. Ein Kardanantrieb besorgte die Kraftübertragung zur Hinterachse, das Getriebe konnte per außenliegender Kulissenschaltung bedient werden. 1914 schloss sich Hansa mit der Norddeutschen Maschinen- und Armaturenfabrik zusammen, um unter dem neuen Namen Hansa-Lloyd eine erweiterte Modellpalette auf den Markt zu bringen.

Modell	*Hansa A 16*
Hubraum / Zylinder	*1550 ccm / 4 Zyl.*
PS / KW	*16 / 11,7*
Bauzeit	*1909 – 1912*
Stückzahl	*—*

Horch Tonneau

August Horch zählt zu den Pionieren des Automobilbaus schlechthin. Gelernt hatte der aus Winningen an der Mosel stammende Tüftler bei Carl Benz in Mannheim, wo er 1896 die Leitung der Abteilung Motorwagenbau übernommen hatte. Die Faszination des noch jungen Automobils ließ ihn nicht mehr los, aber da er bei Benz zu wenig Freiheiten fand, seine Ideen zu verwirklichen, wagte er im November 1899 den Schritt in die Selbstständigkeit. In Köln-Ehrenfeld erwarb er einen ehemaligen Pferdestall, in dem er eine „Reparaturwerkstatt für Motorfahrzeuge und Maschinen aller Art" errichtete. Von Anfang an beabsichtigte Horch, ein selbst konstruiertes Auto zu bauen, und als Besonderheit hatte er bei seinem ersten Wagen die beiden parallel liegenden Zylinder in der Länge versetzt angeordnet, womit er einen besonders ruhigen Lauf erreichen wollte – den so genannten stoßfreien Motor.

Modell	*Horch Tonneau*
Hubraum / Zylinder	*2500 ccm / 2 Zyl.*
PS / KW	*16 / 11,7*
Bauzeit	*1903*
Stückzahl	*—*

Mercedes 35 PS

Elf Jahre nachdem der Daimler Stahlradwagen auf die Räder gestellt wurde, begegnete Wilhelm Maybach jenem Mann, ohne den es die Bezeichnung Mercedes nie gegeben hätte: Emil Jellinek. Jellinek, ein wohlhabender Geschäftsmann, wohnte in Baden bei Wien sowie in Nizza in seiner Villa „Mercedes". Als Jellinek von den fortschrittlichen Fahrzeugen der Daimler-Motoren-Gesellschaft (DMG) erfahren hatte, nahm er mit der DMG Kontakt auf und bestellte zahlreiche Wagen, die er selbst äußerst erfolgreich verkaufen konnte. Im April 1900 vereinbarte die DMG mit Jellinek den gemeinsamen Fahrzeugvertrieb, um die Wagen nun unter dem Namen Mercedes auf den Markt zu bringen. Diese Bezeichnung wurde gewählt, weil Mercedes einerseits das Pseudonym für Jellinek, aber auch der Vorname seiner zehnjährigen Tochter war!

Modell	*Mercedes 35 PS*
Hubraum / Zylinder	*5913 ccm / 4 Zyl.*
PS / KW	*35 / 25,7*
Bauzeit	*1901*
Stückzahl	*—*

Mercedes Simplex 60 PS

Im Gegensatz zu vielen anderen Automobilherstellern, die lange Zeit mit kleinen Motorwagen experimentierten, bevor sie sie sich zögernd an leistungsstärkere Modelle wagten, setzte die Daimler-Motoren-Gesellschaft weiterhin auf die Luxusklasse und stattete den großen Mercedes-Simplex mit konstruktiven Neuerungen aus, die die Popularität der Marke steigerten. Neben einer Bosch-Magnetzündung besaß der Simplex eine raffinierte Ölschmierung, mit der man das Abschmieren einzelner Motorkomponenten genau dosieren konnte. Diese Einrichtung, der so genannte Tropföler (er bestand aus einer Vielzahl von Glasröhrchen), dominierte auf dem Armaturenbrett neben einem reichhaltigen Instrumentarium (Tacho, Kilometerzähler, Uhr usw.), das bei Mercedes zur Grundausstattung gehörte. Dem Automobil angemessen, wurde der Simplex in zahlreichen Karosserieversionen angeboten.

Modell	*Mercedes Simplex 60 PS*
Hubraum / Zylinder	*9235 ccm / 4 Zyl.*
PS / KW	*60 / 44*
Bauzeit	*1902 – 1905*
Stückzahl	*—*

Mercedes Simplex 28/32 PS

Schon der erste Mercedes – das Modell 35 PS – ging als technische Sensation in die Automobilgeschichte ein. Während die Masse der Autos längst noch nicht dem Zeitalter motorisierter Kutschen entwachsen war, trug der Mercedes mit langem Radstand, breiter Spur und niedrigem Aufbau erstmals die für ein Automobil typischen Züge. Verstärkt wurde das positive Image durch die legendären Siege auf der Rennwoche in Nizza. Persönlichkeiten wie der amerikanische Milliardär Rockefeller zählten bald zu den Mercedes-Stammkunden. Um die Modellpalette abzurunden, entwickelte die DMG unter dem Label Mercedes zwei weitere Wagen, die sich durch eine komfortablere, simplere Bedienung auszeichnen sollten. Ergo nannte man sie Mercedes-Simplex, und das erste Modell, das im März 1902 ausgeliefert wurde, ging natürlich wieder an Emil Jellinek.

Modell	*Mercedes Simplex 28/32 PS*
Hubraum / Zylinder	*5315 ccm / 4 Zyl.*
PS / KW	*32 / 23,4*
Bauzeit	*1901 – 1905*
Stückzahl	*—*

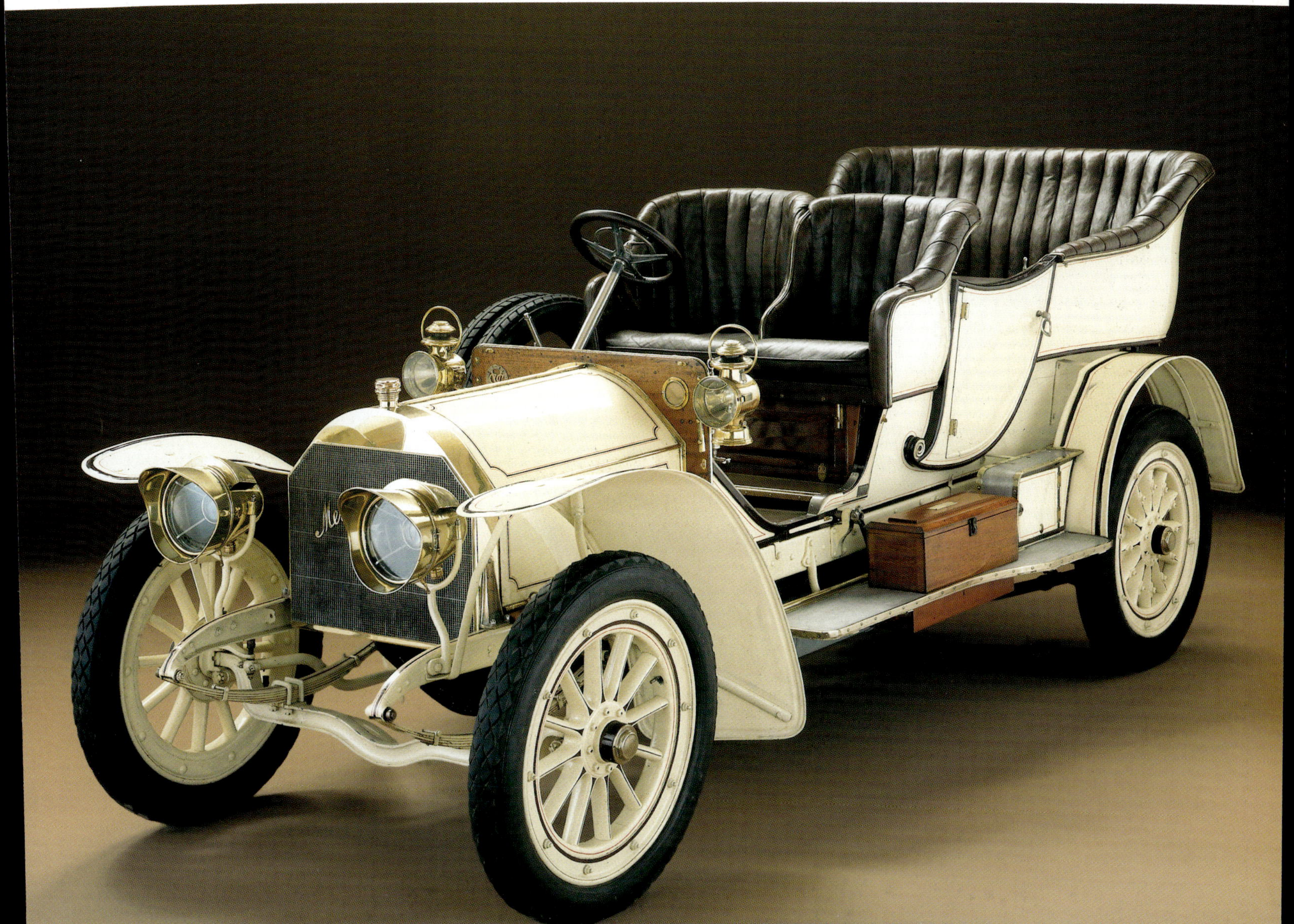

Mercedes Knight 16/40 PS

1908 begann die Daimler-Motoren-Gesellschaft, sich von dem bis dato weit verbreiteten Kettenantrieb zu lösen und fertigte ihr erstes Fahrzeug (35 PS Mercedes Cardan-Wagen), bei dem die Kraft des Motors mittels einer Kardanwelle auf die Hinterachse übertragen wurde. Drei Jahre später debütierte ein weiteres Topmodell, der Mercedes Typ 37/90 PS. Sein hochmoderner Vierzylindermotor mit Dreiventiltechnik und Doppelzündung wurde von der Fachpresse sofort als eines der fortschrittlichsten Triebwerke seiner Zeit eingestuft. Alternativ befasste sich die DMG auch mit einer Modellreihe, unter deren Haube ein so genannter ventilloser Schiebermotor arbeitete. Das von dem Amerikaner Knight entwickelte System entpuppte sich leider als Misserfolg – diese Aggregate waren nicht nur störanfällig, sondern auch zu teuer in der Herstellung.

Modell	*Mercedes Knight 16/40 PS*
Hubraum / Zylinder	*4080 ccm / 4 Zyl.*
PS / KW	*40 / 29,3*
Bauzeit	*1910 – 1916*
Stückzahl	—

Mercedes Grand Prix Rennwagen

Schon die erste Automobil-Zuverlässigkeitsfahrt, die 1894 auf der Strecke Paris – Rouen ausgetragen wurde, weckte bei Daimler Begeisterung für den Motorsport. Für die Daimler-Motoren-Gesellschaft wirkten diese Erfolge wie ein Katalysator, die zur Entwicklung einer Reihe von Rennwagen führte. Daimlers Sohn Paul, der die Fahrt von Paris nach Rouen mit dem Vater direkt miterlebt hat, notierte später einmal seine Eindrücke: „Wir selbst begleiteten im Wagen das Rennen. Die verschiedenen Wagentypen machten einen eigenartigen Eindruck. Man sah die Fahrer der kleinen Dampfdreiräder, dauernd den Druck und Wasserstand beobachtend und die Ölfeuerung regulierend; man sah im Gegensatz dazu die Fahrer der Benzin- und Petroleumwagen ruhig auf dem Lenksitz, hie und da einen Hebel betätigend, wie nur rein zum Vergnügen fahrend. Ein ganz eigenartiges Bild und mir unvergesslich ..."

Modell	*Mercedes Grand Prix Rennwagen*
Hubraum / Zylinder	*7280 ccm / 6 Zyl.*
PS / KW	*90 / 66*
Bauzeit	*1914*
Stückzahl	—

Opel Lutzmann

Die Basis für das heute weltweit operierende Unternehmen „Opel" legte Firmengründer Adam Opel, als er 1862 in Handarbeit seine erste Nähmaschine baute. 13 Jahre nach dem Start der Fahrradherstellung (1886) wurde 1899 das erste Automobil, der Opel Patent-Motorwagen System Lutzmann, gefertigt: Nach einigen Informationsreisen erwarben die Opel-Brüder am 21. Januar 1899 die Anhaltische Motorwagenfabrik des Dessauers Friedrich Lutzmann und begannen mit dem Aufbau einer Automobilproduktion in Rüsselsheim. Die ersten, von Lutzmann entwickelten Motorwagen entsprachen den frühen Konstruktionen anderer Tüftler und wurden mit einer Drehschemel-Lenkung bestückt. Ein horizontal platzierter Einzylindermotor trieb die Hinterräder über eine Vorgelegewelle und mehrere Flachriemen an – dem Wagenlenker standen zwei Vorwärtsgänge sowie ein Rückwärtsgang zur Verfügung, wobei der Gangwechsel über einen Handhebel an der Lenksäule erfolgte.

Modell	*Opel Lutzmann*
Hubraum / Zylinder	*1500 ccm / 4 Zyl.*
PS / KW	*4 / 2,9*
Bauzeit	*1898*
Stückzahl	—

Opel 10/12 PS

Trotz enormer Anstrengungen und aufwändigen Werbemaßnahmen florierte Opels Geschäft mit den ersten Fortbewegungsmitteln nicht wie erwartet. 1901 folgte die Trennung von Friedrich Lutzmann. Anfang 1902 begann die Lizenzfertigung der französischen Darracq-Modelle, die unter dem Markennamen Opel-Darracq vertrieben wurden. Doch auch damit wollten sich die Opel-Brüder auf Dauer nicht zufrieden geben. Im Herbst 1902 präsentierten sie auf der Hamburger Automobilausstellung ihre erste Eigenkonstruktion, den Opel-Motorwagen 10/12 PS. Damit befand sich das junge Automobilunternehmen endlich auf dem richtigen Weg, und in Zahlen ausgedrückt konnte Opel schon bald einige Erfolge verbuchen: Der Newcomer fertigte 1906 bereits das 1000ste Fahrzeug, eine für damalige Verhältnisse rekordverdächtige Geschäftsentwicklung.

Modell	*Opel 10/12 PS*
Hubraum / Zylinder	*1884 ccm / 2 Zyl.*
PS / KW	*12 / 8,8*
Bauzeit	*1902 – 1904*
Stückzahl	—

Opel Doktorwagen 4/8 PS

Der endgültige Durchbruch auf dem deutschen Automobilmarkt gelang der Rüsselsheimer Autoschmiede im Jahr 1909, als man den Typ 4/8 PS präsentierte. Dieses legendäre Auto, im Volksmund schon damals „Doktorwagen" genannt, kostete mit 3.950 Mark etwa halb so viel wie luxuriösere Konkurrenzmodelle, und es ebnete vielen Bevölkerungsschichten den Weg zu einem fahrbaren Untersatz. Der Verkaufserfolg dieses Modells – der Statistik nach wurde es gern von Vertretern und Landärzten genutzt – ermöglichte dem Werk weitere Investitionen in die Zukunft, denn als nächsten Schritt plante man in Rüsselsheim die Einführung eines Baukastensystems, bei dem vorgefertigte Karosserien nach Kundenwunsch mit verschiedenen Motoren und Fahrgestellen kombiniert werden konnten.

Modell	*Opel Doktorwagen 4/8 PS*
Hubraum / Zylinder	*1128 ccm / 4 Zyl.*
PS / KW	*8 / 5,9*
Bauzeit	*1909*
Stückzahl	*—*

Opel Torpedo 5/11 PS

Besonders beliebt waren so genannte Torpedo-Karosserien. Man erkannte sie an dem leicht ansteigenden Übergang zwischen der Motorhaube und der Spritzwand. Vom Karosseriestyling im Windkanal noch weit entfernt, hatten die Ingenieure aber schon erkannt, dass sich durch diesen Kunstgriff der Luftwiderstand einer Automobilkarosserie beachtlich reduzieren ließ. Damaliger Norm entsprechend, wurde der kleine 5/11 PS als Rechtslenker konzipiert. Damit auf der vorderen Sitzbank Fahrer und Beifahrer bequem Platz nehmen konnten, war die außenliegende Handbremse ein Zugeständnis an die recht schmale Torpedo-Karosserie, und auf die Tür an der Fahrerseite musste dementsprechend verzichtet werden.

Modell	*Opel Torpedo 5/11 PS*
Hubraum / Zylinder	*1200 ccm / 4 Zyl.*
PS / KW	*11 / 8*
Bauzeit	*1910 – 1911*
Stückzahl	*—*

Opel 9/25 PS

Bereits um 1908 herum gelang es Opel, die Produktion im Vergleich zu den Vorjahren um mehr als 50 Prozent zu steigern – eine Modellpalette vom Kleinwagen bis hin zum großen Reisewagen mit 9,3 Litern Hubraum ließ keinen Kundenwunsch offen. Opels gut abgestimmtes Motorenangebot – eine Art Baukastensystem – basierte von der Technik her auf neun unterschiedlichen Bohrungs- und acht verschiedenen Hubraummaßen. Mit dem Typ 9/25 PS debütierte ein weiterer Wagen der beliebten Mittelklasse, dessen langhubiger Vierzylinder-Reihenmotor viel zu leisten hatte – der geräumige 9/25 PS war kein Leichtgewicht. Bei einem Radstand von 3125 mm ließen sich auf dem soliden Chassis aber viele Karosserieaufbauten realisieren – vom Landaulet bis hin zum offenen sechssitzigen Tourenwagen war alles lieferbar.

Modell	*Opel 9/25 PS*
Hubraum / Zylinder	*3328 ccm / 4 Zyl.*
PS / KW	*25 / 18,3*
Bauzeit	*1912 – 1913*
Stückzahl	*—*

Opel 8/20 PS

1912 – schon 25 Jahre bevor der Begriff des Volkswagens geprägt wurde – erwähnten die Opel-Werke in einer Festschrift dieses Wort, um ihre Firmenphilosophie zu charakterisieren. Man schrieb: „Hier ist der kleine Wagen, das Volksautomobil, das alles das leistet, was man vernünftigerweise von ihm verlangen kann: genügend schnell, vollkommen betriebssicher und äußerst komfortabel; geringe Anschaffungs- und Erhaltungskosten, geringer Benzin- und Pneumatikverbrauch, geringe Reparatur- und Abnützungsspesen; last not least die Möglichkeit, diesen Wagen ohne Chauffeur zu fahren". Alles in allem eine geschickte Formulierung – man hatte erkannt, dass der Markt der automobilen Luxusklasse kein Markt der unbegrenzten Möglichkeit mehr war.

Modell	*Opel 8/20 PS*
Hubraum / Zylinder	*2004 ccm / 4 Zyl.*
PS / KW	*20 / 14,7*
Bauzeit	*1911 – 1914*
Stückzahl	—

Opel Doppelphaeton 6/16 PS

Bedienungsanleitungen aus der Zeit vor dem Ersten Weltkrieg unterrichten uns auf eine besonders amüsante Art und Weise, wie damals Auto gefahren wurde – vor allem aber was zu tun war, um ein Automobil erst zum Laufen zu bringen: „Vor jeder Fahrt Benzin-, Wasser- und Ölbehälter prüfen. Akkumulatoren auf volle Ladung prüfen, Benzinhahn öffnen, auf den Schwimmer tupfen und Benzin in die Schwimmkammer einlassen bis zum Überfließen. Zündung einschalten. Vorgehen zum Kühler, Kurbel nach unten langsam durchdrücken, dabei die Kurbel in die nach oben offene Hand nehmen und nicht den Daumen über den Kurbelgriff legen! Dann die Kurbel mit kräftigem Ruck nach oben reißen. Nun ist so lange zu leiern, bis der Motor anspringt …"

Modell	*Opel Doppelphaeton 6/16 PS*
Hubraum / Zylinder	*1540 ccm / 4 Zyl.*
PS / KW	*16 / 11,7*
Bauzeit	*1910 – 1914*
Stückzahl	—

Piccolo

Hugo Ruppe, Juniorchef der 1854 im thüringischen Apolda gegründeten Eisengießerei A. Ruppe & Sohn, konstruierte 1904 einen Motorwagen mit luftgekühltem Zweizylindermotor, der unter dem Markennamen und der Modellbezeichnung Piccolo auf den Markt gebracht wurde. Dem Erfolg des Wägelchens angemessen, forcierte man den Automobilbau und entwickelte für 1910 als eine Art Einstiegsmodell den noch sparsamer ausgestatteten Piccolo Mobbel, der damals als eines der simpelsten Automobile überhaupt galt. Neben den Voituretten wurden in Apolda noch verschiedene Vierzylindermodelle gefertigt, deren besonderes Konstruktionsmerkmal ebenfalls der luftgekühlte Motor war. Als die gut florierende Firma 1908 in eine Aktiengesellschaft umgewandelt wurde, beschäftigte man bereits über 600 Mitarbeiter.

Modell	*Piccolo*
Hubraum / Zylinder	*704 ccm / 2 Zyl.*
PS / KW	*5 / 3,7*
Bauzeit	*1909*
Stückzahl	—

Protos F 12

Im Gegensatz zu vielen anderen Automobilherstellern blieb die Modellpalette der Berliner Motorenfabrik Protos stets übersichtlich: Man produzierte genau genommen nur ein Grundmodell unterschiedlicher Abwandlungen – bei den restlichen Konstruktionen handelte es sich mehr um innovative Lösungen, die sich für den gewinnbringenden Großserienbau nur bedingt eigneten. So experimentierte Firmengründer Dr. Alfred Sternberg um 1900 herum mit einem so genannten Kompensmotor. Die Besonderheit dieses Zweizylinders war, dass hier ein dritter Zylinder zwecks Massenausgleich „leer" mitlief und auf diese Art für einen besonders ruhigen Lauf sorgte. Als anderes Extrem entwickelte man bei Protos einen 100 PS starken Sechszylinderwagen mit Kardanantrieb, der für den Rennsport gedacht war. Nach dem Ersten Weltkrieg wurde die Serienproduktion hubraumstarker Vierzylinder fortgesetzt, bevor man 1926 diesen Geschäftsbereich an die von der AEG gegründeten Firma NAG-Protos veräußerte.

Modell	*Protos F 12*
Hubraum / Zylinder	*3100 ccm / 4 Zyl.*
PS / KW	*30 / 22*
Bauzeit	*1909*
Stückzahl	*—*

Piccolo Mobbel

Auf Grund einer firmeninternen Umstrukturierung wurden 1910 die Automobilwerke A. Ruppe & Sohn A.G. in Apollo Werke A.G. umbenannt, was zur Folge hatte, dass die ab diesem Zeitpunkt gebauten Automobile nun unter dem neuen Markennamen Apollo bei den Händlern standen. Unter der Regie von Karl Slevogt als Chefkonstrukteur – Ruppes Sohn war zwischenzeitlich aus dem Unternehmen ausgeschieden – wurde das Produktionsprogramm durch sportliche Wagen mit wassergekühlten Motoren ergänzt. Luxuswagen mit bis zu 3,5 Litern Hubraum ließen zwar das Ansehen Apollos steigen, doch als Standbein der Firma produzierte man nach wie vor die luftgekühlten Zweizylinder. Als 1927 die letzten Apollo-Wagen die Werkshallen verließen, wurden die Räumlichkeit von NSU-Fiat übernommen und als Generalvertretung für Thüringen genutzt.

Modell	*Piccolo Mobbel*
Hubraum / Zylinder	*624 ccm / 1 Zyl.*
PS / KW	*5 / 3,7*
Bauzeit	*1910 – 1912*
Stückzahl	*—*

Scheibler 24 HP

Die großen Vierzylinder-Wagen, die die Firma Scheibler um 1905 herum baute, zählten mit zu dem qualitativsten, was der deutsche Markt zu bieten hatte. Hohe Stückzahlen blieben für den Konstrukteur und Automobilfabrikanten Fritz Scheibler allerdings ein Traum. Er bediente einen relativ kleinen Kundenkreis, der das Außergewöhnliche zu schätzen wusste und dementsprechend tiefer in den Geldbeutel griff. Bevor Scheibler die größere Wagenklasse forcierte, baute er seit 1899 diverse kleine Ein- und Zweizylinderwagen mit Reibradantrieb. Diese gemeinsam mit dem Konstrukteur Willi Seck entwickelten Modelle ließen sich auch auf dem ausländischen Markt gut verkaufen. 1907 stellte Scheibler den Bau von Personenwagen ein, um sich ausschließlich auf das Lastwagengeschäft zu konzentrieren.

Modell	*Scheibler 24 HP*
Hubraum / Zylinder	*4400 ccm / 4 Zyl.*
PS / KW	*24 / 17,6*
Bauzeit	*1905*
Stückzahl	—

Stoewer C 1

Dem Wunsch nach moderneren Automobilen entsprechend, reagierte die 1899 von den Brüdern Emil und Bernhard Stoewer gegründete Fabrik für Motorfahrzeuge mit der Entwicklung immer größerer und leistungsfähigerer Fahrzeuge. Entgegen der Tradition, regelmäßig an prestigeträchtigen Zuverlässigkeitsfahrten teilzunehmen, verzichtete man 1909 auf einen Startplatz zur Prinz-Heinrich-Fahrt und nutzte die Zeit, um neue Motorenkonzepte zu entwickeln. Nach zahlreichen Versuchen mit langhubigen Vierzylindern in Blockbauweise betrachtete man das Konzept 1911 als ausgereift genug, um diese Auslegungsart auf einen Gebrauchswagen übertragen zu können. Im Zuge der Modellpflege umfasste das neue Konzept ab 1913 die so genannte C-Serie, die auf den fortschrittlichen Vierzylinder-Modellen C1 und C2 sowie dem Sechszylinder C3 basierte.

Modell	*Stoewer C 1*
Hubraum / Zylinder	*1556 ccm / 4 Zyl.*
PS / KW	*18 / 13,2*
Bauzeit	*1913*
Stückzahl	—

Wanderer 5/12 PS

Als Konkurrenzmodell zu den Adler-Automobilen gedacht, brachte Johann Winklhofer – Gründer der Marke Wanderer – 1912 eine Baureihe kleiner Vierzylinder-Wagen auf den Markt, die vor allem durch ihre hintereinander angeordneten Tandemsitze auffiel. Die auf den ersten Blick vielleicht spartanisch aussehenden Vehikel (sie wurden im Volksmund „Puppchen" genannt) avancierten dank reichhaltiger technischer Ausstattung bald zum Bestseller – welch anderes Automobil dieser Fahrzeugklasse besaß schon eine fortschrittliche Druckumlaufschmierung mit Öldruckmanometer am Armaturenbrett oder abnehmbare Drahtspeichenräder, um nur einige Ausstattungsdetails zu nennen. Wanderer behielt die Baureihe, die im Laufe der Jahre von reichlich Modellpflege profitierte, bis 1925 im Programm.

Modell	*Wanderer 5/12 PS*
Hubraum / Zylinder	*1145 ccm / 4 Zyl.*
PS / KW	*12 / 8,8*
Bauzeit	*1912 – 1914*
Stückzahl	—

Brasier Torpedo

Ausgefallene technische Besonderheiten waren den ersten Brasier-Wagen relativ fremd. Zwar ergänzten die Firmengründer Henri Brasier und George Richard 1911 ihr Modellangebot durch einen Sechszylinder, doch vom Verkaufserfolg her belegten Brasiers Vierzylinder – man erkannte sie an dem 1914 eingeführten Flachkühler – lange Zeit den ersten Platz. Mit einer gravierenden Umstrukturierung der Modellreihen und Mut zu Experimenten sorgte das Unternehmen Mitte der 20er Jahre für viel Gesprächsstoff: Brasier versuchte, mit einem Achtzylinder-Wagen in die automobile Luxusklasse vorzustoßen. Leider blieb dem frontangetriebenen Fahrzeug der Erfolg versagt – Käufer misstrauten der neuen Technik, Brasier steckte in der Absatzkrise und musste 1930 die Werkstore für immer schließen.

Modell	*Brasier Torpedo*
Hubraum / Zylinder	*1500 ccm / 4 Zyl.*
PS / KW	*9 / 6,6*
Bauzeit	*1914*
Stückzahl	—

De Dion Bouton „Vis a Vis"

Auf der Suche nach einem ausgefallenen Geschenk lernte Graf de Dion 1882 die Herren Bouton und Trepardoux – Hersteller von Dampfmaschinenmodellen – kennen. Der technikbegeisterte Graf fand in dem Duo interessante Gesprächspartner, die sich – genau wie er – seit längerem schon mit dem Gedanken befassten, ein per Dampfkraft angetriebenes Fortbewegungsmittel zu bauen. Gemeinsam konstruierten sie 1883 ein Dampfautomobil, doch als kurze Zeit später die ersten Motorwagen Furore machten, beschlossen Bouton und de Dion, sich für die Zukunft intensiver mit Explosionsmotoren zu befassen – Trepardoux, der weiterhin Dampfkraft favorisierte, kehrte dem Trio den Rücken. Der erste ab 1899 in Serie gebaute Motorwagen der Marke De Dion Bouton erhielt übrigens die Typenbezeichnung „Vis A Vis" – bei diesem Modell saßen sich Fahrer und Beifahrer gegenüber.

Modell	*De Dion Bouton „Vis a Vis"*
Hubraum / Zylinder	*942 ccm / 1 Zyl.*
PS / KW	*8 / 5,9*
Bauzeit	*1901*
Stückzahl	—

De Dion Bouton „Q"

Während bei frühen De Dion Bouton-Motorwagen das Antriebsaggregat noch im Heck platziert wurde, baute man es bei den Nachfolgemodellen schon vorn ein und montierte hinten lediglich das Getriebe. Dieses Baumuster ist bei heckangetriebenen Fahrzeugen vom Prinzip her noch heute gültig, doch vieles andere, was vor mehr als 100 Jahren als modern galt, veranlasst uns heute zum Schmunzeln: So wurde zum Abbremsen des De Dion Boutons beispielsweise nur der Handbremshebel nach vorn gedrückt, denn ein Bremspedal im herkömmlichen Sinn besaß der Wagen noch nicht. Weil der Motor praktisch immer auf Vollgas lief, war Gasgeben aus heutiger Sicht unmöglich. Um langsamer fahren zu können, musste man die Drehzahl mittels eines kleinen an der Lenksäule montierten Hebels verringern – funktioniert hat es trotzdem!

Modell	*De Dion Bouton „Q"*
Hubraum / Zylinder	*694 ccm / 1 Zyl.*
PS / KW	*6 / 4,4*
Bauzeit	*1903*
Stückzahl	—

De Dion Bouton 8 HP

Zur Zeit, als das Automobil Laufen lernte, hatten fast alle Tüftler verständlicherweise nichts anderes als den technischen Fortschritt im Sinn. Auch Graf de Dion darf sich in den Kreis jener einreihen, die zur Entwicklung des Motorwagens entschieden beigetragen haben. Er entwickelte neben dem V8-Motor und der berühmten De-Dion-Hinterachse auch das erste Getriebe, das ohne Zähneknirschen geschaltet werden konnte. Insgesamt konnte sich de Dion 394 Patente sichern, doch damit ist die Liste seiner Gedankengänge bei weitem nicht vollständig. Er gründete nämlich auch den ersten französischen Automobilclub (1895), gab die erste Straßenkarte der Welt heraus, und sogar die Idee des berühmten Hotelführers „Guide Michelin" ist an seinem Schreibtisch entstanden. Als 1913 sein letzter Einzylinder-Wagen aus der Produktion genommen wurde, rundeten längst verschiedene Vierzylinder die Modellpalette ab.

Modell	*De Dion Bouton 8 HP*
Hubraum / Zylinder	*3122 ccm / 4 Zyl.*
PS / KW	*15 / 11*
Bauzeit	*1911 – 1914*
Stückzahl	—

Delahaye 32 A

Emile Delahaye, der 1894 sein erstes Automobil nach dem Vorbild der Benz-Motorwagen konstruierte, brachte dieses Vehikel ein paar Jahre später beim Städterennen Paris-Marseille-Paris an den Start, doch der erhoffte Sieg blieb seinen Mitbewerbern vorbehalten. Delahaye belegte den siebenten Platz und gab die Teilnahme an weiteren Rennen auf. Trotz Verzicht auf Motorsport konnte sich Delahaye keineswegs über leere Auftragsbücher beklagen. 1902 zog sich der Firmengründer aus dem aktiven Geschäftsleben zurück und besetzte die Position des Chefkonstrukteurs mit Charles Weiffenbach, der als Novum bei den Delahaye-Wagen abnehmbare Zylinderköpfe einführte. Mit weiteren Ausstattungsmerkmalen wie zwei Fußbremsen und der Entwicklung eines V6-Motors zählte das Unternehmen vor dem Ersten Weltkrieg zu den innovativsten europäischen Automobilfirmen.

Modell	*Delahaye 32 A*
Hubraum / Zylinder	*2000 ccm / 4 Zyl.*
PS / KW	*18 / 13,2*
Bauzeit	*1912*
Stückzahl	—

Delaunay-Belleville HB 6

Modern interpretiert, würde man Automobile der Marke Delaunay-Belleville heute als „Gesicht in der Menge“ bezeichnen, denn allein ihr Aussehen, das durch den runden Kühler und relativ hohe Karosserieaufbauten bestimmt wurde, hob diese Autos in die Eliteklasse, und genau die hatte ihnen ihr Hersteller zugeteilt. Delaunay-Belleville nahm zwar erst 1904 den Automobilbau auf, doch als führender Hersteller von Dampfdruckkesseln zählte die in St. Denis beheimatete Firma schon lange zu den bedeutendsten französischen Industriebetrieben. Die Sorgfalt, die der Kesselbau voraussetzte, spiegelte sich auch in der Konstruktion der Automobile wider: Zugunsten erstklassiger Qualität verzichtete man auf hohe Stückzahlen – die beeindrucken Wagen entstanden fast ausschließlich in Handarbeit.

Modell	*Delaunay-Belleville HB 6*
Hubraum / Zylinder	*5000 ccm / 6 Zyl.*
PS / KW	*30 / 22*
Bauzeit	*1911*
Stückzahl	—

Le Zebre Typ D

1909 entwickelten die Ingenieure Salomon und Lamy einen kleinen Einzylinder-Wagen mit zwei Gängen, der bald wegen seiner Zuverlässigkeit in ganz Frankreich populär wurde. Die etwas sonderbare Modellbezeichnung „Zebre“ (Zebra) soll angeblich gewählt worden sein, weil dies der Spitzname eines flinken Dienstboten der Firma war und dem Automobil derselbe Charakter zugeschrieben wurde. Bevor sich Jules Salomon als Konstrukteur bei Citroen entfalten konnte, stellte er schnell noch einen weiteren Le Zebre auf die Räder, der sich in einigen Punkten durch interessante Details von vielen anderen Automobilen unterschied – so sicherte man die Speichenräder nicht wie allgemein üblich durch eine Zentralmutter, sondern darüber hinaus noch mit einer Drahtsicherung und einer Klemmspange.

Modell	*Le Zebre Typ D*
Hubraum / Zylinder	*998 ccm / 4 Zyl.*
PS / KW	*15 / 11*
Bauzeit	*1914 – 1920*
Stückzahl	—

Ours 10/12 PS

Frankreich gehört zu den Ländern, die schon frühzeitig von einer industriellen Hochkonjunktur profitierten: Zwischen 1870 und 1910 siedelten sich vor allem rund um Paris viele Unternehmen an, darunter auch jede Menge Automobilhersteller. Von einer Produktion im heutigen Sinne konnte natürlich noch keine Rede sein. Es wurde viel experimentiert. Einige schafften den Aufstieg, andere Tüftler hängten den Fahrzeugbau schnell wieder an den Nagel. Unter anderem zählte die Firma Ours zu den Verlierern. Sie baute nur für kurze Zeit einige Dreizylinder- und Vierzylinder-Wagen, die vor allem durch den kreisrunden Kühlergrill auffielen. Während die größeren Modelle oft als Taxis genutzt wurden, handelte es sich bei den Dreizylindern um leichte Voituretten mit überwiegend offenen Karosserieaufbauten.

Modell	*Ours 10/12 PS*
Hubraum / Zylinder	*1495 ccm / 3 Zyl.*
PS / KW	*12 / 8,8*
Bauzeit	*1906 – 1909*
Stückzahl	*—*

Peugeot Typ 4

1890 startete Armand Peugeot das Automobilgeschäft der „Löwenmarke". Da das elterliche Stammunternehmen die neue Technik äußerst misstrauisch beäugte, fand eine Abspaltung vom bereits bestehenden Firmenteil statt, aber der Löwe als Markenzeichen blieb nach wie vor das Symbol aller Sparten. Vom ersten einfachen Quadricycle mit Daimler-Gasolinmotor bis hin zur Gegenwart hat Peugeot als prägende Marke der Automobilgeschichte unablässig die technische und industrielle Entwicklung vorangetrieben, angefangen mit einigen Fahrzeugen pro Jahr. Die ersten 1000 Motorwagen wurden in Valentigney (bei Lille in Nordfrankreich) sowie Audincourt und Beaulieu (Ostfrankreich) von 1889 bis Mitte 1900 hergestellt. In Sochaux, dem Stammwerk des Unternehmens, lief Anfang 1925 der 100 000ste Peugeot vom Band.

Modell	*Peugeot*
Hubraum / Zylinder	*1018 ccm / 2 Zyl.*
PS / KW	*3,5 / 2,6*
Bauzeit	*1892*
Stückzahl	*---*

Panhard 10 CV

Es ist schwer, sich die Entwicklung der französischen Automobilgeschichte ohne die Pioniere René Panhard und Emile Levassor vorzustellen. Das Duo erwarb 1890 eine Lizenz für Daimlers Motorwagen, der quasi den Grundstein für ihre Karriere legte. Entgegen Daimlers Konzept platzierte Levassor das Antriebsaggregat nicht im Heck, sondern im Bereich vor der Lenksäule – die Kraftübertragung des Zweizylinders auf die Hinterräder erfolgte über einen Kettenantrieb. Nach einer Nonstop-Fahrt von 48 Stunden siegte 1895 ein Wagen dieses Baumusters auf der Rallye Paris-Marseille-Paris. Statistisch betrachtet lag die Durchschnittsgeschwindigkeit über die Distanz von 1175 Kilometer bei etwa 30 km/h – für einen Motorwagen der ersten Stunde ein durchaus beachtenswertes Ergebnis.

Modell	*Panhard 10 CV*
Hubraum / Zylinder	*435 ccm / 2 Zyl.*
PS / KW	*9 / 6,6*
Bauzeit	*1903*
Stückzahl	*—*

Renault Typ T

Vielen Tüftlern genügte vor mehr als 100 Jahren oft eine auf das Notwendigste eingerichtete Werkstatt, um ein Automobil zu konstruieren, wobei die Gefahr groß war, von der Allgemeinheit ausgelacht zu werden. So dürfte es auch Louis Renault gegangen sein, der Heiligabend 1898 mit der Probefahrt seines ersten Motorwagens gewiss für Aufmerksamkeit sorgte, denn dieses Gefährt mit nur 1110 mm Radstand war nichts anderes als ein zur vierrädrigen Voiturette umgebautes Dreirad der Marke De Dion Bouton. Permanent verbessert und weiterentwickelt, verwandelte Renault das Tricycle schnell zu einem für die Zeit typischen Automobil, das unter der Bezeichnung Typ A ein Jahr später in Serie gebaut wurde. Mit dem Typ T debütierte 1903 schließlich der erste Renault, der nicht mehr mit dem Motor eines Fremdherstellers, sondern mit einer Eigenkonstruktion bestückt wurde.

Modell	*Renault Typ T*
Hubraum / Zylinder	*1885 ccm / 2 Zyl.*
PS / KW	*14 / 10,3*
Bauzeit	*1909*
Stückzahl	—

Renault AX

Louis Renault, der nach ersten erfolgreichen automobiltechnischen Experimenten gemeinsam mit seinen Brüdern in den Automobilbau einstieg, konnte sich glücklich schätzen, gleich 1900 – im ersten Produktionsjahr – 179 Fahrzeuge verkauft zu haben. Renault avancierte zum Marktführer Frankreichs und bat regelmäßig Mitbewerber zur Kasse, die sein patentiertes Fahrzeugkonzept (generell Kardanantrieb mit 1:1 Übersetzung des obersten Getriebeganges) kopierten. Mit dem Modell AX brachte er einen vielseitigen Wagen auf den Markt, der sich in einer modifizierten Karosserieversion mit offenem Fahrersitz und geschlossenem Fond auch als Taxi durchsetzte. Der Gag an der Sache: Diese Umbauten besaßen schon eine Art Taxameter, das der geschätzten Kundschaft automatisch den Fahrpreis anzeigte!

Modell	*Renault AX*
Hubraum / Zylinder	*1200 ccm / 2 Zyl.*
PS / KW	*6 / 4,4*
Bauzeit	*1909*
Stückzahl	—

Renault „Agathe“

Schon vor 100 Jahren war für Automobilhersteller die Teilnahme an sportlichen Wettbewerben eine Art Pflichtübung, denn hier konnten sie der Öffentlichkeit und möglichen Kaufinteressenten die Qualität ihrer Modelle unter Beweis stellen. Einen Renault im Teilnehmerfeld zu erkennen war übrigens nicht schwer, denn Louis Renault, der neben grundsoliden Gebrauchswagen auch extrem sportlich angehauchte Boliden auf die Räder stellte, gab seinen Fahrzeugen jenes charakteristische Stilelement mit auf den Weg, das der Volksmund gern als „Kohlenschaufelmotorhaube“ bezeichnete. Entstanden ist diese Bauweise aufgrund der Tatsache, dass Renaults Meinung nach der Wasserkühler beim Automobil nicht vor, sondern hinter den Motor gehöre! Als Reaktion auf den Hinweis eines Ingenieurs, dass es vorteilhafter wäre, den Kühler direkt im Fahrtwind zu platzieren, soll Renault geantwortet Haben: „Solange ich lebe, bleibt der Kühler hinten.“

Modell	*Renault „Agathe“*
Hubraum / Zylinder	*7500 ccm / 4 Zyl.*
PS / KW	*42 / 30,8*
Bauzeit	*1907*
Stückzahl	—

Sizaire-Naudin Typ F

Der solide Einzylindermotor, den der französische Automobilhersteller De Dion Bouton als so genanntes Einbauaggregat auch an Mitbewerber lieferte, mobilisierte unter anderem kleine Sportwagen, die Louis Naudin nach den Entwürfen seiner Partner Maurice und Georges Sizaire ab 1905 produzierte. Viele Automobilhersteller bedienten sich seinerzeit dieses Aggregats. So sparten sie Entwicklungskosten, außerdem galten die in Großserie produzierten Zulieferteile als äußerst zuverlässig. 1911 ergänzte Sizaire-Naudin die Modellpalette der Einzylinder-Wagen um einen Vierzylinder, der nach Ende des Ersten Weltkrieges noch zwei Jahre weitergebaut wurde. Die Brüder Sizaire, die sich bereits nach kurzer Zeit von Naudin trennten, gründeten später unter dem Namen Sizaire-Frères ihre eigene Firma, wo der erste Wagen der Welt mit Einzelradaufhängung entwickelt wurde.

Modell	*Sizaire-Naudin Typ F*
Hubraum / Zylinder	*1583 ccm / 1 Zyl.*
PS / KW	*9,5 / 7*
Bauzeit	*1908*
Stückzahl	—

Morris Oxford

Genau genommen war das erste Automobil, das William Morris 1913 auf den Markt brachte, alles andere als eine hundertprozentige Eigenkonstruktion – Morris bediente sich, wo immer es ging, aus dem Angebot der Zulieferer. So stammte der Motor aus dem Hause White & Poppe, die Achsen von Wrigley, die Räder von Sankey und die Karosserie von Raworth. Die Fachpresse bezeichnete den Morris Oxford immerhin als das beste aus Fremdteilen gefertigte Automobil seiner Zeit. Mit dem Nachfolger, dem 1915 vorgestellten Morris Cowley, wurde die Marke dann richtig bekannt. Wagen der ersten Serie wurden mit Antriebsaggregaten der amerikanischen Continental Motors Company bestückt, die nach dem Ersten Weltkrieg gefertigten Fahrzeuge erhielten Hotchkiss-Motoren.

Modell	*Morris Oxford*
Hubraum / Zylinder	*1011 ccm / 4 Zyl.*
PS / KW	*11 / 8*
Bauzeit	*1913 – 1914*
Stückzahl	—

Modell	*Rolls-Royce*
Hubraum / Zylinder	*1800 ccm / 2 Zyl.*
PS / KW	*10 / 7,4*
Bauzeit	*1904*
Stückzahl	—

Rolls-Royce

Henry Royce, der 1884 eine Firma für Elektrotechnik gründete, war nicht nur ein einflussreicher Geschäftsmann, sondern auch ein Tüftler, der sich am liebsten mit der noch jungen Automobiltechnik befasste. Charles Stewart Rolls, der im Raum London Luxusautomobile vermittelte, wurde auf Royce aufmerksam und man einigte sich, ab 1904 unter dem Markennamen Rolls-Royce eine Automobilproduktion aufzunehmen. Im Zuge ständiger Weiterentwicklungen basierte die Modellpalette auf den Typen 10 HP mit zwei Zylindern, dem 15 HP mit drei Zylindern, einem 20 HP mit vier Zylindern und dem sechszylindrigen Nobelwagen 30 HP. Schon damals zierte von der Optik her jeden Wagen ein Kühler, dessen klassisches Design noch heute für Rolls-Royce mustergültig ist! Mit Liebe zum Detail, sorgfältigster Verarbeitung und solider Konstruktion setzte diese Marke gleich zu Beginn des Automobilbaus einen Standard, der noch immer als vorbildlich gilt.

Rolls-Royce Silver Ghost

Der 1906 entwickelte Silver Ghost, ein imposanter Wagen mit seitengesteuertem Motor, bildete für Rolls-Royce eine Art Basisprodukt, das bis 1924 ununterbrochen gebaut wurde. Unter der Haube dieses Wagens, die meist aus blank polierten Blechteilen bestand, präsentierte sich eine aufwändige Technik, die zu jener Zeit keinen Vergleich zu scheuen brauchte. Mit seiner siebenfach gelagerten Kurbelwelle erreichte der Rolls-Royce-Motor (Reihenmotor mit zwei Zylinderblöcken) eine Laufruhe, die ihresgleichen suchte. Dass fast kein Silver Ghost dem anderen glich, lag an der Tatsache, dass viele Käufer lediglich ein Chassis (wahlweise mit kurzem oder langem Radstand) orderten – der Aufbau wurde nach individuellen Wünschen von Karosseriebauexperten gefertigt.

Modell	*Rolls-Royce Silver Ghost*
Hubraum / Zylinder	*7036 ccm / 6 Zyl.*
PS / KW	*ca. 48 / 35,3*
Bauzeit	*1906 – 1924*
Stückzahl	*—*

Rolls-Royce Silver Ghost

Ruhiger Lauf, sehr geringe Abnutzungserscheinungen, dazu ein berühmter Name – das sind die Attribute des „besten Autos der Welt", dem Rolls-Royce. Bekannt wurde die Marke vor allem durch den legendären Silver Ghost, jenem Modell, das 1906 bis 1924 ununterbrochen gebaut wurde. Kaum auf dem Markt erschienen, sorgte solch ein Typ 40/50 HP in der Fachpresse schnell für Gesprächsstoff, denn in einem 48 Tage langen Dauertest wurden unter der Beobachtung kritischer Motorjournalisten auf Landstraßen zwischen London und Glasgow 15 000 Meilen zurückgelegt. Gemeinsam mit der technischen Kommission des Royal Automobile Club erteilten die Fachleute nach strengen Maßstäben dem edlen Luxuswagen das Zertifikat, das ihm absolute Zuverlässigkeit bescheinigte.

Modell	*Rolls-Royce Silver Ghost*
Hubraum / Zylinder	*7428 ccm / 6 Zyl.*
PS / KW	*keine Leistungsangaben*
Bauzeit	*1906 – 1924*
Stückzahl	*—*

Rover 8 HP

Die von John Starley und William Sutton in Coventry gegründete Firma Rover konnte bereits auf 20 Jahre Firmengeschichte (Fahrradproduktion) zurückblicken, bevor sie 1904 ihr erstes Automobil präsentierte. Starley, der 1901 verstarb, erlebte den Produktionsbeginn nicht mehr, doch es war in seinem Sinne, dass Rover zur Motorisierung Großbritanniens beitragen wollte. Um im Automobilbau Fuß fassen zu können, stellte Rover 1903 einen ehemaligen Chefingenieur der britischen Daimler Company als Entwicklungsleiter ein: Edmund Lewis war für Rover kein Unbekannter – immerhin hatte er nebenbei für seinen neuen Arbeitgeber schon das erste Rover-Motorrad konstruiert. Der erste Rover, der 8 HP anno 1904, besaß übrigens einen Zentralträgerrahmen aus Aluminiumguss, und auch für den Karosserieaufbau wurden Leichtmetallgussteile verwendet.

Modell	*Rover 8 HP*
Hubraum / Zylinder	*1327 ccm / 1 Zyl.*
PS / KW	*8 / 5,9*
Bauzeit	*1904 – 1912*
Stückzahl	*ca. 2200*

Rover 20 HP

Schon während der Entwicklung von Prototypen nahm Rover regelmäßig an Wettbewerben teil, um nicht nur Fahrzeuge testen zu können, sondern auch bekannt zu machen. Beim Sun Rising Hill-Rennen, einer zermürbenden Prüfung zwischen Stratford und Banbury mussten zwei rechtwinklige Kehren mit 6 Prozent Steigung durchfahren werden – doch ein Versuchswagen überwand die Hürde erfolgreich in 225 Sekunden und schlug vergleichbare Fahrzeuge wie einen Wolseley (282 Sekunden). Das Interessante an diesem Fahrzeug war eine variable Nockenwellensteuerung, bei der mittels eines Fußpedals das Einlassventil geschlossen gehalten werden konnte, während das Auslassventil geöffnet wurde. Somit wurde der Motor in eine wirksame Druckluftbremse verwandelt – bei einigen Modellen gehörte dieses raffinierte System ab 1905 zur Serienausstattung.

Modell	*Rover 20 HP*
Hubraum / Zylinder	*1998 ccm / 4 Zyl.*
PS / KW	*20 / 14,6*
Bauzeit	*1906 – 1910*
Stückzahl	*ca. 200*

Rover 12 HP

Mehr als 20 Jahre lang führte Rover neben dem Automobilbau auch die Produktion von Fahrrädern und Motorrädern fort, und der Anspruch, stets Qualität und Individualität zu liefern, waren zwei Werte, die auch für die Personenwagenfertigung von großer Bedeutung sein sollten. Um die Modellpalette zügig erweitern zu können, verstärkte man das Konstruktionsteam 1910 durch Owen Clegg, der zuerst bei Wolseley als Ingenieur gearbeitet hatte. Unter seiner Verantwortung wurde der äußerst erfolgreiche Rover 12 HP gebaut, der im Herbst 1911 auf den Markt kam. Darüber hinaus wurden unter Cleggs Leitung effiziente neue Produktionsmethoden eingeführt. Sein Automobil und sein Werk haben Rover bis in die 20er Jahre hinein zu großem Erfolg verholfen.

Modell	*Rover 12 HP*
Hubraum / Zylinder	*2298 ccm / 4 Zyl.*
PS / KW	*12 / 8,8*
Bauzeit	*1912 – 1924*
Stückzahl	*13 400*

Swift Typ Ten

Nach dem Bau von Nähmaschinen, Fahrrädern und Motorrädern versuchte sich das in Coventry angesiedelte Unternehmen 1900 erstmals im Bau so genannter spartanischer Cyclecars – einer Fahrzeugklasse, die zu dieser Zeit in Frankreich sehr beliebt war. Erst 1904 bekannte sich Swift zum „richtigen" Automobilbau, musste sich als Neuling aber viel einfallen lassen, um gegen etablierte Konkurrenten wie Austin oder Morris bestehen zu können. Lange Zeit stand der Name Swift für einfache aber solide Automobilkonstruktionen. Wer Fahrzeuge mit sportlichem Charakter suchte, war in den Showrooms der Mitbewerber besser aufgehoben. Ein fataler Fehler – Swift konnte sich nicht von der Masse abheben und war gegen Konkurrenten, die ihre Wagen preiswert im Großserienbau auf die Räder stellten, so gut wie machtlos.

Modell	*Swift Typ Ten*
Hubraum / Zylinder	*1100 ccm / 4 Zyl.*
PS / KW	*12 / 8,8*
Bauzeit	*1918*
Stückzahl	*—*

Alfa Romeo 24 HP

Die Geschichte von Alfa Romeo begann in Portello, im Nordwesten Mailands, nahe der Straße zum Simplon-Pass. Hier ließ der französische Automobilbauer Alexandre Darracq 1906 ein Automobilwerk errichten, doch seine automobilen Lizenzprodukte bewährten sich nicht auf dem italienischen Markt. So übernahmen Geschäftsleute aus der Lombardei das Werk und gründeten die Società Anonima Lombarda Fabricia Automobili (A.L.F.A.), der späteren Marke Alfa Romeo. 1910 verließ der erste A.L.F.A. das Werk in Portello. Er stammte aus der Feder des Konstrukteurs Giuseppe Merosi und kam als Modell 24 HP auf den Markt. Trotz dem Image der Wagen war die wirtschaftliche Lage des Unternehmens der politischen Lage entsprechend besorgniserregend – Pläne, Automobile weltweit zu exportieren, mussten vorerst auf Eis gelegt werden.

Modell	*Alfa Romeo 24 HP*
Hubraum / Zylinder	*2413 ccm / 4 Zyl.*
PS / KW	*24 / 17,6*
Bauzeit	*1910*
Stückzahl	–

Fiat 16/20 HP

Die Fabbrica Italiana di Automobili Torino (F.I.A.T.) wurde am 11. Juli 1899 in Turin gegründet; zu einer Zeit also, in der die piemontesische Stadt generell ein lebhaftes industrielles Wachstum verzeichnen konnte. Als die ersten Werksanlagen 1900 im Corso Dante eingeweiht wurden, fertigten 35 Arbeiter im ersten Jahr gerade 24 Fahrzeuge – eine Stückzahl, die aufgrund der Handarbeit dem üblichen Durchschnitt entsprach. Neben den Präsidenten der Gesellschaft fungierte Giovanni Agnelli als Sekretär des Verwaltungsrates. Durch seine Entschlossenheit und strategische Denkweise hatte er sich 1902 bereits zum Geschäftsführer hochgearbeitet. Gleich nach Erscheinen des ersten Fiat (Typ 4 HP) regte Agnelli zu Werbezwecken eine Automobiltour durch Italien und eine Präsentation auf der Mailänder Ausstellung an, um die Motorwagen mit dem ovalen Firmenemblem auf blauem Hintergrund bekannt zu machen.

Modell	*Fiat 16/20 HP*
Hubraum / Zylinder	*4368 ccm / 4 Zyl.*
PS / KW	*20 / 14,6*
Bauzeit	*1903 – 1906*
Stückzahl	–

Modell	*Fiat 18/24 HP*
Hubraum / Zylinder	*5322 ccm / 4 Zyl.*
PS / KW	*24 / 17,6*
Bauzeit	*1907 – 1908*
Stückzahl	–

Fiat 18/24 HP

Die Unternehmensentwicklung von Fiat bewegte sich von Anfang an auf zwei Ebenen: Man versuchte, mit einer interessanten Produktpalette viele Käuferschichten für Automobile zu begeistern, und orientierte sich auch an viel versprechenden Märkten – ein Grund, weshalb Fiat bereits 1903 an der Börse gehandelt wurde. Außerdem entstanden neue Gesellschaften mit speziellen Aufgabenschwerpunkten, in denen außer Personenwagen auch Nutzfahrzeuge, Schiffsmotoren, Lastkraftwagen, Straßenbahnen, Taxis und sogar Kugellager produziert wurden! 1908 gründete Fiat in den USA die Fiat Automobile Co., um dort Fiat-Wagen in Lizenz bauen zu können. Schon Ende des ersten Jahrzehnts der Firmengeschichte produzierten 2500 Mitarbeiter jährlich 1215 Fahrzeuge – mehr als die Konkurrenz.

Fiat Brevetti

Mit dem Modelljahrgang 1904 erhielten alle Fiat-Wagen ein neues Markenzeichen, auf dem der lange Firmenname nicht mehr ausgeschrieben wurde, sondern durch das Kürzel FIAT ersetzt wurde. Außerdem verbannte man die Fahrgestellnummer vom Emblem. Das berühmte ovale Wappenschild blieb in dieser Form bis 1926 im Gebrauch und beschränkte sich von schmückenden Verzierungen her auf das Wesentliche. Beginnend mit dem Fiat 24-32 HP fand dieses Signet zum ersten Mal zu einer einheitlichen und bei allen Fahrzeugen des Turiner Herstellers gleichen Anordnung: oben am Kühler. Zu den folgenden Fahrzeugen, die mit dem neuen Markenschild versehen wurden, gehörte unter anderem der berühmte Fiat Brevetti. Dieser Wagen wurde übrigens in den Hallen der ehemaligen Werkstattanlage „Officine Ansaldi" gebaut – bekanntlich hatte Fiat dieses Unternehmen 1905 übernommen.

Modell	*Fiat Brevetti*
Hubraum / Zylinder	*2009 ccm / 4 Zyl.*
PS / KW	*16 / 11,7*
Bauzeit	*1905 – 1908*
Stückzahl	—

Fiat Zero

Im Zuge des technischen Fortschritts ersetzte Fiat ab 1904 die bisher übliche Chassiskonstruktion (Holzrahmen mit Stahlrahmenverstärkung) durch eine solide Ganzstahl-Bauweise und stattete alle Autos mit der von Mercedes-Wagen her bekannten Federbandkupplung aus. Neben einem in geringen Stückzahlen gebauten Luxusmodell mit über 10 Litern Hubraum (zur Ausstattung gehörte unter anderem ein Druckluftanlasser und eine wassergekühlte (!) Getriebebremse), befassten sich Fiats Ingenieure mit der Entwicklung eines Wagens, der ganz Italien mobil machen sollte, dem Typ Zero. Zwar stand der Zero ab 1912 in den Ausstellungsräumen der Händler, doch die dunklen Wolken, die sich aufgrund der wirtschaftlichen Lage am Himmel zeigten, trugen nicht gerade dazu bei, dieses Modell populär zu machen.

Modell	*Fiat Zero*
Hubraum / Zylinder	*1846 ccm / 4 Zyl.*
PS / KW	*19 / 14*
Bauzeit	*1912 – 1915*
Stückzahl	—

Lancia Alpha

Unter allen Automobilherstellern weltweit zählt Lancia nicht unbedingt zu den allerältesten – aber sicherlich zu den innovativsten Unternehmen. Vincenzo Lancia, ein leidenschaftlicher Techniker und kreativer Perfektionist, eröffnete 1908 im Turiner Vorort San Paolo mit seinem Partner Claudio Fogolin die gemeinsame Werkstatt namens Lancia & C. Fabbrica Automobili, in der das erste Lancia-Automobil, der Typ 12 HP, auf die Räder gestellt wurde. Der später „Alpha" genannte Wagen wurde mit einem Reihenvierzylinder bestückt, der seine Leistung bei 1800 U/min abgab – für damalige Verhältnisse war das eine Schwindel erregend hohe Drehzahl und ein erster Hinweis auf Lancias Vorliebe für sportliche Antriebe, die den Charakter der Marke prägen sollte. Auch das Modell Theta von 1913 sorgte für Aufmerksamkeit: Hier konnte der elektrische Anlasser per Fußpedal betätigt werden, eine Batterie versorgte die Zündung und die Lichtanlage.

Modell	*Lancia Alpha*
Hubraum / Zylinder	*2543 ccm / 4 Zyl.*
PS / KW	*28 / 20*
Bauzeit	*1908*
Stückzahl	—

Modell	*Lancia Epsilon*
Hubraum / Zylinder	*4080 ccm / 4 Zyl.*
PS / KW	*60 / 44*
Bauzeit	*1911 – 1913*
Stückzahl	—

Lancia Epsilon

Vincenzo Lancia, der seine Automobilkonstruktionen nach dem griechischen Alphabet benannte, brachte neben typischen Gebrauchswagen auch Modelle extrem sportlichen Charakters auf den Markt. Er eröffnete den Reigen dieser Exoten 1911 mit den Typen Delta und Didelta, denen er noch zwei ähnlich konzipierte Modelle namens Epsilon und Zeta an die Seite stellte. Parallel zu den rennsportlichen Aktivitäten entwickelte Lancia weitere technische Besonderheiten, die in den kommenden Modellreihen für Aufmerksamkeit sorgen sollten: Ab 1919 konnten Lancia-Besitzer in ihrem Wagen die Lenksäule in drei Positionen verstellen, und im Unterschied zur automobilen Konkurrenz bremste ein Lancia nicht nur die vorderen, sondern auch die hinteren Räder ab!

SPA 30/40 HP

Unter dem Kürzel SPA ließ Giovanni Ceirano 1906 seine Società Ligure Piemontese Automobili ins Handelsregister eintragen, denn der am Motorsport interessierte Italiener hatte sich zum Ziel gesetzt, leistungsstarke Sportwagen auf die Räder zu stellen, die auf Veranstaltungen wie der Targa Florio der Konkurrenz das Fürchten lehren sollten. Bereits im ersten Jahr verließen etwa 300 Wagen seine Turiner Werkshallen – dabei handelte es sich im Wesentlichen um ein Modell mit 7785 ccm Hubraum und eines mit 11677 ccm. 1910 rundete Ceirano das Angebot nach unten hin ab: Anstelle wuchtiger Fahrzeuge mit langem Radstand debütierte nun ein handlicher Vierzylinder. Leider stand für SPA die Wiederaufnahme des Automobilbaus nach dem Ersten Weltkrieg unter einem schlechten Stern und das kurze Comeback reichte nicht, um auf dem Markt bestehen zu können – 1926 wurde das Unternehmen von Fiat übernommen.

Modell	*SPA 30/40 HP*
Hubraum / Zylinder	*2658 ccm / 4 Zyl.*
PS / KW	*40 / 29,3*
Bauzeit	*1912*
Stückzahl	*—*

Austro Daimler 14/32 PS

Als sich 1910 die österreichische Daimler-Motoren-Gesellschaft vom Stammhaus in Untertürkheim löste und eigene Automobile unter dem Namen Austro Daimler auf die Räder stellte, erhielt das Werk die kaiserliche Genehmigung, den österreichischen Doppeladler im Markenemblem führen zu dürfen. Austro Daimler entwickelte hauptsächlich sportliche Hochleistungswagen, die im Wettbewerbssport wie den legendären Prinz-Heinrich- oder späteren Alpenfahrten zahlreiche Siege einfuhren. Rallyesport im heutigen Sinne verkörperten diese Fahrten allerdings nicht – vielmehr wurde die Zuverlässigkeit eines Automobils auf die Probe gestellt. Führte die erste Alpenfahrt anno 1910 die Teilnehmer über eine Gesamtstrecke von etwa 860 Kilometer, entschied man sich, für die nachfolgende Fahrt die Gesamtlänge auf 1425 Kilometer festzusetzen – Anforderungen, denen die Austro Daimler problemlos gewachsen waren.

Modell	*Austro Daimler 14/32 PS*
Hubraum / Zylinder	*4000 ccm / 4 Zyl.*
PS / KW	*32 / 23,4*
Bauzeit	*1914*
Stückzahl	*—*

Laurin-Klement K 2

Bevor die 1895 gegründete Firma Laurin & Klement im Jahre 1905 ihren ersten Motorwagen auf die Räder stellte, produzierten der Mechaniker Václav Laurin und der Buchhändler Václav Klement jahrelang Fahrräder und Motorräder. 1907 basierte das PKW-Programm auf neun verschiedenen Modellen – kleine V2-Zylinder waren ebenso vertreten wie Rennwagen mit Vierzylindermotor. Als das Familienunternehmen in eine Aktiengesellschaft umgewandelt wurde, wuchs Laurin-Klement schnell zum größten Automobilhersteller im Kaiserreich Österreich-Ungarn an. Man exportierte weltweit, entwickelte einen luxuriösen 8-Zylinder-Wagen mit 4,9 Litern Hubraum und nahm zusätzlich die Produktion von Flugzeugmotoren und landwirtschaftlichen Maschinen auf. Zur Stärkung der Marktposition fusionierte das Unternehmen 1925 mit den Skoda-Werken aus Pilsen, um kurze Zeit später die Automobilproduktion unter dem neuen gemeinsamen Firmenlogo „Skoda" auszugliedern.

Modell	*Laurin-Klement*
Hubraum / Zylinder	*1770 ccm / 4 Zyl.*
PS / KW	*15 / 11*
Bauzeit	*1912*
Stückzahl	—

Martini 14/18 HP

Als sich 1897 der Sohn von Friedrich de Martini in der elterlichen Waffen- und Maschinenfabrik mit der Konstruktionen kleiner Zweizylinder-Wagen beschäftigte, ahnte noch niemand, dass dieses Unternehmen fünf Jahre später die Serienfertigung hochqualitativer Automobile aufnehmen sollte. Um Entwicklungskosten zu sparen, wurde das Chassis der Martini-Wagen als Lizenzbau der französischen Marke Rocher-Schneider übernommen. Martini war nicht nur ein ideenreicher Automobilbauer, sondern auch ein cleverer Kaufmann, der seine Automobile neben dem europäischen Markt auch in den USA und Russland präsentierte. 1924 übernahm die deutsche Automobilfabrik Steiger bei Martini die Aktienmehrheit. Sie plante, mit rationellen Fertigungsmethoden die Effektivität des Unternehmens erhöhen, doch die Auswirkungen der Weltwirtschaftskrise führten 1934 zur Schließung des Betriebes.

Modell	*Martini 14/18 HP*
Hubraum / Zylinder	*4250 ccm / 4 Zyl.*
PS / KW	*30 / 22*
Bauzeit	*1903*
Stückzahl	—

Praga Grand

Praga, der 1907 gegründete und auf Automobilbau spezialisierte Geschäftsbereich einer böhmischen Maschinenfabrik, brachte zuerst diverse Lizenzbauten der Marke Renault auf den Markt, bevor man sich 1911 intensiver mit Eigenkonstruktionen befasste. Gleich der erste Praga – das Modell Mignon – konnte 1912 einen Sieg bei der Alpenfahrt von Wien nach Triest einfahren und diesen Erfolg 1913 und 1914 wiederholen. Pragas frühe Modellpalette basierte hauptsächlich auf robusten Fahrzeugen mittlerer Hubraumklassen, die – genau wie die wenigen Sechs- und Achtzylinder-Wagen – einen Vergleich mit westeuropäischen Mitbewerbern nicht zu scheuen brauchten. Ende der 20er Jahre fusionierte Praga mit dem Unternehmen Danek, um unter anderem den Nutzfahrzeugsektor auszubauen. Während dieser Bereich nach dem Zweiten Weltkrieg wieder aufgenommen wurde, verabschiedete sich Praga 1945 vom PKW-Bau.

Modell	*Praga Grand*
Hubraum / Zylinder	*3950 ccm / 4 Zyl.*
PS / KW	*45 / 33*
Bauzeit	*1914*
Stückzahl	—

Brewster

Als traditionsreiches Unternehmen, das seit mehr als 100 Jahren erfolgreich im Kutschenbau tätig war, wagte die Firma Brewster auch einen Abstecher in den Automobilbau – doch da im Zeitraum von zehn Jahren nur 300 Automobile die Werkshallen verließen, trennte man sich 1925 von diesem Geschäftsbereich und baute lieber elegante Sonderkarosserien für Luxuswagen wie Rolls-Royce oder Packard. Typisches Erkennungszeichen aller Brewster-Wagen waren ihr leicht oval gestylter Kühlergrill und der für die Wagengröße relativ ungewohnte kurze Radstand. Unter der Haube werkelte ein 4,5-Liter-Motor mit außergewöhnlicher Laufruhe, der nach dem Knight-System arbeitete. Ein Brewster zählte damals zu den wenigen Wagen, die bereits ab Werk serienmäßig mit einer kompletten elektrischen Ausstattung geliefert wurden.

Modell	*Brewster*
Hubraum / Zylinder	*4536 ccm / 4 Zyl.*
PS / KW	*ca. 60 / 44*
Bauzeit	*1915 – 1919*
Stückzahl	—

Buick Modell C

David Dunbar Buick verkaufte 1899 sein auf die Fertigung von Installationsmaterial spezialisiertes Unternehmen, um sich mit den Einsatzmöglichkeiten der neuartigen Verbrennungsmotoren befassen zu können. Kurz nachdem sein erstes unter der Regie des Ingenieurs Walter Marr entwickeltes Automobil auf den Markt kam, musste sich Buick finanziell neu orientieren, um weiterhin bestehen zu können. Er gründete die Buick Motor Company, in der zwar 1904 ein paar Dutzend weiterer Automobile entstanden, doch erst als er mit William Durant – einem ehemaligen Konkurrenten – zusammenarbeitete, füllten sich die Auftragsbücher. Durant schrieb auf der New Yorker Auto Show mehr als 1000 Bestellungen und verhalf Buick somit, neuntgrößter Automobilhersteller der USA zu werden. Mit dem Buick Typ C brachte man schließlich ein Automobil auf den Markt, das dem Unternehmen dann endlich zum großen Durchbruch verhalf.

Modell	*Buick Modell C*
Hubraum / Zylinder	*2600 ccm / 2 Zyl.*
PS / KW	*16 / 11,7*
Bauzeit	*1905*
Stückzahl	—

Cadillac A

Für viele ist ein Cadillac der Inbegriff amerikanischer Straßenkreuzer schlechthin, doch die Firma, die nach dem Leitsatz „Standard of the World" Automobile baut, wurde bereits 1902 ins Leben gerufen und nach dem Gründer von Detroit, Antoine de la Mothe Cadillac – einem französischen Adligen – benannt. Wer noch tiefer in der Unternehmensgeschichte gräbt, muss erstaunt feststellen, dass die Anfänge gar bis 1899 zurückgehen – jenem Jahr, in dem Henry Ford unter dem Namen Detroit Automobile Company Detroits allererste Autofabrik gegründet hatte. Ford verließ bereits nach ein paar Monaten die Company und stellte seinen Posten Henry Leland zur Verfügung, der gemeinsam mit dem Millionär Murphy das Unternehmen zum Cadillac-Imperium umstrukturierte. Die Produktion von Motorwagen begann 1902 mit dem Typ A.

Modell	*Cadillac A*
Hubraum / Zylinder	*1609 ccm / 1 Zyl.*
PS / KW	*10 / 7,3*
Bauzeit	*1903*
Stückzahl	—

Cadillac 30

1906 debütierte mit dem Cadillac Typ K erstmals ein größerer Wagen, der im Zuge der Modellpflege bis 1914 etwa 75000-mal gebaut wurde und das Unternehmen zum Erfolg führte. Während dieser relativ langen Bauzeit gründete William Durant – der millionenschwere Inhaber der Buick-Automobilfabrik – die General Motors Company. 1909 integrierte Durant die Marke Cadillac in seinen Konzern und kaufte die Firmen Oldsmobile und Oakland. Leland, ein gelernter Werkzeugschlosser, führte in seinem Konzern hohe Qualitätskontrollen ein, von denen bald das neue Modell Typ 30 profitierte. Angeblich wurden drei solcher Modelle total zerlegt, die Einzelteile untereinander gemischt und die Wagen wieder zusammengebaut, ohne von den ursprünglichen Testergebnissen abzuweichen.

Modell	*Cadillac 30*
Hubraum / Zylinder	*4690 ccm / 4 Zyl.*
PS / KW	*30 / 22*
Bauzeit	*1912*
Stückzahl	—

Cadillac Victoria Typ 57

Historisch betrachtet, galt der bei Cadillac im Jahre 1915 entwickelte V8-Motor als das erste Aggregat dieser Art, das sich erfolgreich im Serienbau durchsetzen konnte. In seiner ersten Entwicklungsstufe – der Serie 51 – bestand der Achtzylinder vom Prinzip her aus zwei Vierzylinderblöcken, die in einem Winkel von 90 Grad zueinander standen. Seine Kurbelwelle war dreifach gelagert und die Motorkraft wurde über ein Dreiganggetriebe an die Hinterachse gebracht. 1918, im Zuge der Weiterentwicklung (Typ 57), flossen in die frühen V8-Modelle bereits kleine Verbesserungen ein, doch das wohl Wichtigste für Cadillac war, dass seine Wagen – trotz 1,7 Liter geringeren Hubraums! – mehr Leistung entwickelten als die des Mitbewerbers Pierce-Arrow.

Modell	*Cadillac Victoria Typ 57*
Hubraum / Zylinder	*5145 ccm / 8 Zyl.*
PS / KW	*70 / 51,2*
Bauzeit	*1918 – 1924*
Stückzahl	—

Detroit Electric 98 RD

Neben konventionellen Motorwagen bereicherten vor 100 Jahren in den USA auch zahlreiche Elektroautomobile das Straßenbild – Gefährte dieser Art genossen dort vor allem bei der selbstfahrenden Damenwelt ein hohes Ansehen. Etwa zwei Dutzend Hersteller stellten sich dem Wettbewerb, unter anderem die Firma Anderson Electric Car Company, die ihre Vormachtstellung noch halten konnte, als andere Betriebe den Elektrowagenbau längst zu den Akten gelegt hatten. Die meisten der urigen Gefährte wurden übrigens nicht per Lenkrad, sondern mittels eines Lenkhebels dirigiert. Um einigermaßen bequem vorwärts zu kommen, bestückte man die Wagen unter der vorderen und hinteren Haube mit reichlich Batterien – eine Ladung gab Kraft für etwa 200 Kilometer.

Modell	*Detroit Electric 98 RD*
Elektrische Anlage	*2 X 42 Volt*
Bauzeit	*1909 – 1932*
Stückzahl	—
Besonderheit	*Elektroauto*

Ford T

1908 überraschte Henry Ford mit einem Fahrzeug, das längst als einer der bekanntesten Oldtimer in die Automobilgeschichte eingegangen ist, dem Modell T. Bei der Entwicklung dieses Wagens hielt man an der Devise fest, mit dem gerade notwendigsten Aufwand dem Käufer ein Maximum an Qualität zu bieten. Herzstück der einfachen aber genialen „Tin Lizzie" (Blechliesel) war ein seitengesteuerter Motor mit Wasserkühlung, dessen Magnetzündung schon bei niedrigen Drehzahlen Strom lieferte. Zur absoluten Besonderheit dieses Autos zählte ein im Schwungrad gelagertes zweistufiges Planetengetriebe, das mittels Fußpedalerie geschaltet wurde und dessen zweite Gangstufe bereits von 12 km/h bis zur Höchstgeschwindigkeit reichte!

Modell	*Ford T*
Hubraum / Zylinder	*2898 ccm / 4 Zyl.*
PS / KW	*24 / 17,6*
Bauzeit	*1908 – 1927*
Stückzahl	*15 007 033*

Ford Automobile

Modell	*Ford T*
Hubraum / Zylinder	*2898 ccm / 4 Zyl.*
PS / KW	*24 / 17,6*
Bauzeit	*1908 – 1927*
Stückzahl	*15 007 033*

Ford T

Kurz nach der erfolgreichen Präsentation der Tin Lizzie entschied Henry Ford, sein Produktionsprogramm zu straffen und als eine Art Einheitsmodell vorerst nur das Modell T zu bauen. Wie lange dieses „vorerst" dauern sollte, konnte er allerdings nicht ahnen. Fest steht jedenfalls, dass dieses praktische Auto mit großer Bodenfreiheit in einer Auflage von mehr als 15 Millionen Einheiten vom Band lief. Nur die von Ford damals eingeführte Fließbandmontage (1923 lag die Tagesproduktion bei 1000 Fahrzeugen) ermöglichte derart hohe Stückzahlen, und das angenehme an dieser Methode war, dass dank rationalisierter Arbeitsabläufe der Preis einer Tin Lizzie von Anfangs 950 Dollar zwei Jahre später auf 360 Dollar gesenkt werden konnte!

Pierce Arrow

Um die Sportlichkeit ihrer Automobile zu unterstreichen, ergänzten die Firmengründer George N. und Percy Pierce ihr Markenzeichen 1909 durch den Zusatznamen Arrow. Vielleicht wollte man auf diese Weise einen Schlussstrich unter die bisherige Firmengeschichte ziehen, denn neben Fahrrädern und Haushaltsgeräten fertigte man lediglich Kleinwagen, die mit dem legendären Einbaumotor der französischen Firma De Dion Bouton bestückt wurden. Vater und Sohn setzten sich nämlich zum Ziel, eine neue Modellpalette auf dem Luxuswagenmarkt zu etablieren. Ab 1913 gaben sie ihren Wagen übrigens ein unverwechselbares Stilelement mit auf den Weg, indem sie als weltweit erster Automobilbauer die Scheinwerfer direkt in die Kotflügel integrierten.

Modell	*Pierce Arrow*
Hubraum / Zylinder	*8577 ccm / 6 Zyl.*
PS / KW	*75 / 55,2*
Bauzeit	*1919*
Stückzahl	*—*

Schacht Highwheeler

Zu Zeiten, in denen das Automobil Laufen lernte, hatten Motorwagen mit niedriger Bodenfreiheit kaum eine Chance, auf dem amerikanischen Markt akzeptiert zu werden. Was man dort brauchte, waren geländegängige Vehikel mit hohen schmalen Rädern – nur so konnte man über die Farmwege rollen. Die im Bundesstaat Ohio ansässige Firma Schacht hatte sich auf den Bau solcher skurrilen Gefährte spezialisiert, und als 1904 ihr erster Highwheeler mit 40 Zoll großen Rädern die Werkshallen in Cincinnatti verließ, fühlte man sich wieder in die Zeit der Kutschen versetzt. So simpel der Wagen auch aussah, so viel fortschrittliche Technik verbarg sich unter der Klappe am Heck. Ein wassergekühlter Boxermotor mit sechs über Keilriemen angetriebene Ölpumpen konnte sich problemlos gegen die Konkurrenz behaupten – zumindest bis 1910, als Fords Tin Lizzie Motorwagen dieser Art verdrängte.

Modell	*Schacht Highwheeler*
Hubraum / Zylinder	*2400 ccm / 2 Zyl.*
PS / KW	*12 / 8,8*
Bauzeit	*1904 – 1910*
Stückzahl	—

Stanley Steamer

Neben der Alternative eines Elektroautomobils hatten vor allem amerikanische Käufer die Wahl, mit einem Dampfwagen vorlieb zu nehmen. Die Brüder Stanley, die ab 1899 in Watertown im Bundesstaat Massachusetts solche Vehikel bauten, vertraten zwar die Meinung, dass die Zukunft den Dampfautomobilen gehöre – sie waren kraftvoll, leise und vor allem umweltfreundlich. Doch im Laufe der Jahre mussten sie einsehen, dass sich immer weniger Leute schon Stunden vor Fahrtantritt mit Vorbereitungen wie Anheizen etc. befassen wollten. Fords Tin Lizzie war fortschrittlicher und kostete weniger! Als in den frühen 20er Jahren die ersten Hersteller von Dampfwagen von der der Bildfläche verschwanden, war es nur eine Frage der Zeit, bis sich auch die Stanleys von diesem unrentablen Geschäftsbereich trennten.

Modell	*Stanley Steamer*
Zylinder	*2*
PS / KW	*ca. 20 / 14,6*
Bauzeit	*1919*
Stückzahl	—
Besonderheit	*Dampfautomobil*

Thomas Flyer 6-70

Die Automobile, die Erwin Ross Thomas von 1903 bis 1918 in Buffalo im Bundesstaat New York baute, waren zwar für ihre Robustheit bekannt. Um aber auf dem Markt bestehen zu können, musste Thomas seine Wertarbeit weit unter Preis verkaufen – nur so konnte er dem Druck der Massen- und Billigproduzenten entgegenwirken. Den größten Erfolg, den Thomas in seiner Firmengeschichte verbuchen konnte, war 1907 die Teilnahme an der legendären Fernfahrt von New York nach Paris. Von den nur sechs teilnehmenden Fahrzeugen, die auf ihrer Fahrt durch drei Kontinente über 13000 Meilen zurücklegten, ging der von Georg Schuster gefahrene Thomas Flyer 6-70 als Gesamtsieger hervor.

Modell	*Thomas Flyer 6-70*
Hubraum / Zylinder	*12.800 ccm / 6 Zyl.*
PS / KW	*72 / 52,7*
Bauzeit	*1910*
Stückzahl	—

BE·5210·U

1920 –1930
Automobilbau als neuer Industriezweig

Automobilbau als neuer Industriezweig

Fabrikation zwischen Inflation und Wirtschaftskrise

Ohne Zweifel hatten die Amerikaner zu Beginn der 20er Jahre im Automobilbau die Nase vorn. Sie verstanden es, nicht nur mit bequemen und hubraumstarken Modellen oder robusten Massenprodukten zu beeindrucken – auch ihre Preispolitik rief bei europäischen Automobilherstellern Bewunderung hervor. Henry Fords legendäre „Tin Lizzie" – das erste Fließbandauto der Welt – überflutete noch immer den Markt, und als 1927 die Produktion dieses Bestsellers eingestellt wurde, zählte man mehr als 15 Millionen gebaute Einheiten! Auf den Erfolg des Ford T konnten Europas Automobilbauer nur neidvoll herabblicken. Doch das spornte an und Hersteller wie Citroen, Renault, Fiat und Morris setzten Anfang der 20er Jahre alle Hebel in Bewegung, ihre Produktion drastisch zu steigern. An Stückzahlen von jährlich mehr als 20 000 Einheiten hatte zuvor niemand in Europa gedacht. Leider vermochten sich nur wenige (große) Hersteller auf diese Art und Weise auf dem Markt behaupten und halten zu können, für kleinere aber nicht weniger innovative Firmen wurde die Luft zunehmend dünner. So fehlte es beispielsweise der Marke De Dion Bouton (sie war einst Vorreiter der französischen Automobilentwicklung) an Kapital, um expandieren zu können – in veralteten Fabrikanlagen ließ sich eben keine konkurrenzfähige Großserienproduktion aufbauen. Auch andere Pioniere mussten einsehen, dass eine Jahresproduktion von etwa 1000 Fahrzeugen plötzlich unrentabel wurde, zumindest dann, wenn es sich bei den Modellen um kostengünstige „Durchschnittsware" handelte. Den automobilen Durchschnitt in Europa konnte man zu jener Zeit noch immer mit kleineren Vierzylindern der 1,1 bis 1,3-Liter-Klasse definieren – eine Größenordnung, die auf dem amerikanischen Markt eine absolut untergeordnete Rolle spielte. Natürlich hielt der Markt auch für anspruchsvolle und gut situierte Automobilisten Leckerbissen bereit – viele sogar! Hier sorgte man mit Konstruktionen von Hochleistungsmotoren für Aufmerksamkeit, und da ab 1921 wieder die Tradition so genannter Grand-Prix-Rennen fortgesetzt wurde, überboten sich die Hersteller gegenseitig im Rausch von Leistung und Geschwindigkeit. Dem technischen Wandel entsprechend bestimmte bald ein neuartiges Erscheinungsbild die automobile Oberklasse; denn große Achtzylinder-Aggregate benötigten viel Platz, oder anders interpretiert eine nicht zu übersehende lange Motorhaube. Um sich noch mehr von der Menge abheben zu können, reali-

sierten berühmte Meisterkarossiers dementsprechende Karosserieaufbaubauten. Mitte der 20er Jahre konnte der automobile Gegensatz kaum größer sein: Ein kleiner Citroen 5 CV mit spartanischer, aber robuster Technik war auf den Autoausstellungen ebenso vertreten wie eine Konstruktion von Ettore Bugatti, der gar nicht daran dachte, in den Großserienbau zu investieren. Bugatti – und viele andere auch – beschäftigte sich lieber mit dem Außergewöhnlichen und stellte 1927 mit seinem Modell Royale das bis dahin größte, teuerste und luxuriöseste Automobil aller Zeiten auf die eleganten Gussräder. Nur sieben Stück sind davon für ausgesuchte Persönlichkeiten gebaut worden. Auf Grund der unterschiedlichen Marktsituationen vor allem in den europäischen Ländern verlief die Automobilentwicklung keineswegs einheitlich. So kam sie besonders in Deutschland nach dem Ersten Weltkrieg nur sehr schleppend in Gang und wurde bald schon wieder durch die desolate Wirtschaftslage und die einsetzende Inflation aufgehalten. Preiswerte Importe, vorwiegend aus den USA, machten zudem vielen deutschen Automobilherstellern gegen Ende der 20er Jahre das Leben schwer, nur größere und auf einer soliden Basis stehende Unternehmen konnten die Krisenzeit überdauern und auf ein Come-Back in den 30er Jahren hoffen.

Adler 10/50 PS

Von den etwa 55 000 Automobilen, die sich 1914 auf den Straßen des Deutschen Reichs bewegten, handelte es sich statistisch betrachtet bei jedem fünften Fahrzeug um ein Modell der Marke Adler. Dank dieser Position fand Adler, im Gegensatz zu vielen anderen Herstellern, schon unmittelbar nach dem Ersten Weltkrieg wieder Anschluss an die automobile Entwicklung. Mit einer neuen Modellpalette, an deren Spitze neben dem 10/50 PS der noch größere 18/80 PS rangierte (4,7 Liter Hubraum, 80 PS), setzte ein Aufschwung ein, der Adler stückzahlmäßig den vierten und später den dritten Platz deutscher Automobilhersteller sicherte. Dem Zeitgeschmack entsprechend, baute man in den 20er Jahren die Mehrzahl der Automobile als so genannte offene Tourenwagen.

Modell	*Adler 10/50 PS*
Hubraum / Zylinder	*2580 ccm / 6 Zyl.*
PS / KW	*50 / 36,7*
Bauzeit	*1925 – 1927*
Stückzahl	*ca. 150*

Audi Imperator Typ R

Als 1928 DKW-Gründer Jörgen Skafte Rasmussen die Audi-Werke übernahm, rangierten am oberen Ende der Modellpalette einige Luxuswagen, zu denen auch der Typ R gehörte. Bei diesem auch „Imperator" genannten Modell handelte es sich zwar um einen beeindruckenden Achtzylinder, doch Fahrzeuge dieser Art ließen sich in einer wirtschaftlich schlechten Zeit alles andere als gut verkaufen. Das serienmäßig als Limousine angebotene Automobil (Gesamtlänge 5160 mm) konnte auch als Chassis geordert werden, um es mit einer Sonderkarosserie bestücken zu lassen – nur wenige machten davon Gebrauch. Man baute vom Imperator lediglich 145 Exemplare, und der weltweit noch einzig erhalten gebliebene Wagen steht heute wieder bei Audi, wo er aufwändig und authentisch restauriert wurde.

Modell	*Audi Imperator Typ R*
Hubraum / Zylinder	*4872 ccm / 8 Zyl.*
PS / KW	*100 / 73,2*
Bauzeit	*1928 – 1932*
Stückzahl	*145*

Audi Zwickau

In einer Zeit zunehmender Konkurrenz aus dem Ausland lancierte Audi in den 20er Jahren weiterhin große Automobile, die mit der „1" als Kühlerfigur nach wie vor als anerkanntes Signet für exklusiven Automobilbau standen. Mit dem neuen Typ Zwickau kam ein Wagen auf den Markt, der als siebensitzige Pullman-Limousine ab 11 870 Reichsmark zu haben war. Für die Cabriolet-Version lag der Einstiegspreis bei 13 850 Reichsmark. Schneller als 110 km/h ließ sich der Zwickau allerdings nicht bewegen: Das je nach Karosserieaufbau etwa 5000 mm lange Auto (Radstand 3500 mm) brachte ungefähr 2100 kg auf die Waage. Der Motor war übrigens keine Eigenkonstruktion – seine Produktionsanlagen entstammten einer Konkursmasse, die die Audi-Werke 1928 in den USA erworben hatten.

Modell	*Audi Zwickau*
Hubraum / Zylinder	*5130 ccm / 8 Zyl.*
PS / KW	*100 / 73,2*
Bauzeit	*1929 – 1932*
Stückzahl	*—*

Benz 16/50 PS

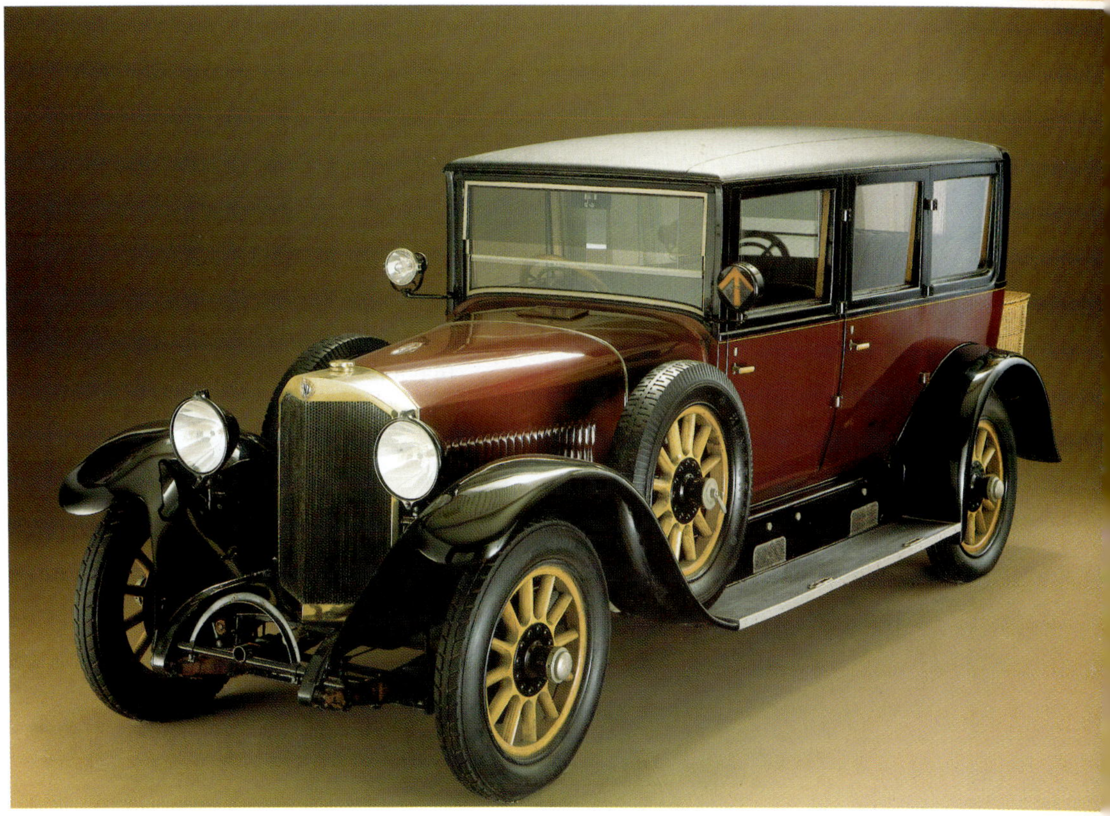

Im Gegensatz zu dem sehr früh verstorbenen Gottlieb Daimler hat Karl Benz die Fusion des von ihm gegründeten Unternehmens mit der Daimler-Motoren-Gesellschaft (DMG) zur gemeinsamen Marke Daimler-Benz noch erleben dürfen. 1926, kurz vor dem Zusammenschluss der Firmen, rangierte am oberen Ende der Benz-Modellpalette ein relativ konservativer Wagen, dessen grundsolide Qualität aber für einigermaßen volle Auftragsbücher sorgte. Die meist mit einem voluminösen Limousinenaufbau bestückten Fahrgestelle (3480 mm Radstand) entsprachen der damals bekannten Standardbauweise und rollten auf massiven Holzspeichenrädern – Drahtspeichenräder, die den 16/50 PS eleganter aussehen ließen, waren nur als Extra zu haben. Je nach Karosserieart lag der Einstiegspreis eines großen Benz zwischen 12.900 und 15.000 Reichsmark.

Modell	*Benz 16/50 PS*
Hubraum / Zylinder	*4160 ccm / 6 Zyl.*
PS / KW	*50 / 36,7*
Bauzeit	*1921 – 1926*
Stückzahl	*---*

BMW 3/15 PS DA 2

Die Verwandtschaft zum Austin Seven ließ sich nicht leugnen, als dieses Automobil mit BMW-Emblem am Kühler erstmals auf den Straßen auftauchte. Verglichen mit anderen Fahrzeugherstellern, stieg BMW 1928 mit der Übernahme der Dixi Werke erst relativ spät in den Automobilbau ein. Zunächst führte man die Produktion des dort entwickelten Modells DA 1 unter dem Namen Dixi weiter. Im Juli 1929 wurde aus diesem Modell dann das erste Automobil mit blau-weißem Markenzeichen – der BMW 3/15 PS. Die Unterschiede gegenüber dem Dixi fielen erst bei genauerem Hinsehen auf, denn BMW verzichtete zugunsten einer breiteren Karosserie auf Trittbretter. Der kleine BMW wurde zuerst offen mit Klappverdeck, später auch als Limousine gefertigt.

Modell	*BMW 3/15 PS DA 2*
Hubraum / Zylinder	*748 ccm / 4 Zyl.*
PS / KW	*15 / 11*
Bauzeit	*1929 – 1931*
Stückzahl	*ca. 16 000*

Modell	*BMW 3/15 PS Ambi-Budd*
Hubraum / Zylinder	*748 ccm / 4 Zyl.*
PS / KW	*15 / 11*
Bauzeit	*1929 – 1931*
Stückzahl	*---*

BMW 3/15 PS Ambi-Budd

Während der Bauzeit des 3/15 PS stellte BMW zwar überwiegend Limousinen-Modelle auf die Räder, doch neben den geschlossenen Ganzstahl-Aufbauten favorisierte man auch etwa 6000 Einheiten mit interessanten Sonderaufbauten. Diese verteilten sich auf kleine Lieferwagen, offene Tourenwagen (Zwei- und Viersitzer) und elegante Cabriolets. Außerdem stellte man Fahrgestelle für Sonderaufbauten bereit, die außer Haus bei namhaften Karosseriebetrieben gefertigt wurden. Der Karosseriebauer Ambi-Budd zählte mit etwa 2500 Beschäftigten zu solchen Spezialbetrieben, die für alle namhaften Marken Sonderkarosserien in kleiner Stückzahl auflegten. Für BMW entwarf man auf Basis des 3/15 PS diese kleine Coupé-Version, die dem Wagen zu einer durchaus interessanten Optik verhalf.

Elite E 12/40 PS

Im sächsischen Brand-Erbisdorf, dem Sitz der Elite-Werke AG, entstanden von 1913 bis 1929 neben Nutzfahrzeugen auch an die 3000 Personenwagen, deren Stückzahl sich auf etwa ein Dutzend verschiedene Modelle verteilte. Die ungewohnt hohe Modellvielfalt war letztendlich der Grund, weshalb sich Elite-Wagen nur schwer auf dem Markt etablieren konnten. Obwohl man neben Vierzylinder-Wagen auch größere Sechszylinder führte, fehlte eine klare Abgrenzung der einzelnen Typen. Zu oft überschnitten sie sich in Bezug auf Hubraum und Leistung. 1929 stellte Elite den Automobilbau ein.

Modell	*Elite E 12 Typ 12/40 PS*
Hubraum / Zylinder	*3130 ccm / 4 Zyl.*
PS / KW	*40 / 29,3*
Bauzeit	*1919 – 1923*
Stückzahl	—

Hanomag 2/10 PS

Automobile baute die 1835 gegründete Hannoversche Maschinenbau AG (Hanomag) erst ab 1925. Um in diesem Geschäftsbereich Entwicklungskosten zu sparen, übernahm man eine zur Serienreife entwickelte Kleinwagenkonstruktion des Ingenieurs Fidelis Böhler. Weil der Wagen über viel Platz im Inneren verfügen sollte, verzichtete Böhler auf Kotflügel und Trittbretter und baute somit die erste typische „Pontonkarosserie"! Bevor der Hanomag 2/10 PS in Serie ging, präsentierte das Werk 1924 ein Musterexemplar auf der Berliner Automobilausstellung und rührte mit einer Vorserie von zehn Wagen kräftig die Werbetrommel. Der Aufwand hat sich gelohnt, das im Volksmund „Kommissbrot" genannte Auto sollte in Hanomags Automobilgeschichte der absolute Bestseller bleiben.

Modell	*Hanomag 2/10 PS*
Hubraum / Zylinder	*502 ccm / 1 Zyl.*
PS / KW	*10 / 7,3*
Bauzeit	*1925 – 1928*
Stückzahl	*15 775*

Horch 16/80 PS Typ 350

Dem Automobilingenieur August Horch ist es permanent gelungen, durch bemerkenswerte technische Neuerungen dem Motorwagen auf dem Weg zum Automobil wesentliche Impulse zu vermitteln. Als Horch 1909 nach Differenzen mit dem Vorstand das von ihm gegründete Unternehmen verließ, konzentrierten sich die Horch-Werke zunächst weiter auf das Typenprogramm, dessen Struktur noch vom Gründer selbst entworfen worden war. Nach dem Ersten Weltkrieg besetzte Paul Daimler die Position des Chefkonstrukteurs und stellte im Herbst 1926 eine neue Modellreihe mit einem von ihm konstruierten Achtzylinder-Reihenmotor vor. Die auch Horch 8 genannte Baureihe setzte innerhalb kürzester Zeit neue Maßstäbe, wenn es darum ging, Begriffe wie automobile Eleganz und Luxus zu definieren.

Modell	*Horch 16/80 PS Typ 350*
Hubraum / Zylinder	*3950 ccm / 8 Zyl.*
PS / KW	*80 / 58,6*
Bauzeit	*1928 – 1930*
Stückzahl	*ca. 8000 (gesamte Baureihe)*

Mercedes 6/25/40 PS

Stern und Star gesellt sich gern – knapper kann man das Faible nicht beschreiben, das die internationale Prominenz schon immer für Fahrzeuge der Marken Mercedes und Mercedes-Benz hatte. Mit Beginn der Kompressor-Ära wurde die Vorliebe zur Leidenschaft: Hochadel, Top-Manager, Schauspieler und Schauspielerinnen, Sänger und Sängerinnen, Politiker und Industrielle wollten nicht ohne Kompressor-Mercedes sein. Kaum jemand kaufte sich so ein Modell, um damit sportliche Lorbeeren zu ernten. Sich mit dem Auto zu schmücken oder mit ihm zu repräsentieren – das waren die Hauptgründe. Nur wenige Zeitgenossen konnten Beruf und Hobby miteinander verbinden, wie etwa Rudolf Caracciola. Der Grand-Prix-Werksfahrer fuhr auf den Rennstrecken nicht nur laufend Siege ein, sondern auch immer die neuesten Kompressor-Dienstwagen.

Modell	*Mercedes 6/25/40 PS*
Hubraum / Zylinder	*1568 ccm / 4 Zyl.*
PS / KW	*25 / 18,3*
Bauzeit	*1921 – 1924*
Stückzahl	*—*

Mercedes Knight 16/45 PS

Als bei der Daimler-Motoren-Gesellschaft 1907 Paul Daimler die Leitung des Konstruktionsbüros übernahm und die Nachfolge Wilhelm Maybachs antrat, schwebte ihm etwas ganz besonders vor: Er wollte einen außergewöhnlich laufruhigen Wagen etablieren, der von einem so genannten Schiebermotor angetrieben wurde. Diese ventillose Bauart, die der Amerikaner Knight entwickelt hatte, zeichnete sich vor allem durch eine sehr niedrige Motordrehzahl aus und konnte die volle Leistung bereits bei Drehzahlen von unter 2000 U/min abgeben. Außerdem erwiesen sich Schiebermotoren als extrem langlebig, doch sie verlangten eine große Portion an feinfühliger Bedienung – eine Eigenschaft, die vielen Autobesitzern fremd war. Von dem Typ 16/45 PS abgesehen, erwiesen sich alle Knight-Modelle im Alltagsbetrieb als ungeeignet – für Daimler ein Grund, den unprofitablen Wagen 1924 ersatzlos zu streichen.

Modell	*Mercedes Knight 16/45 PS*
Hubraum / Zylinder	*4080 ccm / 4 Zyl.*
PS / KW	*45 / 33*
Bauzeit	*1916 – 1924*
Stückzahl	*—*

Mercedes 24/100/140 PS

1921 begann bei der Daimler-Motor-Gesellschaft die Kompressor-Ära – eine Phase, in der mit dem neuen Chefkonstrukteur Dr. Ferdinand Porsche ein neuer Mann ins Spiel kam. Er leitete mit dem Sechszylindermotor des Mercedes 24/100/140 PS die nächste Stufe der Kompressor-Ära ein. Der spätere Vater des VW Käfers und Gründer des gleichnamigen Sportwagenherstellers nutzte den von Paul Daimler (Sohn von Gottlieb Daimler) aufgebauten Technologiestand, um mit dem 24/100/140 PS das vielleicht weltweit beste Auto jener Tage zu entwickeln. Es debütierte im Dezember 1924 auf der Berliner Automobilausstellung. Die 24 in seiner Bezeichnung gab Aufschluss über die auf den Hubraum bezogenen Steuer-PS, eine fiskalische Angelegenheit. Die 100 und 140 standen für die PS-Motorleistung ohne bzw. mit zugeschaltetem Kompressor.

Modell	*Mercedes 24/100/140 PS*
Hubraum / Zylinder	*6240 ccm / 6 Zyl.*
PS / KW	*100 / 73,2*
Bauzeit	*1924 – 1925*
Stückzahl	—

Mercedes-Benz K 24/110/160 PS

Roots-Kompressor – das war das Zauberwort für Ferdinand Porsche, der wie sein Vorgänger Paul Daimler wusste, dass sich diese aufwändige Technik hervorragend zur Leistungssteigerung für Hochleistungsautomobile eignet. Wie früher üblich, nannte die erste Zahl der Modellbezeichnungen die hubraumabhängigen Steuer-PS, die zweite die Motorleistung bei Saugbetrieb und die dritte Zahl die Leistung mit eingeschaltetem Kompressor. Porsches erste Konstruktionen wurden 1926 durch das ebenfalls von ihm weiterentwickelte Modell K (auch als 630 K bezeichnet) erneut getoppt. Dieser Wagen nebst seinen Vorgängermodellen blieb noch nach der Fusion der Firmen von Daimler und Benz anno 1926 im Programm. Im Gegensatz zu später debütierenden Kompressorwagen stand das K in der Typbezeichnung hier nicht für die Kompressor-Bestückung, sondern es wies auf den gekürzten Radstand des Chassis hin.

Modell	*Mercedes-Benz K 24/110/160 PS*
Hubraum / Zylinder	*6240 ccm / 6 Zyl.*
PS / KW	*110 / 80,5*
Bauzeit	*1928 – 1929*
Stückzahl	—

Mercedes-Benz S 26/120/180 PS

Als der seit Februar 1927 entwickelte Mercedes-Benz S beim Eröffnungsrennen des Nürburgrings seinen ersten öffentlichen Auftritt absolvierte, krönte er die Vorstellung gleich mit einem überlegenen Doppelsieg. Er machte seinen Anspruch geltend, dem Typ 630 K als schnellsten Personenwagen seiner Zeit den Rang abzulaufen. Basierend auf dem 630 K und dessen weiterentwickeltem auf 6,8 Liter Hubraum aufgebohrten Sechszylinder, aber mit tiefergelegtem Chassis, übertraf der S seinen Vorgänger in jeder Hinsicht. Sein kopfgesteuerter Motor wuchtete ohne Kompressoreinsatz in seiner ersten Ausführung 120 PS auf die Hinterräder. Wenn das Gaspedal über die Vollgasstellung hinaus durchgedrückt wurde, schaltete sich der über Kegelräder angetriebene Roots-Kompressor zu, um die Leistung zusätzlich zu steigern. Die Mehrscheibenkupplung musste dann 180 PS übertragen.

Modell	*Mercedes-Benz S 26/120/180 PS*
Hubraum / Zylinder	*6800 ccm / 6 Zyl.*
PS / KW	*120 / 87,9*
Bauzeit	*1926 – 1930*
Stückzahl	*174*

Mercedes-Benz SS

Die bei Daimler-Benz unter den Bezeichnungen Mercedes-Benz S, SS, SSK und SSKL gebauten Kompressorwagen gingen zwar überwiegend als Rennsport-Zweisitzer in die Geschichte ein, doch neben den Sportausführungen wurden auch verschiedene Tourenwagen und Cabriolets karossiert. In seiner zweiten Evolutionsstufe als Typ SS oder Typ 27/140/200 PS erschien der von Ferdinand Porsche konstruierte Wagen 1928 mit einem höher verdichteten Motor. Das ebenfalls mit Doppelzündung (Magnet und Batterie) ausgerüstete Aggregat gab jetzt 20 PS Leistung mehr ab. Das Kürzel SS in der Modellbezeichnung des 35.000 Reichsmark teueren Gefährts bedeutete übrigens „Super Sport“, während sich der Vorgänger namens S mit der schlichteren Bezeichnung „Sport“ zufrieden geben musste.

Modell	*Mercedes-Benz SS*
Hubraum / Zylinder	*7065 ccm / 6 Zyl.*
PS / KW	*140 / 102,5*
Bauzeit	*1928 – 1932*
Stückzahl	*151*

Mercedes-Benz SSK

Gegenüber den mit Superlativen reich gesegneten S und SS-Modellen setzte die dritte Entwicklungsstufe, der SSK, noch eins drauf: SSK stand für „Super Sport Kurz“, denn dieser damals absolute Traumwagen zeitgenössischer Sportfahrer basierte auf einem um 450 mm verkürzten Fahrgestell. Der kurze Radstand machte aus dem SSK oder auch Typ 720 genannten Wagen ein agiles Sportgerät, das von 1928 bis 1932 in 33-facher Auflage gebaut wurde. Rennfahrer wie Rudolf Caracciola errangen mit dem SSK große Siege. Auch in den Ausführungen als „Straßenversion“ konnten Kompressorwagen anderer Hersteller den Typen S, SS und SSK kaum das Wasser reichen. Ein typisches Erkennungszeichen dieser Mercedes-Benz-Baureihe waren übrigens drei geschwungene, seitlich aus der Motorhaube ragende Auspuffrohre.

Modell	*Mercedes-Benz SSK*
Hubraum / Zylinder	*7065 ccm / 6 Zyl.*
PS / KW	*140 / 102,5*
Bauzeit	*1928 – 1932*
Stückzahl	*33*

Mercedes-Benz SSKL

Für den Preis von 40.000 Reichsmark wurde bei Daimler-Benz gegenüber dem Kraftprotz SSK noch eine weitere leistungsgesteigerte Version angeboten – der SSKL. Hier handelte es sich um ein absolut reinrassiges Sportgerät mit brüllenden 300 PS, das durch zahlreiche Abspeck-Maßnahmen (unter anderem ausgebohrtes Chassis) etwa 200 kg leichter als der 1700 kg wiegende SSK war. Versierten Rennfahrern bescherte der SSKL („Super Sport Kurz Leicht") viele Siege bei der Mille Miglia (Caracciola, 1931) und in vielen anderen großen Rennen der 20er und 30er Jahre. Wer heute dieses automobile Denkmal bestaunen möchte, muss mit authentischen Nachbauten vorlieb nehmen, denn von den im Werk gebauten sieben echten SSKL hat keiner überlebt.

Modell	*Mercedes-Benz SSKL*
Hubraum / Zylinder	*7065 ccm / 6 Zyl.*
PS / KW	*240 / 175,8*
Bauzeit	*1928 – 1933*
Stückzahl	*7*

Mercedes-Benz Typ Stuttgart 260

Unter der Leitung von Hans Nibel, dem technischen Direktor bei Daimler-Benz, entwickelte man Mitte der 20er Jahre einen Wagen, der von der Größe her der Mittelklasse zuzuordnen war. Beim Debüt 1928 tauchte das Modell vorerst als Typ 8/38 PS in den Verkaufsunterlagen auf – ein paar Monate später wurde es zum Modell Stuttgart umbenannt. Mit einem Seitenventilmotor (6 Zylinder, 2 Liter Hubraum) und einem Dreiganggetriebe bestückt, lockte der Stuttgart anfangs mehr konservative Kundschaft zu den Händlern. Nachdem 1929 im Zuge der Modellpflege eine auf 2,5 Liter Hubraum vergrößerte Variante angeboten wurde, führte Daimler-Benz jetzt einen Wagen im Programm, der nur unwesentlich teurer als seine Mitbewerber war. Neben einer Vielzahl interessanter Personenwagenkarosserien rollte der Stuttgart auch als Taxi, Lieferwagen und Kommunalfahrzeug auf den Straßen.

Modell	*Mercedes-Benz Typ Stuttgart 260*
Hubraum / Zylinder	*2581 ccm / 6 Zyl.*
PS / KW	*50 / 36,6*
Bauzeit	*1928 – 1934*
Stückzahl	*—*

NAG 10/45 PS Typ C 4B

1901 erweiterte die Allgemeine Elektricitäts-Gesellschaft (AEG) ihre Geschäftsbereiche durch den Automobilbau und gründete zum Vertrieb der Wagen die Neue Automobil-Gesellschaft (NAG). Im Zuge einer Firmenumstrukturierung wurde 1908 die Fahrzeugproduktion vollständig in die NAG integriert. Neben dem Bau von Personenwagen zählte die NAG in Berlin auch zu einem wichtigen Hersteller von Omnibussen. Im PKW-Programm der 20er Jahre dominierte lange Zeit der Typ C 4 – eine Entwicklung des früher bei Minerva tätigen Ingenieurs Christian Riecken. Dieser Wagen, den man wie die Baureihen C 4 und D 4 an ihrem ungewöhnlich gestylten Kühlergrill erkannte, verkaufte sich gut und war vielen Mitbewerbern in Bezug auf die Fahreigenschaften weit voraus.

Modell	*NAG 10/45 PS Typ C 4B*
Hubraum / Zylinder	*2553 ccm / 4 Zyl.*
PS / KW	*45 / 33*
Bauzeit	*1922 – 1925*
Stückzahl	*ca. 5000 (alle Baureihen)*

Opel 8/25 PS

Dem Zeitgeschmack folgend entwarf Opel mit dem Typ 8/25 PS einen Wagen, der dazu gedacht war, in den 20er Jahren die Stütze der Modellpalette zu bilden. Etwa 2000 Einheiten sollten jährlich produziert werden – eine Zahl, die sich nicht erreichen ließ. Kaum jemand wollte das Spitzkühler-Modell mit der zweigeteilten Windschutzscheibe haben und daran änderte die für den 8/25 PS betriebene Werbung nichts, auch wenn es im Prospekt hieß: „... Der Wagen ist ein Vorbild des Gebrauchswagens im geschäftlichen Sinne, er dient dem Arzt bei seiner Überlandpraxis und erfreut während der Urlaubszeit durch seine Schnelligkeit – und als „Bergsteiger" den, der in Gottes freier Natur Erholung sucht von den Mühen und Lasten des Alltags ..."

Modell	*Opel 8/25 PS*
Hubraum / Zylinder	*2000 ccm / 4 Zyl.*
PS / KW	*25 / 18,3*
Bauzeit	*1920 – 1924*
Stückzahl	*—*

Opel 4/12 PS

Das erste in Großserie gebaute Automobil deutscher Produktion, der Opel 4/12 PS, rollte 1924 vom Band. Für wohlhabende Automobilbesitzer, die es gewohnt waren, sich chauffieren zu lassen, war dieses Fahrzeug eine Provokation, denn anstatt mit eindrucksvollen Limousinen versuchte Opel, den PKW-Bau nun mit einem Kleinwagen zu revolutionieren, der nicht in Handarbeit, sondern am Fließband hergestellt wurde! Der kleine, im Volksmund wegen seiner grünen Lackierung „Laubfrosch" genannte Wagen sorgte für viel Aufmerksamkeit, und seine Produktionsweise ermöglichte einen erschwinglichen Preis. Die Stückzahlen kletterten bald in ungeahnte Höhen, der Preis rutschte in den Keller, und auch anfängliche Skeptiker nutzten den 4/12 PS bald als Transportmittel.

Modell	*Opel 4/12 PS*
Hubraum / Zylinder	*951 ccm / 4 Zyl.*
PS / KW	*12 / 8,8*
Bauzeit	*1924 – 1925*
Stückzahl	*ca. 120 000 (gesamte Serie)*

Opel 4/16 PS

Als sich Opel 1923, mitten in der Inflationszeit, entschloss, ein Auto mit neuen Produktionsmethoden herzustellen, konnte keiner ahnen, dass das nur 45 Meter lange Fließband den PKW-Bau schneller als erwartet revolutionieren sollte. Zeiten, in denen sich Arbeiter ihr Material von Hand oder mit einem Karren heranholen mussten, gehörten schnell der Vergangenheit an. Alle Bauteile und Komponenten wie Kurbelgehäuse, Nockenwellen oder Zylinderblöcke kamen jetzt auf Transportbändern direkt zu ihnen. 1928 erstreckte sich die Fließbandproduktion in Rüsselsheim bereits auf eine Länge von 2000 Metern, und dank dieser Anlagen konnte die Modellpalette mit Typen wie dem 4/16 PS allmählich ergänzt und nach oben hin abgerundet werden.

Modell	*Opel 4/16 PS*
Hubraum / Zylinder	*1018 ccm / 4 Zyl.*
PS / KW	*16 / 11,7*
Bauzeit	*1927 – 1928*
Stückzahl	*2023*

Wanderer 5/20 PS W8

Kurz vor dem Ersten Weltkrieg brachte Wanderer mit dem Modell „Puppchen" ein Fahrzeug auf den Markt, das dank intensiver Modellpflege noch Mitte der 20er Jahre gebaut wurde. Auch in der letzten Entwicklungsstufe als Typ W8 blieb Wanderer der für diesen Wagentyp recht schmalen Karosserie treu. Von der Ausstattung mit dicken Ballonreifen abgesehen, fanden beim W8 die meisten Veränderungen im Verborgenen statt. Dank eines leistungsfähigen Motors entwickelte der Wagen eine für seine Klasse ungewohnt hohe Agilität. Im Unterschied zu den Vorgängermodellen hatte Wanderer zwischenzeitlich die Auswahl an Karosserien drastisch reduziert – der W8 war lediglich als offener Tourenwagen mit Klappverdeck zu haben, und der Einstieg erfolgte durch eine Tür auf der linken Seite.

Modell	*Wanderer 5/20 PS W8*
Hubraum / Zylinder	*1306 ccm / 4 Zyl.*
PS / KW	*20 / 14,7*
Bauzeit	*1925 – 1926*
Stückzahl	*ca. 9000 (gesamte Baureihe)*

Modell	*F.N. Sport*
Hubraum / Zylinder	*1328 ccm / 4 Zyl.*
PS / KW	*keine Angaben*
Bauzeit	*1923 – 1925*
Stückzahl	*—*

F.N. Sport

Automobilbau spielte bei der Fabrique Nationale d'Armes de Guerre nur eine untergeordnete Rolle, denn unter dem Kürzel F.N. wurden hauptsächlich Waffen produziert. Neben dem Automobilbau (von 1899 bis 1935) nahm F.N. 1930 auch den Nutzwagen- und Motorradbau auf. Während andere belgische Automobilproduzenten von Anfang an das Exportgeschäft pflegten, bediente F.N. seinen geringen Produktionszahlen entsprechend überwiegend den heimischen Markt – bis 1914 hatte man gerade mal 3500 Vehikel auf die Räder gestellt. Zu den bekanntesten F.N.-Wagen der Firmengeschichte zählt das 1913 auf dem Pariser Salon vorgestellte Modell 1250, das in den Verkaufsunterlagen nur als Zweisitzer geführt wurde. Dank regelmäßiger Modellpflege konnte sich der Wagen bis 1924 im Modellprogramm behaupten.

Minerva AF

Nach jahrelanger Produktion von Motorrädern gab die in Antwerpen angesiedelte Firma Minerva diesen Geschäftsbereich 1910 wieder auf, um sich intensiver dem Automobilbau widmen zu können. Die ersten automobilen Gehversuche des 1897 von Sylvian de Jong gegründeten Unternehmens beschränkten sich hauptsächlich auf den Bau kleiner Zweizylinder-Wagen – für den Export nach Großbritannien führte man speziell die Minervette, ein kleines Gefährt mit Einzylindermotor, im Programm. De Jongs große Leidenschaft aber waren die später gebauten Luxuswagen mit bis zu 8 Litern Hubraum. Mit diesen Modellen (einige wurden mit dem laufruhigen Knight-Motor bestückt) sprach er neben gekrönten Häuptern auch gut situierte Privatkunden an, die eine Alternative zum Rolls-Royce suchten.

Modell	*Minerva AF*
Hubraum / Zylinder	*5344 ccm / 6 Zyl.*
PS / KW	*100 / 73,2*
Bauzeit	*1925 – 1928*
Stückzahl	*—*

Amilcar CS8 Torpedo

Bekannt wurde die Marke Amilcar vor allem durch den Bau leichter zweisitziger Automobile, die für den Wettbewerbssport geradezu prädestiniert waren. Amilcar, 1921 von den Tüftlern Morel und Moyet sowie den Kaufmännern Lamy und Akar gegründet, stellte nicht nur im Stammwerk in St. Denis Fahrzeuge auf die Räder, sondern vergab auch Lizenzen – allerdings nur für die Vierzylinder-Modelle: Sie kamen in Deutschland als Pluto auf den Markt und waren in Österreich unter dem Namen Grofri zu haben. Das Highlight der Modellpalette, der mit einem Achtzylindermotor bestückte Typ G8, kam 1926 auf den Markt. Als letzte Entwicklungsstufe lancierte Amilcar 1938 den Compound, ein besonders fortschrittliches Modell mit Frontantrieb und Einzelradaufhängung – gebaut wurde es allerdings unter der Regie von Hotchkiss.

Modell	*Amilcar CS 8 Torpedo*
Hubraum / Zylinder	*2300 ccm / 8 Zyl.*
PS / KW	*65 47,6*
Bauzeit	*1929 – 1931*
Stückzahl	*—*

Ballot Paris 2 LT

1919 – zu dieser Zeit gaben manche Tüftler mangels technischer oder kaufmännischer Fähigkeiten ihre Fahrzeugfabrikation längst wieder auf – brachte Ernest Maurice Ballot sein erstes Automobil auf den Markt. Die Idee, sich mit Automobilbau zu befassen, war das Ergebnis eines intensiven Gespräches, das er mit einem befreundeten Rennfahrer führte – vielleicht ein Grund, weshalb die frühen Ballot-Wagen mit ihrem Achtzylindermotor besser auf die Rennpiste als auf die Straße passten. 1922 debütierte ein für den Alltagsbetrieb geeigneter Vierzylinder-Wagen, der aufgrund seines hohen Gewichts und ungünstigen Getriebeübersetzungen eher träge über die Straßen rollte. Erst nach vielen technischen Modifikationen (Einbau von Vierradbremsen, Verbesserungen am Chassis) gelang Ballot Mitte der 20er Jahre der Durchbruch im Automobilgeschäft.

Modell	*Ballot Paris 2 LT*
Hubraum / Zylinder	*1974 ccm / 4 Zyl.*
PS / KW	*40 / 29,3*
Bauzeit	*1925*
Stückzahl	—

Bugatti T 23 Brescia

Im Gegensatz zu vielen anderen Bugatti-Modellen mit Hubräumen jenseits von 4 Litern konstruierte Ettore mit dem T 23 einen Wagen der leichteren Art. Dennoch durfte dieses Modell nicht als Sparversion verstanden werden: Beim T 23 handelte es sich um einen fortschrittlichen Sechzehnventiler, der von der Bauart her in der Klasse leichtgewichtiger Voituretten zuhause war. Tester des englischen Magazins „Light Car" beurteilten den T 23 damals mit den Worten: „Mit dem enggestuften Vierganggetriebe und dem kraftvollen Motor lässt sich der Wagen leicht bewegen, wobei er auf jede noch so winzige Bewegung von Lenkrad oder Pedalen stets spontan reagiert. Man meint, ein viel größeres Fahrzeug zu steuern, denn der Motor kommt überraschend schnell auf Touren".

Modell	*Bugatti T 23 Brescia*
Hubraum / Zylinder	*1496 ccm / 4 Zyl.*
PS / KW	*30 / 22*
Bauzeit	*1921 – 1926*
Stückzahl	—

Modell	*Bugatti Typ 40*
Hubraum / Zylinder	*1496 ccm / 4 Zyl.*
PS / KW	*45 / 33*
Bauzeit	*1926 – 1930*
Stückzahl	*ca. 800*

Bugatti Typ 40

Als Nachfolger der so genannten Brescia-Modelle gedacht, debütierte 1926 mit dem T 40 ein Wagen, für den eigens ein komplett neues Fahrgestell mit verbesserten Fahreigenschaften entwickelt wurde. Unter der Haube blieb – von der Aufhängung des Motors abgesehen – fast alles beim Alten. Auf Grund des massiven Unterbaus war es möglich, den T 40 auch mit einfacher zu montierenden, aber schwereren Limousinenaufbauten zu bestücken. Da solche Karosserien zudem preiswerter in der Herstellung waren, bestand die Möglichkeit, mit dem T 40 einen prestigeträchtigen Wagen zu einem besonders interessanten Preis zu erwerben. Eine Alternative zum geschlossenen Wagen war übrigens eine Roadster-Karosserie amerikanischer Stilrichtung, die man am ausklappbaren Notsitz im Heck erkannte.

Bugatti 35 A

Bugattis typischer Grand-Prix-Wagen, der Typ 35, betrat beim Grand Prix von Lyon 1924 zum ersten Mal rennsportlichen Boden. Auf einem sich nach hinten hin verjüngenden Fahrgestell aufgebaut, erhielt der 35 die für ihn charakteristische Heckpartie. Vorn dominierte ein hufeisenförmiger Kühler, dessen Größe und typische Form im Laufe der Jahre auch anderen Bugatti-Wagen angepasst wurde. Um dem enormen Interesse, das die Öffentlichkeit dem Typ 35 entgegenbrachte, gerecht zu werden, entschloss sich Bugatti, das Grand-Prix-Fahrzeug als Typ 35 A in leicht abgewandelter Form für den Privatfahrer herauszubringen. Diese Wagen rollten auf grazilen Drahtspeichenrädern daher, während die Grand-Prix-Renner mit eleganten gewichtsparenden Aluminiumgussrädern an den Start gingen.

Modell	*Bugatti 35 A*
Hubraum / Zylinder	*1991 ccm / 8 Zyl.*
PS / KW	*75 / 55*
Bauzeit	*1926 – 1930*
Stückzahl	*130*

Bugatti 37 A

Mit dem Bugatti Typ 37 lancierte man einen weiteren Wagen, der unter dem Ausstattungsniveau des Typs 35 rangierte. Er ließ sich zwar bei Bedarf mit Scheinwerfern bestücken, konnte aber nicht mit einem Verdeck versehen werden – ein Zeichen, dass der Typ 37 auch im Wettbewerbssport zuhause sein sollte. Die Alternative zum Typ 37 war eine reinrassige Rennversion. Dieses Typ 37 A genannte Modell erhielt zwecks Leistungssteigerung einen Kompressor und besaß anfangs noch eine Niederdruck-Düsenschmierung, die bei späteren Fahrzeugen gegen die effektivere Druckumlaufschmierung getauscht wurde. Von den Abmessungen her gab sich der 37 bzw. 37 A relativ kompakt: Bei einem Radstand von 2400 mm und einer Spurweite von 1200 mm ließ er sich vom geübten Fahrer leicht beherrschen.

Modell	*Bugatti 37 A*
Hubraum / Zylinder	*1496 ccm / 4 Zyl.*
PS / KW	*100 / 73,2*
Bauzeit	*1927 – 1930*
Stückzahl	*290 (Typ 37 und 37 A)*

Chenard & Walker T 3

Obwohl sich Ernest Chenard und Henry Walker seit 1900 mit Automobilen befassten, gehörten sie stets zu den Außenseitern des Automobilbaus. Eines ihrer frühen Modelle belegte anlässlich eines Verbrauchswettbewerbes zwar den ersten Platz, doch dieser Sieg war selbst für Insider kein Anlass, so einen Wagen zu kaufen. Mit der Gründung einer Autovermietung (1908) bewiesen die Geschäftspartner größeren Spürsinn: Hier konnten sie die Absatzprobleme ihrer Modelle einigermaßen kompensieren und mehrere hundert Wagen gewinnbringend nutzen. Nach dem Ersten Weltkrieg versuchten sich Chenard und Walker zwar erfolgreich im Wettbewerbssport, doch ihre falsche Modellpolitik trieb das Unternehmen, das 1951 von Peugeot aufgekauft wurde, in den Ruin.

Modell	*Chenard & Walker T 3*
Hubraum / Zylinder	*1974 ccm / 4 Zyl.*
PS / KW	*38 / 27,8*
Bauzeit	*1924*
Stückzahl	*—*

Citroen B 2

Unter der schlichten Modellbezeichnung Typ A brachte André Citroen, Sohn eines polnischen Einwanderers, 1919 sein erstes erfolgreiches Automobil auf den Markt. Der 65 km/h flotte Wagen mit großem Radstand (2835 mm) wurde 1921 vom Modell B abgelöst. Durch Aufbohren des Motors erreichte der Wagen mehr Leistung, die mittels eines Dreiganggetriebes an die Hinterachse gebracht wurde. In der Grundversion war der B 2 nur unwesentlich schneller als sein Vorgänger – wer einen Schnitt von 90 km/h erreichen wollte, konnte sich der 22 PS starken Ausführung namens Caddy-Sport bedienen. Zu den Besonderheiten des Wagens gehörte neben dem elektrischen Anlasser noch die elektrische Beleuchtung – ein Ausstattungsdetail, das viele Mitbewerber damals nur gegen Aufpreis lieferten.

Modell	*Citroen B 2*
Hubraum / Zylinder	*1452 ccm / 4 Zyl.*
PS / KW	*20 / 14,7*
Bauzeit	*1921 – 1926*
Stückzahl	*ca. 90 000*

Citroen 5 CV

Anfang der 20er Jahre realisierte Citroen mit dem Typ 5 CV die Idee eines volkstümlichen Automobils, das sich jedermann leisten sollte. Dieser auch „Trèfle" genannte Wagen entstand übrigens nicht, wie frühere Modelle, unter der Regie des Konstrukteurs Jules Salomon, sondern unter der Leitung von Edmond Moyet. Im Nachhinein betrachtet, war der 5 CV das Automobil überhaupt, das der Marke zur großen Popularität verhalf. Das kostengünstige Fließbandprodukt avancierte sogar zum ersten europäischen Volksautomobil, das sich durch leichte Handhabung bei der Auto fahrenden Damenwelt großer Beliebtheit erfreute. Der Erfolg des 5 CV schien auch Opel zu beeinflussen, doch die Justiz konnte in Opels ähnlich aussehendem „Laubfrosch" keine Kopie erkennen, da für den 5 CV kein Patentschutz bestand!

Modell	*Citroen 5 CV*
Hubraum / Zylinder	*855 ccm / 4 Zyl.*
PS / KW	*11 / 8*
Bauzeit	*1921 – 1926*
Stückzahl	*ca. 80 000*

Delage D 1

Mit raffinierten technischen Details gelang es Louis Delage, sich als Automobilbauer der Oberklasse immer wieder deutlich von den Mitbewerbern abzuheben. Bevor er sich 1905 selbstständig machte, sammelte er bei Peugeot Erfahrungen im Automobilbau. Seinen ersten Luxuswagen lancierte Delage 1911 – als Besonderheit verfügte dieses Modell über ein Fünfganggetriebe. Kurze Zeit später konstruierte er einen Motor mit zwei obenliegenden Nockenwellen und einem V12-Aggregat. Zur serienmäßigen Bestückung seiner Wagen zählten in den 30er Jahren bereits Annehmlichkeiten wie hydraulische Vierradbremsen und synchronisierte Getriebe – Details, die ihm in Fachkreisen jede Menge Pluspunkte einbrachten. Darüber hinaus förderten sportliche Erfolge das Markenimage.

Modell	*Delage D 1*
Hubraum / Zylinder	*2116 ccm / 4 Zyl.*
PS / KW	*30 / 22*
Bauzeit	*1925*
Stückzahl	*—*

Modell	*Lorraine-Dietrich 15 HP*
Hubraum / Zylinder	*3446 ccm / 6 Zyl.*
PS / KW	*80 / 58,6*
Bauzeit	*1924 – 1931*
Stückzahl	*—*

Lorraine-Dietrich 15 HP

Als die elsässische Region, in der das Unternehmen Lorraine-Dietrich residierte, nach dem Ersten Weltkrieg wieder zu Frankreich gehörte, entstand unter der Regie des neuen technischen Leiters Marius Barbarou ein Sechszylinder-Wagen (Typ 15 HP), der für lange Zeit die tragende Säule einer überarbeiteten Modellreihe sein sollte. Von dem Bau extremer Rennwagen mit bis zu 15 Litern Hubraum hatte sich Lorraine-Dietrich indes verabschiedet – es gelang, auch mit den hochwertigen Sechszylindern Siege einzufahren: Zum Beispiel in den Jahren 1925 und 1926 bei den 24 Stunden von Le Mans. Weil sich ab 1932 mit dem zum 4-Liter-Modell weiterentwickelten 15 HP nicht mehr an frühere Erfolge anknüpfen ließ, gab man 1935 den PKW-Bau zugunsten der Flugmotorenherstellung auf.

Mathis Torpedo

Durch die politisch-geographische Lage bedingt, belegte Emile Mathis bis zum Ende des Ersten Weltkrieges unter Deutschlands größten Automobilhändlern lange Zeit Platz Eins. Nach 1919 zählte Mathis, der ab 1910 auch eigene Fahrzeuge konstruierte, lange Zeit zu den erfolgreichsten französischen Automobilherstellern. An die 20 000 Wagen wurden jährlich produziert – solche Stückzahlen konnten nur von Citroen und Renault getoppt werden. Mathis-Wagen wurden sogar von der holländischen Marke Spyker vertrieben und in Großbritannien unter dem Markennamen B.A.C in Lizenz gebaut. Trotz solcher Erfolge führte Emile Mathis durch falsche Finanzpolitik Ende der 20erJahre sein Unternehmen aufs automobile Abstellgleis.

Modell	*Mathis Torpedo*
Hubraum / Zylinder	*1131 ccm / 4 Zyl.*
PS / KW	*20 / 14,7*
Bauzeit	*1920 – 1923*
Stückzahl	*—*

Modell	*Peugeot Quadrilette*
Hubraum / Zylinder	*667 ccm / 4 Zyl.*
PS / KW	*9,5 / 7*
Bauzeit	*1919 – 1923*
Stückzahl	*—*

Peugeot Quadrilette

Im Gegensatz zu größeren Automobilen waren viele der beliebten französischen Cyclecars in den 20er Jahren nur mit einem einfachen Kettenantrieb ausgestattet. Peugeot wertete als Vorreiter diese Fahrzeugklasse 1920 auf und stattete ein neues Modell namens Quadrilette diesmal anstelle des Kettenantriebs mit einem Kardantrieb aus. Peugeot leitete damit unter anderem den Übergang vom Cyclecar zu den ersten typischen Kleinstautomobilen ein. Zwar profitierte der ab 1920 gebaute Quadrilette auf Grund seines leichten Gewichts noch von den Steuererleichterungen, die man Cyclecar-Besitzern gewährte. Als moderner Nachfolger des technisch längst überholten Peugeot Bébé durfte sich der Quadrilette sogar rühmen, bis 1922 Frankreichs wirtschaftlichster Kleinwagen gewesen zu sein.

Renault 40 CV

Eines der gigantischsten Automobile aller Zeiten wurde ab 1921 bei Renault gebaut. Mit einer Länge von fast 6000 mm avancierte der Typ 40 CV schnell zum Objekt der Begierde – zumindest für die, die sich so etwas leisten konnten. Das lange Fahrgestell wurde in drei verschiedenen Radständen (3800, 3870 und 3990 mm) angeboten und ließ sich mit Prunkaufbauten kombinieren, die damals zum Höhepunkt automobiler Mode zählten. Das Herzstück des Luxusmobils war zwar ein Sechszylindermotor, doch aufgrund des Kolbendurchmessers von 110 mm und einem Hub von 160 mm ließ sich aus dem Hubraum ausreichend Kraft schöpfen. Interessant ist die Wasserkühlung (50 Liter!) des 40 CV: Sie funktioniert nach dem Prinzip des Thermosyphon und kann dementsprechend ohne Wasserpumpe zirkulieren!

Modell	*Renault 40 CV*
Hubraum / Zylinder	*9112 ccm / 6 Zyl.*
PS / KW	*104 / 76,2*
Bauzeit	*1921 – 1929*
Stückzahl	—

Modell	*Renault 6 CV Typ KJ*
Hubraum / Zylinder	*951 ccm / 4 Zyl.*
PS / KW	*16 / 11,7*
Bauzeit	*1922 – 1927*
Stückzahl	—

Renault 6 CV Typ KJ

1922 präsentierte Renault mit dem Typ 6 CV einen Wagen, der durch eine sensationelle Werbekampagne für viel Aufmerksamkeit sorgte. 203 Tage lang wurde so ein Modell über eine Distanz von 16 000 Kilometer auf der Rennstrecke von Miramas bewegt, um bei einer Durchschnittsgeschwindigkeit von 79 km/h seine Zähigkeit und Ausdauer zu beweisen. Grund des Marathons war Renaults neuartige Motorkonstruktion mit abnehmbarem Zylinderkopf. Außerdem stattete man den 6 CV als erstes Modell der Marke mit Vierradbremsen aus. Mit ähnlich großem Aufwand organisierte Renault in Folge diverse Afrikadurchquerungen und rührte weiterhin fleißig die Werbetrommel. Mit Erfolg: Die Jahresproduktion stieg regelmäßig an und lag Ende der 20er Jahre bereits bei 40 000 Einheiten pro Jahr.

Rosengart LR 2

Sogar auf dem Kontinent, wie die Briten sagen, profitierten Automobilhersteller von Englands legendärem Austin Seven: Eine deutsche Lizenzausgabe wurde 1927 unter dem Namen Dixi 3/15 PS auf die Räder gestellt, und auch für die in Frankreich bei Lucien Rosengart produzierten Kleinwagen stand der Seven Pate. Rosengart wollte mit seiner ab 1928 gebauten Lizenzversion LR 2 eine Jahresproduktion von 60 000 Einheiten auflegen, erreichte aber gerade mal den zehnten Teil. Die in Frankreich auf Seven-Basis entstandenen Automobile rangierten im untersten Feld der Rosengart-Modellpalette und wurden in vielen Ausführungen angeboten, wobei die Version des eleganten Faux-Cabriolets (falsches Cabrio) zu den interessantesten zählte.

Modell	*Rosengart LR 2*
Hubraum / Zylinder	*750 ccm / 4 Zyl.*
PS / KW	*11 / 8*
Bauzeit	*1927 – 1930*
Stückzahl	*ca. 6000*

Salmson Grand Sport

Die ersten Automobile, die 1921 aus den Werkshallen der Société des Moteurs Salmson liefen, waren britische Lizenzbauten, die in ihrer Heimat unter dem Markennamen G.N. gebaut wurden. Während die Produktion lief, dachte Salmson bereits über die Entwicklung einer Eigenkonstruktion nach. Man stellte sich einen für den sportlichen Einsatz brauchbaren Vierzylinder-Wagen mit kleinem Hubraum vor und bestimmte damit die Bauweise: Der Wagen, eine Art Cyclecar, musste leicht sein. In Anerkennung rennsportlicher Erfolge wurde entschieden, das Automobil als Modell Grand Sport auch in Serie zu fertigen. Dank vieler Verbesserungen am Fahrgestell wandelte sich der Sportwagen zum Straßenfahrzeug der 1-Liter-Klasse, unter dessen Haube ein fortschrittlicher Motor mit zwei obenliegenden Nockenwellen arbeitete.

Modell	*Salmson Grand Sport*
Hubraum / Zylinder	*1086 ccm / 4 Zyl.*
PS / KW	*40 / 33*
Bauzeit	*1925 – 1929*
Stückzahl	—

Talbot K 74

Als das in London ansässige Unternehmen Clement-Talbot 1919 von Darracq übernommen wurde, brachte man kurzfristig Automobile auf den Markt, die unter dem Markennamen Talbot-Darracq in den Ausstellungsräumen der Händler standen. In den 20er Jahren, nach der Fusion mit Sunbeam, entstand die Sunbeam-Darracq-Motors, die unter anderem auch im französischen Suresnes produzierte. Hier führte man 1922 eine neue Modellreihe leichter Vierzylinder-Wagen ein. Diese robusten, in zahlreichen Karosserieversionen gebauten Wagen blieben bis 1926 im Programm und wurden 1927 von einem Sechszylinder abgelöst – Modellpflege war der Baureihe aber so gut wie fremd: Talbot folgte dem europäischen Trend nach acht Zylindern und setzte neue Prioritäten.

Modell	*Talbot K 74*
Hubraum / Zylinder	*2438 ccm / 6 Zyl.*
PS / KW	*58 / 42,5*
Bauzeit	*1929*
Stückzahl	—

Alvis 12/75 F.W.D.

In Coventry, der damaligen Hochburg englischer Automobilindustrie, wurde 1919 von Geoffrey de Freville die Firma Alvis gegründet. De Freville war bereits Mitarbeiter jener Firma, die unter dem eingetragenen Warenzeichen „Alvis" Leichtmetallkolben fertigte – Grund genug, den Namen dieser Qualitätsprodukte auch für den neuen Geschäftsbereich des Automobilbaus zu nutzen. Man verlegte sich von Anfang an auf den Bau sportlich angehauchter Fahrzeuge und experimentierte bereits Mitte der 20er Jahre mit einem Prototypen, bei dem die Vorderräder angetrieben wurden. Die Vorderachse bestand aus einer Konstruktion von zwei Rohren, die durch vier Träger verbunden wurden – sie gab dem Modell, das 1928 in Serie ging, das für diesen Fronttriebler charakteristische Aussehen.

Modell	*Alvis 12/75 F.W.D*
Hubraum / Zylinder	*1482 ccm / 4 Zyl.*
PS / KW	*50 / 36,6*
Bauzeit	*1928 – 1929*
Stückzahl	—

Modell	*Austin Seven Serie 1*
Hubraum / Zylinder	*747 ccm / 4 Zyl.*
PS / KW	*10,5 / 7,7*
Bauzeit	*1922 – 1924*
Stückzahl	—

Modell	*Alvis Silver Eagle*
Hubraum / Zylinder	*2148 ccm / 6 Zyl.*
PS / KW	*72 / 52,7*
Bauzeit	*1928 – 1934*
Stückzahl	—

Austin Seven Serie 1

Zu Beginn der 20er Jahre, als es in England zu einem drastischen Anstieg der KFZ-Steuer kam und sich die großen Austin-Modelle mehr schlecht als recht verkaufen ließen, brachte das Werk mit dem Typ Seven einen Kleinwagen auf den Markt, der es auch wirtschaftlich Schwächeren ermöglichte, zu einem attraktiven Preis von zwei auf vier Räder umzusteigen. Der Seven blieb lange Zeit konkurrenzlos und entwickelte sich schnell zum populärsten englischen Kleinwagen. Austin wusste, dass ein günstiges Automobil zwar einfach, aber keineswegs billig produziert werden durfte – das Geheimnis der Robustheit dieses Wagens war ein stabiler A-förmiger Rahmen. 1927 lief der 50 000ste Wagen vom Band, und neben der gängigsten Version als offener Tourer ergänzten zahlreiche Sonderkarosserien die Modellpalette.

Alvis Silver Eagle

1928 war für Alvis gleich mehrfach von besonderer Bedeutung, denn neben der Präsentation des Typ F.W.D. (Front-Wheel-Drive) brachte man die ersten Sechszylinder-Wagen auf den Markt. Sie wurden mit einem Motor bestückt, dessen hängende Ventile mittels Stößelstangen und Kipphebel betätigt wurden. Vom Chassis her ähnelten sie dem Unterbau des Fronttrieblers und waren für den Aufbau geschlossener Karosserien geradezu prädestiniert. Obwohl sich die Modellpflege in den ersten Jahren auf einen eher moderaten Leistungszuwachs beschränkte, konnten sportlich ambitionierte Fahrer ihren Wagen durchaus im Wettbewerb nutzen. Während die ersten Wagen weiterhin mit dem Hasen als Kühlerfigur ausgestattet wurden, erhielten erst spätere Modelle ihren eigentlichen Namensgeber – den Silver Eagle.

Modell	*Bentley 4 1/2 Liter*
Hubraum / Zylinder	*4398 ccm / 4 Zyl.*
PS / KW	*110 / 80,5*
Bauzeit	*1926 – 1930*
Stückzahl	*665*

Bentley 4 1/2 Liter

Während viele Automobilbauer zu Beginn ihrer Karriere oft für lange Zeit relativ kleine Fahrzeuge auf die Räder stellten, setzte sich Walter Owen Bentley 1919 ganz andere Ziele: Weil er den ersten typisch britischen Sportwagen bauen wollte, standen am Anfang seiner Experimente bereits starke Vierzylinder-Wagen, die ihre Tauglichkeit im harten Wettbewerbssport unter Beweis stellen mussten. Von diesen so genannten 3-Liter-Modellen wurde 1926 der stärkere Typ 4 1/2 Liter abgeleitet. Obwohl viele Bentleys mit eleganten Karosserien bestückt wurden, stützte sich der Ruf der Marke vor allem auf die imposanten Hubraumboliden der 20er Jahre. Finanzielle Fehleinschätzungen führten 1931 zum Verkauf der Marke an Rolls-Royce, die sich ihrem Image entsprechend rennsportlichen Aktivitäten entsagte.

Bentley 4 1/2 Liter Blower

An und für sich zählte Bentleys 4 1/2-Liter-Modell zu den Automobilen, denen sportliche Siege von Haus aus sicher waren. Trotzdem versuchte W.O. Bentley, dem Wagen weitere Reserven zu entlocken, weshalb er sich der Kompressortechnik bediente. Jetzt sorgte ein so genanntes Roots-Gebläse für zusätzliche Leistung, indem die angesaugte Luft auf ein Verhältnis von etwa 4 bar verdichtet wurde. Um den auch „Blower-Bentley" genannten Wagen fürs Rennen homologieren zu können, mussten mindestens 50 dieser Exoten gebaut werden. Leider erwies sich die hochgezüchtete Technik als unausgereift. Probleme wie mangelnde Ölversorgung gehörten zur Tagesordnung. Der Motor konnte den Extrembeanspruchungen nicht lange Stand halten – ein Grund, weshalb die Blower-Bentleys nur selten ihr Ziel erreichten.

Modell	*Bentley 4 1/2 Liter Blower*
Hubraum / Zylinder	*4398 ccm / 4 Zyl.*
PS / KW	*182 / 133,3*
Bauzeit	*1927 – 1931*
Stückzahl	*55*

Bentley 6 1/2 Liter

Viele Karosseriebauspezialisten realisierten in den 20er und 30er Jahren Sonderkarosserien, die nach Kundenwunsch meist auf dem Fahrgestell höherwertiger Automobile montiert wurden. Walter Owen Bentley kannte das Problem, dass die oft schweren Aufbauten zu Einbußen in Bezug auf die Fahrleistung führten. Er kompensierte diesen Nachteil, indem er einen leistungsstarken Sechszylinder-Reihenmotor entwickelte. In gewohnter Bauart mit vier Ventilen pro Zylinder, Leichtmetallkurbelgehäuse und doppelter Zündanlage versehen, stand aus einem Hubvolumen von etwa 6 1/2 Litern genügend Kraft zur Verfügung, um dieser Modellpalette mit langem Radstand (je nach Chassis 3300 bis 3870 mm) auf eine Höchstgeschwindigkeit von etwa 145 km/h zu verhelfen.

Modell	*Bentley 6 1/2 Liter*
Hubraum / Zylinder	*6597 ccm / 6 Zyl.*
PS / KW	*145 / 106,2*
Bauzeit	*1926 – 1930*
Stückzahl	*363*

MG 14/40 HP

Die MG-Story nahm ihren Anfang, als Cecil Kimber, Chef einer Morris-Vertretung, 1923 mit seinem Job nicht mehr zufrieden war. Es war seine Spezialität, die Morris-Wagen mit Sonderkarosserien zu bestücken, doch seiner Meinung nach standen die schlanken Aufbauten im Missverhältnis zum konservativen Morris-Chassis und den ziemlich leistungsschwachen Antriebsaggregaten. Kimber frisierte deshalb einen Morris und machte daraus einen neuen 128 km/h schnellen Wagen. In Anlehnung an seine Firmenbezeichnung „Morris-Garage" entwarf er das achteckige MG-Emblem und initiierte in Zustimmung mit Morris die Marke MG. Warb Kimber anfangs noch mit dem Slogan „MG – the Super Sports Morris", so entwickelte sich seine Marke bald zu einem eigenständigen von Morris unabhängigen Unternehmen.

Modell	*MG 14/40 HP*
Hubraum / Zylinder	*1802 ccm / 4 Zyl.*
PS / KW	*40 / 30*
Bauzeit	*1924 – 1929*
Stückzahl	*—*

Morris Cowley

Die Modellbezeichnung Cowley wählte William Morris bereits 1915 für einen Wagen, der nichts anderes als eine Billigversionen des Morris Oxford war. Mit schmalen Reifen und einfachen Sitzen ausgestattet, fand das Auto dennoch viele Käufer, denn Verzicht auf Annehmlichkeiten bedeutete für Morris nicht Verzicht auf Qualität: Morris war dafür bekannt, dass er viele Bauteile von Zulieferern bezog, und denen setzte er äußerst geringe Fertigungstoleranzen. In den 20er Jahren debütierte eine weitere Modellreihe der Cowley-Typen, deren Erkennungszeichen ein flacher Kühlergrill war. Verglichen mit den Cowleys anno 1915 stand nun aber ein Wagen bei den Händlern, der mit einer serienmäßigen Ausstattung wie Preßstahlfelgen, Kurbelfenster etc. keinen Vergleich mit Konkurrenzmodellen scheuen musste.

Modell	*Morris Cowley*
Hubraum / Zylinder	*1550 ccm / 4 Zyl.*
PS / KW	*20 / 14,7*
Bauzeit	*1926 – 1931*
Stückzahl	—

Rolls-Royce 20 H.P.

Zwar hatte Rolls-Royce mit dem Silver Ghost einen Wagen der absoluten Spitzenklasse im Angebot, doch um der Nachfrage nach einer Alternative gerecht zu werden, wurde zusätzlich ein „Baby"-Rolls-Royce entwickelt, der 1921 als Typ 20 H.P. vorgestellt wurde – sein besonderes Erkennungsmerkmal waren die waagerecht angeordneten Lamellen des Kühlergrills. Der Hauptunterschied des auch „Twenty" genannten Modells gegenüber dem Silver Ghost war natürlich sein unübersehbarer kürzerer Radstand. Mit dem daraus resultierenden kleinen Wendekreis hatte Rolls-Royce ein überaus handliches Fahrzeug im Programm, das bis 1929 unverändert hergestellt wurde. Die danach folgende zweite Serie (20/25 H.P.) profitierte von mehr Motorleistung, die bei Rolls-Royce stets als „ausreichend" angegeben wurde.

Modell	*Rolls-Royce 20 H.P.*
Hubraum / Zylinder	*3127 ccm / 6 Zyl.*
PS / KW	*keine Leistungsangaben*
Bauzeit	*1922 – 1929*
Stückzahl	*2885*

Rolls-Royce Phantom I

Auf den technisch ausgewogenen Eigenschaften des Silver Ghost basierend, sorgte Rolls-Royce 1925 mit einem interessanten Nachfolger erneut für Aufmerksamkeit. Der New Phantom setzte einerseits die Tradition des Silver Ghost fort, entsprach andererseits aber dem technischen Fortschritt: Unter seiner Haube flüsterte ein vollkommen neu konzipierter Motor mit obenliegenden Ventilen und abnehmbaren Zylinderkopf. Ein Hubraum von 7668 ccm erbrachte schon bei niedrigen Drehzahlen ein mehr als ausreichendes Drehmoment – theoretisch ließ sich der Phantom I ausschließlich im 4. Gang bewegen. Der Phantom I wurde übrigens nicht nur in England gefertigt – von 1926 bis 1931 entstanden im amerikanischen Zweigwerk etwa 1200 ausschließlich mit Linkslenkung ausgestattete Wagen.

Modell	*Rolls-Royce Phantom I*
Hubraum / Zylinder	*7668 ccm / 6 Zyl.*
PS / KW	*keine Leistungsangaben*
Bauzeit	*1925 – 1929 (in England)*
Stückzahl	*2269 (in England)*

Rover 8 HP

Schon 1919 erwarb Rover die Produktionsrechte für einen Kleinwagen, den Jack Sangster vom Motorradhersteller Ariel entwickelt hatte. Die Konstruktion, die Rover unter dem Kürzel 8 HP auf den Markt brachte, wurde übrigens im neu errichteten Werk Tyseley bei Birmingham gefertigt. Der Rover 8 verfügte über einen luftgekühlten Zweizylinder-Boxermotor, der von anderen Herstellern auch zum Antrieb von Motorrädern oder den damals modernen, leichten Cyclecars genutzt wurde. Trotz spartanischer Ausstattung (keine serienmäßige Beleuchtung) ließ sich der solide und robust gebaute 8 HP zum Preis von etwa 145 britischen Pfund gut verkaufen. Zumindest bis 1922 – da debütierte der mit einem Vierzylinder bestückte Austin Seven und lief dem Rover den Rang ab.

Modell	*Rover 8 HP*
Hubraum / Zylinder	*998 ccm / 2 Zyl.*
PS / KW	*14 / 10,2*
Bauzeit	*1920 – 1924*
Stückzahl	—

Side Swallow S.S.

Bevor Sir William Lyons jene legendären Automobile entwickelte, die unter dem Markennamen Jaguar Sportwagengeschichte schrieben, baute er jahrelang Seitenwagen für Motorräder. Außerdem veredelte er ab 1927 in seiner Firma S.S. (Swallow Sidecar) den kleinen Austin Seven: Lyons orderte lediglich das rollende Chassis und bestückte es mit einer eleganten kleinen Karosserie, die dem Massenprodukt des Hauses Austin einen neuen Charakter gab. Obwohl in jedem Umbau Austin-Technik steckte, wurden diese luxuriösen Kleinwagen unter Lyons Markennamen S.S. auf den Markt gebracht. Neben der relativ hohen, aber durchaus harmonisch aussehenden Limousine stand als Alternative noch ein kleiner Roadster im Programm.

Modell	*Side Swallow S.S.*
Hubraum / Zylinder	*747 ccm / 4 Zyl.*
PS / KW	*10,5 / 7,7*
Bauzeit	*1927 – 1931*
Stückzahl	*—*

Vauxhall 20/60 HP Hurlingham

Vauxhall, eine in London und Luton ansässige Maschinen- und Schiffsbaugesellschaft, baute ab 1903 auch Automobile, die von Anfang an auf große Begeisterung stießen. Die starken Vierzylinder mit fünffach gelagerter Kurbelwelle zählten nicht nur zu den Spezialitäten des Chefkonstrukteurs Laurence Pomeroy, sondern auch zu den Wagen, die im Wettbewerbssport immer die vordersten Plätze belegten. 1925 trat Vauxhall dem General Motors-Konzern bei und verlegte sich von exklusiven Kleinserien mehr und mehr auf den Großserienbau. Um sich nicht zu sehr vom Hang zur Exklusivität zu entfernen, brachte Vauxhall in den 30er Jahren einen hochwertigen Sechszylinder-Wagen heraus, dessen besonderes Konstruktionsmerkmal die vordere Einzelradaufhängung war.

Modell	*Vauxhall 20/60 H.P. Hurlingham*
Hubraum / Zylinder	*3000 ccm / 6 Zyl.*
PS / KW	*60 / 44*
Bauzeit	*1927 – 1929*
Stückzahl	*—*

Alfa Romeo E 20/30 HP

Nach finanziellen Schwierigkeiten und Umstrukturierungen des Unternehmens A.L.F.A. übergaben 1915 die Banken (sie besaßen die Aktienmehrheit der Firma) die Verantwortung des Hauses dem neuen Angestellten Nicola Romeo. Unter seiner Regie fiel 1919 der Startschuss für die erneute Produktion edler Automobile, die nun auf den wohlklingenden Namen Alfa Romeo hörten. Aufgrund der zuvor in der Rüstungsindustrie erwirtschafteten Gewinne entwickelte sich Alfa Romeo schnell zu einem führenden Fahrzeughersteller. Mit dem Typ 20/30 HP stellte man zuerst wieder ein alltagstaugliches Automobil auf die Räder, das seine Vorzüge wie Handlichkeit und Leistung auf den steilen Bergstraßen Norditaliens voll ausspielen konnte.

Modell	*Alfa Romeo E 20/30 HP*
Hubraum / Zylinder	*4082 ccm / 4 Zyl.*
PS / KW	*49 / 36*
Bauzeit	*1920 – 1921*
Stückzahl	—

Alfa Romeo RM Sport

Mit dem Typ RL lancierte Alfa Romeo 1922 ein Fahrzeug extrem sportlichen Charakters, das außerdem der erste mit einem Sechszylinder ausgestattete Wagen der neuen Marke war. Ein Reihenmotor der 3-Liter-Klasse mobilisierte bei 3200 Umdrehungen 56 PS – ein für sportlich versierte Privatfahrer interessanter Wert. Weil man den RL auch nur als Fahrgestell ordern konnte, entstanden im Laufe der Zeit einige mit Sonderkarosserie bestückte Wagen. 1923 leitete Alfa Romeo von dem RL die vierzylindrige Version RM ab. Obwohl das Werk damit eigentlich nur einen „normalen" Alltagswagen konzipieren wollte, bewegten viele Besitzer ihren RM bei Straßenrennen. Wen wunderte das – schließlich war Alfa Romeo von Haus aus auf allen Rennstrecken der Welt vertreten.

Modell	*Alfa Romeo RM Sport*
Hubraum / Zylinder	*1944 ccm / 4 Zyl.*
PS / KW	*40 / 30*
Bauzeit	*1923 – 1925*
Stückzahl	—

Fiat 501

1919 stellte Fiat der Öffentlichkeit ein unter der Regie des technischen Direktors Carlo Cavalli konstruiertes Automobil vor, das sich an dem Erfolg des legendären Typs Zero zu messen hatte. Wie sich im Laufe der Jahre zeigen sollte, setzte Cavalli (ein ehemaliger Jurist!) mit dem 501 tatsächlich einen weiteren Meilenstein, was vor allem auf die fortschrittliche Konstruktion zurückzuführen war. Während viele Hersteller nach dem Ersten Weltkrieg an inzwischen veraltete Modelle anknüpften, bestückte man den 501 mit moderner Technik und investierte viel Sorgfalt in die Überarbeitung des Fahrgestells. In der Standardversion erreichte der 501 eine Höchstgeschwindigkeit von etwa 70 km/h, beim Typ 501 S pendelte sich die Tachonadel im Bereich um 100 km/h ein.

Modell	*Fiat 501*
Hubraum / Zylinder	*1460 ccm / 4 Zyl.*
PS / KW	*32 / 23,4*
Bauzeit	*1919 – 1926*
Stückzahl	*ca. 70 000*

Fiat 509

Das Modell 509, das Fiat 1925 lancierte, zählte zu den Automobilen, die unter besonders wirtschaftlichen Aspekten gefertigt wurden. Seit Jahren setzte man schon auf eine Vereinfachung und Rationalisierung der Produktion und machte zunehmend Gebrauch von modernen Schweißtechniken. Außerdem beschränkte sich Fiat bei der Verwendung von Kugellagern nur noch auf wenige Standardmaße. Im Bereich der Mittelklasse angeordnet, gab es den 509 in den Versionen Cabriolet, Innenlenker, Spider und Torpedo. Wer wollte, konnte diesen Wagen auf Ratenkaufbasis erwerben – eine Idee, die den Absatz des Modells weiter steigerte. Während viele Automobile in den 20er Jahren noch außen positionierte Brems- und Schalthebel besaßen, war Fiat der Zeit voraus und platzierte sie im Wageninneren.

Modell	*Fiat 509*
Hubraum / Zylinder	*990 ccm / 4 Zyl.*
PS / KW	*22 / 16,1*
Bauzeit	*1925 – 1929*
Stückzahl	*—*

Isotta-Fraschini Tipo 8A

Die Fabbrica Automobili Isotta-Fraschini zählte zu den wenigen Automobilherstellern, die um 1919 herum ausgesprochene Luxuswagen auf die Räder stellten. Man führte den Tipo 8 im Programm, der 1924 durch den weiterentwickelten Tipo 8A abgelöst wurde. Zur technischen Überarbeitung gehörte neben der Ausstattung mit Vierradbremsen vor allem eine gründliche Revision des Motors: Isotta-Fraschini setzte auf Leichtbauweise und stellte den Motorblock einschließlich der Kolben aus Aluminiumlegierung her. Die Ventilsteuerung erfolgte mittels einer obenliegenden Nockenwelle, und dank der zehnfach gelagerten Kurbelwelle gab der Motor ein vorbildliches Beispiel an Laufruhe ab. Die meisten dieser Wagen wurden als Fahrgestell ausgeliefert und bei namhaften Karossiers mit Aufbauten nach Kundenwunsch bestückt.

Modell	*Isotta-Fraschini Tipo 8A*
Hubraum / Zylinder	*7370 ccm / 8 Zyl.*
PS / KW	*115 / 84,2*
Bauzeit	*1924 – 1929*
Stückzahl	*—*

Lancia Lambda

Der von Vincenzo Lancia 1922 vorgestellte Lambda gilt noch heute als das absolut interessanteste Modell der Firmengeschichte. Ein Blick auf drei konstruktive Merkmale verdeutlicht, weshalb: Der Lambda war das erste Auto der Welt mit selbsttragender Karosserie, einer Einzelradaufhängung und einem Vierzylindermotor in V-Form. Dank der selbsttragenden Karosserie war der Lambda leichter und besaß eine höhere Verwindungsfestigkeit als vergleichbare Modelle der Zeit. Die Kraftübertragung verlief nicht mehr unterhalb des Rahmens, sondern in einem Tunnel im Inneren der Karosserie. Und genau hier lag die Besonderheit des Lambda: Er war niedriger als andere Autos und bot dennoch ein größeres Platzangebot. Außerdem war das 115 km/h flotte Modell aufgrund seiner Vierrad-Bremsanlage besonders sicher.

Modell	*Lancia Lambda*
Hubraum / Zylinder	*2120 ccm / 4 Zyl.*
PS / KW	*49 / 35,9*
Bauzeit	*1923 – 1931*
Stückzahl	*12 999*

Austro Daimler AD 617 Sport

1899 nahm die österreichische Dependance der Daimler-Motoren-Gesellschaft unter der Regie des technischen Direktors Paul Daimler den Automobilbau auf. Als Daimler 1905 von Ferdinand Porsche abgelöst wurde und das Unternehmen 1910 in die Austro Daimler-Gesellschaft umgewandelt wurde, zeichnete sich bereits der erste Trend zu sportlich angehauchten Automobilen ab. Porsche entwickelte einen 90 PS starken und 145 km/h schnellen Hubraumboliden, mit dem er die Gesamtwertung der damals populärsten Zuverlässigkeitsfahrt (Prinz-Heinrich-Fahrt) gewann. Bevor Porsche 1923 die Firma verließ, präsentierte er noch einen Luxuswagen mit Sechszylindermotor und obenliegender Nockenwelle. Dieses Modell, Porsches letzte Konstruktion für Austro Daimler, war ausschließlich für den Export bestimmt.

Modell	*Austro Daimler AD 617 Sport*
Hubraum / Zylinder	*4420 ccm / 6 Zyl.*
PS / KW	*60 / 44*
Bauzeit	*1923*
Stückzahl	—

Austro Daimler ADR 6

Als Ferdinand Porsche 1923 die Austro Daimler-Werke verließ, um die Leitung der Daimler-Motoren-Gesellschaft in Stuttgart zu übernehmen, setzte sein Nachfolger Karl Rabe die Tradition sportlicher Wagen fort. Unter seiner Regie wurde Porsches letztes Modell, der Typ AD, ständig weiterentwickelt und in unterschiedlichen Versionen auf den Markt gebracht. Das Potential, das in dem Sechszylinder-Reihenmotor steckte, war längst noch nicht ausgeschöpft – mit einem auf 110 PS Leistung getrimmten Aggregat konnte Hans Stuck mit dem Austro Daimler Typ Bergmeister so manches Alpenrennen gewinnen. 1929 – Austro Daimler hatte zwischenzeitlich mit Puch fusioniert – debütierte mit dem Typ ADR eines der interessantesten Modelle, dessen anfänglicher Erfolg leider durch die Weltwirtschaftskrise ausgebremst wurde.

Modell	*Austro Daimler ADR 6*
Hubraum / Zylinder	*2994 ccm / 6 Zyl.*
PS / KW	*70 / 51,2*
Bauzeit	*1929*
Stückzahl	—

Volvo ÖV 4

Allen nordischen Wetterverhältnissen zum Trotz handelte es sich bei dem ersten Volvo, der 1927 die Werkshallen in Göteborg verließ, ausgerechnet um einen offenen Tourer. Die Idee, in Schweden eine Automobilfabrik zu gründen, hatte Assar Gabrielsson schon zu Beginn der 20er Jahre. Dank der Unterstützung seines Arbeitgebers, der SKF-Kugellagerfabrik, und der Hilfe seines Kompagnons Gustav Larson festigte das Unternehmen schnell seinen Ruf und erweiterte später die Produktpalette um Nutzfahrzeuge. Vom Design her orientierten sich die frühen Volvo-Modelle an amerikanischen Baumustern, bevor man mit der Entwicklung des „Buckelvolvos" eine eigenständige Linie fand. Übrigens: Die Markenbezeichnung Volvo heißt übersetzt „Ich rolle".

Modell	*Volvo ÖV 4*
Hubraum / Zylinder	*1944 ccm / 4 Zyl.*
PS / KW	*28 / 20,5*
Bauzeit	*1927 – 1928*
Stückzahl	—

Piccard-Pictet R 2

Aufgrund ihrer Preispolitik und Einfuhrbeschränkungen ausländischer Automobile in die Nachbarländer gelang es der Schweiz nur unter größten Schwierigkeiten, den Automobilexport nach 1919 wieder anzukurbeln. Ursprünglich wollte die 1904 gegründete Société d'Automobiles à Genève, die ihre Automobile unter den Markennamen Pic-Pic und Piccard-Pictet auf den Markt brachte, nach dem Ersten Weltkrieg einen Achtzylinder-Wagen präsentieren. Der Marktsituation angemessen, realisierte man vorerst jedoch diverse Vier- und Sechszylinder-Wagen, die sich gut verkaufen ließen und das Unternehmen für kurze Zeit auf den dritten Platz schweizerischer Automobilhersteller brachten. Mit dem später wieder fortgeführten Bau von Luxuswagen hatte sich Pic-Pic schließlich finanziell übernommen und musste 1924 den Automobilbau aufgeben.

Modell	*Piccard-Pictet R 2*
Hubraum / Zylinder	*2950 ccm / 4 Zyl.*
PS / KW	*90 / 66*
Bauzeit	*1920*
Stückzahl	—

Hispano-Suiza H6B

Die Geschichte der anfangs rein spanischen Marke Hispano-Suiza zählt mit zu dem Interessantesten, was die Automobilhistorie zu bieten hat: Marc Birkigt, ein Schweizer Ingenieur, setzte 1904 bei seinem spanischen Arbeitgeber das Konzept eines Hochleistungswagens um, der im Zuge der Weiterentwicklung bald zum Hochadel der Automobilelite aufstieg. Um die verwöhnte Kundschaft in den europäischen Nachbarländern besser bedienen zu können, errichtete man 1911 in Frankreich ein Montagewerk. Hier entstanden die berühmten Klassiker mit sechs und zwölf Zylindern, während die Produktion im Hauptwerk bei Barcelona zurückgefahren wurde. Der Weltwirtschaftskrise trotzend, entwickelte Hispano-Suiza immer kolossalere Modelle, bevor man sich Mitte der 30er Jahre nur noch dem profitableren Bau von Flugzeugtriebwerken widmete.

Modell	*Hispano-Suiza H6B*
Hubraum / Zylinder	*6597 ccm / 6 Zyl.*
PS / KW	*135 / 99*
Bauzeit	*1919 – 1929*
Stückzahl	—

Praga Piccolo

Zwar zählte der Automobilbau bei Praga nur zu einem der vielen Geschäftsbereiche, doch genau diese Sparte sollte für Böhmens größte Maschinenfabrik lange Zeit eine der lukrativsten bleiben. Um nicht all zu viel Geld in Eigenentwicklungen investieren zu müssen, bediente sich Praga in der Anfangszeit fremder Technikkomponenten, die man unter anderem von Renault bezog. Die ersten selbst konstruierten Wagen (Typ Mignon und Alfa) debütierten um 1910 herum. Sie konnten sich schnell auf dem Markt etablieren und wurden bald durch den erfolgreichen Piccolo ergänzt. Unter der Typenbezeichnung Piccolo Special entstand sogar eine Version sportlichen Charakters – eines dieser mit einer türlosen Holzkarosserie bestückten Modelle qualifizierte sich sogar beim Grand Prix von Algier!

Modell	*Praga Piccolo*
Hubraum / Zylinder	*707 ccm / 4 Zyl.*
PS / KW	*10 / 7,3*
Bauzeit	*1925*
Stückzahl	*—*

Skoda 860

1929 debütierte unter der Regie des Skoda-Konzerns auf dem Prager Automobilsalon ein Wagen der absoluten Oberklasse, bei dem es sich im Unterschied zu früheren Fahrzeugen um eine komplette Eigenkonstruktion handelte. Unter der Bezeichnung Skoda 860 (das Kürzel stand für die Zylinderzahl und Leistung) fertigte man bis 1931 nur 49 Wagen, größtenteils geschlossene Limousinen. Bei einem Radstand von 3570 mm und einer Gesamtlänge von 5425 mm brachte das kolossale Automobil 1850 kg auf die Waage, seine Höchstgeschwindigkeit lag bei 110 km/h. Schon die geringe Stückzahl gab Auskunft über die Exklusivität des 860, der einen Vergleich mit den Luxuswagen seiner Zeit nicht scheuen musste. Anscheinend bemühte sich Skoda, dieses Modell auch in Deutschland auf den Markt zu bringen, denn man ließ jede Menge deutschsprachiger Prospekte drucken, die im Telegrammstil das Spitzenmodell beschrieben.

Modell	*Skoda 860*
Hubraum / Zylinder	*3880 ccm / 8 Zyl.*
PS / KW	*60 / 44*
Bauzeit	*1929 – 1931*
Stückzahl	*49*

Buick Country Club

Mit schöner Regelmäßigkeit konnte man bei Buick laufend die Liste technischer Meilensteine ergänzen: Innovativ wie das Unternehmen war, debütierte 1928 zum silbernen Firmenjubiläum der erste mit hydraulischen Stoßdämpfern ausgestattete Buick. Das Modell profitierte natürlich auch von vielen anderen Selbstverständlichkeiten, mit denen Buick schon 1914 für Aufmerksamkeit gesorgt hatte. In jenem Jahr gab es den ersten Buick mit Sechszylindermotor, das erste Modell mit Linkslenkung und Mittelschaltung und den ersten Buick mit elektrischem Anlasser. Die Vierradbremse wurde 1924 eingeführt. Die zum Modelljahrgang 1928 gehörenden Typen konnten Automobilkenner übrigens leicht an der Form des Kühlergrills identifizieren – der ähnelte eher einem Packard.

Modell	*Buick Country Club*
Hubraum / Zylinder	*3500 ccm / 6 Zyl.*
PS / KW	*60 / 44*
Bauzeit	*1928*
Stückzahl	*—*

Cadillac Series 314

Trotz des Rufes „The Standard of the World" – Der Maßstab der Welt – hatte es Cadillac als Hersteller von Luxusautomobilen nicht leicht, sich gegen den Mitbewerber Packard zu behaupten. Stückzahlmäßig betrachtet konnte Cadillac das langjährige Kopf-an-Kopf-Rennen erst 1932 für sich entscheiden, obwohl Cadillacs hervorragende Mechanik Ende der 20er Jahre als unbestritten galt: Durch die Verwendung leichterer und niedrigerer Fahrgestelle brachten die kräftigen V8-Motoren schwere Limousinen auf eine Spitze von etwa 115 km/h und offene Versionen auf mindestens 120 km/h Höchstgeschwindigkeit. Durch die Verwendung von „Fisher-Karosserien" (es gab sie nur in drei Farben) bestand erstmals die Möglichkeit, den Cadillac als eine Art günstigeres Einstiegsmodell zu ordern.

Modell	*Cadillac Series 314*
Hubraum / Zylinder	*5154 ccm / 8 Zyl.*
PS / KW	*85 / 62,2*
Bauzeit	*1926 – 1928*
Stückzahl	*—*

Cadillac Series 341 A

Der aus heutiger Sicht als klassische Periode bezeichnete Zeitraum begann bei Cadillac etwa 1924. Durch technische Verbesserungen der Motoren (Kurbelwelle, abnehmbare Zylinderköpfe), Überarbeiten von Bremsanlage und Fahrgestell wuchsen die Möglichkeiten, immer öfter Karosserieaufbauten nach Wunsch der Kunden zu realisieren. Das war wichtig, denn im Gegensatz zu Packard-Automobilen mangelte es Cadillacs Standardaufbauten etwas an Eleganz. Erst mit dem Eintritt Harley Earls realisierte man bei General Motors eine Abteilung, die sich intensiver mit Karosseriestyling befasste. Von den Investitionen profitierte zuerst die Baureihe 341: Trotz langem Radstand (3560 mm) entstanden hier Automobile mit einer ausgewogenen Karosserielinie, die ihresgleichen suchte.

Modell	*Cadillac Series 341 A*
Hubraum / Zylinder	*5572 ccm / 8 Zyl.*
PS / KW	*120 / 87,9*
Bauzeit	*1928 – 1930*
Stückzahl	*—*

Modell	*Chrysler 70*
Hubraum / Zylinder	*3301 ccm / 6 Zyl.*
PS / KW	*68 / 50*
Bauzeit	*1924 – 1926*
Stückzahl	*ca. 32 000*

Chrysler 70

Als Walter Chrysler 1920 seine Position als stellvertretender Direktor von General Motors zur Verfügung stellte, sanierte er zuerst die vor dem Konkurs stehende Automarke Willys-Overland, um sich dann selbstständig zu machen – nur so hatte er genug Möglichkeiten, einen Wagen nach eigenen Vorstellungen zu realisieren. Das Ergebnis der Arbeit, der Chrysler Typ 70, wurde 1923 vorgestellt und über ein breites Händlernetz vertrieben. Der Aufwand hatte sich gelohnt: Der Wagen wurde akzeptiert und brachte Bestellungen in einer Höhe von 50 Millionen Dollar ein. Zwei Jahre später ergänzte Chrysler den Sechszylinder-Wagen durch ein Vierzylinder-Modell. Durch die Übernahme der Dodge-Werke Ende der 20er Jahre entwickelte sich Chrysler bald zu einem ernsthaften Konkurrenten von Ford und General Motors.

Cord L 29 Serie 1

Bevor Errett Lobban Cord 1929 seine Karriere als Hersteller luxuriösester Automobile startete, hatte er bereits der Automobilwelt den bis dahin stärksten Serienwagen der Welt – den Duesenberg – beschert. Mit dem nun nach seinem Namen benannten Reihenachtzylinder schuf er sich schließlich ein eigenes Denkmal, und zwar eines der besonderen Art: Der Wagen verfügte schon über einen Frontantrieb, und das Dreiganggetriebe wurde mittels einem kleinen aus dem Armaturenbrett herausragenden Hebel geschaltet. Von der beeindruckenden Länge des L 29 entfielen allein 3490 mm auf den Radstand. Die Motorhaube maß knapp 1400 mm und mit einer Gesamtlänge von 5200 mm übertraf der Cord alles, was in den USA bisher auf die Räder gestellt worden war.

Modell	*Cord L 29 Serie 1*
Hubraum / Zylinder	*4893 ccm / 8 Zyl.*
PS / KW	*125 / 91,5*
Bauzeit	*1929 – 1932*
Stückzahl	*ca. 3600*

Ford A

Ähnlich wie Fords T-Modell galt auch der Ford A als eine ebenso robuste und einfache Konstruktion, die im Zuge der Modellpflege stets auf den technisch aktuellsten Stand gebracht wurde. Um einen großen Kundenkreis ansprechen zu können, gab es neben der standardmäßigen Limousinenausführung diverse Alternativen wie offene Tourenwagen, Roadster oder Cabriolets. Ford versuchte, mit dem Ford A auch auf dem europäischen Markt Fuß zu fassen. Er ließ das Auto ab Sommer 1928 zusätzlich in Berlin montieren und legte damit gleichzeitig den Grundstein für die deutsche Dependance seines Konzerns. Aus steuerrechtlichen Gründen musste für den deutschen Markt der Hubraum auf 2023 ccm verkleinert werden, dementsprechend verringerte sich die Leistung auf 28 PS.

Modell	*Ford A*
Hubraum / Zylinder	*3285 ccm / 4 Zyl.*
PS / KW	*40 / 30*
Bauzeit	*1927 – 1932*
Stückzahl	*4 320 446*

Ford A

Nachdem Henry Fords legendäre Tin Lizzie Ende der 20er Jahre zu den etwas veralteten Automobilen zählte, schloss Ford sein Werk für einige Monate, um die Konstruktion des Nachfolgemodells schnellstmöglich abschließen zu können. Erst im Dezember 1927 begann dann die Einführung des neuen Ford A, der gegenüber dem T-Modell in einer Rekordzeit von nur acht Monaten entwickelt wurde. Zu den Vorteilen des neuen Wagens gehörten unter anderem ein Dreiganggetriebe, hydraulische Stoßdämpfer und eine Vierradbremse. Drahtspeichenräder und Scheibenwischer waren ebenso obligatorisch wie eine Benzinuhr nebst Öldruckmesser. Ein weiterer Fortschritt stellte auch die Verlängerung der Wartungsintervalle auf 5000 Meilen dar – ein für damalige Verhältnisse überdurchschnittlich guter Wert.

Modell	*Ford A*
Hubraum / Zylinder	*3285 ccm / 4 Zyl.*
PS / KW	*40 / 30*
Bauzeit	*1927 – 1932*
Stückzahl	*4 320 446*

La Salle 303

Ursprünglich als finanziell interessante Alternative zum Cadillac gedacht, reagierte man bei General Motors auf den Erfolg des La Salle, indem man ihn dem Trend entsprechend mit immer stärkeren Motoren bestückte – zuerst mit Reihenachtzylindern, später mit einem V8-Aggregat (5840 ccm). Die Karosserielinie war übrigens ein Entwurf von Harley Earl, an dessen Zeichenbrett auch so manche Designverbesserung für Cadillac entworfen wurde. Fast hätte General Motors mit dem La Salle einen hauseigenen Billig-Konkurrenten etabliert – um das zu verhindern, entwickelte Cadillac neben den V8-Modellen noch ein V12- und ein V16-Zylinder-Modell. Diese Wagen, die in höheren Preisregionen zuhause waren, sorgten letztendlich wieder für eine Ausgewogenheit der Konzernmarken.

Modell	*La Salle 303*
Hubraum / Zylinder	*4965 ccm / 8 Zyl.*
PS / KW	*90 / 66*
Bauzeit	*1927 – 1928*
Stückzahl	—

Lincoln V8

Als Henry Leland – er hatte unter anderem Cadillac mit aufgebaut – 1920 mit seinem Bruder eine neue Automobilfabrik gründete, wählte man zu Ehren des amerikanischen Präsidenten Lincoln dessen Namen als Markenbezeichnung. Obwohl die Brüder viele Komponenten von Zulieferern bezogen und nur den großen V8-Motor selbst herstellten, standen sie aufgrund schlechter Finanzpolitik zwei Jahre kurz vor dem Bankrott. Henry Ford übernahm das marode Unternehmen, straffte die Modellpalette und forcierte den Bau des großen V8-Modells, das dank exzellenter Beschleunigungswerte bald Amerikas beliebtester Polizeiwagen wurde. 1932, mit der Präsentation des Lincoln KB (12 Zylinder), konnte sich Ford sogar in den kleinen Kreis jener Hersteller einreihen, die Luxuswagen auf die Räder stellten.

Modell	*Lincoln V8*
Hubraum / Zylinder	*6300 ccm / 8 Zyl.*
PS / KW	*100 / 73,2*
Bauzeit	*1928 – 1932*
Stückzahl	—

Oakland Sport Phaeton

Oakland trat 1909 der gerade entstandenen General Motors-Gruppe bei und erweiterte kurze Zeit später die aus robusten Vierzylinder-Modellen bestehende Typenreihe um einen Sechszylinder-Wagen, den man an seinem charakteristischen Spitzkühler erkannte. 1916 entwickelte man neben einem großen V8-Motor einen weiteren Sechszylinder-Wagen, dessen großartiger Erfolg innerhalb kürzester Zeit fast das gesamte Produktionspotential von Oakland erschöpfte. Nach reichlich Modellpflege, vergrößertem Hubraum, der Ausstattung mit einem automatischen Rahmen-Schmiersystem und Trommelbremsen an allen Rädern ging das Modell in verbesserter Form 1926 erneut an den Start: Oakland gelang es noch im selben Jahr, diesen Wagen 58000-mal abzusetzen.

Modell	*Oakland Sport Phaeton*
Hubraum / Zylinder	*3032 ccm / 6 Zyl.*
PS / KW	*45 / 33*
Bauzeit	*1926 – 1932*
Stückzahl	—

Packard 645 De-Luxe

Die von James Packard 1899 gegründete Automobilfabrik fing – wie viele Mitbewerber auch – zunächst mit dem Bau einzylindriger Motorwagen und kleineren Vierzylinder-Modellen an, bevor man sich zielstrebig auf die Konstruktion kostspieliger Luxuswagen konzentrierte. Dem Sechszylinder (1912) folgte drei Jahre später schon der weltweit erstmals in Serie gebaute Zwölfzylinder! Um den Kundenstamm zu vergrößern, etablierte Packard in den 20er Jahren diverse Modelle, die von seidenweich laufenden Achtzylinder-Aggregaten mobilisiert wurden. In der 1928 eingeführten, erfolgreichsten Baureihe „Packard Sixth Series Eight" konnte der Kunden nicht nur zwischen fünf Modellversionen, sondern auch zwischen zehn verschiedenen Karosserieaufbauten wählen!

Modell	*Packard 645 Series Eight*
Hubraum / Zylinder	*6320 ccm / 8 Zyl.*
PS / KW	*106 / 77,6*
Bauzeit	*1928 – 1929*
Stückzahl	—

Ruxton Roadster

Entgegen dem Üblichen, ein Automobil nach dem Namen des Erfinders zu benennen, stand für den Ruxton-Wagen der Name des Geldgebers – V.C.Ruxton – Pate. Die Idee, einen außergewöhnlichen Luxuswagen mit Frontantrieb zu bauen, war an und für sich gar nicht abwegig: Der Ruxton entstand nämlich als eine Art Nebenprodukt bei der New Era Motors Inc. und basierte überwiegend auf Fremdkomponenten. Der Motor kam von Continental, die eleganten Karosserien von den Spezialisten Budd und Raulang – lediglich das Chassis war eine Eigenentwicklung. Trotzdem wurde Archie M. Andrews – Initiator des ganzen Projekts – mit dem Ruxton nicht glücklich: Die erhoffte Nachfrage blieb aus und sein Geldgeber verstand es, sich kurz vor dem Zusammenbruch geschickt aus der Affäre zu ziehen.

Modell	*Ruxton Roadster*
Hubraum / Zylinder	*5500 ccm / 8 Zyl.*
PS / KW	*94 / 68,8*
Bauzeit	*1929 – 1931*
Stückzahl	—

Willys Overland

Die im Bundesstaat Indiana ansässige Standard Wheel Company brachte 1902 einen relativ erfolglosen Wagen auf den Markt – erst als der New Yorker Automobilkaufmann John North Willys die Geschäftleitung übernahm, war für das angeschlagene Unternehmen Besserung in Sicht. Unter seiner Regie debütierten diverse Vier- und Sechszylinder-Wagen, die unter den Namen Willys oder auch Overland angeboten wurden. Unter der Haube der Willys arbeitete übrigens ein so genannter Schiebermotor nach dem Knight-System, dessen besondere Eigenschaft seine absolute Laufruhe war. 1910 verlegte Willys den Firmensitz nach Ohio, um dort kurze Zeit später die Serienproduktion für sein erfolgreichstes Modell, den Willys Overland Typ Four zu starten.

Modell	*Willys Overland*
Hubraum / Zylinder	*2788 ccm / 4 Zyl.*
PS / KW	*38 / 27,8*
Bauzeit	*1922 – 1926*
Stückzahl	—

DH-A 500

1930 –1940

Erfolgreiche Massenprodukte und edler Luxus

Erfolgreiche Massenprodukte und edler Luxus

Autos für alle Bevölkerungsschichten

Es sind vor allem die Autos der 30er Jahre, die heute bei Oldtimerveranstaltungen in der Klasse der Vorkriegsfahrzeuge den Ton angeben. Ihr Spektrum ist mehr als reichhaltig gestreut, denn in dieser Epoche wurden nicht nur einfach gestrickte „Brot-und-Butter-Autos" vom Schlage eines Fiat Topolino, sondern auch avantgardistische Nobelkarossen und hochkarätige Sportwagen wie der berühmte Mercedes-Benz SSK auf die Räder gestellt. Ebenso machte man sich Gedanken, wie ein „Volkswagen" auszusehen hätte. Technische Neuerungen gab es nur wenig – vom automobilistischen Standpunkt her betrachtet war die Fahrzeugentwicklung gegen Ende der 20er Jahre nämlich vorerst abgeschlossen. Obwohl das Auto alles hatte, was es zum Fahren brauchte, machten manche Hersteller keineswegs von den neuesten technischen Errungenschaften Gebrauch: So misstrauten einige Hersteller hydraulischen Bremsen und verwendeten eine Weile noch mechanische Systeme – unter anderem Rolls-Royce! Ebenso zögernd setzte sich die Einzelradaufhängung durch, ganz zu schweigen vom modernen Frontantrieb. Statistiken bewiesen mit schöner Regelmäßigkeit, dass das Automobil endlich Eingang in das Alltagsleben gefunden hatte. Die Zahl der Automobilbesitzer hatte sich allein in Europa in der Zeit von 1930 bis 1939 ungefähr verdoppelt und in den USA, wo fast 70 % der Weltproduktion vom Band lief, baute man in jenem Jahrzehnt etwa

fünf Millionen Personenwagen pro Jahr. Dem Käufergeschmack, aber auch den wirtschaftlichen und finanziellen Voraussetzungen entsprechend, rollte das Gros der Produktion als automobiler Durchschnitt über die Straßen der Welt. Profiliertere Hersteller beschäftigten sich bereits mit fortschrittlichen Fertigungsmethoden: Man verabschiedete sich von der Chassis-Standardbauweise und favorisierte die rahmenlose selbsttragende Karosserie (Lancia), die den Herstellungsprozess nicht nur vereinfachte, sondern auch verbilligte. Andere wiederum ließen neueste Erkenntnisse aus der Aerodynamik in den Karosseriebau einfließen und kreierten so genannte Stromlinienwagen. Man entdeckte aber auch, dass sich ein Kühlergrillschutzgitter vorzüglich als Modeattribut einsetzen ließ – zumindest dann, wenn es groß, wuchtig und vor allem verchromt war. Und weil es allem Anschein nach genügend Politprominenz und Geldadel gab, war die Zeit auch für automobile Kostbarkeiten reif. Unternehmen wie Duesenberg, Bugatti oder Rolls-Royce – um nur drei zu nennen – entwarfen aufregende Automobile, die zwischenzeitlich als „Klassiker" in die Automobilgeschichte eingegangen sind. Solche Klassiker brachten es nie auf sonderlich hohe Stückzahlen: Bugatti baute in zehn Jahren nur etwa 2000 Wagen, und die amerikanische Nobelmarke Duesenberg legte ihren Typ J in einem Zeitraum von acht Jahren nur 470-mal auf! Egal nach welchem Prinzip diese Luxuswagen konstruiert worden sind (Kompressormotor, 8 Zylinder oder 16 Zylinder etc.) – in einem Punkt gab es immer Übereinstimmung: Die großen Klassiker waren von Anfang an Ausdruck und Sinnbild einer Epoche. Jede Marke versuchte, ganz besonders auf die Wünsche „ihrer" Kundschaft einzugehen, und so brachten beispielsweise amerikanische Hersteller Automobile mit reichlich Hubraum und möglichst vielen Zylindern auf den Markt. Allein in den Staaten gab es ein halbes Dutzend Hersteller, die Zwölfzylinder-Modelle bauten. Britischen Fabrikaten genügte der Vier- oder Sechszylinder – hier standen Sportlichkeit und Fahrspaß an erster Stelle. Mit dem Ausbruch des Zweiten Weltkriegs fand die Epoche der 30er Jahre zunächst ihr abruptes Ende. Fahrzeuge, die die Wirren des Krieges auf welche Weise auch immer überstanden haben, wurden teilweise bis weit in die 50er Jahre hinein noch genutzt, bevor man sie schließlich „entsorgte".

Adler Trumpf Junior 1 E

Als 1934 der erste Adler Trumpf Junior erschien, entsprach der Wagen mit kunstlederüberzogener Leichtbaukarosserie in etwa dem Äußeren eines DKW. Das war zwar praktisch, aber um sich prestigemäßig vom DKW abheben zu können, stellte Adler bald auf die Ganzstahlbauweise um. In einem Punkt aber blieben die Gemeinsamkeiten zum DKW: Auch der Adler war ein frontangetriebenes Automobil, dessen Kraft mittels eines Vierganggetriebes an die Räder gebracht wurde. Alle Wagen basierten auf einem Plattformrahmen in Kastenbauweise und konnten mit Sonderkarosserien bestückt werden. Entgegen früherer Fronttriebler wussten Kaufinteressenten inzwischen die Vorzüge dieses Prinzips zu schätzen, was sich in den Verkaufszahlen niederschlug: Schon 1939 konnte Adler die Fertigung des 100 000sten Trumpf Junior feiern.

Modell	*Adler Trumpf Junior 1 E*
Hubraum / Zylinder	*995 ccm / 4 Zyl.*
PS / KW	*25 / 18,3*
Bauzeit	*1936 – 1941*
Stückzahl	*ca. 110 000 (gesamte Baureihe)*

Adler 2,5 Liter Typ 10

Wie branchenüblich, informierte sich auch 1937 die Fachpresse anlässlich der Berliner Automobilausstellung über spektakuläre Neuheiten, die sie diesmal aber nicht an dem Stand einer absoluten Luxusmarke, sondern bei Adler fand. Hier sorgte der Typ 10 für reges Besucherinteresse, denn dieses stromlinienförmig gestylte Fahrzeug war für einen Hersteller wie Adler einfach zu ungewöhnlich. Kenner der Szene wussten, dass dieser Wagen eine Konstruktion des ehemals für Steyr arbeitenden Ingenieurs Karl Jenschke war – immerhin besaß der Adler einige Wesensmerkmale des ähnlich aussehenden Steyr 50. Im Volksmund wurde der große Adler bald „Autobahn-Adler" genannt, doch dort war er ebenso selten anzutreffen wie auf anderen Straßen – nur Individualisten vermochten sich für dieses ungewohnte Styling zu begeistern.

Modell	*Adler 2,5 Liter Typ 10*
Hubraum / Zylinder	*2494 ccm / 6 Zyl.*
PS / KW	*58 / 42,4*
Bauzeit	*1937 – 1940*
Stückzahl	*5295*

Adler 2,5 Liter Cabriolet

Zugegeben, die Form des „Autobahn-Adler" mit seiner relativ hoch angesetzten Gürtellinie war nicht jedermanns Geschmack. Er mag zwar dem Stromliniendesign entsprochen haben, doch das machte das Auto sehr unübersichtlich. Andererseits konnte durch diese Form viel Innenraum, vor allem vordere Beinfreiheit, gewonnen werden: Der Motor lag weit vorn platziert. Neben der Standardausführung als viertürige Limousine existierten noch ein paar teure Sonderversionen, unter anderem das zweitürige Cabriolet. Es wurde von Karmann in Osnabrück entworfen und dort auch gebaut – Adler lieferte lediglich das Chassis und die Technik. Wer noch mehr Luxus wünschte, fand die Alternative bei dem Karosseriewerk Buhne, wo einige Exemplare einer so genannten Sportlimousine (80 PS!) entstanden.

Modell	*Adler 2,5 Liter Cabriolet*
Hubraum / Zylinder	*2494 ccm / 6 Zyl.*
PS / KW	*58 / 42,5*
Bauzeit	*1937 – 1940*
Stückzahl	*5295*

Adler 2 Liter

1938 präsentierte Adler mit dem Modell 2 Liter eine geräumigere Alternative zum Trumpf Junior. Neben einem größeren Radstand (2920 anstelle 2630 mm) wurde der ebenfalls über die Vorderräder angetriebene Wagen mit einem stärkeren Motor bestückt, der eine Höchstgeschwindigkeit von 110 km/h garantierte. Mit der vom Junior her bekannten Karosserievielfalt lag der Einstiegspreis für den 2 Liter zwischen 4.350 und 6.000 Reichsmark. Neu im Programm war ein bei den Karmann-Werken hergestellter Limousinenaufbau, den man an sechs Seitenfenstern erkannte. Im Gegensatz zu vielen anderen Automobilwerken, die ihre Produktion zu Beginn des Zweiten Weltkriegs einstellten, fertigte Adler das 2-Liter-Modell noch eine Weile für Export zwecke.

Modell	*Adler 2 Liter*
Hubraum / Zylinder	*1910 ccm, 4 Zyl.*
PS / KW	*45 / 33*
Bauzeit	*1938 – 1940*
Stückzahl	*ca. 7500*

Audi Front Typ UW 2 Liter

Als die Audi-Werke 1932 in die Auto Union AG integriert wurden, entwickelte man bei Audi eine Fahrzeugpalette, die das Segment der oberen Mittelklasse bedienen sollte. Anlässlich der Deutschen Automobilausstellung 1933, bei der die Auto Union zum ersten Mal als neues Unternehmen teilnahm, präsentierte man mit dem Audi Front einen fortschrittlichen Wagen, bei dem nicht mehr die Hinter-, sondern die Vorderräder angetrieben wurden. Leider hinkte der Verkaufserfolg allen Erwartungen hinterher – das technisch geniale, aber noch ungewohnte Konzept des Frontantriebs wurde von den überwiegend konservativ eingestellten Käufern kategorisch abgelehnt. Der 100 km/h flotte Wagen blieb trotz aller Vorzüge ein Außenseiter.

Modell	*Audi Front Typ UW 2 Liter*
Hubraum / Zylinder	*1950 ccm / 6 Zyl.*
PS / KW	*40 / 29,3*
Bauzeit	*1933 – 1934*
Stückzahl	*ca. 2000*

Audi Front Typ UW 225 Spezial-Cabrio

Zwar baute Audi unter der Regie der Auto Union AG weiterhin hochwertige Automobile, doch es war schwierig, den Glanz der späten 20er Jahre zurückzugewinnen. Von dem erhofften Erfolg, den der neue Typ Front bringen sollte, war man meilenweit entfernt. Obwohl der Front schlecht ankam, realisierte Audi von diesem Wagen noch eine Art Luxusmodell (Typ UW 225). Es basierte auf einem massiven Zentralkastenrahmen mit 3100 mm Radstand und eignete sich dementsprechend gut für Sonderkarosserien. Die formal vielleicht schönsten, aber auch teuersten Aufbauten entstanden bei dem Karosseriebetrieb Gläser in Dresden. Von den etwa 2600 gebauten UW 225 wurden lediglich 25 Wagen mit Gläser-Karosserie ausgeliefert.

Modell	*Audi Front Typ UW 225 Spezial-Cabrio*
Hubraum / Zylinder	*2257 ccm / 6 Zyl.*
PS / KW	*50 / 36,6*
Bauzeit	*1935 – 1938*
Stückzahl	*ca. 2600*

Audi 920

Auf der Suche nach Möglichkeiten, dem Audi Front 225 einen Nachfolger mit angemessener Motorisierung an die Seite zu stellen, erinnerte man sich im Auto Union-Konzern an ein inzwischen zu den Akten gelegtes Konzept: Um einen kostengünstigen Sechszylinder zu erhalten, sollte schon vor Jahren Horchs Reihenachtzylinder um zwei Zylinder gekappt werden! Audi griff diese Idee nun wieder auf und entwickelte nach diesen Plänen den neuen Audi Typ 920. Als seine Serienproduktion im November 1938 anlief, standen serienmäßig zwei Versionen zur Wahl – eine Limousine mit sechs Fenstern und ein Cabriolet. Der Preis des Typs 920 lag zwischen 7.600 und 8.750 Reichsmark – das machte den Wagen für diejenigen interessant, die sich aus finanziellen Gründen bisher keinen Horch leisten konnten.

Modell	*Audi 920*
Hubraum / Zylinder	*3281 ccm / 6 Zyl.*
PS / KW	*75 / 55*
Bauzeit	*1938 – 1940*
Stückzahl	*ca. 1200*

BMW 3/20 PS AM 1

Nachdem BMW den Lizenzvertrag mit Austin gekündigt hatte und die Produktion des ehemaligen Dixi einstellte, befasste man sich 1931 mit der ersten Eigenkonstruktion, die ein Jahr später schon in Serie gehen sollte. Es lag auf der Hand, dass der Wagen geräumiger werden musste als sein nicht mehr zeitgemäßer Vorgänger – die Lösung lag hier in der Verlängerung des Radstandes um 250 mm. Für den Antrieb unterzog BMW den ursprünglich von Austin entwickelten Motor einer gründlichen Überarbeitung. Als das neue Automobil mit der Bezeichnung 3/20 PS AM 1 (Ausführung München 1) auf den Markt kam, konnte gleich zwischen fünf verschiedenen Aufbauten gewählt werden. Im Zuge der Modellpflege wurden von der Version AM 1 die Weiterentwicklungen AM 3 und AM 4 abgeleitet – Modelle, die bis 1934 erfolgreich das Programm ergänzten.

Modell	*BMW 3/20 PS AM 1*
Hubraum / Zylinder	*788 ccm / 4 Zyl.*
PS / KW	*20 / 14,7*
Bauzeit	*1932*
Stückzahl	*7215*

BMW 303

BMWs erste Eigenkonstruktion, der 3/20 PS AM 1, überzeugte zwar durch die hohe Qualität seiner Verarbeitung, doch aufgrund der relativ schlechten Straßenlage stand das Modell oft im Kreuzfeuer der Kritik. Abhilfe konnte erst mit einem Nachfolger geschaffen werden, der auf einem neu entwickelten Fahrgestell basierte und mit einer verbesserten Vorderachskonstruktion bestückt wurde. Mit einem kleinen Sechszylindermotor und einer perfekten Federung ausgestattet, konnte sich das kultiviert laufende Automobil deutlich aus der Masse ähnlich positionierter Fahrzeuge abheben. Das historisch wohl interessanteste am 303 ist, das seine Aufbauten im Karosseriewerk von Daimler-Benz in Sindelfingen und nicht im eigenen Hause hergestellt worden sind!

Modell	*BMW 303*
Hubraum / Zylinder	*1182 ccm / 6 Zyl.*
PS / KW	*30 / 22*
Bauzeit	*1933 – 1934*
Stückzahl	*2300*

BMW 309

Anfang 1934 erschien bei BMW der Typ 309, der Fahrwerk und Karosserie seines Vorgängers mit dem preiswerteren Antrieb des Modells 3/20 verband. Um die Motorleistung dem höheren Wagengewicht anzupassen, wurde der Hubraum leicht erhöht, wodurch 2 PS gewonnen wurden. Trotzdem zählte der BMW 309 weiterhin zu den weniger temperamentvollen Autos – mehr als 80 km/h waren kaum drin. Das konnte wirtschaftlich denkende Kunden aber nicht abhalten, die sonstigen Vorzüge dieses Modells wie Sparsamkeit und einen in dieser Klasse bemerkenswerten Komfort zu genießen. Käufer hatten ab Werk Eisenach die Wahl zwischen der Limousine, Cabrio-Limousine und dem Tourer. Darüber hinaus wurden etwa 1000 Fahrgestelle für individuelle Karosserien verkauft.

Modell	*BMW 309*
Hubraum / Zylinder	*845 ccm / 4 Zyl.*
PS / KW	*22 / 16,1*
Bauzeit	*1934 – 1936*
Stückzahl	*ca. 6000*

BMW 315/1

Modell	*BMW 315/1*
Hubraum / Zylinder	*1490 ccm / 6 Zyl.*
PS / KW	*40 / 29,3*
Bauzeit	*1934 – 1935*
Stückzahl	*230*

Auf der Berliner Automobilausstellung 1933 zeigte BMW den Prototypen eines Sportroadsters mit auffallend schöner Linienführung, dessen Motor als Novum anstelle von zwei mit drei Vergasern bestückt wurde. Das Publikum fand an dem dezent leistungsgesteigerten Wagen so viel Gefallen, dass eine Serienfertigung in kleinem Umfang beschlossen wurde – nicht zuletzt auch, um im prestigeträchtigen Rennsport ein Wort mitreden zu können. Ab Sommer 1934 war der Roadster für stolze 5.200 Reichsmark zu haben. Mit dem Prototypen verglichen, gab es inzwischen eine andere Anordnung der Scheinwerfer sowie seitliche Lüftungsgitter in der Motorhaube – ursprünglich waren nur Schlitze geplant. Mit dem 315/1 nahm übrigens die Geschichte der BMW-Automobile auf der Rennstrecke ihren Anfang.

BMW 319/1

Da viele der BMW 315/1 Roadster-Modelle erfolgreich im Wettbewerbssport mitmischten, entschloss sich BMW, einen ähnlichen Wagen in der 2-Liter-Hubraumklasse antreten zu lassen. Das gewünschte Resultat wurde durch vergrößern des Hubvolumens erreicht, und so entstand auf Basis des 315/1 der zum 319/1 modifizierte Typ. Optische Unterschiede zu den Wagen gab es kaum – in beiden Fällen betonten nach wie vor die verkleideten Hinterräder und das spitz zulaufende Heck den sportlichen Stil der Zweisitzer. Wetterschutz war dem 319/1 allerdings ein Fremdwort. Anstelle eines soliden Cabriodachs musste man mit einem einfachen Klappverdeck als Notlösung vorlieb nehmen. Mit einem Preis von 5.800 Reichsmark reihte sich der 135 km/h schnelle BMW durchaus in die Klasse extrem hochwertiger Automobile ein.

Modell	*BMW 319/1*
Hubraum / Zylinder	*1911 ccm / 6 Zyl.*
PS / KW	*55 / 40,3*
Bauzeit	*1934 – 1936*
Stückzahl	*178*

BMW 328

In aller Stille entwickelte BMW Mitte der 30er Jahre diesen Sportwagen, der bald für große Aufmerksamkeit sorgen sollte und BMW einen der vorderen Plätze in der internationalen Renngeschichte einbrachte. Zwar gehörte man mit den Typen 315/1 und 319/1 zu den renommierten Automobilherstellern, doch die Konkurrenz bot immer stärkere Modelle an und die leistungsschwächeren 319/1 reichten nicht mehr aus, um weiterhin vorn mitfahren zu können. Da der kleinen Rennsportabteilung nur geringe Mittel zur Verfügung standen – man baute erst seit sieben Jahren Autos und entwickelte Eigenkonstruktionen erst seit vier Jahren – musste bei dem neuen Modell auf Bewährtes zurückgegriffen werden, weshalb ein stabiler Rohrrahmen mit Kastenquerträgern die Basis für den neuen 328 bildete.

Modell	*BMW 328*
Hubraum / Zylinder	*1971 ccm / 6 Zyl.*
PS / KW	*80 / 58,6*
Bauzeit	*1936 – 1939*
Stückzahl	*464*

BMW 328 Coupé

Die 80 PS, die der Motor des neuen BMW 326 abgab, waren mehr als genug, um in der wichtigen 2-Liter-Klasse für Furore zu sorgen. Der formschöne Wagen mit der langen Motorhaube und seinen in die Front integrierten Scheinwerfern wurde 1936 ausnahmslos für den Wettbewerbssport gebaut, die Serienproduktion für Privatfahrer lief erst im Frühjahr 1937 an. Ein paar spezielle Rennversionen mit extraleichter Karosserie und einem auf 135 PS getunten Motor gewannen bald ihren Klassensieg in Le Mans. Neben den offenen Sonderkarosserien, die eigens für diese modifizierten Modelle entwickelt wurden, kreierte der Karosseriebauer Wendler in Reutlingen als absolutes Highlight noch zwei stromlinienförmige Coupés.

Modell	*BMW 328 Coupé*
Hubraum / Zylinder	*1971 ccm / 6 Zyl.*
PS / KW	*80 / 58,6*
Bauzeit	*1936 – 1939*
Stückzahl	*2*

BMW 327

Vom Erfolg des sportlichen BMW 328 motiviert, hatte das Werk bald entschieden, diesem Wagen möglichst schnell ein Gegenstück an die Seite zu stellen, das mehr auf die Anforderungen eines Privatfahrers abgestimmt war. In Zusammenarbeit mit der Karosseriebaufirma Autenrieth wurde unter der Typenbezeichnung 327 ein elegantes 2+2-sitziges Sportcabriolet entwickelt, das keinen internationalen Vergleich in Eleganz und Schönheit zu scheuen brauchte. Einziger Kritikpunkt des später auch als Coupé gebauten Wagens war der nur 55 PS starke Motor. BMW kam der Kundschaft jedoch dadurch entgegen, das man alternativ auch das 80-PS-Aggregat vom Typ 328 ordern konnte – Fahrzeuge mit dieser Bestückung wurden unter dem Kürzel BMW 327/28 in den Handel gebracht.

Modell	*BMW 327*
Hubraum / Zylinder	*1971 ccm / 6 Zyl.*
PS / KW	*55 / 40,3*
Bauzeit	*1937 – 1941*
Stückzahl	*1306*

BMW 326 Limousine

Nach bescheidenen Anfängen mit dem Dixi-Nachfolger (3/15 PS) hatte BMW ab 1933 immer mehr anspruchsvollere Wagen im Verkaufsprogramm. Allerdings unterschieden sich die Baureihen 303, 309, 315 und 319 von der Größe der Karosserie kaum – sie entsprachen in diesem Punkt der unteren Mittelklasse. Um auch für Kunden mit gehobenen Wünschen an Geräumigkeit und Komfort ein repräsentatives Modell bereit zu halten, wurde für 1935 eine große Limousine entwickelt. Für ihren Antrieb modifizierte man den bisherigen Sechszylindermotor durch leichtes Aufbohren zum 2-Liter-Aggregat. Während das Fahrgestell samt Antrieb in Eisenach entstand, wurden die Ganzstahlkarosserien mit moderner „Nierenfront" (sie bestimmte ab nun das Aussehen aller Folgemodelle!) bei dem Zulieferer Ambi-Budd in Berlin gebaut.

Modell	*BMW 326*
Hubraum / Zylinder	*1971 ccm / 6 Zyl.*
PS / KW	*50 / 36,7*
Bauzeit	*1936 – 1941*
Stückzahl	*15 873*

BMW 326 Cabriolet

Der BMW 326, der als erfolgreichstes Modell der Vorkriegszeit in die Firmengeschichte eingehen konnte, wurde im Februar 1936 anlässlich der Berliner Automobilausstellung erstmals der Öffentlichkeit präsentiert, und drei Monate später lief bereits die Serienfertigung an. Alternativ zur Limousine war der bequeme Reisewagen auch als zwei- oder viertüriges Cabriolet zu haben. Darüber hinaus bestand die Möglichkeit, das Chassis mit einer Wunschkarosserie einkleiden zu lassen, was den 326 gleich exklusiver, aber dementsprechend teuer machte. Gegenüber früheren Produktionsmethoden verschweißte BMW bei dieser Baureihe erstmals den Karosserieaufbau direkt mit dem Rahmen, was dem Fahrzeug eine extreme Stabilität gab.

Modell	*BMW 326 Cabriolet*
Hubraum / Zylinder	*1971 ccm / 6 Zyl.*
PS / KW	*50 / 36,7*
Bauzeit	*1936 – 1941*
Stückzahl	*1093*

DKW FA 600 (Typ F1)

Jörgen Skafte Rasmussen, Gründer der Marke DKW, befasste sich intensiv mit der Idee, ein Automobil mittels Zweitaktmotor anzutreiben. 1928 realisierte er dieses Konzept, doch seine Wagen mit Heckantrieb standen zuerst im Kreuzfeuer der Kritik, bevor sie sich auf dem Markt behaupten konnten. Zwei Jahre später beauftragte Rasmussen als Alternative die Audi-Werke mit der Entwicklung eines frontangetriebenen Wagens, der 1931 auf der Berliner Automobilausstellung gezeigt werden sollte. Die kunstlederbespannte Holzkarosserie dieses Roadsters (FA 500 / FA 600) ruhte auf einem Fahrgestell mit 2100 mm Radstand, eine Version mit 2400 mm blieb den Limousinen vorbehalten. Das Ziel, modernen frontangetriebenen Automobilen den Weg zur Großserie geebnet zu haben, hatte Rasmussen erreicht.

Modell	*DKW FA 600 (Typ F1)*
Hubraum / Zylinder	*584 ccm / 2 Zyl.*
PS / KW	*15 / 11*
Bauzeit	*1931 – 1932*
Stückzahl	*ca. 4000*

DKW F 5 Luxus-Cabriolet

Der große Erfolg aller frontangetriebenen DKW-Wagen ist unter anderem darauf zurückzuführen, dass das Werk die gesamte Modellreihe – vom frühen F1 bis hin zum F 8 der späten 30er Jahre – in allen nur denkbaren Karosserieversionen auf den Markt brachte. Eine für die Käufer besonders reichhaltig und elegant ausgestattete Variante wurde erstmals 1936 beim Typ F 5 realisiert – den konnte man jetzt als zwei- oder viersitziges Luxus-Cabriolet haben! Die meisten Luxus-Cabrio-Aufbauten fertigte von 1936 bis 1940 der Stuttgarter Karosseriebetrieb Baur, aber auch die sächsische Karosserieschmiede Hornig nahm sich dieser Aufbauten an. Bei Hornig entstand außerdem in einer Kleinauflage von 150 Einheiten noch eine bestechend elegante Roadster-Karosserie.

Modell	*DKW F 5 Luxus-Cabriolet*
Hubraum / Zylinder	*692 ccm / 2 Zyl.*
PS / KW	*20 / 14,7*
Bauzeit	*1936 – 1937*
Stückzahl	*ca. 15 000*

DKW F 5 K 700

Als DKW 1932 durch den Zusammenschluss der Firmen Audi, DKW, Horch und Wanderer in die Auto Union integriert wurde, baute man die Modellreihe frontangetriebener Automobile konsequent aus und ergänzte 1936 mit dem Zwischenmodell Typ F 5 K das Angebot. Eine interessante Detaillösung dieses Wagens – er basierte auf einem Chassis mit verkürztem Radstand – war der ausklappbare Notsitz im Heck, der schon damals scherzhaft als „Schwiegermuttersitz" bezeichnet wurde, doch der Platz unter dieser Klappe ließ sich auch als Stauraum nutzen. Statistisch betrachtet, zählten die DKW der Baureihe F 1 bis F 8 damals zu den am meisten gefahrenen Wagen in Deutschland – die Produktionszahlen der gesamten Modellreihe, die bis 1942 gebaut wurde, lag bei etwa 218 000 Einheiten.

Modell	*DKW F 5 K 700*
Hubraum / Zylinder	*584 ccm / 2 Zyl.*
PS / KW	*18 / 13,2*
Bauzeit	*1936*
Stückzahl	*ca. 60 000 (gesamte F 5-Baureihe)*

Ford Eifel 5/34 PS

Automobile der unteren Hubraumklassen waren der Ford Motor Company lange Zeit fremd. Erst 1932 stellte die britische Dependance des Konzerns das Modell Y auf die Räder. Ein Jahr später wurde die Konstruktion auch von den Kölner Ford-Werken übernommen und mit der Bezeichnung „Ford Köln" auf den Markt gebracht. Leider wurde der Wagen mit Zurückhaltung aufgenommen. Erst das Nachfolgemodell, der etwas größere Ford Eifel mit 1,2-Litern Hubraum, konnte sich größerer Akzeptanz erfreuen, obwohl er ebenfalls ein Ableger der englischen Ford-Werke war. Ab August 1933 trug dieses Modell – wie alle anderen in Deutschland gefertigten Ford-Wagen auch – ein ganz spezielles Markenemblem mit der Aufschrift „Ford – Deutsches Erzeugnis".

Modell	*Ford Eifel 5/34 PS*
Hubraum / Zylinder	*1172 ccm / 4 Zyl.*
PS / KW	*34 / 25*
Bauzeit	*1935 – 1939*
Stückzahl	*ca. 61 500*

Ford V8

1930 überraschte Henry Ford die Welt erneut mit einem Automobil, das überall auf Begeisterung stieß: Nach seiner legendären Tin Lizzie und dem Ford A gab es nun einen komfortablen Achtzylinder. Das Modell wartete mit zahlreichen Neuerungen wie etwa einem aus Stahl gefertigten Hilfsrahmen zum Abstützen der Karosserie auf. Ford machte den Wagen – immerhin ein V8-Konzept – erschwinglich, indem er das Triebwerk wieder in großen Stückzahlen fertigte. Die rationelle Vorgehensweise wurde dadurch unterstützt, dass die beiden gekoppelten Vierzylinderblöcke gleich zusammen mit der Ölwanne in einem Stück gegossen wurden! Der Ford V8 wurde ab 1935 auch in Deutschland montiert, und wie immer entstanden auch hier wieder wunderbare Sonderkarosserien.

Modell	*Ford V8*
Hubraum /Zylinder	*3620 ccm / 8 Zyl.*
PS / KW	*90 / 66*
Bauzeit	*1935 – 1941*
Stückzeit	*12 606*

Goliath Pionier

Borgward erkannte bereits zu Beginn der 20er Jahre die Notwendigkeit, neben großen Personenwagen auch Kleinstfahrzeuge als günstige Alternative auf den Markt bringen zu müssen. Durch den Erfolg seines so genannten Blitzkarrens ermutigt, ergänzte er die Modellpalette zunächst mit dem Goliath-Lieferwagen, bevor er 1931 auf der Berliner Automobilausstellung den PKW namens Pionier präsentierte. Der Pionier profitierte von der Steuerbefreiung für Fahrzeuge bis 200 ccm Hubraum und ließ sich führerscheinfrei fahren. Die Holzkarosserie des simplen Zweisitzers wurde mit Kunstleder bezogen, und der im Heck platzierte Einzylinder-Zweitaktmotor genügte jener Käuferschicht, die mit bescheidenem Fahrkomfort nicht schneller als 50 km/h über die Straßen tuckern wollte.

Modell	*Goliath Pionier*
Hubraum / Zylinder	*198 ccm / 1 Zyl.*
PS / KW	*5,5 / 4*
Bauzeit	*1931 – 1934*
Stückzahl	*ca. 4000*

Hanomag 4/23 PS

Nach ersten Gehversuchen im Automobilbau und dem erfolgreichen Start des Hanomag 2/10 PS in den 20er Jahren entwickelte die Hannoversche Maschinenbaufabrik als nächsten Schritt die Modellreihe 3/16 PS und 4/20 PS, bevor man die 30er Jahre anlässlich der Berliner Automobilausstellung endlich mit viersitzigen Fahrzeugen eröffnete. Unter den zahlreichen Modellen, die sich alle im Bereich der 1-Liter-Klasse bewegten, konnte vor allem der 4/23 PS für längere Zeit seine Position behaupten. Er zählte mit einem Radstand von 2450 mm und einer Spurweite von 1200 mm zu den etwas geräumigeren Fahrzeugen, die mit einer soliden Karosserie in Ganzstahlbauweise bestückt wurden – einziger Nachteil dieses Aufbaus war der nur vom Innenraum her zugängliche Kofferraum.

Modell	*Hanomag 4/23 PS*
Hubraum / Zylinder	*1097 ccm / 4 Zyl.*
PS / KW	*23 / 16,8*
Bauzeit	*1931 – 1934*
Stückzahl	*ca. 6000*

Hanomag Rekord Typ 15 K

1934 debütierte bei Hanomag erstmals ein Wagen der 1,5-Liter-Klasse. Da das Modell vom Publikum und vor allem von der Fachpresse begeistert aufgenommen wurde, entschloss sich das Werk, den Wagen bis 1938 im Programm zu führen. Dank der von vornherein gut durchdachten Konstruktion war der Rekord kaum auf Modellpflege angewiesen: Von der Technik her erhielt er 1937 eine Leistungssteigerung – hier konnten durch das Anheben der Verdichtung von 1:5,6 auf 1:6,2 drei Pferdestärken gewonnen werden. An der Höchstgeschwindigkeit von 98 km/h änderte das allerdings nichts, denn die Modifikation und leichte Vergrößerung der Heckpartie kompensierte diesen kleinen Vorteil wieder.

Modell	*Hanomag Rekord Typ 15 K*
Hubraum / Zylinder	*1504 ccm / 4 Zyl.*
PS / KW	*35 / 25,6*
Bauzeit	*1934 – 1938*
Stückzahl	*ca. 18 200*

Horch 670

Im Herbst 1931 zeigten die Zwickauer Horch-Werke auf dem Pariser Salon ihr neues Spitzenprodukt: Ein Sportcabriolet mit Zwölfzylindermotor, leuchtend gelb lackiert, mit braunem Verdeck und grünem Leder ausgeschlagen. Zwischen 1932 und 1934 wurde dieser noble Horch jedoch nur 80-mal verkauft. Der Markt für solche Luxusautos schrumpfte, obwohl Horch in der gesamten Oberklasse, zu der auch Maybach-Automobile und Mercedes-Benz zählten, eindeutiger Marktführer war und dank interessanter Preise rund ein Drittel mehr Automobile als die Konkurrenz verkaufte: So lieferte Horch 1932 in Deutschland 773 Wagen aus und konnte etwa 300 exportieren. Das genügte aber nicht, denn durch die Absatzfinanzierung entstanden zusehends Löcher in der Finanzplanung.

Modell	*Horch 670*
Hubraum / Zylinder	*6021 ccm / 12 Zyl.*
PS / KW	*120 / 87,9*
Bauzeit	*1931 – 1934*
Stückzahl	*ca. 80*

Horch 8 Typ 780

Nach Differenzen mit dem Vorstand und dem Aufsichtsrat verließ August Horch bereits 1909 das von ihm gegründete Unternehmen und initiierte in Zwickau eine weitere Firma – die Audi-Werke. In den 20er Jahren zog Horch nach Berlin und wirkte von dort aus seit 1932 als Aufsichtsratsmitglied der Auto Union AG als Sachverständiger und Gutachter bei der technischen Entwicklung des Unternehmens mit. Im Herbst 1926 stellten die „alten" Horchwerke bereits ein neues Modell mit einem von Paul Daimler konstruierten Achtzylinder-Reihenmotor vor. Dieser Motor bestach durch seine Zuverlässigkeit und Laufkultur, und die von 1930 bis 1935 unter dem Sammelbegriff Horch 8 geführte Modellreihe, die ebenfalls von dieser Entwicklung profitierte, wurde bald zum Begriff für gehobene Ansprüche im Automobilbau.

Modell	*Horch 8 Typ 780*
Hubraum / Zylinder	*4944 ccm / 8 Zyl.*
PS / KW	*100 / 73,2*
Bauzeit	*1932 – 1935*
Stückzahl	*ca. 4000 (gesamte Baureihe)*

Horch 830

Das Bild der 1932/33 ins Leben gerufenen Auto Union AG auf dem Kraftfahrzeugmarkt wurde durch die vier Gründer-Marken Audi, DKW, Horch und Wanderer sowie deren Angebotspalette bestimmt. Es hat Jahre gedauert, bis aus dieser traditionsgebundenen Zufälligkeit ein Konzept nach unternehmenseinheitlichen Gesichtspunkten entwickelt und verwirklicht werden konnte. Der Ruf der Marke Horch als Hersteller von Edelautos hatte sich schon über mehrere Jahrzehnte hin aufgebaut. Diese Tradition führte man auch nach dem Zusammenschluss weiter fort – Wirtschaftlichkeit spielte in der Luxusklasse anscheinend keine Rolle. 1933 kam der neu entwickelte V8-Motor heraus, der in verschiedenen Hubraumgrößen von 3 bis 3,8 Liter gebaut wurde.

Modell	*Horch 830*
Hubraum / Zylinder	*3004 ccm / 8 Zyl.*
PS / KW	*70 / 52*
Bauzeit	*1933 – 1934*
Stückzahl	*ca. 3500*

Horch 830 Bk

Obwohl die Leistung des 1933 konstruierten V8-Zylinders im Laufe der Zeit von 70 auf 92 PS anstieg, änderte das nichts an der Tatsache, dass die gesamte reichhaltige Modellpalette, die mit dem V8 ausgestattet wurde, im Verhältnis zu anderen Horch-Automobilen in der Firmengeschichte stets nur der „kleine" Horch blieb. Dennoch wurde dieses Baumuster vom Publikum begeistert aufgenommen, und entgegen der Gewohnheit, Wagen mit längerem Radstand den Vorzug zu geben, entschied sich das Gros der Käufer für die kurze Version mit 3200 mm Radstand, während nur ganz wenige ein Modell mit 3350 mm Radstand favorisierten. In zahlreichen Karosserieausführungen zu haben, bediente der 830 viele Käuferschichten – er lief sogar als beliebter Behördenwagen auf den Straßen.

Modell	*Horch 830 Bk*
Hubraum / Zylinder	*3517 ccm / 8 Zyl.*
PS / KW	*75 / 55*
Bauzeit	*1936*
Stückzahl	*ca. 3500*

Modell	*Horch 930*
Hubraum / Zylinder	*3823 ccm / 8 Zyl.*
PS / KW	*92 / 67,4*
Bauzeit	*1937 – 1940*
Stückzahl	*ca. 2000*

Horch 930

Bei allen Wagen, die Horch mit dem V8-Aggregat bestückte, handelte es sich zunächst um Starrachser mit den in höheren Geschwindigkeitsbereichen recht problematischen Fahreigenschaften. 1935 erhielten die V8-Typen im Zuge der Modellpflege eine vordere Einzelradfederung und hinten eine so genannte De-Dion-Achse (Doppelgelenk mit starrer Achse und am Rahmen befestigtem Differenzial). 1937 debütierte mit dem Typ 930 schließlich der letzte, größte und teuerste V8-Wagen. Während die zurückhaltenden Limousinen gern als Chauffeur- und Direktionswagen genutzt wurden, zeigte sich die Highsociety ebenfalls gern im 930 – sie bevorzugte allerdings elegante Sonderkarosserien vom Schlage eines Roadsters. Der kostete mit 14.000 Reichsmark aber fast doppelt so viel wie die Limousine.

Horch 5 Liter Typ 853 A

1935, mit dem Wegfall der Hubraumsteuer, präsentierte Horch unter dem Sammelbegriff „Horch 5 Liter" eine weitere Baureihe, unter deren Haube sich generell ein Achtzylinder-Reihenmotor befand. Das anfangs 100 und später 120 PS starke Aggregat wurde am meisten für das Sportcabriolet vom Typ 853 genutzt – diesen Wagen hielten schon damals viele für den schönsten Horch, der je gebaut worden ist. Mit dem 853 konnte Horch die Spitzenposition im Luxuswagensegment deutlich behaupten – der Marktanteil betrug 1937 sogar über 50 %! Das Cabriolet war von den Boulevards und Promenaden einfach nicht wegzudenken. Für namhafte Karosseriebauer wie Erdmann & Rossi, Gläser oder Wendler war es geradezu eine Herausforderung, dieses Modell „einkleiden" zu dürfen.

Modell	*Horch 853 A*
Hubraum / Zylinder	*4944 ccm / 8 Zyl.*
PS / KW	*120 / 87,9*
Bauzeit	*1938 – 1939*
Stückzahl	*ca. 1000*

Horch 951

Horch durfte sich rühmen, in den 30er Jahren Deutschlands führender Hersteller auf dem Gebiet des Achtzylindermotors gewesen zu sein. Seit 1926 konnte man auf diesem Sektor viele Erfahrungen sammeln, und die ruhig laufenden Aggregate waren stets mehr als nur ein Beispiel technischer Perfektion: Unter der langen Haube eines Horch ging es sehr aufgeräumt zu, denn auf der einen Motorseite lag der Solex-Doppelvergaser mit dem Ansauggeräuschdämpfer und den Ansaugkanälen, auf der anderen der Auspuffkrümmer. Zur konstruktiven Besonderheit des langhubig ausgelegten Achtzylinders zählten auch die jeweils paarweise zusammengegossenen Zylinder – diese Konzeption half, die Baulänge des Motorblocks zu reduzieren.

Modell	*Horch 951*
Hubraum / Zylinder	*4944 ccm / 8 Zyl.*
PS / KW	*120 / 87,9*
Bauzeit	*1938 – 1940*
Stückzahl	*ca. 1200*

Horch Typ 951 A

Von der Optik her betrachtet, verkörperte in Horchs 5-Liter-Baureihe zweifellos das Modell 853 den formalen Höhepunkt. Beurteilt man die Baumuster nach der Größe ihrer Karosserie, zählt das Modell 951 zu den Gewinnern. Der Radstand des Typs 951 maß exakt 3750 mm und die Karosserieaufbauten, die sich mit diesem Wert realisieren ließen, wurden in den Verkaufsunterlagen unter der Bezeichnung Pullmann-Limousine gelistet. Besitzer eines solchen Modells waren es gewohnt, sich chauffieren zu lassen – leicht bewegen ließ sich der 951 nämlich nicht! Bei einer Gesamtlänge von 5640 mm brachte das Auto etwa 2810 kg auf die Waage. Sein Wendekreis betrug 16,5 Meter, und der durchschnittliche Benzinverbrauch lag bei circa 23 Litern auf 100 Kilometer.

Modell	*Horch Typ 951 A*
Hubraum / Zylinder	*4944 ccm, 8 Zyl.*
PS / KW	*120 / 87,9*
Bauzeit	*1938 – 1940*
Stückzahl	*ca. 1200*

Maybach Typ DS 7

Wilhelm Maybach, Mitarbeiter Gottlieb Daimlers und Konstrukteur des Mercedes – dem ersten richtigen Auto – verließ 1907 die Daimler-Motoren-Gesellschaft, um mit seinem Sohn Karl eigene Motoren zu entwickeln. Weil die sich seiner Meinung nach exzellent für den Antrieb der eben populär gewordenen Luftschiffe eigneten, nahm er Verbindung mit dem Grafen Zeppelin auf und gründete zusammen mit ihm 1909 die Luftfahrzeug-Motorenbau GmbH in Bissingen bei Stuttgart, deren technischer Direktor sein Sohn Karl wurde. 1912 übersiedelte die Firma nach Friedrichshafen neben den Luftschiffbau des Grafen Zeppelin. Bis etwa 1920 unterstützte Wilhelm Maybach seinen Sohn bei vielen Entwicklungen, die über Jahrzehnte hinweg Benzin- und Dieselmotoren sowie Getriebe höchster Qualität hervorbrachten.

Modell	*Maybach Typ DS 7*
Hubraum / Zylinder	*6962 ccm / 12 Zyl.*
PS / KW	*150 / 110*
Bauzeit	*1930 – 1934*
Stückzahl	*ca. 190*

Maybach Zeppelin Typ DS 8 Cabrio

1921 begann Karl Maybach in Friedrichshafen mit dem Bau eigener Automobile: Allerdings wurden nur Rahmen, Fahrwerk, Motor, Getriebe, Kühler, Spritzwand und alle anderen Aggregate als fahrbereites Chassis zusammengebaut – für die Aufbauten waren Karosseriebaufirmen zuständig, die sich ihrerseits den Wünschen der Kunden anpassten. Mit der im benachbarten Ravensburg ansässigen Karosseriebaufirma Herrmann Spohn kam es im Laufe der Jahre zu einer engen Zusammenarbeit, teilweise zu einer Art Serienbau in kleinsten Stückzahlen. Aber Spohn musste sich Maybachs lukrative Aufträge stets mit anderen Karosseriebauern wie Gläser in Dresden, Auer in Stuttgart oder Erdmann & Rossi in Berlin teilen.

Modell	*Maybach Zeppelin Typ DS 8 Cabrio*
Hubraum / Zylinder	*7978 ccm / 12 Zyl.*
PS / KW	*200 / 146,5*
Bauzeit	*1930 – 1934*
Stückzahl	*ca. 190*

Maybach Zeppelin DS 8

Der Maybach Typ Zeppelin war einer der berühmtesten Vertreter im Reigen internationaler Luxus-Automobile der 30er Jahre. Schon damals beurteilte die Fachpresse diesen Zwölfzylinder ausgesprochen positiv und die „Allgemeine Automobilzeitung" schrieb im Sommer 1933: „... Die Maybach-Zeppelin-Modelle gehören zu den wenigen Fabrikaten der internationalen Sonderklasse. Sie sind großer Luxus, mit technischer Verschwendung ausgestattet, und nur wenigen Auserwählten greifbar, wie auch die Serien klein sind, in denen diese prächtigen Wagen gebaut werden". Besonderes Lob verdienten vor allem die Fahreigenschaften: Trotz des langen Radstands von 3735 mm und dem hohen Gewicht glitt der Wagen geradezu leichtfüßig dahin.

Modell	*Maybach Zeppelin DS 8*
Hubraum / Zylinder	*7978 ccm / 12 Zyl.*
PS / KW	*200 / 146,5*
Bauzeit	*1938 – 1940*
Stückzahl	*ca. 190*

Maybach Zeppelin DS 8 Limousine

Dank ihrer herausragenden Technik, der geschmeidigen Motoren und der den Kundenwünschen entsprechend hochwertigen Ausstattung etablierten sich die exklusiven Maybach-Wagen sehr schnell auf dem Weltmarkt. Ihre handgearbeiteten Aufbauten, sei es als Limousine, als voluminöser Pullman, als zwei- bis siebensitziges Coupé, Cabrio oder Roadster, standen in direkter Konkurrenz zum „Großen Mercedes", zu Rolls-Royce, Bentley, Isotta-Fraschini und anderen Luxuswagen. Wer einen Maybach fuhr – oder sich fahren ließ – dem bot sich ein Panorama besonderer Art: Vor den Augen streckte sich eine mächtige Motorhaube und man hatte stets das Markenzeichen – die zum Dreieck verwobene Buchstabenkombination „MM" (Maybach Motorenbau) – in Form einer Kühlerfigur im Blick.

Modell	*Maybach Zeppelin DS 8 Limousine*
Hubraum / Zylinder	*7978 ccm / 12 Zyl.*
PS / KW	*200 / 146,5*
Bauzeit	*1938 – 1940*
Stückzahl	*ca. 190*

Maybach Zeppelin DS 8 Limousinen-Coupé

Einem Luxuswagen angemessen, konnten Kaufinteressenten in Maybachs Prospekten neben technischen Daten noch mehr über ihren Wagen erfahren – zum Beispiel, warum die Bezeichnung „Zeppelin" gewählt wurde: „... wurde gewählt, um auch äußerlich zum Ausdruck zu bringen, dass der Zwölfzylinder-Maybach auf Grund der Erfahrung mit den Maybach-Zeppelin-Luftschiffmotoren konstruiert ist. Ein Name als Symbol für die Grundsätze, nach denen Maybach-Wagen gebaut werden: Nur Bestes aus Bestem zu schaffen, von dauerndem Wert, in höchster Vollendungsform neuen Entstehens. ... Als Verkörperung des hochwertigen Reise- und Repräsentationswagens – wie als rassiger Typ für den passionierten Sportsmann – ist der "Maybach-Zeppelin" das Automobil letzter Wunscherfüllung ...".

Modell	*Maybach Zeppelin DS 8 Limousinen-Coupé*
Hubraum / Zylinder	*7978 ccm / 12 Zyl.*
PS / KW	*200 / 146,5*
Bauzeit	*1938 – 1940*
Stückzahl	*ca. 190*

Maybach SW 38

Um die Modellpalette der großen Zeppelin-Typen zu ergänzen und abzurunden, präsentierte Maybach 1935 eine etwas kleinere Fahrzeugklasse, deren Einstiegspreis bei etwa 20.000 Reichsmark lag – ein Zeppelin kostete bis zu 38.500 Reichsmark! Diese Baureihe mit Einzelradfederung wurde von Maybach als „Schwingachs-Wagen" bezeichnet, wovon das Kürzel SW abgeleitet wurde. Alle SW-Modelle profitierten von neu entwickelten Hochleistungsmotoren (HL-Motoren) mit Hubräumen von 3,5, 3,8 und 4,2 Liter – sie kamen dementsprechend als Typ SW 35, SW 38 oder SW 42 auf den Markt. Die SW-Modelle zählten zu den meistverkauften Maybach-Wagen – der letzte Maybach, der 1941 noch aus Restbeständen von Einzelteilen auf die Räder gestellt wurde, war übrigens ein Typ SW 42.

Modell	*Maybach SW 38*
Hubraum / Zylinder	*3817 ccm / 6 Zyl.*
PS / KW	*140 / 102,5*
Bauzeit	*1936 – 1939*
Stückzahl	*ca. 520*

Maybach SW 38 Cabriolet

Vollsynchronisierte Getriebe, wie man sie heute kennt, waren zu Beginn der 30er Jahre weitgehend unbekannt. Geschaltet wurde mit Doppelkuppeln beim Heraufschalten und Zwischengas beim Herunterschalten. Diese für manche Autofahrer nur schwer zu erlernende Technik wollte Maybach seinen Kunden ersparen. Er entwickelte ein sehr kompaktes Vierganggetriebe, dessen schräg geschliffene Zahnräder ständig im Eingriff waren. Geschaltet wurde ohne zu kuppeln, außer beim Anfahren, beim Halten oder Rückwärtsfahren. Um den Gang zu wechseln, mussten lediglich zwei kleine Vorwahlhebel in der Lenkradmitte bedient werden! Ganz im Kontrast zu diesem Fortschritt standen damals die groß dimensionierten Trommelbremsen, die mittels eines raffinierten Seilzug- und Hebelsystems verzögerten.

Modell	*Maybach SW 38 Cabriolet*
Hubraum / Zylinder	*3817 ccm / 6 Zyl.*
PS / KW	*140 / 102,5*
Bauzeit	*1936 – 1939*
Stückzahl	*ca. 520*

Maybach SW 42 Transformationscabriolet

Um das Schaltschema der Maybach-Wagen zu verdeutlichen, wurde der Schaltvorgang in der Betriebsanleitung wie folgt beschrieben: „Schalten vom niederen in höhere Gänge: Wenn der Wagen angefahren ist, werden die Hebel am Lenkrad ohne zu kuppeln und ohne Gas wegzunehmen auf den gewünschten höheren Gang eingestellt. Dann lässt man den Gashebel los und gibt nach einer Pause von ein bis zwei Sekunden Gas. Dadurch ist der gewünschte Gang eingeschaltet. Die Pause dient der Senkung der Motordrehzahl und dem automatischen Einkuppeln der Schaltklauen im Getriebe. Schalten vom höheren in einen niederen Gang: Zunächst werden die Hebel am Lenkrad auf den niederen Gang eingestellt, dann der Fuß vom Gas genommen, aber sofort ohne Wartepause weich Gas gegeben. Bei diesem Vorgang erfolgt das automatische Schalten durch erhöhen der Motordrehzahl".

Modell	*Maybach SW 42 Transformationscabriolet*
Hubraum / Zylinder	*4197 ccm / 6 Zyl.*
PS / KW	*140 / 102,5*
Bauzeit	*1939 – 1941*
Stückzahl	*ca. 45*

Mercedes-Benz Typ SS

Das unermüdliche Bestreben der Ingenieure und Konstrukteure nach Perfektion brachte den Mercedes-Benz Typ SS (Super Sport) hervor, der 1928 den Typ S ablöste. Er unterschied sich vom Vorgängermodell hauptsächlich durch einen überarbeiteten, stärkeren Motor, der bei Rennversionen bis zu 250 PS mobilisierte. Daimler-Benz hielt dieses Fahrgestell aber auch für Privatfahrer bereit, die die Möglichkeiten hatten, den Unterbau nach ihren Wünschen mit einer Sonderkarosserie bestücken zu lassen. Namhafte Karosseriebaubetriebe – hier die italienische Firma Castagna – gaben den Wagen so eine unverwechselbare Linienführung. Dank ihrer Erfahrung brachten sie sogar das Kunststück fertig, dieses Automobil mit immerhin 3400 mm Radstand in ein traumhaftes zweisitziges Cabriolet zu verwandeln.

Modell	*Mercedes-Benz Typ SS*
Hubraum / Zylinder	*7065 ccm / 6 Zyl.*
PS / KW	*170 (mit Kompressor 225) / 125 bzw. 165*
Bauzeit	*1928 – 1934*
Stückzahl	*115*

Mercedes-Benz Typ SS

Auf dem viel versprechenden und zur Leistungssteigerung genutzten Kompressorantrieb basierend, baute Mercedes-Benz bereits Ende der 20er Jahre eine Generation von Sportwagen auf, die im Gegensatz zu den vorher konzipierten reinrassigen Rennwagen auch als sportliche Straßenfahrzeuge für ambitionierte Privatfahrer zu haben waren. Zwischen 1928 und 1933 waren die im Volksmund „Weiße Elefanten" genannten und mit einem Sechszylindermotor ausgerüsteten Wagen der Typenreihe S, SS, SSK und SSKL international das Maß aller Dinge. Wohlhabende Herrenfahrer fanden in diesen Automobilen die idealen Werkzeuge für das Kräftemessen bei Rennveranstaltungen jeglicher Couleur – die seinerzeit noch mehr als heute gesellschaftlich von höchster Bedeutung waren.

Modell	*Mercedes-Benz Typ SS*
Hubraum / Zylinder	*7065 ccm / 6 Zyl.*
PS / KW	*170 (mit Kompressor 225) / 125*
Bauzeit	*1928 – 1934*
Stückzahl	*115*

Mercedes-Benz 18/80 PS Typ Nürburg 460

Als Horch 1926 mit seinen neuen Achtzylindern den bei weitem größten Marktanteil in der gehobenen Fahrzeugklasse errang, musste Daimler-Benz notgedrungen nachziehen – man entwickelte unter der Regie des damaligen Chefkonstrukteurs Ferdinand Porsche ein entsprechendes Gegenstück, heraus kam das Modell Nürburg. Dieser Wagen erhielt seinen Namen allerdings nicht wegen sportlicher Meriten, sondern weil er im Rahmen eines Dauertests 20 000 Kilometer Laufleistung auf dem Nürburgring absolvierte. Gegenüber der Gewohnheit, aufwändige Straßentests durchzuführen, favorisierte Daimler-Benz diesmal diese Art der Zuverlässigkeitsprüfung – das Werk stand unter Zeitdruck und man konnte sich nicht erlauben, einen Wagen mit etwaigen Kinderkrankheiten auf den Markt zu bringen.

Modell	*Mercedes-Benz 18/80 PS Typ 460 Nürburg*
Hubraum / Zylinder	*4622 ccm / 8 Zyl.*
PS / KW	*80 / 58,6*
Bauzeit	*1928 – 1933*
Stückzahl	*2893*

Mercedes-Benz 18/80 PS Typ Nürburg 460

Unter der Haube des Nürburg arbeitete ein relativ einfacher seitengesteuerter Reihenmotor, der wegen seiner neun Kurbelwellenlager und eines Schwingungsdämpfers so laufruhig war, dass man bei allen Drehzahlen nur das leichte Zischen der Ansaugluft hören konnte. Der in zahlreichen Karosserieversionen lieferbare Wagen wurde übrigens mit Holzspeichenrädern bestückt – eine Ausstattung, die bis zum Produktionsende beibehalten wurde! Neben zwei in den Kotflügelmulden platzierten Reserverädern gehörte zur Grundausstattung noch ein kleiner Kompressor: Er wurde vom Motor angetrieben und konnte zum Aufpumpen der Reifen genutzt werden. Als Besonderheit erhielt der Nürburg schon damals eine Art Wegfahrsperre, indem sich der Schalthebel abschließen ließ!

Modell	*Mercedes-Benz 18/80 PS Typ 460 Nürburg*
Hubraum / Zylinder	*4622 ccm / 8 Zyl.*
PS / KW	*80 / 58,6*
Bauzeit	*1928 – 1933*
Stückzahl	*2893*

Mercedes-Benz 19/100 PS Typ Nürburg 500

Ab 1931 war der Typ Nürburg alternativ auch mit einem Motor der 5-Liter-Klasse zu haben, woraus ein Leistungszuwachs von 20 PS resultierte. Die konnte der Wagen gut gebrauchen: Allein das Fahrgestell brachte bis zu 1700 kg auf die Waage – luxuriöse und geräumige Karosserieaufbauten erhöhten das Gewicht um weitere 600 kg. Der Nürburg, meist als Chauffeurswagen genutzt, war auch das Auto der Prominenz und der Päpste. Während es sich die Herrschaften im Fond bequem machten, durfte die Dienerschaft auf den ausklappbaren Notsitzen Platz nehmen. Bei Bedarf konnte das Fahrerabteil mittels einer Trennscheibe geschlossen werden, die Kommunikation zum Chauffeur erfolgte dann nur auf ein Klingelzeichen.

Modell	*Mercedes-Benz 19/100 PS Typ Nürburg 500*
Hubraum / Zylinder	*4918 ccm / 8 Zyl.*
PS / KW	*100 / 73,2*
Bauzeit	*1931 – 1932*
Stückzahl	*88*

Mercedes-Benz Typ Mannheim 370 S

Der Mercedes-Benz 370 S, besser bekannt unter der Modellbezeichnung Mannheim, gab ein beispielhaftes Muster ab, dass es durchaus möglich war, aus den technischen Bestandteilen einer biederen Limousine einen sportlich aussehenden Zweisitzer zu machen. Trotz seiner bescheidenen Leistung von nur 75 PS zählte dieser Mittelklassewagen mit verkürztem Fahrgestell damals zu den schönsten Modellen des Konzerns – Rennfahrer Rudolf Caracciola besaß einen 370 S als Zweitwagen. Ein Erfolg wurde der 370 S dennoch nicht: Auf Grund der in der Automobilindustrie herrschenden Absatzkrise konnte das Werk von dem nur 10.800 Reichsmark teuren Sport-Modell gerade 183 Wagen verkaufen. Die Normalversion mit längerem Radstand – meist Limousinen – fand etwa 1200 Käufer.

Modell	*Mercedes-Benz Typ Mannheim 370 S*
Hubraum / Zylinder	*3689 ccm / 6 Zyl.*
PS / KW	*75 / 55*
Bauzeit	*1930 – 1933*
Stückzahl	*183*

Mercedes-Benz Typ 770 „Großer Mercedes"

Das größte, schwerste und teuerste Modell, das Daimler-Benz 1930 auf dem Pariser Automobilsalon präsentierte, war ein Wagen der 7,7-Liter-Klasse. Nur mit einem Achtzylindermotor bestückt, sollte der 770 dennoch mit Horchs Zwölfzylinder konkurrieren, denn seine Leistung ließ sich durch einen Kompressor von 150 auf 200 PS steigern. Trotz des gebotenen Luxus und dem großen Hubraum entsprach der beeindruckende Wagen aber nur damaliger Durchschnittsbauweise. Zu den Hauptabnehmern zählten überwiegend Regierungen und Staatsoberhäupter, die das Fahrgestell (3750 mm Radstand) oft mit einer nach ihren Wünschen gebauten Karosserie bestücken ließen. Daimler-Benz verlangte für das Chassis anfangs bis zu 32.500 Reichsmark – ab 1937 wurde der Preis auf 24.000 Reichsmark reduziert.

Modell	*Mercedes-Benz Typ 770 „Großer Mercedes"*
Hubraum / Zylinder	*7655 ccm / 8 Zyl.*
PS / KW	*150 (mit Kompressor 200) / 110 bzw. 147*
Bauzeit	*1930 – 1933*
Stückzahl	*117*

Mercedes-Benz Typ 170

Schon 1930 gab es Gerüchte, dass Daimler-Benz einen kompakten Mittelklassewagen auf den Markt bringen wolle – erstmals sehen konnte man das Ergebnis 1931 auf dem Pariser Automobilsalon. Der Typ 170, ein formal gelungenes und gut ausgestattetes Auto, zeichnete sich vor allem durch eine Preiswürdigkeit aus, die dem Unternehmen in dieser wirtschaftlich schwierigen Zeit trotzdem wachsende Umsätze bescherte. Was den 170 aber zur eigentlichen Sensation machte, war sein Fahrwerk mit den vier erstmals einzeln aufgehängten Rädern: Vorn achslos an zwei querliegenden Blattfedern, hinten an je einer Halbpendelachse. Diese Konstruktion vereinigte hohe Stabilität mit einem Minimum an ungefederten Massen, und so setzte man mit dem 170 einen Meilenstein in Richtung Fahrkomfort und Fahrsicherheit.

Modell	*Mercedes-Benz Typ 170*
Hubraum / Zylinder	*692 ccm / 6 Zyl.*
PS / KW	*32 / 23,4*
Bauzeit	*1931 – 1936*
Stückzahl	*13 775*

Mercedes-Benz Typ 380

Mit dem Typ 380 brachte Daimler-Benz 1933 eine Art Zwischenmodell auf den Markt, das trotz seiner kurzen Bauzeit in verschiedenen Motorversionen mit oder ohne Kompressor zu haben war. Das neu konstruierte Achtzylinder-Aggregat verfügte jetzt über hängende und nicht mehr stehende Ventile, außerdem gab es anstelle von neun nur noch fünf Kurbelwellenlager, und ein Schnellganggetriebe gehörte bereits zur Grundausstattung. Wichtigstes Konstruktionsmerkmal des 380 aber war der Verzicht auf die bis dahin verwendeten Starrachsen: Als so genannter Schwingachser vermittelte der 380 ein vollkommen neues Fahrgefühl, was es in dieser Wagenklasse bisher noch nicht gegeben hatte. Im Zuge der Modellpflege leitete Daimler-Benz von diesem Typ bereits ein Jahr später den erfolgreichen Typ 500 K ab.

Modell	*Mercedes-Benz Typ 380*
Hubraum / Zylinder	*4019 ccm / 8 Zyl.*
PS / KW	*90 (mit Kompressor 144) / 66 KW bzw. 105 KW*
Bauzeit	*1933 – 1934*
Stückzahl	*154*

Mercedes-Benz Typ 500 K

Zwei sehr unterschiedliche neue Mercedes-Benz Modelle standen im März 1934 auf der Berliner Automobilausstellung: Der Typ 130, ein mit Heckmotor (!) bestückter Wagen, und der Typ 500 K, ein imposanter, eleganter Sportwagen mit Achtzylinder-Kompressormotor, der mit eingeschaltetem Kompressor aus seinem 5018 ccm großen Hubraum 160 PS mobilisierte. Er war der Nachfolger des nur ein Jahr zuvor präsentierten Typs 380 und, wenn man so will, ein Enkel der unbändigen, kraftstrotzenden Kompressor-Typen S, SS, SSK und SSKL. Der Typ 500 K (das K stand für den Kompressor, denn es gab noch ein 500er-Modell ohne Kompressor) war in seiner Erstauflage als eleganter zwei- bis viersitziger Sportwagen konzipiert und wurde hauptsächlich mit Roadster- oder Cabrioletkarosserien bestückt.

Modell	*Mercedes-Benz Typ 500 K*
Hubraum / Zylinder	*5018 ccm / 8 Zyl.*
PS / KW	*100 (mit Kompressor 160) / 73 bzw. 117*
Bauzeit	*1934 – 1936*
Stückzahl	*342*

Mercedes-Benz Typ 500 K

Mit dem 500 K nahm Mercedes-Benz Abschied von den „Roaring Twenties", in denen die S, SS, SSK und SSKL-Modelle für Schlagzeilen sorgten. Die Zeit harter Fahrwerke mit Starrachsen hatte jetzt ein Ende, und auch der meist zweckbestimmende Karosseriestil gehörte der Vergangenheit an. Der neue 500 K Sportwagen traf den Nerv zahlungskräftiger Kunden, denn er bot ihnen neben hohen PS-Zahlen auch jede Menge Eleganz und Komfort, was vor allem den immer zahlreicher werdenden selbstfahrenden Damen sehr gelegen kam. Vom Fahrkomfort her verwöhnte der 500 K seine Insassen erstmals mit einer Einzelradaufhängung, die neben der schon 1931 eingeführten Zweigelenk-Pendelachse als sensationelle Weltneuheit eine Doppel-Querlenker-Vorderachse zu bieten hatte.

Modell	*Mercedes-Benz Typ 500 K*
Hubraum / Zylinder	*5018 ccm / 8 Zyl.*
PS / KW	*100 (mit Kompressor 160) / 73 bzw. 117*
Bauzeit	*1934 – 1936*
Stückzahl	*342*

Mercedes-Benz Typ 500 K

Um Kunden mit individuellen Karosseriewünschen entgegen zu kommen, hielt Daimler-Benz für den 500 K drei Fahrgestellvarianten bereit: Zwei lange mit jeweils 3290 mm Radstand (sie unterschieden sich in der Aufbauplatzierung) und ein kurzes Chassis mit 2980 mm Radstand. Manche Wagen, wie die Sport-Limousine, erhielten ein Fahrgestell, bei dem Kühler, Antriebseinheit, Cockpit und alles danach um 185 mm hinter die Vorderachse zurückversetzt wurde. Etwas umständlich bezeichnet hieß diese Ausführung dann „Fahrgestell mit zurückgesetztem Motor". Dieser zwar kleine, aber geniale Trick vermittelte den optischen Eindruck eines besonders langen Vorderwagens und damit das erwünschte extrem sportliche Flair.

Modell	*Mercedes-Benz Typ 500 K*
Hubraum / Zylinder	*5018 ccm / 8 Zyl.*
PS / KW	*100 (mit Kompressor 160) / 73 bzw. 117*
Bauzeit	*1934 – 1936*
Stückzahl	*342*

Mercedes-Benz Typ 500 K Spezialroadster

Das hinreißendste Modell aller 500 K war der 1936 vorgestellte zweisitzige Spezialroadster – ein Meisterwerk der Form, unnachahmlich kraftvoll und elegant gestylt. Sein Preis lag mit 28.000 Reichsmark 6.000 Mark über dem Durchschnittspreis der einfacheren Modelle. Für diese Summe gab es damals alternativ ein gut ausgestattetes Einfamilienhaus. Das Fahrgestell mit verkürztem Radstand wurde allerdings nur für wenige Zweisitzer-Sonderaufbauten verwendet. Bei diesen Modellen stand der Kühler exakt über der Vorderachse, und die Modelle trugen neben dem Kürzel 500 K den Zusatz Sport-Roadster, Sport-Cabriolet oder Sport-Coupé. Alles in allem wog ein Fahrgestell dieser Modelle etwa 1700 kg, die fertigen Fahrzeuge brachten um die 2300 kg auf die Waage.

Modell	*Mercedes-Benz Typ 500 K Spezialroadster*
Hubraum / Zylinder	*5018 ccm / 8 Zyl.*
PS / KW	*100 (mit Kompressor 160) / 73 bzw. 117*
Bauzeit	*1934 – 1936*
Stückzahl	*38 Versionen auf kurzem Chassis*

Mercedes-Benz Typ 540 K

Der schier unstillbare Leistungshunger der betuchten Kundschaft ließ aus dem Typ 500 K den Typ 540 K entstehen. Um auch seinen Motor an die Grenzen der Leistungsfähigkeit zu bringen, konnte man kurzfristig – zum Beispiel beim Überholen – den Kompressor hinzuschalten: Ähnlich dem Kick-Down-Effekt geschah dies über das Gaspedal, indem ein Druckpunkt überwunden wurde. Das Viergang- oder wahlweise Fünfganggetriebe war mit Ausnahme des ersten Ganges synchronisiert und brachte die Antriebskraft über eine Einscheiben-Trockenkupplung an die Hinterräder. Die Höchstgeschwindigkeit von 170 km/h war für einen Wagen dieser Klasse damals ein absoluter Traumwert – ebenso der Benzinverbrauch zwischen 27 und 30 Liter auf 100 Kilometer Fahrtstrecke.

Modell	*Mercedes-Benz Typ 540 K*
Hubraum / Zylinder	*5401 ccm / 8 Zyl.*
PS / KW	*115 (mit Kompressor 180) / 84 bzw. 132*
Bauzeit	*1936 – 1939*
Stückzahl	*406*

Mercedes-Benz Typ 540 K

Für sportliche Großtaten eignete sich der grandiose Mercedes-Benz vom Typ 540 K eher weniger – die Stärke des etwa 2300 kg schweren Autos lag im überaus komfortablen und entspannten Reisen mit hohen Durchschnittsgeschwindigkeiten. Bei der Konstruktion des Motors legte man vor allem Wert auf eine extreme Laufruhe und sanft einsetzende, aber dennoch überlegene Kraft. Der Reihenachtzylinder war über 1000 mm lang und bestand aus schalldämmendem Spezial-Grauguss. Auch der Grauguss-Zylinderkopf mit parallel hängenden, über Kipphebel und Stößelstangen von der seitlichen Nockenwelle betätigten Ventilen, schien aus dem Vollen geschnitzt. Kein Wunder, dass der komplette Motor eines 540 K über 600 kg wiegt.

Modell	*Mercedes-Benz Typ 540 K*
Hubraum / Zylinder	*5401 ccm / 8 Zyl.*
PS / KW	*115 (mit Kompressor 180) / 84 bzw. 132*
Bauzeit	*1936 – 1939*
Stückzahl	*406*

Mercedes-Benz Typ 540 K

Fast alle Karosserie-Varianten des 540 K kosteten einheitlich 22.000 Reichsmark. Ausnahmen bildeten die Spezial-Roadster zum Preis von 28.000 Reichsmark und das „Autobahn-Kurier" genannte Stromlinien-Coupé für 24.000 Reichsmark. Damit war die Zahl der Käufer begrenzt, aber das Werk und die Karosseriebauer zogen alle Register ihres Könnens: Diese Autos waren von höchster Passgenauigkeit, Dauerhaftigkeit und bester Verarbeitung. Zudem erfüllte Daimler-Benz auch besondere Kundenwünsche hinsichtlich Ausstattung und Formgebung. Schlangenleder-Bezüge für die Sitze, Perlmutt-Auflagen für das Armaturenbrett, auffällig geschwungene Kotflügel – alles war möglich. Schon das normale Lieferprogramm mit über zehn Karosserievarianten ließ kaum Wünsche offen.

Modell	*Mercedes-Benz Typ 540 K*
Hubraum / Zylinder	*5401 ccm / 8 Zyl.*
PS / KW	*115 (mit Kompressor 180) / 84 bzw. 132*
Bauzeit	*1936 – 1939*
Stückzahl	*406*

Mercedes-Benz Typ 260 D

Daimler-Benz experimentierte bereits 1933 erfolgreich mit einem Dieselmotor, der dazu gedacht war, kurze Zeit später in einem Personenwagen Verwendung zu finden. 1936 hatte man das Aggregat schließlich zur Serienreife entwickelt und auf der Berliner Automobilausstellung präsentiert. Der Wagen, der damit ausgestattet wurde und um den sich die Fachbesucher drängten, war ebenfalls ein neues Modell, das die Typenbezeichnung 260 trug. Kritische Tester attestierten dem Typ 260 bald ausgezeichnete Laufeigenschaften. Da die relativ raucharme Maschine sehr wirtschaftlich arbeitete, legte Daimler-Benz in einer Sonderserie etwa 170 Exemplare auf, die in einem Großversuch auf ihre Brauchbarkeit als Taxi getestet wurden.

Modell	*Mercedes-Benz Typ 260 D*
Hubraum / Zylinder	*2545 ccm / 4 Zyl.*
PS / KW	*45 / 33*
Bauzeit	*1936 – 1939*
Stückzahl	*1967*

Mercedes-Benz Typ 320

1937 debütierte bei Daimler-Benz mit dem Typ 320 ein Wagen, dessen kurzes Fahrgestell (2880 mm) ausnahmslos mit attraktiven Cabriolet- und Coupé-Aufbauten bestückt wurde. Als man den Hubraum des Motors ein Jahr später von 3,2 auf 3,4 Liter anhob, blieb man weiterhin der alten Modellbezeichnung treu. Ergänzend zu den eleganten Zweisitzern wurde der Wagen nun auch mit einem längeren Chassis (3300 mm Radstand) geliefert. Die größten und geräumigsten Karosserieaufbauten erhielten serienmäßig sechs Seitenfenster und konnten am Heck noch zusätzlich mit einem Anbaukoffer bestückt werden, der sich harmonisch dem Wagendesign anpasste. Die ab 1938 gebauten Wagen profitierten von einem so genannten Ferngang – eine Art Overdrive, der die Motordrehzahl reduzierte.

Modell	*Mercedes-Benz Typ 320*
Hubraum / Zylinder	*3405 ccm / 6 Zyl.*
PS / KW	*78 / 57,1*
Bauzeit	*1937 – 1942*
Stückzahl	*ca. 5100*

NSU Prototyp/Porsche 32

Bereits 1931 hatte die NSU Vereinigte Fahrzeugwerke AG wegen Absatzschwierigkeiten auf dem Motorradsektor die Idee, wieder Automobile zu bauen – 1928 hatte man die Personenwagenfabrikation bereits an Fiat verkauft. Der Auftrag zur Konstruktion eines Kleinwagens wurde an Porsche vergeben, der schon im August 1933 erste Konzeptentwürfe vorlegte, die er im Dezember mit Detailzeichnungen ergänzte. Ein halbes Jahr später stand der Termin für die Probefahrt fest: Dabei traten Schwierigkeiten mit den Federstäben auf, die auf Grund mangelnder Qualität ständig brachen. Diverse Verbesserungen brachten den Prototypen zwar zur Serienreife, doch weil sich NSU zwischenzeitlich außerstande sah, Kapital in die Fertigung zu investieren, wurde das Projekt bald zu den Akten gelegt.

Modell	*NSU Prototyp/Porsche 32*
Hubraum / Zylinder	*1470 ccm / 4 Zyl.*
PS / KW	*28 / 20,5*
Bauzeit	*1934*
Stückzahl	*1*

NSU/Fiat 500 Spider

Als 1936 Fiats Topolino debütierte, ahnte man noch nichts von seinem weit über die Grenzen Italiens hinausreichenden Erfolg. Minimale Anschaffungs- und Unterhaltskosten ließen die kleine Limousine in kürzester zum Bestseller avancieren. Selbst mit einer Zuladekapazität von 200 kg ließ sich der 500 flott bewegen. Anfangs gab es den Wagen nur in geschlossener Ausführung, die Version mit Rolldach kam später auf den Markt. Fiat gründete bereits 1929 in Heilbronn ein Montagewerk, in dem nun auch der Topolino unter dem Markennamen NSU/Fiat gefertigt wurde. Bei den Karosseriewerken Weinsberg entstand 1939 eine Spider-Karosserie in Ganzstahlausführung – etwa 300 solcher Sondermodelle wurden bis zum Kriegsausbruch gefertigt. Von der normalen Limousinenversion produzierte man in Heilbronn bis 1941 etwa 4000 Einheiten.

Modell	*NSU/Fiat 500 Spider*
Hubraum / Zylinder	*569 ccm / 4 Zyl.*
PS / KW	*13 / 9,5*
Bauzeit	*1937 – 1941*
Stückzahl	*ca. 300*

Opel 1,8 Liter

Am 17. März 1929 gab die Adam Opel AG in einer Pressekonferenz bekannt, dass die General Motors Corporation (GM) die Aktienmehrheit des Rüsselsheimer Automobilherstellers übernommen hat. Die Übernahme machte Opel innerhalb von sieben Jahren vom größten Automobilhersteller Deutschlands nun zum größten und fortschrittlichsten Automobilhersteller in ganz Europa. Der Einfluss der Amerikaner zeigte sich auch in der Ausweitung des Geschäftsfelds: Opel gründete als erstes deutsches Automobilunternehmen eine eigene Versicherungsgesellschaft und die Opel-Bank. Sie sollte Opel-Kunden die Fahrzeugfinanzierung ermöglichen und Opel-Händlern nötiges Kapital zur Verfügung stellen, um das Geschäft weiter anzukurbeln.

Modell	*Opel 1,8 Liter*
Hubraum / Zylinder	*1790 ccm / 6 Zyl.*
PS / KW	*32 / 23,4*
Bauzeit	*1931 – 1933*
Stückzahl	*ca. 31500*

Opel 1,8 Liter

Die Eingliederung in den General Motors-Konzern bescherte Opel zunächst ein Fahrzeug der 1,8-Liter-Klasse, das in den USA entwickelt, aber nur in Europa gebaut wurde. Die Fachpresse nahm das neue Modell begeistert auf – man profitierte schließlich vom amerikanischen Fortschritt: Bis auf die Chassiskonstruktion verbarg sich unter dem zurückhaltenden Design modernste Technik: Der Sechszylindermotor lief ruhig und geschmeidig, die Lenkung reagierte präzise und das Dreiganggetriebe ließ sich leicht schalten. Die Produktion der 1,8-Liter-Modelle lief im Januar 1931 erfolgreich an und wurde durch die Aufnahme vieler Karosserievarianten permanent ausgebaut. Dank der ständigen Programmerweiterung konnte Opel 1936 bereits 19 000 Mitarbeiter beschäftigen.

Modell	*Opel 1,8 Liter*
Hubraum / Zylinder	*1790 ccm / 6 Zyl.*
PS / KW	*32 / 23,4*
Bauzeit	*1931 – 1933*
Stückzahl	*ca. 31 500*

Opel Olympia

Das 1935 präsentierte Modell Olympia erhielt als erstes deutsches Großserienfahrzeug eine selbsttragende Ganzstahlkarosserie, die viele Vorteile in sich vereinte: Ihr geringes Gewicht und die ausgefeilte Aerodynamik verbesserten sowohl Fahrleistungen wie Kraftstoffverbrauch. Ihre steife Fahrgastzelle konnte sich bei Extrembeanspruchung stufenweise verformen (Patentschrift!) und verbesserte damit die passive Sicherheit. Gleichzeitig ermöglichte dieses Konzept eine neue Fertigungsmethode, für die Opel ebenfalls ein Patent erhielt, denn man konnte nun getrennt und kostensparend die Vormontage von Karosserie und Motor vorbereiten. Die Produktion des Wagens begann übrigens in der Version als Cabrio-Limousine. Wer einen geschlossenen Wagen wünschte, musste sich noch sechs Monate gedulden.

Modell	*Opel Olympia*
Hubraum / Zylinder	*1288 ccm / 4 Zyl.*
PS / KW	*24 / 17,6*
Bauzeit	*1935 – 1937*
Stückzahl	*ca. 70 000*

Opel Kadett

In Abwandlung des Opel Olympia überraschte Opel Ende 1936 mit einem etwas kleineren Wagen, dem Kadett. Er wurde ebenfalls in der modernen selbsttragenden Bauweise gefertigt, begnügte sich aber auf Grund seines Formats mit einem Motor der 1,1-Liter-Klasse. Um den Ansprüchen möglichst vieler Käuferschichten entgegen zu kommen, lancierte Opel für 1937 noch einen Kadett in Sparversion mit starrer Vorderachse und reduzierter Ausstattung, während ein anderes Modell namens Kadett Spezial diese Baureihe nach oben abrundete. Die Spezialversion profitierte von einer höherwertigen Synchronfederung, besserer Innenausstattung und Chromzierrat. Mit all diesen Extras ausgestattet, entwickelte sich der Spezial auf dem deutschen Markt bald zum beliebtesten Wagen seiner Klasse.

Modell	*Opel Kadett*
Hubraum / Zylinder	*1074 ccm / 4 Zyl.*
PS / KW	*23 / 16,8*
Bauzeit	*1937 – 1940*
Stückzahl	*ca. 74 000 (alle Versionen)*

Opel Super 6

1937 stellte Opel den Vertretern der Fachpresse den neuen Super 6 vor. Dieses Fahrzeug im Segment der oberen Mittelklasse wurde von einem 2,5 Liter großen Motor angetrieben, zu dessen Besonderheit die Verwendung hängend angeordneter Ventile zählte – man versprach sich davon eine Optimierung des Wirkungsgrades, bessere Verwirbelung des Benzin-Luftgemisches und die vollständige Ausströmung verbrannter Gase. Technisch regelmäßig überarbeitet, verwendete Opel diesen Motor übrigens noch 1959 als Standardantrieb im Opel Kapitän! Die Kraft der 55 PS starken Maschine wurde per Dreiganggetriebe an die starre Hinterachse gebracht – da der erste Gang nicht synchronisiert war, musste beim Herunterschalten mit Zwischengas gearbeitet werden. Standardmäßig fertigte Opel den Super 6 als Zwei- und als Viertürer sowie als viersitziges Cabriolet.

Modell	*Opel Super 6*
Hubraum / Zylinder	*2473 ccm / 6 Zyl.*
PS / KW	*55 / 40,3*
Bauzeit	*1937 – 1938*
Stückzahl	*ca. 46 000*

Opel Admiral

Rechtzeitig zur Automobil- und Motorradausstellung 1937 in Berlin präsentierte Opel zwei neue Wagen, deren Aufgabe es war, die Marktsegmente der oberen Mittelklasse und der Luxusklasse zu bereichern. Letztere wollte man mit dem Modell Admiral bedienen. In der 3,6-Liter-Klasse angesiedelt, versuchte Opel mit diesem Flaggschiff jene Käuferschicht anzusprechen, die Wert auf hohen Komfort und eine respektable Reisegeschwindigkeit legte. Verschwenderische Platzanordnung, ein groß dimensionierter Kofferraum und eine gediegene Innenausstattung waren nur die optischen Merkmale des Admirals – seine wichtigste Neuerung verbarg sich unter der Motorhaube: Hier arbeitete ein modernes Aggregat mit hängenden Ventilen, die über eine Nockenwelle nebst Stößeln und Kipphebeln betätigt wurden.

Modell	*Opel Admiral*
Hubraum / Zylinder	*3626 ccm / 6 Zyl.*
PS / KW	*75 / 55*
Bauzeit	*1938 – 1939*
Stückzahl	*ca. 6500*

Opel Admiral

Der Opel Admiral erreichte mit einer Gesamtlänge von etwa 5300 mm nicht nur amerikanische Dimensionen, wenn man wollte, konnte man diesen Wagen genauso schaltfaul bewegen wie alle großvolumigen Wagen jenseits des Atlantiks. Dank des großen Hubraums stand genügend Drehmoment zur Verfügung, weshalb die Bestückung mit einem Dreiganggetriebe vollkommen ausreichend war. Neben der im Werk gefertigten Standardversion, einer viertürigen Limousine, bedienten sich Karosseriebauer wie Buhne, Hebmüller oder Gläser ebenfalls des soliden Fahrgestells (Radstand 3155 mm) und zeigten, dass es durchaus möglich war, in diesen Dimensionen auch ein elegantes zweisitziges Cabriolet oder ein schickes Coupé auf die Räder zu stellen.

Modell	*Opel Admiral*
Hubraum / Zylinder	*3626 ccm / 6 Zyl.*
PS / KW	*75 / 55*
Bauzeit	*1938 – 1939*
Stückzahl	*ca. 6500*

Röhr 8 Typ R 9/50 PS

1926 gründete der Automobilkonstrukteur Hans Gustav Röhr in Ober-Ramstadt die Röhr Auto AG, jenes Unternehmen, in dem ein Jahr später das erste deutsche Auto mit Einzelradaufhängung, Zahnstangenlenkung und Tiefbettkastenrahmen entstand. Bei der Konstruktion des Wagens kamen Erfahrungen aus dem Flugzeugbau zur Anwendung, insbesondere die Technik der Leichtbauweise – der Wagen wog nur knapp eine Tonne. Sein Debüt hatte der Röhr 8 – laut Herstellerwerbung als „sicherster Wagen der Welt" bezeichnet – auf der Berliner Automobilausstellung. In der Folgezeit sorgten Röhr-Wagen auch auf den Salons in Paris, Amsterdam und Genf für Gesprächsstoff, bis die Weltwirtschaftskrise 1930 dem Unternehmer Röhr eine finanzielle Bruchlandung bescherte.

Modell	*Röhr 8 Typ R 9/50 PS*
Hubraum / Zylinder	*2246 ccm / 8 Zyl.*
PS / KW	*50 / 36,6*
Bauzeit	*1928 – 1933*
Stückzahl	*ca. 1000*

Röhr 8 Typ F 13/75 PS

Dank dem Engagement diverser Geldgeber konnte Röhr 1931 die Automobilproduktion wieder aufnehmen und dem Modell Röhr 8 noch zwei weitere größere Wagen an die Seite stellen – die Typen F und FK, die in unterschiedlichen Karosserieversionen gefertigt wurden. 1933 ergänzte der kleine Junior die Modellpalette. Er war nichts anderes als ein Lizenzbau des Tatra Typ 75 und machte sich wie dieser vor allem durch seine einfache und robuste Bauweise beliebt (1700 Stück). Ende der 30er Jahre wurden Röhrs Fertigungsanlagen von dem Automobilwerk Stöwer in Stettin übernommen. Stöwer kaufte auch bereits vorproduzierte Bauteile des Junior auf und brachte die aus Restbeständen montierten Wagen als Modell Greif Junior in den Handel.

Modell	*Röhr 8 Typ F 13/75 PS*
Hubraum / Zylinder	*3287 ccm / 8 Zyl.*
PS / KW	*75 / 55*
Bauzeit	*1933 – 1934*
Stückzahl	*ca. 250*

Stoewer Sedina

Bernhard Stoewer, der 1896 das Stettiner Eisenwerk gründete, überließ drei Jahre später seinen Söhnen Teile des Betriebes, damit sie ihren Traum der Automobilfabrikation verwirklichen konnten. Stoewer zählte zu den wenigen Herstellern, die die Weltwirtschaftskrise Anfang der 30er Jahre überstanden haben, obwohl man von den Produktionszahlen her betrachtet nie mit hohen Stückzahlen glänzte. Die in zahlreichen Ausführungen gebauten Modelle Sedina und Arkona waren die letzten zivilen Stoewer-Automobile, die vor der Produktionsumstellung auf Rüstungsbedar gefertigt wurden. Sie unterschieden sich optisch kaum voneinander - der Sedina besaß einen Vierzylinder-Motor, der leistungsstärkere Arkona einen 3.6-Liter-Sechszylindermotor.

Modell	*Stoewer Sedina*
Hubraum / Zylinder	*2405 ccm / 4 Zyl.*
PS / KW	*55 / 40,3*
Bauzeit	*1937 –1940*
Stückzahl	*ca. 980*

VW Käfer Prototyp

Im Januar 1934 schrieb Ferdinand Porsche sein „Exposé betreffend den Bau eines deutschen Volkswagens" nieder. Nach seiner Auffassung müsste ein Volkswagen ein zuverlässiges Automobil von leichter Bauweise sein. Es solle Platz für vier Personen bieten, 100 km/h Geschwindigkeit erreichen und 30-prozentige Steigungen überwinden können. Am 5. Februar 1936 wurde der erste Prototyp der Limousine fertig gestellt, sein wesentliches Konstruktionsmerkmal war zweifelsohne das Fahrwerk mit Einzelradführung nebst Drehstabfederung und Reibungsstoßdämpfern. Der in drei Exemplaren gebaute V 3 absolvierte noch 1936 in einem Dauertest eine Strecke von über 50000 Kilometern. Die hieraus gewonnenen Erkenntnisse flossen in weitere 30 Versuchswagen ein.

Modell	*VW Käfer Prototyp*
Hubraum / Zylinder	*985 ccm / 4 Zyl.*
PS / KW	*23 / 16,8*
Bauzeit	*1936*
Stückzahl	*3*

Wanderer 7/35 PS

Schon lange vor dem Zusammenschluss zur Auto Union im Jahre 1932 hatte Wanderer mit dem Kleinwagen namens Puppchen Erfahrungen im Automobilbau gesammelt. Ab 1921 baute man neben diesem spartanischen Wägelchen auch größere Automobile, die sich vor allem durch einen günstigen Preis auszeichneten. Zu Beginn der 30er Jahre entwickelte Wanderer ein Zwischenmodell (W 15), das eine neue Modellreihe einleiten sollte. Da der W 15 gut angenommen wurde, ergänzte 1932 eine sechsfenstrige Limousine das Programm, die mit einem von Porsche entwickelten Sechszylindermotor in Leichtbauweise bestückt wurde. Das etwa 90 km/h schnelle Auto mit der Modellbezeichnung 7/35 PS (werksintern W 17) wurde nicht nur als Limousine, sondern auch als Tourer und Cabriolet angeboten.

Modell	*Wanderer 7/35 PS*
Hubraum / Zylinder	*1690 ccm / 6 Zyl.*
PS / KW	*35 / 25,6*
Bauzeit	*1932 – 1933*
Stückzahl	*ca. 750*

Wanderer W 22

Das Markenimage von Wanderer war geprägt durch die außerordentliche Zuverlässigkeit dieser Autos und durch ihre einmalige Fertigungsqualität, dafür mussten aber auch beträchtliche Preise gezahlt werden. Wanderer versuchte bereits der Ende der 20er Jahre einsetzenden Krise mit moderner gestalteten Karosserien und stärkeren Motoren zu begegnen. Die Innovationsfreudigkeit konnte jedoch nicht verhindern, dass die Fertigungszahlen zurückgingen. Bei Wanderer wurde der Automobilbau zu einem Geschäft mit roten Zahlen. Die gesamte Motorradfertigung war bereits an NSU und an das tschechische Unternehmen Janeček verkauft worden. Die Dresdner Bank, wichtigster Aktionär von Wanderer, stellte bereits Überlegungen an, den Automobilbau abzustoßen.

Modell	*Wanderer W 22*
Hubraum / Zylinder	*1950 ccm / 6 Zyl.*
PS / KW	*40 / 29,3*
Bauzeit	*1933 – 1934*
Stückzahl	*—*

Wanderer W 25 K

Die Auto Union AG bestand zwar 16 Jahre, doch bedingt durch den Krieg, standen dem Konzern nur sieben Jahre für Innovation und Wachstum zur Verfügung. Diese Zeitspanne dokumentierte sich in über 3000 Patenten im In- und Ausland. Jeder vierte Personenwagen, der 1938 in Deutschland zugelassen wurde, stammte von der Auto Union – darunter auch diverse Luxuswagen. Bei Wanderer entstand 1936 noch ein besonders interessanter Sportwagen, der dem BMW 328 Konkurrenz machen sollte – der Typ W 25 K. Um ihn auf reichlich Leistung zu bringen, erhielt der Motor zwecks Leistungssteigerung einen ständig mitlaufenden Kompressor. Damit wurde dem Aggregat leider mehr abverlangt, als es vertragen konnte – und das Sportwagenkonzept war zum Scheitern verurteilt.

Modell	*Wanderer W 25 K*
Hubraum / Zylinder	*1950 ccm / 6 Zyl.*
PS / KW	*85 / 62,2*
Bauzeit	*1936 – 1939*
Stückzahl	*258*

Wanderer W 52

Eine neue, unter der Regie der Auto Union entstandene Karosserielinie sorgte 1936 anlässlich der Berliner Automobilausstellung für reichlich Aufmerksamkeit: Man hatte sich eindeutig an amerikanischen Vorbildern orientiert und versuchte nun – in verkleinerten Dimensionen – diese Linie auf deutsche Verhältnisse zu übertragen. Als erster Wagen der Konzernmarke Wanderer zeigte sich der W 52 im neuen Outfit: Man erkannte ihn an einem reichlich verchromten Kühlergrill sowie den in seinen Kotflügelmulden platzierten Reserverädern – ob diese Art der Unterbringung wirklich noch zeitgemäß war, mag dahingestellt bleiben. Bald spiegelte sich dieser Stil bei allen Konzernfahrzeugen wider, bis der Ausbruch des Zweiten Weltkriegs die Automobilproduktion 1940 vorerst lahm legte.

Modell	*Wanderer W 52*
Hubraum / Zylinder	*2651 ccm / 6 Zyl.*
PS / KW	*62 / 45,4*
Bauzeit	*1937*
Stückzahl	*—*

Wanderer W 24

Wanderer-Automobile hatten schon vor der Auto Union-Zeit einen neu konstruierten OHV-Motor mit Leichtmetallzylinderblock bekommen. Drum herum wurden nun moderne Fahrwerke und Karosserien entwickelt. Sie bekamen 1933 eine Schwingachse hinten und eine Starrachse vorn (Typen W 21/22) und schließlich 1936 auch vordere Einzelradaufhängung (W 40, 45, 50). Der zuverlässige OHV-Motor wurde 1937 durch einen seitengesteuerten Motor ersetzt, der die gleiche Leistung brachte. 1937 kamen erstmals die Modelle W 24 (Vierzylinder) und W 23 (Sechszylinder) mit diesen Motoren auf den Markt. Die Motoren waren standardisiert und die Fahrgestelle weitestgehend aufeinander abgestimmt (starre Hinterachse und hochgelegte Querfeder).

Modell	*Wanderer W 24*
Hubraum / Zylinder	*1767 ccm / 4 Zyl.*
PS / KW	*42 / 30,7*
Bauzeit	*1937 – 1940*
Stückzahl	—

Minerva AKS

Um die 30er Jahre zeitgemäß eröffnen zu können, beugte sich Minerva dem Wunsch der Kundschaft nach einem besonders leistungsfähigen Automobil und lancierte mit dem Typ AKS oder auch „Speed Six" genannten Modell eine überarbeitete Version des früheren AK-Modells. Die Kurbelwelle des modifizierten Motors war nun siebenfach gelagert, und bei der Kraft, die das Aggregat an die Hinterachse brachte, konnte je nach Getriebeübersetzung eine Spitzengeschwindigkeit von etwa 150 km/h erreicht werden. Ein leicht verkürztes Chassis machte den AKS dem AK gegenüber etwas leichter in der Handhabung, und darüber hinaus ließen sich auf diesem Fahrgestell noch elegantere und ausgewogenere Karosseriekreationen realisieren.

Modell	*Minerva AKS*
Hubraum / Zylinder	*5954 ccm / 6 Zyl.*
PS / KW	*150 / 110*
Bauzeit	*1930 – 1931*
Stückzahl	—

Amilcar Pegase N7

Bediente Amilcar in den 20er Jahren mit kleinen Wagen eine eher mittelmäßig verdienende Kundschaft, reagierte man in den 30er Jahren der Nachfrage nach größeren Automobilen entsprechend und entwickelte einige Modelle jenseits der 2-Liter-Hubraumklasse. Auf der Suche nach einem Motorenkonzept für den Typ Pegase N 7 entschied man sich, diesem Automobil das Antriebsaggregat eines Delahaye zu implantieren. Das Vierganggetriebe mit Synchronisation der beiden oberen Gänge und unabhängig voneinander aufgehängte Vorderräder machten den N 7 dennoch zu einem Automobil, das sich kaum von der Praxis anderer Hersteller unterschied. Letztendlich wurde dem N 7 sein relativ hoher Preis zum Verhängnis – prestigeträchtigere Wagen von Delahaye oder Talbot kosteten nicht viel mehr.

Modell	*Amilcar Pegase N 7*
Hubraum / Zylinder	*2151 ccm / 4 Zyl.*
PS / KW	*58 / 42,4*
Bauzeit	*1935 – 1937*
Stückzahl	—

Bugatti T 44

Für den Modelljahrgang 1928 präsentierte Bugatti auf dem Pariser Salon unter dem Kürzel T 44 einen Wagen, den ein englischer Journalist als einer der ersten Pressevertreter ausgiebig testen durfte. Kurz und bündig schrieb er: „... dieser Bugatti-Test war in der Tat einer der kürzesten, die ich je durchgeführt habe. Ich wusste ja schließlich im Voraus, was ich von einem Bugatti zu erwarten hatte und war selbstverständlich auf die beeindruckende Motorleistung ebenso vorbereitet wie auf die perfekte Funktion von Kupplung und Getriebe. Ich wusste auch schon vor der Fahrt, dass Lenkung und Federung kaum zu verbessern waren, und so musste ich nur noch prüfen, ob der Achtzylinder sich so benahm, wie ich es von einem Achtzylinder erwartete. Ich kann mich nicht erinnern, jemals innerhalb so kurzer Zeit soviel Fahrfreude erlebt zu haben ..."

Modell	*Bugatti T 44*
Hubraum / Zylinder	*2991 ccm / 8 Zyl.*
PS / KW	*95 / 70*
Bauzeit	*1928 – 1931*
Stückzahl	*1095*

Bugatti Typ 50

Als Bugatti 1929 zu Testzwecken zwei Wagen der amerikanischen Marke Miller erwarb, war er von deren Leistung so beeindruckt, dass er das dort verwendete Motorenkonzept mit zwei obenliegenden Nockenwellen auch für seine Modelle nutzen wollte. Gegenüber der bisherigen Bauweise setzte Bugatti ebenfalls auf zwei Nockenwellen und zwei schräghängende Ventile pro Zylinder und erhielt eine Konstruktion, die für den sportlichen Einsatz im Wettbewerb geradezu prädestiniert war. Privatfahrer, die eine Limousine oder ein elegantes Cabriolet im Alltag bewegten, empfanden Kompressorwagen dieser Art allerdings als zu kraftvoll – ein Grund, weshalb unter dem Kürzel T 50 T (das zweite T bedeutete Tourisme) noch eine abgeschwächte Version auf den Markt gebracht wurde.

Modell	*Bugatti Typ 50*
Hubraum / Zylinder	*4972 ccm / 8 Zyl.*
PS / KW	*225 / 164,8*
Bauzeit	*1930 – 1934*
Stückzahl	*65*

Bugatti Typ 57

Mit der Entwicklung des Typs 57 begann bei Bugatti eine neue Zeitrechnung, denn Ettores Sohn Jean, der vorher die Rennabteilung leitete und nur Karosserien entwarf, hatte an der Konstruktion des 57 einen nicht unerheblichen Einfluss. Gegenüber dem Vater plädierte Jean für fortschrittliche Technik, während der Senior gern an althergebrachtem festhielt. Schon damals hielten Kenner den 57 für den wohl gebrauchstüchtigsten Bugatti überhaupt – er hatte einen langlebigen, kultiviert laufenden Achtzylinder, dessen Kraft über eine offene Kardanwelle an die Hinterräder gebracht wurde. Die Bremsen (Seilzugtechnik!) und die Vorderachse (eine hohlgeschmiedete Konstruktion) des Typs 57 entsprachen in ihrer nostalgischen Auslegungsart allerdings weiterhin der Tradition des Hauses.

Modell	*Bugatti Typ 57*
Hubraum / Zylinder	*3257 ccm / 8 Zyl.*
PS / KW	*135 / 99*
Bauzeit	*1934 – 1940*
Stückzahl	*ca. 700 (gesamte Baureihe)*

Bugatti Typ 57 S Atlantic

Besucher der Londoner Automobilausstellung 1936 mögen beim Besuch des Bugatti-Standes mehr als verwundert gewesen sein, denn das, was sie dort sahen, verschlug jedermann die Sprache: Bugatti zeigte einen Prototypen, der kurze Zeit später in einer Typ 57 S genannten Exklusivserie die Automobilwelt bereichern sollte. Die Karosserie des 57 S bestand aus Aluminiumblechhälften, die in der Mitte in einer Art Rückennaht zusammengenietet wurden! Nach der gleichen Technik entstanden auch die stark ausgeprägten vorderen Kotflügel, während die hinteren Radöffnungen mit einer Blechschürze verkleidet wurden. Der für den 57 S zu leichter Keilform modifizierte Kühler unterstrich zusätzlich das aggressive Design, über das sich noch heute vortrefflich streiten lässt.

Modell	*Bugatti Typ 57 S Atlantic*
Hubraum / Zylinder	*3257 ccm / 8 Zyl.*
PS / KW	*175 / 128 (auf Wunsch Kompressormotor)*
Bauzeit	*1936 – 1938*
Stückzahl	*41*

Bugatti Typ 57 Atalante

Mit einem Radstand von 3300 mm und einer Spurweite von 1350 mm ließen sich auf dem Fahrgestell des Bugatti 57 Karosserieaufbauten äußerster Eleganz realisieren. Während ein Großteil der Kundschaft auf die Anfertigung einer Sonderkarosserie bestand, gaben sich manche mit Serienaufbauten zufrieden, die einen Vergleich zu anderen Entwürfen nicht scheuen mussten: Es handelte sich nämlich um Entwürfe von Jean Bugatti, die er nach Alpenpässen benannte! So war beim geschlossenen Viertürer von der Version Galibier die Rede, der Zweitürer mit extrem schräg gestellter Windschutzscheibe wurde als Modell Ventoux gelistet, und das viersitzige Cabriolet nannte sich Stelvio. Allerdings wurden die Aufbauten nicht im eigenen Hause, sondern beim Karosserier Gangloff in Colmar gefertigt.

Modell	*Bugatti Typ 57 Atalante*
Hubraum / Zylinder	*3257 ccm / 8 Zyl.*
PS / KW	*160 / 117,2*
Bauzeit	*1937 – 1940*
Stückzahl	*ca. 700 (gesamte Baureihe)*

Citroen C 4 G Roadster

Nach dem Citroen A von 1919 und dem Modell B von 1921 lancierte man bei Citroen – dem Alphabet folgend – 1928 die Modellreihe C, um mit diesen Wagen gegen die Billig-Invasion der Amerikaner anzutreten. Da beim Modell C erstmals der Motor unter Zuhilfenahme so genannter Federungselemente mit dem Fahrgestell verbunden wurde, reduzierten sich die auf den Innenraum übertragenen Vibrationen auf ein kaum wahrnehmbares Minimum. Ein weiterer Punkt, der von der Fachpresse honoriert wurde, war die Verwendung von Verbundglas für die Windschutzscheibe. Um mit den Leistungen früher amerikanischer Konstruktionen mithalten zu können, fertigte Citroen neben dem Vierzylinder-Wagen (Typ C 4) noch einen Sechszylinder (Typ C 6), der aus einem Hubraum von 2,6-Litern, eine Leistung von 42 PS schöpfte.

Modell	*Citroen C 4 G Roadster*
Hubraum / Zylinder	*1628 ccm / 4 Zyl.*
PS / KW	*30 / 22*
Bauzeit	*1928 – 1932*
Stückzahl	*263 500 (alle C-Modelle)*

Citroen 7 CV

„Von jetzt ab ziehen die Pferde vorn", hieß es 1934 in der Citroen-Werbung. Man hatte nämlich unter immensen Kosten einen provokativen Wagen entwickelt, von dem man wusste, dass er im krassen Gegensatz zu dem stand, was Käufer damals erwarteten. Trotzdem – die Rechnung ging auf, und das bald unter dem Namen „Traction Avant" bekannt gewordene Auto mit Frontantrieb, selbsttragender Karosserie ohne Rahmenchassis und einer kompromisslosen Formgebung sollte für die kommenden 23 Jahre Citroens Verkaufsrenner Nummer Eins werden. Bereits in seiner ersten Version als Typ 7 verfügte es über viele technische Neuerungen (beispielsweise die geteilte Lenksäule), die in Bezug auf Sicherheit und Komfort weit über dem damaligen Standard lagen.

Modell	*Citroen 7 CV*
Hubraum / Zylinder	*1303 ccm / 4 Zyl.*
PS / KW	*32 / 23,4*
Bauzeit	*1934 – 1936*
Stückzahl	—

Modell	*Citroen 11 CV*
Hubraum / Zylinder	*1911 ccm / 4 Zyl.*
PS / KW	*45 PS bis 63 PS / 33 KW bis 46 KW*
Bauzeit	*1934 – 1957*
Stückzahl	*ca. 535 000*

Citroen 11 CV

Da die Motorleistung des Modells 7 CV von nur 32 PS bald nicht mehr den Ansprüchen der Kundschaft entsprach, wurde Citroens Frontriebler mit einem größeren Aggregat bestückt und unter dem Kürzel 11 CV auf den Markt gebracht. Inzwischen konnte man auch unter drei Versionen wählen, die sich vom Radstand her unterschieden: Die kleinste Ausführung (2910 mm) wurde als „Légère" (leicht) gelistet, während das Standardmodell (3090 mm) die Bezeichnung „Normale" erhielt. Mit dem „Normale" besaß man bereits einen mehr als geräumigen Wagen, von dem es scherzhaft hieß, man könne im Fond tanzen. Wem das Platzangebot immer noch nicht reichte, fand im Typ „Familiale" die Krönung des Programms – auf 3270 mm Radstand basierend gab es nun für sieben Insassen Platz.

Citroen 15 CV

1936 betrat mit dem 15 CV oder auch „15-six" genannten Modell eine Steigerung des 11 CV die Bühne, denn unter der Haube dieses Traction Avant werkelte ein Sechszylindermotor, der ein angenehmes Vorwärtskommen bei bis zu 140 km/h ermöglichte. Der französische Staat war von dieser Version derart angetan, dass man den 15 CV zum offiziellen Dienstwagen der Regierung und des Präsidentenpalastes machte. Davon abgesehen, kam den letzten Baumustern der Sechszylinder die Ehre zu, Pioniermodell der hydropneumatischen Federung gewesen zu sein. Auch dieser Wagen war, wie all seine Vorgänger und Ableger, ein Held unzähliger Kriminalfilme – weshalb die Traction Avant im Volksmund bald auf den Spitznamen „Gangsterlimousine" getauft wurden.

Modell	*Citroen 15 CV*
Hubraum / Zylinder	*2867 ccm / 6 Zyl.*
PS / KW	*77 PS bis 80 PS / 56 KW bis 59 KW*
Bauzeit	*1938 – 1955*
Stückzahl	*ca. 50 600*

Delage D6 – 70

Wenn Ettore Bugatti und Louis Delage etwas gemeinsam hatten, so war es die Leidenschaft, hochkarätige Automobile auf die Räder zu stellen. Ähnlich Bugattis Karriere, entstanden die schönsten Delage in den 30er Jahren. Ästhetisch in Formgebung und Ausstattung, bemühten sich bekannte Karosserieschneider wie Figoni et Falaschi oder Gangloff, das Maximum automobilen Designs herauszuholen. Das Ergebnis ihres Schaffens waren Aufbauten mit langer Motorhaube, unter der ein Sechs- oder auch ein Achtzylinder-Aggregat arbeitete. 1937 wurde Delage von der Firma Delahaye übernommen, die nach Ende des Zweiten Weltkriegs um ein Comeback der Luxuswagen bemüht war – leider verhinderte die hohe Besteuerung großer Automobile in Frankreich diese Pläne.

Modell	*Delage D6 – 70*
Hubraum / Zylinder	*2730 ccm / 6 Zyl.*
PS / KW	*68 / 50*
Bauzeit	*1937 – 1938*
Stückzahl	*—*

Delahaye 135 M

Unter den zahlreichen Modellen, die Delahaye in den 30er Jahren auf den Markt brachte, entwickelte sich ausgerechnet der Wagen, unter dessen Haube ein vom Lastwagenbau her abgeleitetes Aggregat arbeitete, zum Klassiker schlechthin. Davon abgesehen, war der 3,5-Liter-Wagen natürlich eine vollkommen eigenständige Entwicklung, die sich sogar im Wettbewerbssport behaupten konnte. Zu den Besonderheiten des 135 zählte beispielsweise ein gegen Aufpreis lieferbares Cotal-Planetengetriebe. Fahrzeuge, die mit diesem Extra bestückt waren, besaßen damit eine Art Halbautomatik, bei der man selbst in voller Fahrt die demnächst benötigte Gangstufe vorwählen konnte – geschaltet wurde dann elektrisch, indem man nur einmal aus- und wieder einkuppelte.

Modell	*Delahaye 135 M*
Hubraum / Zylinder	*3557 ccm / 6 Zyl.*
PS / KW	*110 / 80,5*
Bauzeit	*1938 – 1952*
Stückzahl	*—*

Delahaye 135 MS

Auf der Suche nach dem schnellsten Straßensportwagen des Jahrgangs 1939 wurde damals in England auf der Brooklands-Rennstrecke ein Wettbewerb initiiert, bei dem ein Alfa Romeo 2,9-Liter, ein Alfa Romeo Monza 2,6-Liter, ein Talbot Lago 4-Liter, ein Delage 3-Liter, ein Peugeot Darl'Mat, ein Alta 2-Liter und ein Delahaye 3,5-Liter teilnahmen – letzterer konnte den Sieg für sich beanspruchen. Damit konnte das Werk seine Aussage beweisen, in der garantiert wurde, dass der Delahaye 135 MS auf der Rennstrecke eine Höchstgeschwindigkeit von 148 km/h erreichen kann. Der Unterschied des 135 MS (Special) gegenüber dem 135 M (Compétition) bestand lediglich darin, dass der MS mit drei anstelle mit zwei Vergasern bestückt wurde.

Modell	*Delahaye 135 MS*
Hubraum / Zylinder	*3557 ccm / 6 Zyl.*
PS / KW	*130 / 95,2*
Bauzeit	*1938 – 1952*
Stückzahl	*—*

Hotchkiss 686

Es war kein Zufall, dass Benjamin Hotchkiss als Symbol für das Markenemblem seiner Automobile zwei gekreuzte Kanonenrohre verwendete – schließlich begann seine Karriere 1867 als Waffenfabrikant, bevor 1903 die ersten Hotchkiss-Automobile die Werksanlagen verließen. Dieser ursprünglich nur zur Programmergänzung aufgenommene Geschäftsbereich entwickelte sich dermaßen schnell zu einem lukrativen Ableger, dass Hotchkiss die Automobilfabrikation bald in eigens dafür gebaute Werkshallen verlegte. Hier entstanden in den 30er Jahren hochkarätige Klassiker, die bei der Rallye Monte-Carlo regelmäßig die vorderen Plätze belegten. Hotchkiss blieb dem PKW-Bau bis 1956 treu, bevor er sich auf die Fertigung von Lastwagen verlegte.

Modell	*Hotchkiss 686*
Hubraum / Zylinder	*3485 ccm / 6 Zyl.*
PS / KW	*100 / 73,2*
Bauzeit	*1936*
Stückzahl	—

Modell	*Panhard & Levassor Dynamic*
Hubraum / Zylinder	*3813 ccm / 6 Zyl.*
PS / KW	*70 / 51,2*
Bauzeit	*1936 – 1939*
Stückzahl	—

Panhard & Levassor Dynamic

Während viele Automobilhersteller nach einigen Gehversuchen bald auf den Einsatz so genannter Schiebermotoren verzichteten, blieb Panhard diesem ursprünglich in Amerika von Charles Knight entwickelten Konzept bis in die späten 30er Jahre hinein treu. Der größte Vorteil dieser ventillosen Konstruktion lag zweifelsohne in ihrer Laufruhe, der allerdings ein enorm hoher fertigungstechnischer Aufwand gegenüber stand. Während Lizenznehmer wie die Daimler-Motoren-Gesellschaft und andere das Konzept schnell als nicht alltagstauglich einstuften, verstand es Panhard allem Anschein nach besser, mit dieser raffinierten Technik umzugehen. Panhard lieferte den futuristisch gestylten Dynamic – er besaß ein exakt mittig (!) platziertes Lenkrad – in zwei Motorversionen mit 2,9 bzw. mit 3,8 Litern Hubraum.

Peugeot 301

Als Nachfolger für den Peugeot 201 erschien 1932 der wesentlich geräumiger konzipierte Typ 301 – ein technisch interessanter Wagen mit einem elastisch aufgehängten Motor. Peugeot wählte diese eigentlich von Citroen stammende Idee der Motorlagerung, um Schwingungen und Vibrationen zur Steigerung des Fahrkomforts auf einem möglichst geringen Niveau zu halten. Das Dreiganggetriebe, das die Kraft des fortschrittlichen Motors (Leichtmetallzylinderkopf, dreifach gelagerte Kurbelwelle) an die Hinterachse brachte, verfügte bereits über eine Synchronisation der beiden oberen Gangstufen. Der 301 genoss in Frankreich ein recht hohes Ansehen – stückzahlmäßig betrachtet, favorisierten die Käufer eindeutig die Limousine mit dem kleinen Kastenheck, während sich das Verlangen nach Cabrios eher in Grenzen hielt.

Modell	*Peugeot 301*
Hubraum / Zylinder	*1465 ccm / 4 Zyl.*
PS / KW	*34 / 25*
Bauzeit	*1932 – 1937*
Stückzahl	*ca. 70 500*

Peugeot 601

Als 1929 der Peugeot 201 vorgestellt wurde, war dies das Startsignal für eine bemerkenswerte Erfolgsgeschichte: Zum einen feierte eine Baureihe Premiere, die sich gut verkaufen ließ, und zum anderen begann mit dem 201 die Geschichte der dreistelligen Modellbezeichnungen. Die Zahlenfolge 201 (bzw. andere Typenbezeichnungen wie 301, 402 und 601) beruhte zunächst auf einem Zufall, denn die 1929 initiierte Baureihe war schlicht das zweihundertundeinste Projekt von Peugeots Entwicklungsabteilung. Man erkannte aber die Chance, daraus eine simple, präzise und eingängige Bezeichnung für alle Modelle der Marke zu kreieren. Dabei stand die erste Ziffer für die Fahrzeugfamilie, die „0" in der Mitte als Bindeglied und die dritte Zahl machte deutlich, um welche Modellgeneration es sich handelte.

Modell	*Peugeot 601*
Hubraum / Zylinder	*2229 ccm / 6 Zyl.*
PS / KW	*55 / 40,3*
Bauzeit	*1934 – 1935*
Stückzahl	*ca. 4000*

Peugeot 402 Eclipse

Schon 1925 lief im Stammwerk Sochaux der 100 000ste Peugeot vom Band. 1931 erhielten Peugeot-Wagen als erste Serienwagen der Welt die so genannte Einzelradaufhängung, und ein paar Jahre später sorgte die Marke mit dem Löwensymbol wieder für Gesprächsstoff: Mit dem Typ 402 stellte man ein avantgardistisches Fahrzeug auf die Räder, das allein schon durch die Platzierung der Scheinwerfer hinter (!) der Kühlermaske auffiel. Eine unter dem Namen „Eclipse" auf den Markt gebrachte Ausführung war ihrer Zeit noch weiter voraus: Das faltbare Blechdach dieses Coupé-Cabriolets konnte (auf Wunsch elektrisch) komplett in den Kofferraum abgesenkt werden – eine raffinierte Technik, die den Wagen innerhalb weniger Augenblicke in ein vollkommen offenes Gefährt verwandelte.

Modell	*Peugeot 402 Eclipse*
Hubraum / Zylinder	*1991 ccm / 4 Zyl.*
PS / KW	*55 / 40,3*
Bauzeit	*1937 – 1939*
Stückzahl	*—*

Renault Nervastella

Renault legte von Anfang an Wert darauf, seinen Kunden stets eine mehr als reichhaltige Modellpalette bieten zu können. Es war für ihn selbstverständlich, neben preisgünstigen Vierzylindern auch Luxuswagen für die Highsociety zu bauen – damit verfolgte er im Gegensatz zu Henry Ford, insbesondere aber zu seinem Konkurrenten André Citroen, eine vollkommen andere Modellpolitik. Die achtzylindrigen Prestigewagen Nervastella und Viva Grand Sport rundeten in den 30er Jahren das Angebot nach oben ab – wer sich diese Modelle leisten konnte, besaß einen Wagen, dem bei den damals beliebten Schönheitswettbewerben ein vorderer Platz so gut wie sicher war. Im Kontrast zu diesem Luxus stand am anderen Ende der Modellpalette der Juvaquatre – ein modernes Massenprodukt mit selbsttragender Karosserie.

Modell	*Renault Nervastella*
Hubraum / Zylinder	*4240 ccm / 8 Zyl.*
PS / KW	*110 / 80,5*
Bauzeit	*1933 – 1936*
Stückzahl	*—*

Rosengart Typ LR 4 N2

Lucien Rosengart, der in den 20er Jahren auf Basis des englischen Austin Seven jede Menge interessanter Lizenzbauten auf die Räder stellte, musste sein Angebot bald um einen größeren Wagen bereichern, um weiterhin konkurrenzfähig zu bleiben. Mit dem Typ LR 4 brachte er 1931 einen Wagen auf den Markt, der bei einer Spurweite von 1050 mm und einem Radstand von 2200 mm zumindest den Passagieren auf der Rücksitzbank etwas mehr Bequemlichkeit versprach. Gegenüber dem kleinen LR 2 profitierte der LR 4 von Annehmlichkeiten wie zwei Ablagefächer im Armaturenbrett, einer Starterschaltung und Anzeigeinstrumente für Benzinvorrat und Öldruck. Ergänzend zu den Standardkarosserien wurde dieser Rosengart auch als Kleinlieferwagen und Bäckerwagen gebaut.

Modell	*Rosengart Typ LR 4 N2*
Hubraum / Zylinder	*747 ccm / 4 Zyl.*
PS / KW	*13 / 9,5*
Bauzeit	*1931 – 1933*
Stückzahl	*ca. 8000*

Salmson S 4 E

Gegründet wurde die Société de Moteurs Salmson bereits 1912. Das Unternehmen, das sich hauptsächlich mit dem Bau von Flugzeugmotoren befasste, stellte 1921 ein Automobil auf die Räder, das in der Kategorie so genannter leichter Cyclecars rangierte. Kurze Zeit später folgten bereits rassige Sportwagen mit Doppelnockenwellenmotor. Dem Markt der 30er Jahre angemessen, setzte Salmson auf dem Luxuswagenmarkt Akzente und präsentierte elegante Zwei- und Viertürer, darunter zahlreiche Cabriolets. Billig waren diese Autos nicht – viel Handarbeit und die Liebe zum Detail ließen den Preis nach oben schnellen, doch es gab genügend Individualisten, die sich einen Salmson, beispielsweise einen S 4 E, zulegten. Der S 4 E war auch der Wagen, der Salmson nach dem Zweiten Weltkrieg ein kurzfristiges Comeback ermöglichte.

Modell	*Salmson S 4 E*
Hubraum / Zylinder	*2336 ccm / 4 Zyl.*
PS / KW	*70 / 51,2*
Bauzeit	*1938 – 1947*
Stückzahl	—

Voisin C 24

Gabriel Voisin, der sich selbst als König der Konstrukteure bezeichnete, gründete 1906 eine Flugzeugfabrik und experimentierte nebenbei mit Automobilkonstruktionen. Ein guter Entschluss – das gab ihm die Möglichkeit, sich nach dem Ersten Weltkrieg verstärkt dieser Aufgabe zu widmen. Seinem ersten Versuchsträger, dem 1919 präsentierten Typ M1, folgten bald einige überarbeitete Modelle, mit denen er die Serienproduktion startete. Im Gegensatz zu anderen Automobilherstellern legte Voisin kaum Wert darauf, seine Fahrgestelle auch Karosseriebauern zur Verfügung zu stellen. Seiner Meinung nach waren schwere Sonderaufbauten auf einem Voisin völlig fehl am Platze. Er bevorzugte ein eigenes, teilweise sehr umstrittenes Design, das in seiner eigenen Karosseriebauabteilung realisiert wurde.

Modell	*Voisin C 24*
Hubraum / Zylinder	*2994 ccm / 6 Zyl.*
PS / KW	*90 / 66*
Bauzeit	*1931 – 1938*
Stückzahl	—

Voisin C 25

Als 1926 Voisins Typ C 4 mit einer Karosserie aus Aluminium bestückt wurde, sollte dies für alle weiteren Voisin-Wagen richtungweisend sein. Zusätzlich kombinierte er den Vorteil einer Alu-Karosserie – das leichte Gewicht – mit einer innovativen Formgebung, wodurch sich die Stirnfläche des Aufbaus verkleinerte und dadurch der Luftwiderstand verringerte. Auch die Beleuchtung damaliger Automobile spornte Voisin zu anderen Lösungen an – einige seiner Wagen erhielten an der rechten Seite in der Höhe des Daches einen starken Scheinwerfer montiert, der den Straßenbereich gut ausleuchtete, ohne den Gegenverkehr zu blenden – damit nahm er bereits in den 20er Jahren die Idee des asymmetrischen Abblendlichtes vorweg.

Modell	*Voisin C 25*
Hubraum / Zylinder	*2994 ccm / 6 Zyl.*
PS / KW	*105 / 77*
Bauzeit	*1931 – 1938*
Stückzahl	—

Modell	*Alvis 12/60 HP*
Hubraum / Zylinder	*1645 ccm / 4 Zyl.*
PS / KW	*50 / 36,6*
Bauzeit	*1931 – 1932*
Stückzahl	—

Alvis 12/60 HP

Bis Ende der 20er Jahre bestimmten überwiegend kleinere Vierzylinder-Wagen die Modellpalette des Hauses Alvis. Sie waren unproblematischer als viele andere Sportwagen und galten als modern. Neben einem Fronttriebler ergänzte Alvis 1928 das Angebot noch durch hubraumstärkere Vierzylinder, die den Weg zu einer Reihe interessanter Nachfolger weisen sollten. Eine dieser Weiterentwicklungen war der 12/60 HP. Auf seinem Kühler thronte eine Hasenfigur, weil sie die Schnelligkeit und Wendigkeit des Wagens symbolisieren konnte. Die meisten der 12/60 HP wurden mit Sportcabriolet-Karosserien bestückt, wobei die so genannte Beetle-Back-Karosserie mit zu den schönsten Aufbauten zählte: Sie wirkte harmonisch und unterstrich wegen fehlender Trittbretter die Sportlichkeit des Automobils.

Alvis Speed Twenty

Um im Motorsport regelmäßig für Aufmerksamkeit zu sorgen, startete Alvis bei vielen Brooklands-Rennen und brachte Wagen wie den Speed Twenty an den Start. Angeblich wurde dieses Modell innerhalb von 14 Wochen konstruiert: Es zeichnete sich vor allem durch ein neuartiges Fahrgestell aus, bei dem der bis dato übliche Hilfsrahmen zur Motoraufnahme entfiel. Der Unterbau profitierte außerdem von einer Zentral-Chassisschmierung und verstellbaren Reibungsstoßdämpfern. Trotz vieler Modifikationen hatte der Wagen aber auch ein paar negative Eigenschaften: Für unproblematischen Gangwechsel musste man sich etwas Zeit lassen, die Bremsen verlangten nach einem kräftigen Pedaldruck und die Lenkung war bei niedriger Geschwindigkeit einfach zu schwergängig.

Modell	*Alvis Speed Twenty*
Hubraum / Zylinder	*2511 ccm / 6 Zyl.*
PS / KW	*87 / 63,7*
Bauzeit	*1932 – 1934*
Stückzahl	—

Aston Martin 1.5 Litre

Lionel Martin und Richard Bamford beschäftigten sich bereits 1908 mit dem Gedanken, irgendwann einen „richtigen" Sportwagen auf die Räder zu stellen. Anfangs bedienten sie sich für ihre Experimente der Fahrgestelle von Isotta-Fraschini, bis sie 1922 den Schritt in die Selbstständigkeit wagten und unter dem Markennamen Aston Martin ihre Vierzylinder-Wagen mit selbst konstruiertem Chassis auf den Markt brachten. Der Markenname entstand übrigens in Anlehnung an die Aston-Hill-Climb-Rennen, wo sie ihre ersten Siege einfuhren. Leider standen ihre hochwertigen Sportwagen nie im Einklang mit ihren kaufmännischen Grundlagen, weshalb das Unternehmen nach mehreren Krisen von dem Traktorenhersteller David Brown übernommen und saniert wurde.

Modell	*Aston Martin 1.5 Litre*
Hubraum / Zylinder	*1493 ccm / 4 Zyl.*
PS / KW	*60 / 44*
Bauzeit	*1934 – 1936*
Stückzahl	—

Austin Seven Ruby

Austins Bestseller – der Typ Seven – profitierte von einer Modellpflege, die den Wagen von Generation zu Generation immer interessanter machte. Neben mehr Leistung gab es auch einen verlängerten Radstand, größere Karosserien und vor allem einen Preisrutsch nach unten: Austin senkte die Anschaffungskosten von 165 auf 122 britische Pfund, denn er hatte inzwischen Konkurrenz von Morris bekommen, und auch Ford und Triumph rangen in den unteren Hubraumklassen um die Gunst der Käufer. Um Terrain zurückzugewinnen, lancierte er 1934 mit dem Modell Ruby eine Art Luxus-Seven. Der Ruby blieb fünf Jahre im Programm, bis 1939 die gesamte Baureihe des Seven eingestellt wurde. Austins Ziel, mit dem Seven einen „Motor for the Millions" zu bauen, wurde mit nur 290 000 gebauten Wagen allerdings etwas verfehlt.

Modell	*Austin Seven Ruby*
Hubraum / Zylinder	*900 ccm / 4 Zyl.*
PS / KW	*22 / 16,1*
Bauzeit	*1934 – 1939*
Stückzahl	—

Austin Typ Ten

Zwar brachte Austin mit dem Typ Seven einen der legendärsten britischen Kleinwagen auf den Markt, doch um nicht eine zu einseitige Produktlinie zu fahren, mussten dem Seven diverse größere Modelle an die Seite gestellt werden. Schon 1927 rundete ein Sechszylinder, der Typ Twenty, das Angebot ab. Während die meisten Automobilhersteller im Zuge der Modellpflege oft den Hubraum vergrößerten, reduzierte Austin ein Jahr später das Volumen von 3400 auf 2249 ccm. Trotzdem blieb der verkleinerte und jetzt „Sixteen" genannte Wagen weiterhin ein Spitzenmodell, denn die unteren Ränge besetzte inzwischen das Modell Ten: Ein absoluter Bestseller, der sich in zahlreichen Karosserieversionen gut verkaufen ließ und dementsprechend lange in Produktion blieb.

Modell	*Austin Typ Ten*
Hubraum / Zylinder	*1125 ccm / 4 Zyl.*
PS / KW	*23,5 / 17,2*
Bauzeit	*1934 – 1947*
Stückzahl	*—*

Bentley 4 1/2 Liter

1936 – Bentley gehörte inzwischen zu Rolls-Royce – debütierte mit dem Typ 4 1/2 Liter unter der Regie des neuen Eigentümers das zweite Luxusmodell mit einem geflügelten „B" auf der Motorhaube. Der Bentley 4 1/2 basierte von der Technik her auf dem Fahrgestell des Modells 3 1/2 Liter und kostete gegenüber diesem lediglich 50 britische Pfund mehr. Dem Trend zu stärkeren Automobilen folgend, favorisierten die Käufer hauptsächlich den 4 1/2-Liter-Wagen, weshalb Rolls-Royce diesen Typ im Zuge der Modellpflege für den Jahrgang 1938 erheblich aufwertete und ihm ein Overdrive-Getriebe spendierte. Dank der daraus resultierenden niedrigen Drehzahl, verbunden mit einer extrem robusten Kurbelwellenlagerung, avancierte dieses Automobil in seiner letzten Entwicklungsstufe zu einem der fantastischsten Reisewagen der späten 30er Jahre.

Modell	*Bentley 4 1/2 Liter*
Hubraum / Zylinder	*4257 ccm / 6 Zyl.*
PS / KW	*keine Leistungsangaben*
Bauzeit	*1936 – 1939*
Stückzahl	*1233*

Frazer Nash TT

Archie Frazer-Nash begann 1924 mit dem Bau sportlicher Zweisitzer, die als Besonderheit einen so genannten Chain Drive, ein Kettengetriebe, besaßen. Für die angemessene Motorisierung kamen diverse Aggregate unterschiedlichster Hersteller zum Einsatz, wobei Frazer-Nash großen Wert darauf legte, dass sich die Motoren gut tunen ließen. Oft war die Kompressortechnik ein hilfreiches Mittel, um letzte Leistungsreserven herauszuholen – Fahrzeuge dieser Güte belegten im Wettbewerbssport regelmäßig die vorderen Plätze. Ab Mitte der 30er Jahre favorisierte Frazer-Nash mehr und mehr die Verwendung von BMW-Aggregaten, bis er sich nach dem Zweiten Weltkrieg darauf spezialisierte, importierte BMW-Wagen in England zu tunen und als Frazer-Nash-BMW auf den Markt zu bringen.

Modell	*Frazer Nash TT*
Hubraum / Zylinder	*1496 ccm / 4 Zyl.*
PS / KW	*62 / 45,4*
Bauzeit	*1937*
Stückzahl	*—*

Invicta S Type

Die ersten drei Invicta-Wagen entstanden 1924 im englischen Cobham in einer kleinen Garage, die Noel Macklin kurzerhand zu einer Werkstatt umfunktioniert hatte. Angetrieben wurden die Sportwagen von einem Coventry-Climax-Motor, der Macklin für den Serienbau aber ungeeignet erschien: Das 2,5-Liter-Aggregat besaß zu wenig Durchzugsvermögen und musste durch einen 2,6-Liter-Motor des Herstellers Meadows ersetzt werden. Eine gute Wahl – Meadows führte noch stärkere Versionen mit 4,5 Litern Hubraum im Programm, und genau die verhalfen den späteren Invicta-Wagen zu mehr als angemessenen Leistungen. Invictas zählten bald zu den meistgeschätzten Sportwagen ihrer Zeit und konnten seit 1928 problemlos mit dem monströsen 4 1/2-Liter-Bentley konkurrieren.

Modell	*Invicta S Type*
Hubraum / Zylinder	*4467 ccm / 6 Zyl.*
PS / KW	*140 / 102,6*
Bauzeit	*1930 – 1936*
Stückzahl	—

(Jaguar) SS 1 – 16 HP Coupé

Die Geschichte der Marke Jaguar reicht bis ins Jahr 1922 zurück, als William Lyons und William Walmsley in Blackpool die Swallow Sidecar Company gründeten, in der sie sich zunächst aber mit anderen Vehikeln beschäftigten: Sie produzierten Motorrad-Seitenwagen. Sechs Jahre später, mit dem Umzug zum heutigen Sitz Coventry, begann der Aufstieg des Unternehmens zum weltweit anerkannten Hersteller britischer Luxusautos. Als erstes eigenes Produkt rollte 1931 der Sportwagen SS 1 aus den Fabrikhallen. Schon zwei Jahre nach Serienbeginn profitierte der SS 1 von einer Anhebung des Hubraums und einer Leistungssteigerung. 1935 präsentierte Lyons auf der Londoner Automobilausstellung eine Cabrio-Version des SS 1 und rundete die Modellpalette weiter nach oben hin ab.

Modell	*SS 1 – 16 HP Coupé*
Hubraum / Zylinder	*2054 ccm / 6 Zyl.*
PS / KW	*48 / 35,2*
Bauzeit	*1931 – 1936*
Stückzahl	*4230*

(Jaguar) SS 1 – 20 HP Airline

William Lyons verwendete für seine frühen SS-Modelle ein Chassis des Zulieferers Standard, was den Vorteil hatte, die Produktionskosten auf einem relativ niedrigen Niveau zu halten. Da die Konstruktionsweise dieser Fahrgestelle für das ziemlich hochbeinige Aussehen der SS-Wagen verantwortlich war, modifizierte Lyons bald die Ausgangsbasis und entwickelte sein so genanntes Underslung-Fahrgestell. Es kam bereits bei allen ab 1932 gebauten Modellen zum Einsatz und gab den Wagen eine wesentlich elegantere Note. Außerdem eignete es sich hervorragend für die Bestückung mit Sonderkarosserien. Neben Coupés, Tourern und Limousinen entstanden 1936 einige exklusive Airline-Coupés – dieser Aufbau schmückte auch das allerletzte SS-Chassis mit der Nummer 249500.

Modell	*SS 1 – 20 HP Airline*
Hubraum / Zylinder	*2552 ccm / 6 Zyl.*
PS / KW	*62 / 45,4*
Bauzeit	*1933 – 1936*
Stückzahl	*573*

Modell	*SS 2 – 12 HP*
Hubraum / Zylinder	*1608 ccm / 4 Zyl.*
PS / KW	*38 / 27,8*
Bauzeit	*1933 – 1936*
Stückzahl	*ca. 1800*

(Jaguar) SS 2 – 12 HP

Als Gegenstück zu den sechszylindrigen SS-Modellen baute Lyons parallel eine Serie von Vierzylinder-Wagen, deren Grundmodell die Bezeichnung SS 2-9 HP trug. Bis 1933 gab es die Sparversionen mit dem schmalen Kühlergrill allerdings nur als Coupé. Zum SS 2-10 HP aufgewertet, stieg die Leistung der nun etwas geräumiger ausgelegten Modelle von 28 auf 32 PS an. Mit Erscheinen des Spitzenmodells dieser Baureihe – dem SS 2-12 HP – profitierten die Wagen auch von der zwischenzeitlich entwickelten niedrigeren Chassiskonstruktion. Sie eignete sich optimal für offene Karosserieaufbauten: Ihre weit geschwungenen, vom Bug bis zum Heck durchgehenden Kotflügel, die mit den Trittbrettern eine Einheit bildeten, unterstrichen gekonnt die Linienführung und den sportlichen Charakter der Wagen.

Jaguar SS 100

Nachdem 1935 der Name Jaguar für alle Modelle eingeführt worden war, erschien ein Jahr später der legendäre zweisitzige Sportwagen Jaguar SS 100 mit einer für die damalige Zeit sensationellen Höchstgeschwindigkeit von 160 km/h. Er ist heute der gesuchteste aller Vorkriegs-Jaguar. Die erste, von 1936 bis 1939 gebaute Serie, wurde mit einem 2,6-Liter-Motor bestückt – das größere 3,5-Liter-Aggregat war ab 1938 zu haben. Dass die Typenbezeichnung auf SS 100 lautete, ist übrigens auf die Spitze von 100 Meilen pro Stunde (160 km/h) zurückzuführen. Die ursprüngliche Idee, dem generell nur als Rechtslenker gebauten Wagen eine flotte Coupé-Version an die Seite zu stellen, wurde leider verworfen – der 1938 gezeigte Prototyp konnte nicht den Geschmack des Publikums treffen.

Modell	*Jaguar SS 100*
Hubraum / Zylinder	*2663 ccm / 6 Zyl.*
PS / KW	*102 / 74,7*
Bauzeit	*1936 – 1939*
Stückzahl	*ca. 310*

Jaguar SS 2.5 Litre

Um sich nicht länger von dem Chassis- und Motorenzulieferer Standard abhängig zu machen, erweiterte William Lyons 1935 seinen technischen Mitarbeiterstab um ein paar begabte Ingenieure, die sich vor allem mit der Entwicklung neuer Motorenkonzepte befassen sollten. Unter der Regie des Chefkonstrukteurs Heynes brachte man einen OHV-Motor zur Serienreife, der die seitengesteuerte alte Ausführung der 1,5-Liter-Maschine zum Modelljahrgang 1938 ablösen sollte. Zu den Novitäten des Jahres 1935 zählte unter anderem auch der SS 1.5 Litre genannte Wagen (vorerst noch mit dem SV-Motor), der alternativ auch in einer 2,5-Liter-Version zu haben war. Stückzahlmäßig favorisierten diesmal die Käufer die Limousine, die in der 2,5-Liter-Version mit seitlich montierten Reserverädern geliefert wurde.

Modell	*Jaguar SS 2.5 Litre*
Hubraum / Zylinder	*2663 ccm / 6 Zyl.*
PS / KW	*102 / 74,7*
Bauzeit	*1936 – 1940*
Stückzahl	*ca. 5300*

Jaguar SS 3.5 Litre

Der Modelljahrgang 1938 bescherte den Baumustern 2,5 Litre und 3,5 Litre jede Menge Verbesserungen, die nicht nur im technischen Bereich vollzogen wurden, sondern sich auch im Erscheinungsbild dieser Modelle niederschlugen. So wanderte das seitlich in der Kotflügelmulde platzierte Reserverad nun in den Kofferraum, wo es in einem Extrafach verstaut werden konnte. Zugunsten des Fahrkomforts und der Vergrößerung des Innenraums verlängerte man das Chassis um 110 mm und bestückte es mit leicht verbreiterten Karosserien. Außerdem musste der Hilfsrahmen aus Holz, der früher die Karosseriebeplankung abstützte, einer sicheren Ganzstahlbauweise weichen. Mit all diesen Verbesserungen aufgewertet, fiel es Jaguar nicht schwer, die Produktion dieser Baureihe nach dem Krieg fortzusetzen.

Modell	*Jaguar SS 3.5 Litre*
Hubraum / Zylinder	*3485 ccm / 6 Zyl.*
PS / KW	*125 / 91,6*
Bauzeit	*1936 – 1940*
Stückzahl	*ca. 1300*

Lagonda M 45

Lagonda wurde – so unglaublich es klingt – von Wilbur Gunn, einem Opernsänger gegründet! Der gebürtige Amerikaner kam bereits 1891 nach England, ließ sich in Staines an der Themse nieder und baute zuerst Cyclecars, bevor er 1906 den Automobilbau unter dem Namen „Lagonda" ins Handelregister eintragen ließ – Lagonda, das war auch der Name eines Flusses in seinem Heimatstaat Ohio. Die Wagen, mit denen die Marke dann richtig berühmt wurde, entstanden ab 1926 – seit dem Debüt des Modells 14/60 HP wurden Hubraum und Leistung permanent aufgestockt. Sportwagenkäufer, die etwas Außergewöhnliches suchten, fanden ab 1934 in den Händler-Showrooms unter dem Kürzel M 45 eine Alternative, die viele andere Sportwagen in den Schatten stellte.

Modell	*Lagonda M 45*
Hubraum / Zylinder	*4467 ccm / 6 Zyl.*
PS / KW	*140 / 102,5*
Bauzeit	*1934 – 1936*
Stückzahl	*—*

Lagonda LG 6 Rapid

1936 überraschte Lagonda die Automobilwelt mit einem V12-Zylinder-Wagen, der auf einem völlig neu entwickelten Chassis basierte. Dieser Unterbau bestand aus einem kreuzverstrebten Rahmen und einer zusätzlichen Verstärkung im Heckbereich. Während die Hinterräder durch konventionelle Halbelliptikfedern abgestützt wurden, bekam der Wagen vorn eine höchst moderne Torsionsstabfederung. Diese vorbildliche Chassiskonstruktion konnte in leicht abgewandelter Form aber auch für einen anderen Wagen, den Typ LG 6, genutzt werden. Der sechszylindrige LG 6 war für jene Enthusiasten eine interessante Alternative, die sich keinen V12 leisten konnten oder ein mechanisch unkomplizierteres Fahrzeug ihr Eigen nennen wollten.

Modell	*Lagonda LG 6*
Hubraum / Zylinder	*4467 ccm / 6 Zyl.*
PS / KW	*140 / 102,5*
Bauzeit	*1936 – 1939*
Stückzahl	—

Lagonda Rapier Typ 10

Weil die Marktsituation der 30er Jahre viele kleine Sportwagen mit vier Zylindern verlangte, rundete Lagonda 1933 das Programm auch nach unten ab und präsentierte einen handlichen, vom Konstrukteur Timothy Ashcroft entwickelten Wagen, den Rapier. Dem Prestige der Marke angemessen, durfte der Rapier aber kein Billigprodukt werden. Er kostete deshalb mindestens 375 britische Pfund und war für eine anspruchsvolle und verwöhnte Kundschaft gedacht, die durchaus mit einem kleinen vierzylindrigen Sportwagen liebäugelte, aber etwas Aufregenderes erwartete als einen schlichten MG, Riley oder Singer. Der Rapier wurde nur als Chassis verkauft und dementsprechend mit Sonderkarosserien bestückt, die sich von der Optik her an den größeren Modellen orientierten.

Modell	*Lagonda Rapier Typ 10*
Hubraum / Zylinder	*1086 ccm / 4 Zyl.*
PS / KW	*55 / 40,3*
Bauzeit	*1934 – 1939*
Stückzahl	*ca. 470*

Modell	*MG Typ F Magna*
Hubraum / Zylinder	*1271 ccm / 6 Zyl.*
PS / KW	*37 / 27,1*
Bauzeit	*1931 – 1932*
Stückzahl	*ca. 1250*

MG Typ F Magna

Die ersten Automobile mit dem achteckigen Markenzeichen „MG" am Kühler rollten bereits 1924 über britische Straßen, doch bis der von Cecil Kimber gegründeten Marke auf der Londoner Motor Show ein eigener Stand zugeteilt wurde, sollten noch drei Jahre vergehen. Kimber, ein Händler für Morris-Wagen, firmierte schon lange unter dem Namen „Morris Garage" (MG) und experimentierte bereits seit Jahren mit diesen Autos, denn es war sein Ziel, Morris-Modelle schneller und eleganter zu machen. Dementsprechend hat die Marke Morris auch die Entwicklung der MG-Typen weitgehendst geprägt: Während unter der Haube früher MGs noch der 1,8-Liter-Motor des Morris-Oxford werkelte, favorisierte Kimber später gerne leicht frisierbare Aggregate bis etwa 1,5 Liter Hubraum.

MG Typ K1 Midget

Von einigen Ausnahmen der späten 30er Jahre abgesehen, basierten die meisten MG-Modelle auf einem relativ kurzen Radstand, was sie besonders handlich und vor allem wendig machte. Cecil Kimber sprach mit seinen Wagen vor allem Käufer an, die ein möglichst sportliches und zugleich preislich interessantes Fahrzeug suchten. Für sie hatte er sich auch den Slogan „Safety Fast" (schnelle Sicherheit) ausgedacht. Bis 1939 verstanden gut 23 000 Käufer diese Botschaft. Etwa die Hälfte von ihnen entschied sich für die Sportausgabe des MG – hierunter hatte man die Verwendung eines Motors mit obenliegender Nockenwelle zu verstehen. Bevor Kimber 1926 die Ganzlackierung einführte, zeigten sich die frühen Modelle oft nur mit einer polierten Aluminiumkarosserie, die durchaus im Einklang mit dem sportlichen Charakter stand.

Modell	*MG Typ K1 Midget*
Hubraum / Zylinder	*1087 ccm / 6 Zyl.*
PS / KW	*38 / 27,8*
Bauzeit	*1932 – 1934*
Stückzahl	*ca. 1100*

Modell	*MG Typ NA Magnette*
Hubraum / Zylinder	*1271 ccm / 6 Zyl.*
PS / KW	*56 / 41*
Bauzeit	*1934 – 1936*
Stückzahl	*ca. 740*

MG Typ NA Magnette

Auf Grund der steigenden Nachfrage nach seinen MG-Wagen musste sich Cecil Kimber schon 1928 nach größeren Produktionsräumen umsehen – seine kleine Werkstatt in Oxford wurde zu eng. Zuerst fand er für einen befristeten Zeitraum in einem Gebäudetrakt der Morris-Werke neue Fertigungsmöglichkeiten, bevor er später eine Fabrikanlage in Cowley bezog. Als es auch dort zu eng wurde, verschlug es ihn nach Abingdon, wo das Unternehmen endlich sesshaft werden sollte. Dieser letzte Umzug war übrigens dafür ausschlaggebend, dass von nun an die Seriennummer eines jeden MG mit den Ziffern 0251 beginnen sollte. Die Erklärung: Diese Ziffernfolge entsprach der Telefonnummer des Werkes!

MG Typ TA Midget

Im Gegensatz zu vielen anderen kleinen Sportwagen blieb der MG für seinen Besitzer ein finanziell recht überschaubares Vergnügen. MG-Wagen profitierten von zahlreichen Fremdkomponenten, die auch von anderen Automobilbauern genutzt wurden und als Großserienprodukt entsprechend kostengünstig hergestellt werden konnten – fast jede Werkstatt konnte einen MG warten. MG verzichtete auch ganz bewusst auf eine eigene Karosseriebauabteilung, denn in der Firma Carbodies hatte man bald einen zuverlässigen Partner gefunden, der die Aufbauten zum Stückpreis von sechs britischen Pfund herstellte. Eine Luxuskarosserie konnte man dafür natürlich nicht erwarten. Sie war auch gar nicht gewünscht – der MG sollte ein Leichtgewicht und ein Fahrzeug mit möglichst geringem Benzinverbrauch sein.

Modell	*MG Typ TA Midget*
Hubraum / Zylinder	*1292 ccm / 4 Zyl.*
PS / KW	*52 / 38*
Bauzeit	*1936 – 1939*
Stückzahl	*ca. 3000*

MG Typ PB Midget

Modell	*MG Typ PB Midget*
Hubraum / Zylinder	*939 ccm / 4 Zyl.*
PS / KW	*35 / 25,6*
Bauzeit	*1934 – 1936*
Stückzahl	*ca. 530*

Als Antwort auf den beim Konkurrenten Singer erschienenen Typ Le Mans lancierte MG für den Jahrgang 1935 das neue Modell PB. Der PB hatte in die Fußstapfen seines Vorgängers – dem etwa 2000-mal verkauften PA – zu treten und ging als letzter klassischer „Nockenwellen-Midget" in die Firmengeschichte ein. Mehr Hubraum gegenüber dem PA, ein besser ausgestattetes Armaturenbrett und ein Steinschlagschutz für den Kühler waren nun die wesentlichsten Neuerungen. Während der Singer schon eine hydraulische Bremsanlage besaß, blieb der PB weiterhin mechanischen Seilzugbremsen treu. 1935 fiel bei MG auch die Entscheidung, den Bau von Fahrzeugen rennsportlichen Charakters zu reduzieren – Grund hierfür war die ständig zunehmende Nachfrage nach Alltagsautomobilen.

Morgan Sports

Weil H.S.F. Morgan, Sohn eines Vikars aus dem britischen Malvern Link, Motorräder zu kippelig und unsicher fand, entwarf er ein Gefährt nach eigenen Vorstellungen – heraus kam ein einsitziges Dreirad. Dass er damit den Grundstein zu einer Firma legte, die noch immer existiert und sich nach wie vor im Familienbesitz befindet, hatte damals niemand geahnt. Morgans Dreirad-Konzept war einerseits simpel, andererseits auch genial: Sein Vehikel basierte auf einem aus drei Rohren bestehenden Rahmen, von denen zwei ursprünglich sogar als Auspuffrohre genutzt wurden! Das Getriebe, das die Kraft des V2-Zylinders an das einzelne Hinterrad brachte, bestand aus einfachen Klauenkupplungen. Ebenso simpel legte Morgan die Vorderradfederung aus – ihm genügten einfache Schiebehülsen, die die Funktion der Stoßdämpfer übernahmen.

Modell	*Morgan Sports*
Hubraum / Zylinder	*990 ccm / 2 Zyl.*
PS / KW	*32 / 23,4*
Bauzeit	*1931 – 1934*
Stückzahl	–

MG Typ WA 2.6 Litre

Auf dem Weg zu einer vollkommen anderen Fahrzeugklasse – die der bequemen Alltagswagen – debütierte im Hause MG 1936 ein Wagen mit dem ungewöhnlich langen Radstand von 3120 mm. Auch die Gesamtlänge von 4900 mm beeindruckte die Fachwelt – so etwas hatte es bei MG bisher noch nicht gegeben! Trotz solcher Dimensionen wirkte der Typ SA ausgesprochen harmonisch. Eine 70 PS starke Sechszylinder-Maschine (2,3 Liter Hubraum) brachte das elegante Auto auf etwa 135 km/h – eine gute Reisegeschwindigkeit. Dank der guten Akzeptanz unterzog MG diesen Typ einer baldigen Modellpflege, damit er mit höherer Leistung unter der Bezeichnung MG Typ WA 2.6 Litre als Konkurrent gegen Jaguars 2,5-Liter-Modell antreten konnte.

Modell	*MG Typ WA 2.6 Litre*
Hubraum / Zylinder	*2561 ccm / 6 Zyl.*
PS / KW	*96 / 70,3*
Bauzeit	*1938 – 1939*
Stückzahl	–

Morgan Super Sports

Dank der Verwendung immer stärkerer Motoren entwickelten sich Morgans Dreiräder bald zu recht sportlichen Gefährten, die auch im Wettbewerbssport ein Wort mitzureden hatten. Zahlreiche Siege förderten zusätzlich den Verkaufserfolg der Threewheeler, von denen bis Ende 1923 bereits 40 000 Stück abgesetzt werden konnten. Ende der 20er Jahre spürte Morgan allerdings die immer stärker werdende Konkurrenz des kleinen Austin Seven. Um mithalten zu können, musste er der Modellpflege jetzt besonders viel Aufmerksamkeit widmen und stattete deshalb den Threewheeler mit Bremsen für alle drei Räder aus. Zusätzlich spendierte er ihm ein richtiges Dreiganggetriebe nebst Rückwärtsgang und favorisierte den Typ Supersports, der mit einem kräftigen Zweizylinder der Marke Matchless bestückt wurde.

Modell	*Morgan Super Sports*
Hubraum / Zylinder	*1096 ccm / 2 Zyl.*
PS / KW	*40 / 29,3*
Bauzeit	*1934 – 1937*
Stückzahl	*—*

Morgan 4/4

Da die britische Regierung 1936 für Dreiradfahrzeuge jegliche Steuervergünstigungen aufgehoben hatte, stagnierte bei Morgan der Absatz, und für die meisten seiner Kunden wurde der Threewheeler uninteressant. Auf der Suche nach einer geeigneten Alternative bediente sich Morgan dennoch des letzten Threewheeler-Modells, weil dieser Typ F genannte Wagen auf einem leicht zu modifizierenden Unterbau basierte und sich dadurch die Möglichkeit ergab, daraus ein vollwertiges Automobil mit vier Rädern zu entwickeln. Da das Chassis aus z-förmigem Profil gebaut wurde, ließ sich noch ein Vorteil nutzen: Man konnte den Wagen auf der Unterseite mit Bodenbrettern verkleiden und auf der Profil-Oberseite die aus Stahlblech gefertigte Roadster-Karosserie befestigen.

Modell	*Morgan 4/4*
Hubraum / Zylinder	*1098 ccm / 4 Zyl.*
PS / KW	*34 / 25*
Bauzeit	*1936 – 1939*
Stückzahl	*—*

Morgan 4/4

Als bei Morgan 1936 die ersten kleinen Roadster (Typ 4/4) mit Steckscheiben und Flatterverdeck aus den Werkshallen rollten, hatte man endlich ein „richtiges" Automobil mit vier Rädern im Programm, das die nicht mehr gefragten Threewheeler ablösen musste. Morgan ahnte nicht, dass es ihm einmal mehr gelungen war, mit diesem Konzept wieder einen Wagen entwickelt zu haben, der fast unverändert bis 1957 im Programm bleiben sollte. Alle Modelle dieser ersten Serie zeigten sich mit großen verchromten Scheinwerfern, dem typischen Flachkühler und zwei Reserverädern, die übereinander befestigt am Heck platziert wurden. Übrigens: Die Typenbezeichnung 4/4 besagte, dass der Threewheeler-Nachfolger jetzt auf vier Rädern rollte und mit einem Vierzylindermotor bestückt wurde.

Modell	*Morgan 4/4*
Hubraum / Zylinder	*1267 ccm / 4 Zyl.*
PS / KW	*40 / 29,3*
Bauzeit	*1939 – 1957*
Stückzahl	*—*

Morris Ten/4 Special Coupé

Morris investierte 1934 über eine Viertelmillion britische Pfund in die Werksanlagen, den größten Teil davon in eine neue Lackierstraße. Die beiden Bänder – zusammen etwa eine halbe Meile lang – konnten innerhalb kürzester Zeit auf eine andere Farbe umgestellt werden. Auch in der Produktionshalle wurden viele Montageschritte zunehmend automatisiert. Mussten die Arbeiter bis vor kurzem noch das Fahrzeugchassis manuell zur nächsten Position schieben, geschah dies jetzt durch ein Zugsystem. In Verbindung mit dieser Modernisierung brachte man bald den Morris Eight auf den Markt. Dieses neue Modell wurde speziell für die verbesserten Arbeitsabläufe konstruiert, während der schon im Vorjahr lancierte Typ 10 weiterhin nach konventionellen Fertigungsmethoden hergestellt wurde.

Modell	*Morris Ten/ 4 Special Coupé*
Hubraum / Zylinder	*1292 ccm / 4 Zyl.*
PS / KW	*30 / 22*
Bauzeit	*1933 – 1938*
Stückzahl	—

Morris Ten/6

Als Morris die Serienfertigung für den kleinen Typ Eight vorbereitete, schätzte man die Jahresproduktion zunächst auf etwa 35 000 Einheiten. Dieser Wert musste ein halbes Jahr später bereits nach oben korrigiert werden, denn das Auto entwickelte sich vom Start weg zum absoluten Bestseller – 50 000 Bestellungen lagen vor! Trotz dieses Erfolges hatte der parallel dazu produzierte Typ Ten weiterhin seine Berechtigung: Er rundete die Modellpalette nach oben ab und bot Käufern, die keinen Kleinwagen suchten, eine interessante Alternative. Wer wollte, konnte den vierzylindrigen Typ Ten auch in einer Sechszylinder-Version ordern. In Kombination mit einer ansprechenden Roadster-Karosserie erhielt man so ein sportliches Wägelchen, das fast jedem Preisvergleich zu Mitbewerbern standhalten konnte.

Modell	*Morris Ten/6*
Hubraum / Zylinder	*1378 ccm / 6 Zyl.*
PS / KW	*38 / 27,8*
Bauzeit	*1934 – 1935*
Stückzahl	—

Railton 8 Serie II

Von Anfang an war der Railton für viele Engländer nichts anderes als ein auf Sportlichkeit getrimmtes amerikanisches Automobil. Ihrer Ansicht nach hatte amerikanische Technik nichts in einem britischen Sportwagen zu suchen, denn unter der Haube eines Railton befand sich ein Reihenachtzylinder der Marke Hudson. Dabei hatte der von Reid Railton konstruierte Wagen eigentlich einen legendären Vorläufer, den Invicta – zumindest war Railton an dessen Entwicklung beteiligt. Die ersten in den alten Invicta-Werksanlagen gebauten Railton basierten auf einem modifizierten Hudson-Chassis, bevor man sich ab 1934 für einen Unterbau mit längerem Radstand entschied. Viele Wagen wurden bei Railton nicht gebaut – alle Modelle zusammengerechnet, entstanden bis 1939 etwa 1400 Einheiten.

Modell	*Railton 8 Serie II*
Hubraum / Zylinder	*4.168 ccm / 8 Zyl.*
PS / KW	*124 / 90*
Bauzeit	*1934 – 1939*
Stückzahl	—

Riley Nine

Weil William Riley und seine vier Söhne fest an die Zukunft des Explosionsmotors glaubten, befassten sie sich bereits 1898 mit der Konstruktion fortschrittlicher Motorwagen. Diese frühen Modelle waren der Zeit weit voraus, denn an einem Riley konnte man als Besonderheit die Räder abnehmen. Wegen des dadurch bestehenden Patentschutzes mussten viele andere Hersteller ebenfalls ihre Räder von Riley beziehen, und man verstand es, immer wieder mit innovativer Technik für Gesprächsstoff zu sorgen. Beispielsweise 1927: Da debütierte der berühmte Riley Nine-Motor mit zwei obenliegenden Nockenwellen, schräg gestellten Ventilen und einem halbkugelförmigen Brennraum. Dieser Motor war für die damalige Zeit revolutionär und wurde vom Konzept her bis Mitte der 50er Jahre beibehalten.

Modell	*Riley Nine*
Hubraum / Zylinder	*1087 ccm / 4 Zyl.*
PS / KW	*32 / 23,4*
Bauzeit	*1927 – 1938*
Stückzahl	—

Riley 1.5 Litre

Schon vor dem Ersten Weltkrieg gelang es Riley, im Wettbewerbssport viele Spitzenpositionen zu belegen, was dazu beitrug, auf dem Markt bekannt und erfolgreich zu werden. Dieser Trend hielt in den 20er und 30er Jahren an und gab Riley Mut, permanent die Modellpalette zu erweitern. Neben den Enthusiasten, die extrem sportliche Fahrzeuge wünschten, bediente man aber auch die mehr auf Understatement eingestellte Kundschaft. Für sie hielten die Händler grandiose Limousinen und elegante Cabriolets bereit – zumindest bis 1938. In jenem Jahr wurde Riley in die Morris-Gruppe integriert, was eine Straffung der Modellpalette zur Folge hatte. Nach dem Zweiten Weltkrieg führte Riley die Markentradition zwar fort, doch um neue Modelle entwickeln zu können, musste zunächst der Devisen bringende Exportmarkt forciert werden.

Modell	*Riley 1.5 Litre*
Hubraum / Zylinder	*1496 ccm / 4 Zyl.*
PS / KW	*48 / 35*
Bauzeit	*1938 – 1939*
Stückzahl	—

Rolls-Royce Phantom II

Als Mitte der 20er Jahre bei Rolls-Royce die Ablösung des Silver Ghost durch ein neues Modell so gut wie beschlossen war, stand bereits fest, dass man der Chassiskonstruktion besonders viel Aufmerksamkeit widmen müsse. Deshalb wurde ein möglichst niedrig bauendes Fahrgestell favorisiert, das den Karosseriebauern noch mehr Möglichkeiten zur Realisierung von Sonderkarosserien bieten sollte. Außerdem stand man unter dem Zwang, auf Grund der immer schwerer wiegenden Aufbauten die Motorleistung anzupassen, um ein möglichst flottes Vorwärtskommen zu ermöglichen. Während Rolls-Royce auch im amerikanischen Werk Springfield viele Automobile auf die Räder stellte, verzichtete man dort als Folge der Wirtschaftskrise auf die Produktion des Phantom II.

Modell	*Rolls-Royce Phantom II*
Hubraum / Zylinder	*7668 ccm / 6 Zyl.*
PS / KW	*keine Leistungsangaben*
Bauzeit	*929 – 1936*
Stückzahl	*1402*

Rolls-Royce Phantom II

Die beeindruckenden Phantom II-Modelle zählten zu den letzten Sechszylinder-Wagen der Marke, deren Entwicklung von Anfang an durch F. Henry Royce überwacht wurde. Er überprüfte jeden Entwurf und jede Idee bis ins letzte Detail, bevor er Entscheidungen zustimmte. Mit dem Silver Ghost verglichen, entwickelte Rolls-Royce zum Ausklang der 20er Jahre hier ein vollkommen modernes Design, das aber in Verbindung mit fortschrittlichen Fertigungstechniken die Tradition und den Anspruch der Nobelmarke fortführte. Als die ersten Wagen 1929 vorgestellt wurden, fiel den Testern sofort auf, dass Motor und Getriebe nun zu einer Einheit verblockt waren. Auch das ursprünglich vom Silver Ghost geerbte Fahrgestell musste einer Neukonstruktion weichen – nur so ließ sich der Fahrkomfort steigern.

Modell	*Rolls-Royce Phantom II*
Hubraum / Zylinder	*7668 ccm / 6 Zyl.*
PS / KW	*keine Leistungsangaben*
Bauzeit	*1929 – 1936*
Stückzahl	*1402*

Modell	*Rolls-Royce Phantom III*
Hubraum / Zylinder	*7338 ccm / 12 Zyl.*
PS / KW	*keine Leistungsangaben*
Bauzeit	*1936 – 1939*
Stückzahl	*727*

Rolls-Royce Phantom III

Als erstes und für lange Zeit einziges Fahrzeug präsentierte Rolls-Royce Ende 1935 den mit einem V12-Zylindermotor ausgestatteten Phantom III. Das seidenweich arbeitende Aggregat profitierte von vielen Erkenntnissen, die Rolls-Royce bei der Herstellung und Entwicklung von Flugmotoren gewonnen hatte, und machte es möglich, den drehmomentstarken Wagen theoretisch generell im höchsten Gang zu bewegen. Bei der im Phantom III verwendeten unabhängigen Aufhängung der Vorderräder orientierte sich Rolls-Royce allerdings an den hoch entwickelten Konstruktionen des General Motors-Konzern. Dank diesem Fortschritt ließ sich der Motor auf dem Chassis weit vorn platzieren, was die angenehme Folge hatte, dass die P III über besonders viel Innenraum verfügten.

Modell	*Rolls-Royce Phantom III*
Hubraum / Zylinder	*7338 ccm / 12 Zyl.*
PS / KW	*keine Leistungsangaben*
Bauzeit	*1936 – 1939*
Stückzahl	*727*

Rolls-Royce Phantom III

Es hat lange gedauert, bis sich Rolls-Royce dazu durchringen konnte, einen V12-Zylindermotor serienmäßig in ein Automobil einzubauen. Der 1936 lancierte Phantom III entsprach dann endlich den Wünschen jener Käufer, die auf die Laufruhe von zwölf Zylindern nicht verzichten wollten. Rolls-Royce ordnete bei diesem Baumuster die beiden Zylinderreihen in einem Winkel von 60 Grad an und ließ die Ventile über Kipphebel und Stößel von einer zentral angeordneten Nockenwelle steuern. Die stets als ausreichend angegebene Motorleistung wurde über eine Kardanwelle und ein vollsynchronisiertes Vierganggetriebe an die Hinterachse gebracht – die ab 1938 gebauten Fahrzeuge kamen sogar in den Genuss eines Overdrive-Getriebes, das für noch mehr Laufruhe sorgte.

Rover 16

Nach dem Motto „A class of its own" stattete Rover schon in den 30er Jahren seine Wagen mit technischen Besonderheiten wie beispielsweise einem zentralen Fahrwerksschmiersystem aus. Dabei wurde durch den Unterdruck im Ansaugkrümmer eine Ölpumpe aktiviert, die über dünne Leitungen 24 Dosierpunkte des Fahrwerks versorgen konnte. Damit ließ sich zu Zeiten, als die meisten Autos durchschnittlich alle 3000 Kilometer gewartet werden mussten, auf zahlreiche Schmiernippel verzichten. Vielleicht eher aus Prestigegründen als für den praktischen Nutzen, war in allen Rover Modellen von den 30er Jahren an bis hin zum Typ P5 (1958 bis 1973) ein adrettes, kleines Werkzeugfach zu finden, das gut gepolstert unterhalb der Armaturentafel angebracht war.

Modell	*Rover 16 P2*
Hubraum / Zylinder	*2147 ccm / 6 Zyl.*
PS / KW	*72 / 52,7*
Bauzeit	*1937 – 1948*
Stückzahl	*ca. 9000*

Rover 14 P1

Als 1929 der Jurist Spencer Wilks die Werksleitung bei Rover übernahm, lenkte er zusammen mit seinem Bruder Maurice, einem Ingenieur, die Geschicke des Unternehmens und entwickelte eine bestens durchdachte Produktpalette, die hochwertige Ingenieurskunst und guten Geschmack in vortrefflicher Weise vereinte. Zu den Besonderheiten, die einen Rover auszeichneten, zählte nun unter anderem eine Ölstandsmessvorrichtung, die vom Fahrersitz aus überwacht werden konnte. Ihr Funktionsprinzip war denkbar einfach, denn auf Knopfdruck wurde nur die Kraftstoffanzeige kurzzeitig mit dem Fühler in der Ölwanne verbunden! Auch eine Kraftstoffreservevorrichtung gehörte nun zum Standard – Rover stattete damit sogar noch die letzten P6-Modelle aus dem Jahr 1977 aus!

Modell	*Rover 14 P1*
Hubraum / Zylinder	*1901 ccm / 6 Zyl.*
PS / KW	*57 / 41,7*
Bauzeit	*1934 – 1936*
Stückzahl	*ca. 9500*

Singer 9 HP Le Mans

Zu den interessantesten Automobilen, die Singer entwickelt hat, gehörte 1932 natürlich der Typ Singer Nine. Unter seiner Motorhaube arbeitete ein 1-Liter-Aggregat mit obenliegender Nockenwelle, das sich hervorragend zum Tunen eignete. Das Potential, das in der kleinen Maschine steckte, reichte aus, um erfolgreich im Wettbewerbssport mitzumischen. Auch bei den 24 Stunden von Le Mans war der Singer Nine kein Unbekannter, doch dort war es ihm nicht vergönnt, vordere Plätze zu belegen. Das hielt das Werk aber nicht davon ab, den Typ Nine ab 1935 unter der neuen Modellbezeichnung Singer Le Mans auf den Markt zu bringen. Für 225 britische Pfund stand er in den Showrooms der Händler – damit war er günstiger als die Konkurrenz aus dem Hause MG.

Modell	*Singer 9 HP Le Mans*
Hubraum / Zylinder	*972 ccm / 4 Zyl.*
PS / KW	*39 / 28,6*
Bauzeit	*1935 – 1937*
Stückzahl	*—*

Alfa Romeo 6C 1750 Sport

1927 begann für Alfa Romeo eine neue Zeitrechnung: Mit dem 6C 1500 hatte man erstmals einen kleinen Sechszylinder mit obenliegenden Ventilen im Programm. Für die Konstruktion des Wagens zeichnete Vittorio Jano, ein ehemaliger Fiat-Ingenieur, verantwortlich. Basierend auf dem 6C 1500 folgte kurze Zeit später der 6C 1750. Beide Modelle waren auf Wunsch auch in einer leistungsstarken Kompressor-Version zu haben. Schon lange bevor die ersten 6C im harten Wettbewerbssport auftauchten, hatte sich Enzo Ferrari für Alfa Romeo als Werksfahrer verpflichtet. Mit seinen Kollegen Campari, Nuvolari und Varzi gehörten die Wagen mit der Schlange im Markenemblem bald zu den Favoriten eines jeden Langstreckenrennes wie zum Beispiel der Mille Miglia.

Modell	*Alfa Romeo 6C 1750 Sport*
Hubraum / Zylinder	*1752 ccm / 6 Zyl.*
PS / KW	*55 / 40,3*
Bauzeit	*1929 –1933*
Stückzahl	*ca. 320 (gesamte Baureihe)*

Triumph Dolomite

1938 präsentierte Triumph mit dem Typ Dolomite einen Wagen, der unter dem Werbeslogan „Das schönste Auto im ganzen Land" in der Fachpresse publik gemacht wurde. Zugegeben, dieses Auto hob sich vom konventionellen Durchschnitt zwar ab, doch gewisse Detaillösungen fanden nicht immer positive Resonanz. Dazu zählte der in der Kofferraumabdeckung versenkbare und ausklappbare Notsitz – eine eher amerikanische Besonderheit. Auch drei nebeneinander liegende Sitze waren nicht jedermanns Geschmack – ebenso der verspielte Kühlergrill mit leichtem Art-deco-Einschlag. An der Konstruktion dieses Wagens war übrigens auch Donald Healey beteiligt, der mit einem Dolomite an der Rallye Monte Carlo teilnahm.

Modell	*Triumph Dolomite*
Hubraum / Zylinder	*1991 ccm / 6 Zyl. und auch 1797 ccm / 4 Zyl.*
PS / KW	*72 PS bzw. 65 PS / 53 KW bzw. 48 KW*
Bauzeit	*1938 – 1939*
Stückzahl	*ca. 250*

Alfa Romeo 6C 1750 Turismo

Dank der mit Hilfe eines Kompressors erreichbaren Leistungssteigerung konnte ein 6C 1750 auf bis zu 100 PS gebracht werden. Das gab nicht nur Wettbewerbsfahrern ein Gefühl der Beruhigung, denn Alfa Romeo stellte diesen Wagen auch für den Privatgebrauch her. Viele Besitzer gaben sich mit 46 regulären Pferdestärken nicht zufrieden und bevorzugten ebenfalls die starke Motorisierung – auch wenn sie mit ihrem 6C nur an Schönheitswettbewerben teilnehmen wollten. Die Sonderkarosserien, die diese Wagen trugen, waren das Werk namhafter Karosseriers – allen voran Zagato und Touring. Das Fahrverhalten der bis zu 160 km/h schnellen Sportwagen wurde generell als tadellos bezeichnet, allerdings bedurfte es bei Geradeausfahrt einer sehr lockeren Hand: Die Lenkung erforderte von Anschlag zu Anschlag nur 1,75 Umdrehungen.

Modell	*Alfa Romeo 6C 1750 Turismo*
Hubraum / Zylinder	*1752 ccm / 6 Zyl.*
PS / KW	*46 / 33,7*
Bauzeit	*1930 – 1933*
Stückzahl	*ca. 320 (gesamte Baureihe)*

Alfa Romeo 6C 2300 MM

Dass Alfa Romeos 6C-Modelle zu den Sportwagen zählten, die schnell Weltruhm erlangten, ist unter anderem dem Engagement Enzo Ferraris zu verdanken. Er leitete von 1929 bis 1939 die werkseigene Rennabteilung, und von den Siegen, die der Rennstall einfuhr, profitierten auch die Straßenversionen. Unter Beibehaltung sportlicher Eigenschaften entwickelte man 1934 für Privatfahrer den neuen 6C 2300. Dieser Wagen wurde in den Versionen Turismo, Gran Turismo und Pescara gebaut und mit einem Sechszylinder bestückt. Außerdem erhielt das Modell eine moderne Einscheiben-Trockenkupplung und ein Getriebe, dessen dritter und vierter Gang synchronisiert waren. Im Zuge der Modellpflege profitierte der 6C 2300 ab 1935 von der vorderen und hinteren Einzelradaufhängung.

Modell	*Alfa Romeo 6C 2300 MM*
Hubraum / Zylinder	*2309 ccm / 6 Zyl.*
PS / KW	*95 / 70*
Bauzeit	*1935 – 1939*
Stückzahl	—

Alfa Romeo 8C 2300

Durch die Erweiterung des 1750 ccm großen Sechszylinders entstand 1931 der achtzylindrige 8C 2300. Er erhielt eines der brillantesten Triebwerke, die je für einen Sportwagen entwickelt worden sind – die Zylinder verteilten sich auf zwei gleiche Vierzylinderblöcke, die von zwei obenliegenden Nockenwellen über Zahnräder angetrieben wurden. Als Kompressorwagen setzte er die glorreiche Zeit seines Vorgängers fort und sammelte Siege bei der Mille Miglia, der Targa Florio und in Le Mans (vier Siege in Folge). Der als Straßenversion auch für den Alltagseinsatz geeignete Sportler diente darüber hinaus als Basis für den späteren Grand-Prix-Boliden Tipo B bzw. P 3. In dieser Weiterentwicklung standen aus Hubräumen bis zu 3,8 Litern an die 330 Pferdestärken abrufbereit.

Modell	*Alfa Romeo 8C 2300*
Hubraum / Zylinder	*2336 ccm 8 Zyl.*
PS / KW	*142 / 104*
Bauzeit	*1931 – 1934*
Stückzahl	—

Alfa Romeo 8C 2900 B

Neben den reinen Wettbewerbswagen hielt Alfa Romeo generell einen Teil der Sportwagenchassis zur Bestückung mit Sonderaufbauten bereit. Wohlhabende Klientel ließ sich Luxusausführungen auf die Räder stellen, die in den Ateliers bei Touring, Brianza, Pinin Farina, Viotti, Castagna und anderen Experten entstanden. Dank der Erweiterung des Hubraums auf fast 3 Liter gelang es Alfa Romeo, mit dem 8C 2900 einen durchschnittlich 200 km/h schnellen Wagen zu entwickeln – die Endgeschwindigkeit variierte je nach Hinterachsübersetzung. Der 8C 2900 war übrigens Alfa Romeos letzter großer Wagen, der unter der Regie von Vittorio Jano gebaut wurde. Danach wechselte der geniale Ingenieur zu Lancia.

Modell	*Alfa Romeo 8C 2900 B*
Hubraum / Zylinder	*2905 ccm / 8 Zyl.*
PS / KW	*180 / 132*
Bauzeit	*1937 – 1939*
Stückzahl	*30*

Modell	*Ansaldo Typ 22*
Hubraum / Zylinder	*3534 ccm / 8 Zyl.*
PS / KW	*86 / 63*
Bauzeit	*1929 – 1932*
Stückzahl	*—*

Ansaldo Typ 22

Das hauptsächlich auf Rüstungsbedarf spezialisierte Unternehmen Ansaldo lotete noch vor Ende des Ersten Weltkriegs die Möglichkeit aus, nach der Rückkehr zur zivilen Produktion Automobile auf den Markt zu bringen. Rechnet man die Entwicklungszeit der Prototypen mit ein, war der Fahrzeugbau für Ansaldo (1919 bis 1932) nur ein relativ kurzes Intermezzo. Dem Trend zu stärkeren Motoren folgend, lancierte man neben vielen Vierzylinder-Modellen auch einen Sechs- bzw. Achtzylinder. Obwohl sich Ansaldos Typ 22 in die Klasse der Luxuswagen einreihen konnte, blieb der Erfolg bescheiden. Für Ansaldo-Wagen gab es kaum Abnehmer. Als die Weltwirtschaftskrise auch noch die Exportpläne zunichte machte, wurde der PKW-Bau zugunsten der Anhängerproduktion für Lastwagen eingestellt.

Fiat 508 Balilla

Die erste Balilla-Generation wurde von einem seitengesteuerten Vierzylindermotor angetrieben, der aus einem Hubraum von 995 ccm bei 3400 U/min 20 PS schöpfte. Das reichte für beachtliche 80 km/h, wobei sich der 508 mit 8 bis 9 Litern Kraftstoff pro 100 Kilometer begnügte. Dieser wurde per Fallbenzin aus dem Tank an der Spritzwand in den Solex-Vergaser befördert. Vom Fiat 508 Balilla, dessen Serienfertigung im Juli 1932 anlief, wurden in den ersten sechs Monaten schon über 12 400 Exemplare verkauft. Und das trotz des stattlichen Preises von 10.800 Lire. Zur Orientierung: Der Durchschnittsverdienst eines Arbeiters betrug damals 450 Lire im Monat. Angeboten wurden neben der zweitürigen Limousine (Balilla Berlina) auch ein flotter Roadster (Balilla Spider) und ein Lieferwagen (Balilla Camioncino).

Modell	*Fiat 508 Balilla*
Hubraum / Zylinder	*995 ccm / 4 Zyl.*
PS / KW	*20 / 14,7*
Bauzeit	*1932 – 1937*
Stückzahl	*113 145*

Fiat 508 Balilla

Der Fiat 508, besser bekannt unter seinem Beinamen Balilla, wurde im Frühjahr 1932 auf dem Mailänder Salon als zweitürige Berlina den Fachjournalisten vorgestellt. Er war das italienische Pendant zum deutschen Opel 4 PS oder zum britischen Austin Ten. Die nur 3140 mm lange Limousine bot dank geschickter Raumnutzung Platz für die ganze Familie und war für Italien das richtige Auto zur richtigen Zeit. Mit großen, freistehenden Scheinwerfern, aufrechtem sowie charakteristischem Kühlergrill, elegant geschwungenen Kotflügeln und ausgeprägtem Trittbrett folgte der Fiat Balilla stilistisch dem Trend der Zeit, trug hinsichtlich seiner Technik jedoch etliche innovative Details unter dem schmucken Blechkleid: Hydraulische Stoßdämpfer, 12 Volt-Anlage und hydraulische Bremsen waren für Wagen dieser Größenordnung damals eine Novität.

Modell	*Fiat 508 Balilla*
Hubraum / Zylinder	*995 ccm / 4 Zyl.*
PS / KW	*20 / 14,6*
Bauzeit	*1932 – 1937*
Stückzahl	*113 145*

Fiat 508 S Balilla Sport

Im Januar 1933 debütierte der 508 S Balilla Sport. Dieser zweisitzige Spider wartete nicht nur mit einer äußerst ansprechenden Form aus der Hand von Karossier Ghia auf, sondern sein Vierzylinder-Reihentriebwerk leistete auch wesentlich mehr PS. Das garantierte sportliches Fahrvergnügen und reichte bei 600 kg Leergewicht für eine Höchstgeschwindigkeit von 110 km/h. Eine umlegbare Windschutzscheibe sorgte an heißen Sommertagen für eine erfrischende Brise. Für das Modelljahr 1934/35 wurde das Triebwerk von stehenden auf hängende Ventile umgerüstet und profitierte von sechs zusätzlichen PS, die bei 4400 U/min erreicht wurde – genug für eine Spitze von 115 km/h. 1934 wurde auch die zweite Serie des Fiat Balilla mit größerem Radstand (2300 mm) aufgelegt, außerdem erhielt der Wagen ein Vierganggetriebe mit synchronisiertem dritten und vierten Gang.

Modell	*Fiat 508 S Balilla Sport*
Hubraum / Zylinder	*995 ccm / 4 Zyl.*
PS / KW	*36 / 26,3*
Bauzeit	*1933 – 1936*
Stückzahl	*113 145 (gesamte Baureihe)*

Fiat 500 A

Die Geschichte der Fiat-Kleinwagen begann 1933, als der Ingenieur Dante Giacosa den Auftrag zur Konstruktion eines Autos annahm, dessen Preis von 5.000 Lire die eigentliche Sensation sein sollte. Nach nur einjähriger Entwicklungszeit wurde der Prototyp namens Zero A getestet und konnte in Serie gehen. Zwischenzeitlich entstand bei Fiat ein fünfgeschossiges Fabrikgebäude (mit Teststrecke auf dem Dach!), in dem 1936 die Serienproduktion des ersten Fiat 500 anlaufen sollte. Der kleine Wagen basierte auf einem Chassis mit X-Traverse und erhielt einzeln aufgehängte Vorderräder. Der Hubraumgröße entsprechend taufte Fiat das neue Modell Typ 500, doch der Volksmund nannte den auf Anhieb begeisternden Wagen bald „Topolino" – das Mäuschen.

Modell	*Fiat 500 A*
Hubraum / Zylinder	*569 ccm / 4 Zyl.*
PS / KW	*13 / 9,5*
Bauzeit	*1936 – 1948*
Stückzahl	*ca. 122 000*

Fiat 2800

Von dem beeindruckenden Modell Super Fiat 520 abgesehen, das Fiat in den 20er Jahren baute, nahm man erst wieder 1938 einen großen Luxuswagen ins Programm. Mit der auf den Hubraum bezogenen Modellbezeichnung 2800 debütierte diesmal ein großer Viertürer. Neben der Standardausführung als geschlossene Limousine – sie wurde hauptsächlich an die italienische Regierung geliefert – bereicherten bald Cabriolet-Sonderkarosserien das Angebot. Mit einem Radstand von 3200 mm hätte der Typ 2800 gut in die Kategorie prestigeträchtiger Automobile gepasst – dennoch hielt sich der Erfolg des Wagens in Grenzen. Dank der raffinierten Hinterachsübersetzung erreichte das behäbig wirkende Fahrzeug immerhin eine Höchstgeschwindigkeit von 130 km/h.

Modell	*Fiat 2800*
Hubraum / Zylinder	*2852 ccm / 6 Zyl.*
PS / KW	*85 / 62,2*
Bauzeit	*1938 – 1944*
Stückzahl	*—*

Lancia Aprilia

Von der Idee des Fortschritts beseelt, forcierte Lancia 1934 die Entwicklung eines besonders innovativen Autos namens Aprilia. Er erteilte seinen Mitarbeitern präzise Konstruktionsanweisungen – unter anderem: Länge weniger als 4000 mm, Innenraum für fünf Personen, Gewicht unter 900 kg, windschnittige Karosserie! Das Design mit dem stark abgesenkten Heck setzte erstmals neue Maßstäbe auf dem Gebiet der Aerodynamik. Mit einem Luftwiderstandsbeiwert von 0,47 war der Aprilia vielen anderen Wagen weit voraus, denn der Durchschnittswert lag damals bei 0,60. Die Verwendung dünner Bleche (unter anderem Aluminium) reduzierte zudem das Gesamtgewicht und machte den Aprilia in Bezug auf Benzinverbrauch zu einem der sparsamsten Wagen seiner Zeit.

Modell	*Lancia Aprilia*
Hubraum / Zylinder	*1351 ccm / 4 Zyl.*
PS / KW	*48 / 35,1*
Bauzeit	*1937 – 1949*
Stückzahl	*—*

Lancia Augusta

Mit dem auf dem Pariser Salon des Jahres 1932 vorgestellten Typ Augusta präsentierte die Marke Lancia ein ausgesprochen kleines Modell – eine Antwort auf den Fiat 509. Genau wie sein Mitbewerber, sollte der Augusta ein volksnahes Fahrzeug werden, das von einem kleinen V4-Zylinder mobilisiert wurde. Der Aufbau des Augusta lag allerdings weit über dem damals aktuellen Standard: Die Karosserie wurde direkt mit einem stählernen Plattformrahmen verschweißt. Damit fand das Auto in der Fachpresse nicht weniger Beachtung als Lancias berühmter Lambda, der als erstes Automobil mit selbsttragender Karosserie in die Geschichte einging. Von 1934 an stellte Lancia etwa 3100 Fahrgestelle verschiedenen Karosseriebauern zur Verfügung, die den Markt mit besonders gelungenen Cabriolet-Ausführungen bereicherten.

Modell	*Lancia Augusta*
Hubraum / Zylinder	*1196 ccm / 4 Zyl.*
PS / KW	*35 / 25,6*
Bauzeit	*1933 – 1937*
Stückzahl	*ca. 15 000*

Steyr Typ 30 S

In Steyrs Modellpalette dominierten Ende der 20er Jahre diverse Renn- und Sportwagentypen, die vor allem durch viele Erfolge im Wettbewerbssport ihren Beitrag zum Markenimage leisteten. Für den Privatfahrer hielt man nicht minder interessante Automobile bereit – hier standen luxuriöse Achtzylinder und Sechszylinder in der Gunst der Käufer. Letztere bildeten auch die Basis für eine neue Fahrzeuggeneration, die unter der Regie von Ferdinand Porsche entwickelt wurde. Ihm gelang es, von dem anfangs schwer verkäuflichen Steyr Typ XX ein gebrauchstüchtiges Automobil abzuleiten, das dann auf dem Pariser Salon 1930 unter der Bezeichnung Typ 30 debütierte. Modifiziert hatte Porsche vor allem das Fahrgestell (es wurde verkürzt) und den Motor, der jetzt in Leichtbauweise gefertigt wurde. Obwohl Porsches Verbesserungen auf positive Resonanz stießen, verkaufte sich der Wagen auf Grund der Wirtschaftslage recht schleppend.

Modell	*Steyr Typ 30 S*
Hubraum / Zylinder	*2070 ccm / 6 Zyl.*
PS / KW	*45 / 33*
Bauzeit	*1932 – 1934*
Stückzahl	*—*

Volvo PV 36

Die größte Innovation des Jahres 1935 hörte bei Volvo auf den Namen PV 36. Dieses stromlinienförmige Automobil mit amerikanischen Zügen war der Entwurf Ivan Örnbergs, Volvos technischem Direktor. Bevor Örnberg zu Volvo kam, sammelte er jahrelang in den Staaten Erfahrungen im Automobilbau – ein Grund, weshalb der PV 36 über einen integrierten Kofferraum und einen besonders geräumigen Innenraum verfügte. Der bequeme Sechssitzer wog 1660 kg und wurde als relativ teures Luxusmodell auf dem Markt eingeführt. Er kostete 8.500 schwedische Kronen und war nur in einer Auflage von 500 Einheiten geplant: Diese Einschätzung erwies sich als richtig, da der Verkauf schleppend anlief. Der PV 36 erhielt den Spitznamen „Carioca", eine Bezeichnung für einen südamerikanischen Modetanz.

Modell	*Volvo PV 36*
Hubraum / Zylinder	*3670 ccm / 6 Zyl.*
PS / KW	*80 / 58,6*
Bauzeit	*1935 – 1938*
Stückzahl	*500*

Volvo PV 52

Parallel zum PV 36 entwickelte Volvo ein weniger komplexes und preisgünstigeres Modell mit der Bezeichnung PV 51, das großes Interesse fand. Obwohl dieses Auto teurer war als die meisten Wettbewerber, waren Volvo-Kunden dennoch bereit, für dieses erste schwedische Volksauto ihr Geld auf den Tisch zu legen. Der PV 51 wies zwar nicht die gleiche Linienführung auf wie der PV 36, aber vom Charakter her waren sich beide Modelle ähnlich. Die Karosserie war schmaler, die Frontscheibe flach und ungeteilt. Heck und Türen waren praktisch identisch mit denen des PV 36, und das Ersatzrad blieb hier im Kofferraum. Anfang 1937 wurde der PV 52 eingeführt – er war ein verbesserter PV 51 und erhielt viele Extras, unter anderem eine elektrische Uhr, ein gefedertes Lenkrad und eine Heizung.

Modell	*Volvo PV 52*
Hubraum / Zylinder	*3670 ccm / 6 Zyl.*
PS / KW	*80 / 58,6*
Bauzeit	*1937 – 1938*
Stückzahl	*1050*

Volvo PV 56

Für den Modelljahrgang 1938 zeigten die Volvo-Händler neben den Standardmodellen PV 53 und PV 54 noch zwei Luxusmodelle – den PV 55 und den PV 56. Letztere hatten eine besonders schmale Motorhaube und einen stärker akzentuierten Grill. Ihre Scheinwerfergehäuse waren größer (andere Reflektorbestückung), und die auf der Motorhaube platzierte Kühlerfigur diente gleichzeitig als Haubengriff! Im Zuge der Modellpflege hatte Volvos Management entschieden, schon ein Jahr später mit dem Bau modernerer Nachfolger zu beginnen. Ursprünglich sollten alle vier Modelle im September 1939 abgelöst werden – auf Grund des Kriegsbeginns war es jedoch sinnlos, die Fertigung noch anlaufen zu lassen, denn Privatpersonen wurde das Autofahren nun untersagt.

Modell	*Volvo PV 56*
Hubraum / Zylinder	*3670 ccm / 6 Zyl.*
PS / KW	*80 / 58,6*
Bauzeit	*1938 – 1945*
Stückzahl	*1320*

Aero 30

Um das Produktionsprogramm zu erweitern, entschloss sich der in Prag angesiedelte Flugzeugbauer Aero, ab 1928 auch Automobile zu bauen. Aero stieß gleich mit dem ersten Modell, einem Einzylinder-Wagen, in eine Marktlücke – preiswerte und robuste Wägelchen wurden dringend benötigt. Im Laufe der Jahre verbesserte man das Konzept ständig und brachte 1934 den frontangetriebenen Aero 30 auf den Markt. Sein Zweitaktmotor wurde nebst Getriebe zu einer Einheit verblockt und unter der langen Motorhaube platziert. Während die ersten Aero-Wagen noch recht spartanisch ausgestattet waren, wirkten die Modelle ab den 30er Jahren durchaus elegant. Bevor Aero 1945 den Automobilbau einstellte, sorgte ein absolutes Highlight für Aufmerksamkeit; denn mit dem Aero 50 hatte man sich fast der 2-Liter-Hubraum-Klasse genähert.

Modell	*Aero 30*
Hubraum / Zylinder	*993 ccm / 4 Zyl.*
PS / KW	*28 / 20,5*
Bauzeit	*1934 – 1945*
Stückzahl	*–*

Skoda 633

In der Zeit zwischen den beiden Weltkriegen hatten sich in der Tschechoslowakei nicht weniger als acht Automobilhersteller den für dieses Land entsprechend kleinen Markt aufzuteilen. Die „Großen Drei" – Praga, Tatra und Skoda – kamen sich dennoch kaum in die Quere, denn jeder Hersteller favorisierte eigene Ziele: Beispielsweise den Bau von Zweitakt- oder Viertaktmotoren, die Herstellung wasser- oder luftgekühlter Aggregate oder die Verwendung von Front- beziehungsweise Heckantrieb. Da viele PKW in den 30er Jahren noch auf veralteten schweren Leiterrahmen basierten, entwickelte Skoda bald eine modernere Konstruktion, die nicht nur stabiler war, sondern auf Grund ihres geringen Gewichts den Skoda-Wagen auch zu einem geringeren Kraftstoffverbrauch verhalf.

Modell	*Skoda 633*
Hubraum / Zylinder	*1487 ccm / 6 Zyl.*
PS / KW	*39 / 28,6*
Bauzeit	*1931 – 1934*
Stückzahl	*ca. 600*

Skoda 420

Die Weltwirtschaftskrise erreichte zwar mit Verspätung die Tschechoslowakei, aber dafür nicht weniger heftig. Die Jahre 1932 bis 1934 gehörten zu den schlimmsten der Automobilindustrie, und neben Skoda hatten auch Praga, Tatra, Aero, Walter und Wikov mit Absatzschwierigkeiten zu kämpfen. Anfang 1930 wurde in der Tschechoslowakei erst der 42 000ste PKW zugelassen – kleine Wagen wie der ein paar Jahre später erschienene Skoda 420 zählten zum Luxus! So desolat die Lage auch war, Skoda fuhr mit dem Typ 420 (die Bezeichnung stand für vier Zylinder und 20 PS) in die richtige Richtung: In immer kürzeren Intervallen wurde der Wagen zu mehr Perfektion gebracht, bis er schließlich einen anderen Namen bekam und unter der neuen Modellbezeichnung Popular die Konkurrenz überholte.

Modell	*Skoda 420*
Hubraum / Zylinder	*995 ccm / 4 Zyl.*
PS / KW	*20 / 14,7*
Bauzeit	*1933 – 1936*
Stückzahl	—

Skoda Popular

Berühmt und bekannt wurde der Skoda Popular unter anderem durch eine Werbekampagne, indem das Werk die Roadster-Version des Wagens den Spielern der Fußballnationalmannschaft mit einer Ermäßigung von 5.000 tschechischen Kronen angeboten hatte. Dem konnte kaum ein Spieler widerstehen, und immer wieder waren in der Presse Fotos zu sehen, die František Plánička, den wohl berühmtesten tschechischen Fußballspieler, vor seinem Popular zeigten. Gegenüber allen Vorgängermodellen erhielt der Popular als modernes Auto anstelle der veralteten Schneckensegmentlenkung übrigens eine Zahnstangenlenkung, die zur Verbesserung des Fahrverhaltens beitrug. Nach Ende des Zweiten Weltkriegs führte Skoda die Produktion des Populars unter der neuen Typenbezeichnung 1101 noch ein paar Jahre fort.

Modell	*Skoda Popular*
Hubraum / Zylinder	*1089 ccm / 4 Zyl.*
PS / KW	*32 / 23,4*
Bauzeit	*1936 – 1949*
Stückzahl	—

Skoda Superb Serie 2

Als Skoda 1934 erstmals ein Modell namens Superb präsentierte, beabsichtigte man, diesen Wagen den wenigen Kunden anzubieten, die etwas Geräumiges und Luxuriöseres suchten als einen Popular. Deshalb basierte der Superb auch auf einem stark verlängerten Rahmen und erhielt einen Motor, den man bereits erfolgreich in kleinen Lastwagen einsetzte – allerdings wurde das Hubvolumen für den Gebrauch im PKW leicht reduziert (2492 ccm / 55 PS). Um anzudeuten, dass es sich hier um eine besonders markante Innovation handelte, taufte Skoda das neue Modell auf den Namen Superb, was so viel wie „großartig" bedeutet. Im Zuge der Modellpflege blieb der Superb, von dem sogar zehn Wagen mit einem V8-Motor bestückt wurden, bis 1949 im Programm.

Modell	*Skoda Superb Serie 2*
Hubraum / Zylinder	*2916 ccm / 6 Zyl.*
PS / KW	*65 / 47,6*
Bauzeit	*1936 – 1939*
Stückzahl	*350*

Skoda Typ 932

Neben Tatra, Daimler-Benz und Ferdinand Porsche arbeitete auch Skoda in den 30er Jahren an einem Heckmotor-Wagen. Weil bei diesem Konzept auf die Kardanwelle verzichtet werden konnte, profitierte der Wagen nicht nur von einem niedrigen Gewicht, er ließ sich darüber hinaus auch kostengünstig produzieren. Skodas Typ 932 wurde als Zweitürer mit vier Sitzen entworfen und von einem luftgekühlten Vierzylinder angetrieben. Das bucklige Fahrzeug basierte auf einem vorn und hinten gegabelten Zentralträgerrahmen und besaß unabhängig voneinander aufgehängte Räder, die von Blattfedern abgestützt wurden. Obwohl am 26. Oktober 1932 ein Prototyp für den Verkehr freigegeben wurde, legte Skoda das Konzept bald zu den Akten und widmete sich wieder dem Bau konventioneller Fahrzeuge.

Modell	*Skoda Typ 932*
Hubraum / Zylinder	*1498 ccm / 4 Zyl.*
PS / KW	*30 / 22*
Bauzeit	*1932*
Stückzahl	*2*

Skoda 935

Im Jahre 1935 stellte Skoda einen Prototyp mit der numerischen Bezeichnung 935 vor. Dieser stromlinienförmige Viertürer mit Heckantrieb wurde von einem wassergekühlten Vierzylinder-OHV-Motor angetrieben, der aus der Sicht der Gewichtsverteilung günstig vor der Hinterachse lag – trotzdem wurde der Kühler vorn platziert. Das über eine hydraulische Einscheibenkupplung verbundene elektromagnetische Vierganggetriebe – eine hypermoderne Konstruktion – war für den Typ 935 eine absolute Selbstverständlichkeit. Auch die Form und die Lage des Kraftstofftanks machte den 935 zu einem außergewöhnlichen Wagen: Um nicht unnötig Platz zu verschenken und den Wagen schwerer als nötig zu machen, musste das Zentralrohr des Fahrgestells die Funktion eines Tanks übernehmen!

Modell	*Skoda 935*
Hubraum / Zylinder	*995 ccm / 4 Zyl.*
PS / KW	*48 / 35,1*
Bauzeit	*1935*
Stückzahl	*2*

Tatra 87

Der begabte Ingenieur Hans Ledwinka konstruierte 1923 einen außergewöhnlichen Alltagswagen, der mit mutigen und unkonventionellen technischen Lösungen für viel Aufmerksamkeit sorgte. Dieses Modell – Tatra 11 – war so erfolgreich, dass auch zukünftige Wagen von diesem charakteristischen Layout mit Zentralrohrrahmen, Schwingachsen und Einzelradaufhängung profitieren sollten. Als weiteren Meilenstein stellte Ledwinka 1934 den Tatra 77 auf die Räder. Die nach dem Prinzip der Stromlinie gebaute Limousine erreichte mit einem luftgekühlten V8-Motor im Heck eine Höchstgeschwindigkeit von 140 km/h. Nach dem Krieg wurde Tatra verstaatlicht, aber man brachte stets Weiterentwicklungen auf den Markt, die sich an den frühen Konzepten orientierten.

Modell	*Tatra 87*
Hubraum / Zylinder	*2967 ccm / 8 Zyl.*
PS / KW	*75 / 55*
Bauzeit	*1937 – 1939*
Stückzahl	*—*

Auburn 12-160 V12

Charles Eckhart, Gründer der Eckhart Carriage Company, baute jahrelang Kutschen, bevor er 1900 auf die Idee kam, sich mit Automobilen zu beschäftigen. Da das Geschäft mit den Motorwagen mehr schlecht als recht lief, übernahm Errett Lobban Cord 1919 das Unternehmen, sanierte den Betrieb und begann, unter dem Markennamen Auburn Luxusautomobile in den Hallen herzustellen. Zur Krönung seiner Modellpalette präsentierte Cord 1932 einen V12-Zylinder, der mit einem Dumpingpreis von nur 1.500 Dollar der Konkurrenz das Fürchten lehren sollte. Cord hatte sich geirrt: Kaum jemand wollte den Wagen haben. Käufer solcher Modelle waren es gewohnt, woanders mehr als das Zehnfache zu zahlen und stempelten die durchaus hochwertigen Automobile als Billigmarke ab.

Modell	*Auburn 12-160 V12*
Hubraum / Zylinder	*6415 ccm / 12 Zyl.*
PS / KW	*160 / 117,2*
Bauzeit	*1932 – 1936*
Stückzahl	*—*

Auburn 851 SC

Modell	*Auburn 851 SC*
Hubraum / Zylinder	*4590 ccm / 8 Zyl.*
PS / KW	*115 PS bis 148 PS / 84 KW bis 109 KW*
Bauzeit	*1934 – 1936*
Stückzahl	*---*

Ein ganz besonderes Highlight unter den Auburn-Automobilen, die ihren Markennamen nach der Stadt Auburn im US Bundesstaat Indiana erhielten, war der mit einem Kompressormotor bestückte Typ 851 SC. Das seitengesteuerte Aggregat mit einem Zylinderkopf aus Aluminium verhalf dem Wagen bei zugeschaltetem Kompressor auf eine Höchstgeschwindigkeit von 160 km/h. Dank des großen Hubraums und des enormen Drehmoments reichte ein Dreiganggetriebe zur Kraftübertragung vollkommen aus. 1936 musste nach dem von Cord zu verantwortenden finanziellen Missmanagement die Produktion der Auburn-Wagen eingestellt werden. Auch die Marken Cord und Duesenberg – beides Ableger von E.L. Cords Imperium – verschwanden von der Bildfläche.

Buick Century

Nachdem sich Buick von den Auswirkungen der Ende der 20er Jahre einsetzenden Wirtschaftskrise erholt hatte, eröffnete man das nächste Jahrzehnt mit einem Motorenkonzept der neuesten Generation, denn die alten Sechszylinder hatten ausgedient und wurden durch noch laufruhigere Achtzylinder ersetzt. Diese Aggregate ermöglichten es, bequeme Reisewagen auf die Räder zu stellen. Zusätzlich profitierte die Optik der neuen Fahrzeuggeneration vom so genannten Streamline-Look, dessen Linienführung durch die Verwendung von Chrom-Zierrat dezent unterstrichen wurde. Weil dank des großen Hubraums reichlich Drehmoment zur Verfügung stand, wurden die Wagen mit einem Dreiganggetriebe bestückt – das war ausreichend – die zweite Gangstufe ließ sich bis 85 km/h nutzen.

Modell	*Buick Century*
Hubraum / Zylinder	*3768 ccm / 8 Zyl.*
PS / KW	*95 / 70*
Bauzeit	*1936*
Stückzahl	*—*

Buick Roadmaster

Zu den vielen Pluspunkten, die das Besondere an einem Buick ausmachten, zählte unter anderem die vorbildliche Geräuschdämmung. Das wussten vor allem jene Besitzer zu schätzen, die als Extra für ihren Wagen ein Radio bestellten – immerhin war Buick der erste Fahrzeughersteller der Welt, der Autoradios im Programm führte! Auch Buicks Hydramatic zählte zu den technischen Highlights jener Zeit: Als Vorläufer des modernen Automatikgetriebes konnten damit auf Wunsch alle Wagen ab dem Modelljahrgang 1939 bestückt werden. Zu dem wohl spektakulärsten Buick der 30er Jahre zählte zweifelsohne das Modell Roadmaster, dessen Chassis (3100 mm Radstand) unter anderem mit einigen besonders gelungenen Phaeton-Karosserien versehen wurde.

Modell	*Buick Roadmaster*
Hubraum / Zylinder	*5218 ccm / 8 Zyl.*
PS / KW	*122 / 89*
Bauzeit	*1939*
Stückzahl	*364 (nur Phaetons)*

Buick Y-Job

Entgegen der weitläufigen Meinung, amerikanische Concept-Cars gäbe es erst seit den 50er Jahren, entwickelte Buick mit dem Y-Job bereits 1937 einen Versuchsträger, den man als das erste Projekt-Car der Welt bezeichnen darf. Die Idee, diesen auf einem Buick-Roadmaster-Fahrgestell basierenden Giganten zu bauen, stammte von Harley Earl, einem begnadeten Designer, der 1920 schon Sonderkarosserien für Filmstars entworfen hatte. Der Name Y-Job wurde gewählt, weil viele andere Autobauer ihre Projektstudien „X" nannten. Abgesehen davon, dass es sich bei dem monströsen Wagen „nur" um ein zweisitziges Cabrio handelte, besaß der Y-Job viele Extras wie Klappscheinwerfer, elektrische Fensterheber, versenkte Türgriffe und ein Verdeck, das unter einer Klappe im Heck verborgen werden konnte.

Modell	*Buick Y-Job*
Hubraum / Zylinder	*5200 ccm / 8 Zyl.*
PS / KW	*141 / 103,2*
Bauzeit	*1937 – 1938*
Stückzahl	*Einzelstück*

Cadillac Serie 355

Seit mehr als 100 Jahren versteht die Automobilwelt den Namen Cadillac als Maßstab für Innovation und Fortschritt, denn die Marke, die 1909 in den General Motors-Konzern eingegliedert wurde, gewann bereits 1913 für ihre besonderen Ingenieurleistungen eine Trophäe des englischen Automobilclubs. Zu Recht, denn Cadillac entwickelte vor dieser Würdigung bereits 1905 den ersten Vierzylindermotor. 1908 erreichte man durch die Standardisierung gewisser Bauelemente eine leichtere Austauschbarkeit von Teilen untereinander, und 1912 rüstete Cadillac als Erster seine Fahrzeuge mit einem elektrischen Anlasser, elektrischem Licht und Zündung aus. Auf der Liste der Innovationen zählt 1915 zu einem besonders wichtigen Jahr: Cadillac machte den wassergekühlten V8-Zylindermotor populär!

Modell	*Cadillac Serie 355*
Hubraum / Zylinder	*5785 ccm / 8 Zyl.*
PS / KW	*130 / 95,2*
Bauzeit	*1930 – 1935*
Stückzahl	*–*

Cadillac Serie 90 – V 16

In einer Zeit, in der sich nur wenige ein extrem hochkarätiges Automobil leisten konnten, stellte Cadillac seinen von Haus aus schon großvolumigen Achtzylinder-Modellen eine noch stärkere Alternative mit 16 Zylindern an die Seite. Fahrzeugtypen dieser aufwändig gefertigten Klasse ließen sich zwar an zehn Fingern abzählen, doch die Hersteller versprachen sich von diesen Wagen sehr viel – vor allem jede Menge Imagegewinn. Cadillacs Sechzehnzylinder, der 1930 als Typ 90 sein Debüt feierte, blieb acht Jahre lang im Programm. In dieser Zeit konnte man sich über 3250 abgeschlossene Kaufverträge freuen, und auch das nächst „kleinere" Modell, der Zwölfzylinder, lief nicht schlecht – diese Sparausgabe rollte sogar 5725-mal aus den Ausstellungsräumen der Händler.

Modell	*Cadillac Serie 90 – V 16*
Hubraum / Zylinder	*7063 ccm / 16 Zyl.*
PS / KW	*185 / 135,5*
Bauzeit	*1930 – 1938*
Stückzahl	*3250*

Cadillac Serie 90 – V 16 Towncar

Cadillacs gigantischer Sechzehnzylinder ist nicht nur von der Optik her ein beeindruckendes Fahrzeug. Auch der Blick unter die Haube ist lohnenswert, denn das flüsternde großvolumige Aggregat bestand im Grunde genommen aus der Kombination zweier Achtzylinder, deren aus Grauguss gefertigte Blöcke in einem Winkel von 45 Grad zueinander standen. Der V 16 verfügte als Besonderheit über zwei Kraftstofffördersysteme mit je einem Unterdruckbehälter; denn beim kräftigen Gasgeben verlangte der Wagen kurzfristig mehr Sprit, als eine Pumpe allein fördern konnte. Dem Hubraum und dem daraus resultierenden Drehmoment entsprechend, war die Bestückung mit einem Dreiganggetriebe mehr als ausreichend – fast immer ließ sich beim Anfahren auf die erste Gangstufe verzichten.

Modell	*Cadillac Serie 90 – V16 Towncar*
Hubraum / Zylinder	*7063 ccm / 16 Zyl.*
PS / KW	*185 / 135,5*
Bauzeit	*1930 – 1938*
Stückzahl	*3250*

Cadillac Serie 75

Für den Modelljahrgang 1937/38 stattete Cadillac alle Achtzylinder-Modelle einheitlich mit dem 5,7-Liter-Motor aus, was aber keine Einschränkung der Typenvielfalt bedeutete. Es standen zwei Radstandlängen zur Wahl, auf denen nun Aufbauten einer vollkommen neuen Stilrichtung realisiert wurden. Von der Optik her entsprach dieser Stil einer leichten Abwandlung großer europäischer Wagen, wobei typisch amerikanische Elemente wie der mit Chrom überladene Kühlergrill den Modellen einen eigenständigen Charakter gaben. Das vom Platz her geräumigste Modell – ein Siebensitzer mit 4190 mm Radstand – wurde Ende der 30er Jahre auf die Räder gestellt. Zu dieser Zeit führte Cadillac bei vielen Typen die Lenkradschaltung ein, die den Fahrkomfort wieder einmal mehr verbesserte.

Modell	*Cadillac Serie 75*
Hubraum / Zylinder	*5670 ccm / 8 Zyl.*
PS / KW	*135 / 99*
Bauzeit	*1938 – 1942*
Stückzahl	*—*

Chrysler Imperial Typ CL

Besser als mit dem Titel seiner 1937 erstmals gedruckten Autobiographie lässt sich Walter P. Chryslers Leben kaum beschreiben: „The Life of an American Workman" – „Das Leben eines amerikanischen Handwerkers". Walter P. Chrysler sah sich in erster Linie als technisch interessierten Menschen, den die Funktion der Mechanik faszinierte. Fleiß, Selbstdisziplin und eine profunde Ausbildung waren die Grundlage seiner Ausnahme-Karriere, die oft in das Klischee „Vom Tellerwäscher zum Millionär" eingeordnet wurde. Doch dieses Klischee traf bei Chrysler nicht zu: Er absolvierte nach Abschluss der High School eine vierjährige Lehrzeit, um danach bei verschiedenen Eisenbahngesellschaften zu arbeiten – schon 1908 arbeitete Walter P. Chrysler als Spitzenmanager in einer Position, die dem 33-jährigen 350 Dollar im Monat einbrachte.

Modell	*Chrysler Imperial Typ CL*
Hubraum / Zylinder	*6306 ccm / 8 Zyl.*
PS / KW	*135 / 99*
Bauzeit	*1931 – 1933*
Stückzahl	—

Chrysler Imperial Speedster

1908 entdeckte Walter P. Chrysler erstmals sein Interesse für Automobile, die immer häufiger über die meist miserablen Straßen tuckerten. Bei einer Auto Show in Chicago kaufte er kurz entschlossen sein erstes Auto, ein Locomobile, für 5.000 Dollar. Chrysler, der noch gar nicht Autofahren konnte, war es viel wichtiger, zuerst die Technik der Motorwagen verstehen zu lernen: Er nahm angeblich seine Neuerwerbung mehrfach auseinander und montierte alles wieder zusammen, um die Funktionen zu erkennen und um zu sehen, wo man Verbesserungen anbringen könnte. Das Automobil bestimmte zwischenzeitlich auch seinen beruflichen Werdegang: Im Alter von 36 Jahren besetzte Chrysler dank seiner Kompetenz und seiner Führungsqualitäten einen Posten bei General Motors, um dort die Buick-Division auf Vordermann zu bringen.

Modell	*Chrysler Imperial Speedster*
Hubraum / Zylinder	*6308 ccm / 8 Zyl.*
PS / KW	*135 / 99*
Bauzeit	*1932*
Stückzahl	—

Chrysler Royal

Nachdem es Chrysler gelang, bei Buick innerhalb von ein paar Monaten die Tagesproduktion von 20 auf 550 Automobile zu steigern, stieg er 1917 zum Präsidenten und Geschäftsführer des Unternehmens auf. Unter seiner Führung wurde die Marke nun zu „GM's biggest money maker" und Chryslers Jahresgehalt stieg auf 120.000 Dollar an. Als Chrysler – inzwischen mehrfacher Millionär – seinen 45sten Geburtstag feierte, kamen ihm Gedanken, endlich nach eigenen Ideen ein „new kind of automobile" zu entwickeln. Er nahm drei mit ihm befreundete Ingenieure unter Vertag, die seine genau umrissenen Pläne in die Tat umsetzten. So entstand jenes Automobil, das 1924 bei der New Yorker Motor Show als erster Chrysler vorgestellt werden konnte – der Grundstein zur späteren Chrysler Corporation war gelegt.

Modell	*Chrysler Royal*
Hubraum / Zylinder	*3960 ccm / 6 Zyl.*
PS / KW	*110 / 80,5*
Bauzeit	*1937*
Stückzahl	*Einzelstück*

Cord 812

Genauso wie der erste Cord (Typ L 29) der späten 20er Jahre, sorgte 1936 auch das avantgardistische Nachfolgemodell (Typ 810) in der Automobilszene für jede Menge Diskussionsstoff. Das Fahrgestell des 810 – es hatte 3157 mm Radstand – trug wieder eine über 5000 mm lange Karosserie, deren besonderes Designelement eine stark gerippte Kühlerfront war. Gegenüber dem L 29 wurde der 810 nicht von einem Reihenmotor, sondern von einem 125 PS starken V8-Zylinder mobilisiert. Eine 1937 gefertigte Kompressorversion – sie nannte sich Typ 812 – verhalf dem wuchtigen Cord zu noch höheren Fahrleistungen. Zu den besonderen Merkmalen der 810/812-Modelle zählte neben den Schlafaugen-Scheinwerfern auch das elektromagnetische Getriebe, das wie eine Art Halbautomatik funktionierte.

Modell	*Cord 812*
Hubraum / Zylinder	*4730 ccm / 8 Zyl.*
PS / KW	*175 / 128*
Bauzeit	*1937*
Stückzahl	*2320 (alle Modelle)*

Dodge Six DD

Im Juli 1928 übernahm Chrysler den Autohersteller Dodge Brothers in Detroit und verleibte sich damit ein Unternehmen ein, das fünfmal so groß wie die Chrysler Corporation war. „Die Fliege schluckt einen Elefanten", lästerten daraufhin amerikanische Fachblätter, und ein Börsenblatt meckerte, dass Chrysler „mehr abgebissen hat, als er schlucken kann". Dodge Brothers, damals auf absteigendem Ast, florierte nach der Übernahme durch Chrysler wieder und konnte sein Wachstum fortsetzen. Chryslers Kommentar: „Dodge zu kaufen, war eine der besten Entscheidungen in meinem Leben." Bereits vor der Übernahme hatte die Firma Dodge Brothers schon einmal Schlagzeilen gemacht: Damals verkauften die Witwen der Firmengründer das Unternehmen für 146 Millionen Dollar an einen New Yorker Banken-Konzern.

Modell	*Dodge Six DD*
Hubraum / Zylinder	*3110 ccm / 6 Zyl.*
PS / KW	*61 / 44,7*
Bauzeit	*1930*
Stückzahl	*ca. 3900*

Dodge DU

Zum Preis von etwa 800 Dollar brachte Dodge 1932 einen Sechszylinder-Wagen auf den Markt, den es neben zahlreichen geschlossenen Karosserieversionen auch 224-mal als exklusives Cabriolet gab. Bereits für diesen Wagen machte man sich über eine neue Karosserielinie Gedanken, die drei Jahre später in ihrer weiterentwickelten und zur Vollendung gebrachten Form für Aufsehen sorgte: Unter dem Slogan „New Value Line" wurde ein neuer Wagen angeboten, für dessen Linienführung Chryslers so genannter Airflow-Look Pate gestanden hatte. Zwar wurde der nur als Reihensechszylinder angebotene DU nicht ganz so aggressiv gestylt, doch immerhin bestimmte er mit seinem Design die Linienführung einiger Nachfolgemodelle.

Modell	*Dodge DU*
Hubraum / Zylinder	*3600 ccm / 6 Zyl.*
PS / KW	*87 / 63,7*
Bauzeit	*1935*
Stückzahl	–

Dodge D 11

Als Dodge 1938 das elegante D 8 Convertible Coupé – so bezeichnete man in den USA Cabriolets – auf den Markt brachte, dauerte es nicht lange, bis die Fachpresse diesen Wagen zum „American beauty of motor cars" wählte. Diesen Titel hätte der nur 701-mal gebaute Wagen wahrscheinlich noch länger in Anspruch nehmen können, wenn sein im Heck platzierter ausklappbarer Notsitz (gern auch als Schwiegermuttersitz bezeichnet) nicht bald aus der Mode gekommen wäre. Ein Jahr später – genau zum 25sten Firmenjubiläum – sorgte abermals ein Dodge für Gesprächsstoff. Es handelte sich nun um eine riesige viertürige Luxuslimousine mit vollkommen anders gestalteter Heckpartie und in die Kotflügel integrierten Scheinwerfern – zu haben für 905 Dollar.

Modell	*Dodge D 11*
Hubraum / Zylinder	*3600 ccm / 6 Zyl.*
PS / KW	*87 / 63,7*
Bauzeit	*1939*
Stückzahl	*—*

Duesenberg J

1919 begannen die Gebrüder Fred und August Duesenberg – Nachkommen deutscher Emigranten – im amerikanischen Bundesstaat Indiana erstmals Automobile zu bauen. Niemand konnte zu diesem Zeitpunkt ahnen, dass ihre Fahrzeuge später einmal als die Klassiker schlechthin in die Automobilgeschichte eingehen sollten. Wenn man dabei berücksichtigt, dass die Duesenbergs bis 1937 nur etwa 1300 Wagen fertigten, ist das Interesse an dieser Marke im Vergleich zu anderen Herstellern von Luxuswagen enorm. Hinzu kommt die Tatsache, dass unter der Haube eines Duesenberg stets „nur" ein Achtzylinder arbeitete und die Obergrenze des Hubraums der Motoren bei knapp sieben Liter lag – trotzdem gelang es der Marke, alle noblen Mitbewerber in den Schatten zu stellen.

Modell	*Duesenberg J*
Hubraum / Zylinder	*6882 ccm / 8 Zyl.*
PS / KW	*210 / 154*
Bauzeit	*1928 – 1937*
Stückzahl	*ca. 480*

Duesenberg J

Man musste schon Kenner sein, um die Unterschiede der ersten Duesenberg-Wagen (Modellreihe A) gegenüber vergleichbaren Mitbewerbern feststellen zu können: Die lagen im Detail und bezogen sich auf die Bremsanlage, denn ein Duesenberg wurde bereits mit einer hydraulisch auf alle Räder wirkenden Bremsanlage bestückt. Trotzdem war dem von 1920 bis 1926 gebauten Typ A kein allzu großer Erfolg beschieden. Die Fahrwerkstechnik entsprach weitgehend dem üblichen Standard und auch die Karosserien zählten (noch nicht) zu dem, was einen Duesenberg eigentlich ausmachte. Der 88 PS starke Motor reichte gerade für 120 km/h Spitze, doch diese bescheidenen Werte sollten 1928 mit der Präsentation des legendären Modells J bald der Vergangenheit angehören.

Modell	*Duesenberg J*
Hubraum / Zylinder	*6882 ccm / 8 Zyl.*
PS / KW	*210 / 154*
Bauzeit	*1928 – 1937*
Stückzahl	*ca. 480*

Duesenberg J

Mit dem Duesenberg J bereicherte ein Luxusklassewagen den Markt, der mit all den technischen Merkmalen ausgestattet war, die man in solch einer Häufigkeit bei keinem anderen Mitbewerber finden konnte. Das interessante an diesem Modell war, dass ein vom Prestige her vergleichbarer Kompressor-Mercedes oder Rolls-Royce genauso viel kostete – dafür aber mit weit weniger fortschrittlicher Technik über die Straßen rollte. Auch in der Automobilwerbung hob sich Duesenberg von anderen Automobilmarken deutlich ab: Man verzichtete auf die Abbildung des Wagens und zeigte lediglich eine Szene des Umfelds, in der sich Duesenberg-Besitzer normalerweise bewegten – zum Beispiel auf dem Golfplatz. Hinzugefügt wurde lediglich der Hinweis: „Er fährt einen Duesenberg".

Modell	*Duesenberg J*
Hubraum / Zylinder	*6882 ccm / 8 Zyl.*
PS / KW	*210 / 154*
Bauzeit	*1928 – 1937*
Stückzahl	*ca. 480*

Duesenberg J

Die Wagen der Typenreihe J basierten alle auf einem massiven Fahrgestell und maßen im Radstand 3600 oder 3900 mm – eine gute Ausgangsbasis für die Bestückung mit Sonderkarosserien. Da das Chassis bereits über eine Zentralschmierung verfügte, die sich im Rhythmus von 130 Kilometer automatisch betätigte, gehörten hier Abschmierarbeiten der Vergangenheit an. Zu den zahlreichen Kontrollfunktionen am Armaturenbrett zählten neben der Überwachung des Ölstandes und der Zündanlage weitere Zusatzinstrumente wie ein Höhenmesser oder eine Anzeige, die Auskunft über den Bremsdruck gab! Um das Gewicht der Wagen zugunsten des Fahrkomforts möglichst gering zu halten, bevorzugte Duesenberg – so weit das ging – die Verwendung von Aluminium.

Modell	*Duesenberg J*
Hubraum / Zylinder	*6882 ccm / 8 Zyl.*
PS / KW	*210 / 154*
Bauzeit	*1928 – 1937*
Stückzahl	*ca. 480*

Modell	*Duesenberg J*
Hubraum / Zylinder	*6882 ccm / 8 Zyl.*
PS / KW	*210 / 154*
Bauzeit	*1928 – 1937*
Stückzahl	*ca. 480*

Duesenberg J

Im Hause Duesenberg entstanden neben atemberaubenden Limousinen, Cabriolets und Roadstern noch verschiedene Rennwagen, deren erfolgreich eingesetzte Kompressortechnik auch in Straßenfahrzeuge implantiert wurde. Die damit modifizierten Wagen standen unter dem Kürzel SJ (supercharged) in den Showrooms der Händler und lockten mit technischen Angaben, die Mitbewerbern das Fürchten lehrten. Der mit zwei obenliegenden Nockenwellen bestückte Achtzylindermotor gab dank des Roots-Kompressors bei humanen 4750 U / min eine Leistung von 320 PS ab – genug Kraft, um eine Spitze von 208 km/h zu erreichen. Mit dem Untergang des Cord-Imperiums – zu dem auch Duesenberg gehörte – verschwand 1937 eine der wohl interessantesten Automarken der Welt.

Essex Super Six

Schon 1918 führte die Hudson Motor Car Company einen Wagen im Programm, der unter dem selbstständigen Markennamen Essex gehandelt wurde. Ein Essex war genau genommen nichts anderes als ein von der Ausstattung her zurückgesetzter Hudson, doch man hütete sich, an der Qualität Abstriche zu machen – es wurde lediglich der Preis reduziert. Auch eine Sechszylinder-Version, der Typ Super Six, profitierte von dieser Geschäftspolitik. Er entwickelte sich schnell zum Bestseller, obwohl Spötter den Super Six als den Hudson des kleinen Mannes bezeichneten. Das schien Essex-Besitzer kaum zu stören – sie gehörten nämlich zur mehr konservativ eingestellten Kundschaft, bei der nicht der Luxus eines Hudson, sondern die Wirtschaftlichkeit des Automobils im Vordergrund stand.

Modell	*Essex Super Six*
Hubraum / Zylinder	*2584 ccm / 6 Zyl.*
PS / KW	*45 / 33*
Bauzeit	*1929 – 1934*
Stückzahl	—

Hupmobile

Hupmobile wurde 1908 von den Brüdern Louis und Robert Hupp sowie dem Kaufmann Charles D. Hastings gegründet. Sie planten, als Antwort auf Henry Fords Tin Lizzie ebenfalls einfache Automobile herzustellen, doch ihre Mittel reichten nicht aus, um gegen Ford bestehen zu können. Mit einigen Standardmodellen konnte sich das Unternehmen jahrelang über Wasser halten. Anfang der 30er Jahre versuchte Hupmobile größere Sechszylinder zu etablieren – leider blieb diesen optisch sehr ansprechenden Fahrzeugen der Erfolg versagt – die Verkaufszahlen sanken unaufhaltsam. Bevor Hupmobile 1940 den Automobilbau einstellte, debütierte als Non-Plus-Ultra zwar noch ein großer Achtzylinder-Wagen mit Stromlinienkarosserie – doch wie so oft hatten Mitbewerber die Nase schon vorn.

Modell	*Hupmobile*
Hubraum / Zylinder	*3700 ccm / 6 Zyl.*
PS / KW	*78 / 57,1*
Bauzeit	*1933*
Stückzahl	—

La Salle Serie 345

Unter dem Markennamen La Salle brachte Cadillac bereits Ende der 20er Jahre diverse vom Image her zurückgestufte Schwestermodelle auf den Markt, die sich vor allem durch ihren günstigen Preis auszeichneten. Trotzdem profitierten die La Salle von Cadillacs Modellpflege und rückten allmählich an dessen Standard heran – ein Grund, weshalb die La Salle-Produktion der größeren Modelle vorübergehend eingestellt und erst wieder 1932 aufgenommen wurde. Die danach lancierte neuere Fahrzeuggeneration basierte hauptsächlich auf kleineren Fahrgestellen mit nur 3020 mm Radstand. Sie zielte damit als Alternativprodukt auch auf potentielle Buick- und Chrysler-Kunden, die einen qualitativ guten Wagen zu dem akzeptablen Preis von 1.600 Dollar suchten.

Modell	*La Salle Serie 345*
Hubraum / Zylinder	*5785 ccm / 8 Zyl.*
PS / KW	*105 / 77*
Bauzeit	*1930 – 1933*
Stückzahl	—

Modell	*Lincoln Zephyr*
Hubraum / Zylinder	*4379 ccm / 12 Zyl.*
PS / KW	*110 / 80,5*
Bauzeit	*1936 – 1942*
Stückzahl	*—*

Lincoln Zephyr

Persönlichkeiten wie die amerikanischen Präsidenten zählten schon in den 20er Jahren zur noblen Kundschaft, die es bevorzugte, in einem Lincoln chauffiert zu werden. Dementsprechend warb die unter der Regie des Ford-Konzerns geführte Edelmarke nicht nur in den Staaten gern mit dem Slogan „Lord of the Road" (Herr der Straße). Lincoln-Wagen zählten auch in anderen Ländern der Welt zu beliebten Prestigeobjekten – vor allem bei nordischen Königshäusern und in der Sowjetunion. In der reichhaltigen Modellpalette besaßen die großen V12-Versionen einen besonders hohen Stellenwert. Um den Absatz dieser Wagen weiter anzukurbeln, brachte man 1936 mit dem Typ Zephyr ein von der Preisgestaltung her besonders interessantes Modell auf den Markt – dieser V12 war für 1.300 Dollar zu haben.

Mercury Serie 99 Convertible

Nur wenige Menschen haben in der Automobilgeschichte eine derart wichtige Rolle gespielt wie Henry Ford. Er machte das Automobil der großen Masse zugänglich, doch ohne die Hilfe seines Sohns Edsel hätte die Konzerngeschichte vielleicht einen anderen Lauf genommen. Edsel machte seinem Vater klar, dass in der großen Produktpalette der späten 30er Jahre trotzdem ein Zwischenmodell fehlte, das die Lücke vom günstigsten Ford für 780 Dollar und dem teuersten Wagen für 1.300 Dollar schließen sollte. Edsel konnte überzeugen, und dank seiner Unterstützung präsentierten die Ford-Händler im September 1938 die neue Marke Mercury. Zugegeben – der Wagen sah einem Ford sehr ähnlich, auch wenn er etwas breiter und länger war.

Modell	*Mercury Serie 99 Convertible*
Hubraum / Zylinder	*3900 ccm / 8 Zyl.*
PS / KW	*95 / 70*
Bauzeit	*1938 – 1940*
Stückzahl	*—*

Modell	*Mercury Eight Serie 99*
Hubraum / Zylinder	*3900 ccm / 8 Zyl.*
PS / KW	*95 / 70*
Bauzeit	*1938 – 1940*
Stückzahl	*—*

Mercury Eight Serie 99

Beim Blick unter die Haube eines Mercurys wurde selbst Laien schnell klar, dass die robuste Antriebstechnik in Form eines V8-Zylinders bewährte Großserientechnik des Hauses Ford war. Weil man die Maschine auf 3,9 Liter Hubraum vergrößert hatte, profitierte der Mercury-Käufer von einer für diesen Wagen mehr als ausreichenden Leistung. Im Gegensatz zum Ford-Kunden konnten sich Mercury-Besitzer an reichlich Zubehör erfreuen, das bereits zum Serienstandard der einfachsten Ausstattungsreihe gehörte. Dazu zählten Annehmlichkeiten wie ein Aschenbecher, der Tageskilometerzähler und zwei elektrische Hupen. Noch mehr Extras versprach die aufpreispflichtige Vollausstattung: Hier gab es ergänzend eine Heizung, Nebellampen und ein Radio.

Packard Twelve

Statistisch betrachtet, hatte Packard in den 20er und 30er Jahren fast die Hälfte aller in der Welt laufenden Luxuswagen produziert. Mit Bugatti verglichen, baute man 1928 sogar sechsmal so viele Nobelwagen wie der französische Mitbewerber. Außerdem darf nicht vergessen werden, dass Packard den ersten Zwölfzylinder bereits 1915 realisierte und entsprechend Erfahrung im Bau hochkarätiger Triebwerke besaß. Wie der erste Packard Twin Six (1915 bis 1923) sollte auch der 1932 lancierte Typ Twelve vor allem vermögende Kunden bedienen, die Wert auf Exklusivität und tadellose Fahreigenschaften legten. Deshalb basierte diese Zwölfzylinder-Generation auf einem neu entwickelten Rahmen und erhielt eine Servobremsanlage sowie ein vollsynchronisiertes Getriebe.

Modell	*Packard Twelve*
Hubraum / Zylinder	*7300 ccm / 12 Zyl.*
PS / KW	*160 / 117,2*
Bauzeit	*1932 – 1934*
Stückzahl	—

Modell	*Pierce-Arrow Silver Arrow*
Hubraum / Zylinder	*7030 ccm / 12 Zyl.*
PS / KW	*175 / 128*
Bauzeit	*1933 – 1934*
Stückzahl	*5*

Packard Twelve

Es gab in den 30er Jahren kaum einen Karosseriebaubetrieb, der sich nicht bemühte, einen großen Packard-Wagen einkleiden zu dürfen. In den Ateliers von Le Baron, Dietrich, Brewster und Roolston entstanden Aufbauten von besonderer Schönheit – jeder versuchte, verschwenderisch mit dem zur Verfügung stehenden Raum umzugehen, und der war beachtlich: Packard hielt vier verschiedene Fahrgestelle mit unterschiedlichem Radstand bereit – 3370, 3410, 3540 und 3660 mm. Letztere Version wurde übrigens gern zum Bau grandioser Repräsentationswagen genutzt. Wer einen Packard erwarb, besaß ein Automobil, das von Haus aus reichhaltig ausgestattet war. Selbst Sonderlackierungen konnten den Preis nicht erhöhen – aufpreispflichtig war nur das Radio.

Modell	*Packard Twelve*
Hubraum / Zylinder	*7756 ccm / 12 Zyl.*
PS / KW	*175 / 128*
Bauzeit	*1934 – 1939*
Stückzahl	—

Pierce-Arrow Silver Arrow

Nach dem New Yorker Börsenkrach im Jahre 1929 vertraten nach wie vor einige Automobilhersteller die Meinung, dass automobiler Fortschritt weiterhin nur mit dem Bau besonders luxuriöser Wagen zu realisieren sei. Auch Pierce-Arrow versuchte, mit Zwölfzylinder-Modellen auf dem Markt mitzumischen und entwarf deshalb für die Weltausstellung 1933 in Chicago einen Wagen, der exakt 10.000 Dollar kosten sollte. Für so viel Geld gab es zwar ein futuristisches Design, das seiner Zeit bereits weit voraus war und in ähnlicher Linienführung erst wieder in den 40er Jahren für Aufmerksamkeit sorgte. Von der technischen Seite her betrachtet, orientierte sich die Marke aber auch nur an dem, was die Nobelmarken Auburn, Cord und Düsenberg zu bieten hatten.

Plymouth P 6

Modell	*Plymouth P 6*
Hubraum / Zylinder	*3298 ccm / 6 Zyl.*
PS / KW	*76 / 55,6*
Bauzeit	*1936 – 1939*
Stückzahl	*—*

Neben seiner eigenen Marke spielten in Walter P. Chryslers Konzern auch Dodge und Plymouth eine wichtige Rolle. Plymouth – erst 1928 initiiert – trug im Wesentlichen dazu bei, die Jahre der Depression zu überstehen: Gegenüber Chrysler-Modellen rangierten Plymouth-Wagen in den unteren Preisklassen, wurden aber ebenfalls über Chryslers Händlernetz vertrieben, denn dieser Name stand für Qualität und Service. Entgegen der von anderen Herstellern gepflegten langen Modellkonstanz überraschte Plymouth jedes Jahr mit Modifikationen und brachte regelmäßig neue Modelle auf den Markt. Als 1936 die so genannte P-Serie lanciert wurde, stattete Plymouth seine Wagen bereits mit einem unter Sicherheitsaspekten konstruierten Armaturenbrett aus – lange, bevor dies gesetzlich vorgeschrieben wurde.

Pontiac Big Six

Edward M. Murphy gründete 1893 seine Pontiac Buggy Company und befasste sich 1907 erstmals mit dem Automobilbau. Bis 1926 wurden die Wagen unter dem Markennamen Oakland vertrieben, bevor im selben Jahr auf der New Yorker Automobilausstellung der erste Pontiac für Aufmerksamkeit sorgte. Damit jeder sehen konnte, dass es sich um einen Sechszylinder handelte, wurde das Markenemblem durch den Zusatz „Chief of the Sixes" (Der Beste der Sechszylinder) ergänzt. 1930 ersetzte man den mit stehenden Ventilen konstruierten Motor durch eine fortschrittlichere Variante mit hängender Ventilanordnung. Auf Grund der außerordentlich guten Verkaufszahlen belegte Pontiac zwei Jahre später bereits den fünften Platz amerikanischer Automobilhersteller.

Modell	*Pontiac Big Six*
Hubraum / Zylinder	*3977 ccm / 6 Zyl.*
PS / KW	*52 / 38*
Bauzeit	*1930*
Stückzahl	*—*

1940 –1960

Vom Kleinwagen bis hin zum Hubraumriesen

Vom Kleinwagen bis hin zum Hubraumriesen

Automobile Vernunft und PS-Giganten

Während in den USA die Automobilherstellung sowie die technische Weiterentwicklung noch bis 1941/42 fortgesetzt werden konnte, gingen in Europa bereits beim Kriegsausbruch alle Lichter für eine zivile Personenwagenproduktion aus. Daran änderte sich bis Kriegsende nichts, und auch in der unmittelbaren Nachkriegszeit konnte bzw. durfte längst noch keine PKW-Fertigung aufgenommen werden. Zuerst wurden im zerbombten Europa Lastwagen gebraucht – und keine Luxusgüter! Das einzige Land, das bereits 1945 wieder PKW auf die Räder stellte, waren die USA, gefolgt von Großbritannien. Hier knüpfte man an die inzwischen veralteten Modelle der 30er Jahre an, denn Geld für Neuentwicklungen war nicht zu haben. Außerdem sorgte die Materialknappheit für Kontingentierungen – vom Aufschwung war man noch meilenweit entfernt. Gebrauchtwagen aus den Dreißigern – es gab nicht viele – standen dementsprechend hoch im Kurs und wurden oft auf dem Schwarzen Markt mit Naturalien bezahlt. Es dauerte noch etwa bis 1950, bis man endlich wieder von ersten Produktionsaufnahmen sprechen konnte. Da in keinem anderen Land die Kriegsschäden so groß waren wie in Deutschland, versuchten findige Tüftler, zuerst automobile Notlösungen auf den Markt zu bringen. Sie sollten, im Gegensatz zu Motorrädern und Rollern, ihren Besitzern einen angemessenen Wetterschutz bieten – trotzdem waren diese Vehikel alles andere als preiswert. Viele Kleinwagenprojekte blieben bereits im Prototypenstadium stecken, und nur wenigen gelang der ganz große Durchbruch. BMWs Isetta und das Goggomobil zählten zu den wenigen Rollermobilen, die sich für lange Zeit einen guten Platz auf dem Markt sichern konnten. Aber irgendwann war auch ihre Zeit abgelaufen, und ihre Besitzer wünschten sich nichts anderes, als endlich ein „richtiges" Auto fahren zu dürfen. Beispielsweise den Käfer aus dem Hause Volkswagen. Er war das Maß der Dinge, und

jedes Automobil der Wirtschaftswunderzeit musste sich an ihm messen. Trotzdem musste der Durchschnittsverdiener für den praktischen Wagen aus Wolfsburg lange sparen, während man in besser situierten Kreisen Prospekte anderer Automobile studierte. So paradox es klingen mag – auch Mitte der 50er Jahre war der Markt offen für luxuriöse Limousinen mit einem V8-Motor unter der Haube. Andere begeisterten sich vielleicht für einen Mercedes-Benz 300 SL oder liebäugelten sogar mit einem Aston Martin, Ferrari oder Porsche. Gebaut werden konnte bald alles. Trotzdem war man stets von dem Punkt entfernt, wo man hätte sagen können, dass das Automobil seinen entwicklungstechnischen Höhepunkt erreicht hätte. Dank technischer Meisterleistungen hatten die Wagen der 50er Jahre so schnell vom Fortschritt profitiert wie keine Autogeneration zuvor. Doch was viele Hersteller gern als Verbesserung präsentierten, stieß bei der meist noch konservativ eingestellten Kundschaft oft auf Ablehnung: Die Bauweise der selbsttragenden Karosserie und der Einsatz gigantischer Presswerke bedeutete bald für elegante Sonderkarosserien das Aus, und wo das Auge früher auf Edelholz blickte, wurde plötzlich nur noch Kunststoff verarbeitet. Immer öfter mussten klassische Anzeigeinstrumente simplen Kontrollleuchten Platz machen. Es darf aber nicht vergessen werden, dass es andererseits auch „echte" Verbesserungen gab. Beispielsweise das vollsynchronisierte Getriebe, oder wirkungsvollere Bremsen. Von dem gelungenen Wiederaufbau und dem Ankurbeln der Automobilwirtschaft profitierten aber nicht nur die USA und die westeuropäischen Länder: Auch die japanische Industrie unternahm erste Gehversuche in Sachen PKW-Bau. Bis 1960 gab es im fernöstlichen Kaiserreich bereits zehn Marken, die um die Gunst der Käufer rangen. Europa hat diese Aktivitäten für lange Zeit kaum beachtet, denn über Autos aus Japan wurde vorerst noch nicht gesprochen.

Auto Union 1000 S Coupé

Aus Mangel an Kapital hatte die Auto Union die bereits geplante Fertigung des neuen DKW Junior vorerst zurückgestellt, um weiterhin die größeren Modelle Auto Union 1000, 1000 S und 1000 Sp verkaufen zu können. Bis auf den 1000 Sp handelte es sich um Fahrzeuge, die dem Baumuster „Großer DKW 3=6" entsprachen – allerdings wurden sie von einem auf 980 ccm vergrößerten Motor angetrieben. In der Version 1000 gab der Dreizylinder-Zweitakter eine Leistung von 44 PS ab, dem 1000 S Coupé standen durchzugsstärkere 50 PS zur Verfügung. Typisch für diesen Wagen war der von Daimler-Benz übernommene Balkentachometer mit senkrechter Skalierung. Von der Optik her wurde der 1000 und 1000 S durch eine vordere Panoramascheibe aufgewertet, was genau dem Zeitgeschmack entsprach.

Modell	*Auto Union 1000 S Coupé*
Hubraum / Zylinder	*980 ccm / 3 Zyl.*
PS / KW	*50 / 36,6*
Bauzeit	*1958 – 1963*
Stückzahl	---

Auto Union 1000 Universal

Am 3. September 1949 wurde in Ingolstadt mit der Auto Union GmbH eine neue Gesellschaft ins Leben gerufen, die die Kraftfahrzeugtradition der „vier Ringe" fortführte. Sie galt als die Vorgängerin der heutigen AUDI AG. Mit ihr sollte im Westen Deutschlands fortgeführt werden, was die ehemalige Auto Union AG in Sachsen begonnen hatte, doch es war ein Neubeginn unter ärmlichen Verhältnissen. Als Daimler-Benz die Auto Union letztendlich übernommen hatte, wurden in Ingolstadt lediglich Motorräder sowie DKW-Schnelllaster gefertigt, während sich die PKW-Produktion der Auto Union auf das Werk Düsseldorf konzentrierte, das 1950 in Betrieb gegangen war. Im Herbst 1959 wurden die größeren PKW-Modelle einheitlich in „Auto Union 1000" umbenannt und als eigenständige Marke lanciert.

Modell	*Auto Union 1000 Universal*
Hubraum / Zylinder	*980 ccm / 3 Zyl.*
PS / KW	*55 / 40,2*
Bauzeit	*1959 –1961*
Stückzahl	---

Auto Union 1000 Sp Cabrio

Die Besucher der Internationalen Frankfurter Automobilausstellung staunten nicht schlecht, als sie 1957 auf dem Stand der Auto Union ein flottes Cabriolet entdeckten, das sich mit leicht amerikanisch angedeuteten Stilelementen zeigte. Es handelte sich um den neuen Auto Union 1000 Sp mit kleinen Heckflossen – in Deutschland sprach man lieber von Peilstegen –, doch genau genommen war seine Karosserie alles andere als amerikanisch. Sie wurde von dem in Stuttgart ansässigen renommierten Karosserier Baur angefertigt. Baur hatte sich schon in den 30er Jahren mit Sonderanfertigungen auf dem Markt etabliert und setzte nun diese Tradition – nicht nur für die Auto Union – wieder fort. Für Oldtimersammler gilt der 1000 Sp als der schönste Auto-Union-Wagen aller Zeiten.

Modell	*Auto Union 1000 Sp Cabrio*
Hubraum / Zylinder	*980 ccm / 3 Zyl.*
PS / KW	*55 / 40,2*
Bauzeit	*1958 – 1965*
Stückzahl	*1640*

Auto Union 1000 Sp Coupé

Neben der Version als Cabriolet brachte die Auto Union den eleganten 1000 Sp auch als Coupé auf den Markt – technisch waren beide Versionen vom Konzept her identisch. Der Aufbau ruhte auf einer kreuzverstrebten Stahlrahmenkonstruktion aus stabilem Kastenprofil, und unter der Haube werkelte bei beiden Modellen der drehzahlfeste Zweitaktmotor. Der 1000 Sp zählte damals zu den wenigen Automobilen, die bereits ab Werk mit vielen serienmäßigen Extras ausgestattet wurden. Dazu gehörten Liegesitze mit einer stufenlos verstellbaren Rückenlehne, ausstellbare Seitenfenster, gut gepolsterte Sonnenblenden und ein Zigarettenanzünder – Mitbewerber ließen sich diese Annehmlichkeiten oft teuer bezahlen.

Modell	*Auto Union 1000 Sp Coupé*
Hubraum / Zylinder	*980 ccm / 3 Zyl.*
PS / KW	*55 / 40,2*
Bauzeit	*1958 – 1965*
Stückzahl	*5000*

Auto Union Monza

Die Auto Union verwendete das Kürzel Sp in der Modellbezeichnung des 1000 Sp nicht für Sportlichkeit, sondern definierte damit den Begriff Spezialkarosserie. Das traf auch zu, denn der Sp unterschied sich deutlich von den rundlichen Limousinentypen 1000 und 1000 S. Es ließ sich schon damals nicht leugnen, dass sich die Optik des 1000 Sp am amerikanischen Ford Thunderbird orientierte – von ihm kopierte man die spitzen Heckflossen mit den runden Rückleuchten. Mit einem eigenständigeren Design debütierte indes 1955 der Monza: Seine Kunststoffkarosserie wurde bei Dannenhauer & Stauss (Stuttgart) entwickelt und später bei Wenk in Heidelberg gebaut. Das flotte Coupé konnte je nach Motorenbestückung eine Höchstgeschwindigkeit von bis zu 155 km/h erreichen.

Modell	*Auto Union Monza*
Hubraum / Zylinder	*980 ccm / 3 Zyl.*
PS / KW	*55 / 40,2*
Bauzeit	*1955 – 1958*
Stückzahl	*ca. 100*

BMW 501

Besucher der Internationalen Frankfurter Automobilausstellung 1951 muss es förmlich die Sprache verschlagen haben, denn das, was sie auf dem Stand von BMW zu sehen bekamen, war kein Kleinwagen fürs Volk, sondern eine wuchtige Karosse der automobilen Oberklasse. Wenn man bedenkt, dass die Münchener 1949 mit den Arbeiten für ihren ersten Nachkriegswagen begannen und zwei Jahre später eine fast serienreife Version präsentierten, so war das eine wirklich stolze Leistung. Der Neuling nannte sich BMW 501 und startete, entgegen der Formgebung anderer Automobile dieser Zeit, mit einer sehr individuell zugeschnittenen Linienführung. Technische Probleme im Karosseriewerk verzögerten den Serienanlauf, so dass der im Volksmund "Barockengel" genannte Wagen erst Ende 1952 ausgeliefert werden konnten.

Modell	*BMW 501*
Hubraum / Zylinder	*1971 ccm / 6 Zyl.*
PS / KW	*65 / 47,6*
Bauzeit	*1952 – 1958*
Stückzahl	*ca. 8900*

BMW 501

Nicht nur die luxuriöse Innenausstattung machte den 501 so beliebt – es gab auch jede Menge Neuerungen technischer Natur. Beispielsweise den so genannten Vollschutzrahmen, der den Insassen Sicherheit in voller Breite versprach. Auch das Vierganggetriebe wurde nicht, wie allgemein üblich, direkt an den Motor angeblockt, sondern stark geneigt unterhalb der Vordersitze platziert und mittels einer kurzen Zwischenwelle angetrieben. Bei der Motorisierung griff BMW auf ein bewährtes Vorkriegsaggregat vom Typ 326 zurück, modifizierte aber den Zylinderkopf und brachte so dank höherer Verdichtung und größerem Ventilhub die Maschine auf mehr Leistung. Das Resultat war ein seidenweich laufender Sechszylinder, der im Zuge der Modellpflege immer weiter optimiert wurde.

Modell	*BMW 501*
Hubraum / Zylinder	*1971 ccm / 6 Zyl.*
PS / KW	*72 / 52,7*
Bauzeit	*1954 – 1955*
Stückzahl	*ca. 8900*

BMW 501 Cabriolet

Wer noch mehr Luxus suchte, fand in dem BMW 501 Cabriolet genau das richtige Auto fürs offene Fahrvergnügen. Die zweitürige Cabriolet-Karosserie ließ BMW bei Baur in Stuttgart fertigen, doch die ersten prestigeträchtigen Versionen hatten einen Fehler: Sie waren zu schwer und untermotorisiert. Das sollte sich bald ändern. Auf dem Genfer Salon 1954 debütierte ein diesen Fahrzeugen angemessenes Motorenkonzept – endlich gab es den ersten deutschen Achtzylindermotor in V-Form. Der mit einer zentralen Nockenwelle gebaute V8, dessen Zylinderreihen in einem Winkel von 90 Grad zueinander standen, besaß übrigens schon eine Mimik, die das Ventilspiel konstant halten konnte. Das V8-Aggregat konnte auf Wunsch gegen Aufpreis auch für die 501-Limousinen geordert werden.

Modell	*BMW 501 Cabriolet*
Hubraum / Zylinder	*2580 ccm / 8 Zyl.*
PS / KW	*95 / 69,6*
Bauzeit	*1955 – 1958*
Stückzahl	*ca. 13 300 (alle V8-Modelle)*

BMW 502 Coupé

Ab 1954 gab es den BMW 502 endlich mit einem 100 PS starken V8-Motor. Diese Motorisierung war dem schweren Wagen durchaus angemessen, doch diese Maßnahme trieb abermals den Preis nach oben. Bei einem Grundpreis von etwa 18.000 Mark fand der 502 noch weniger Käufer als der Typ 501, doch genau das machte ihn so exklusiv. Außerdem besaß er wesentlich mehr Chromschmuck als das Sechszylinder-Modell, es gab serienmäßig Nebelscheinwerfer und Blinker anstelle von Winkern und auch der Innenraum wurde luxuriöser gestaltet. Zwischen 1954 und 1956 nahm sich auch der Stuttgarter Karosseriebauspezialist Baur des 502 an: In seinem Hause entstanden wie immer elegante Sonderkarosserien und zwar 26 Coupés, elf viertürige und 39 zweitürige Cabriolets.

Modell	*BMW 502 Coupé*
Hubraum / Zylinder	*2580 ccm / 8 Zyl.*
PS / KW	*100 / 73,3*
Bauzeit	*1954 – 1956*
Stückzahl	*26*

BMW 3.2 Super

Auf der Frankfurter IAA 1955 debütierte der 120 PS starke BMW 502 3.2 Liter. Das bis zu 170 km/h schnelle Modell wurde ab September 1958 als BMW 3.2 bezeichnet. Noch einen weiteren Schritt in Richtung Exklusivität ging man im April 1957 mit der Vorstellung der 140 PS starken Zweivergaserversion BMW 3.2 Liter Super. Doch auch mit diesem Modell war die Leistungsentwicklung des BMW V8-Motors noch nicht abgeschlossen, denn den Höhepunkt markierte erst die ab September 1961 produzierte Weiterentwicklung namens BMW 3200 S mit beachtlichen 160 Pferdestärken. Die damit erreichbare Spitzengeschwindigkeit von 190 km/h machte diesen BMW zur damals schnellsten Limousine, die auf dem deutschen Markt gebaut wurde.

Modell	*BMW 3.2 Super*
Hubraum / Zylinder	*3168 ccm / 8 Zyl.*
PS / KW	*140 / 102,6*
Bauzeit	*1957 – 1963*
Stückzahl	*1323*

BMW Isetta 250

Die Luxuswagen, die BMW ab 1952 zuerst fertigte, waren zwar für die „Crème der Gesellschaft" interessant, doch dem bayerischen Automobilbauer wurde klar, dass – um selbst überleben zu können – ein preisgünstiges und in hohen Stückzahlen verkaufbares Fahrzeug ins Programm aufgenommen werden musste. Um kein Kapital in kostenintensive Neuentwicklungen investieren zu müssen, hielt BMW nach einem Konzept Ausschau, das man in Lizenz bauen könnte. Dabei fiel der Blick auf ein eiförmiges Vehikel der in Bresso bei Mailand ansässigen Firma ISO. Nach genauer Prüfung wurde die originelle Isetta als tauglich befunden und der Lizenzvertrag kam zustande – was letztendlich die Rettung für BMW bedeutete. Am 5. April 1955 wurde die neue BMW Isetta in Rottach-Egern der Presse vorgestellt.

Modell	*BMW Isetta 250*
Hubraum / Zylinder	*245 ccm / 1 Zyl.*
PS / KW	*12 / 8,8*
Bauzeit	*1955 – 1962*
Stückzahl	*ca. 161 360*

Modell	*BMW 600*
Hubraum / Zylinder	*582 ccm / 2 Zyl.*
PS / KW	*19,5 / 14,3*
Bauzeit	*1957 – 1959*
Stückzahl	*34 318*

BMW 600

Dem Trend nach anspruchsvolleren Kleinwagen folgend, entwickelte BMW für 1957 ein (fast) völlig neues Fahrzeug der 600er-Klasse. Als Konkurrent zu Lloyd und NSU-Modellen gedacht, war die Preisklasse vorgegeben, und um Entwicklungskosten zu sparen, setzte man die Verwendung vieler Isetta-Komponenten voraus. Der BMW 600 basierte auf einem verlängerten Rohrrahmen der Isetta und wurde mit einer Schräglenker-Hinterachse bestückt, deren Spurweite (1160 mm) gegenüber der Vorderachse (1220 mm) etwas verkürzt wurde. Den Antrieb besorgte ein 582 ccm großer im Heck platzierter Boxermotor. Das auch im Motorradbau genutzte Aggregat wurde in der Leistung von ursprünglich 28 PS auf 19,5 PS gedrosselt – so konnte man geschickt die günstige Versicherungsklasse bis 20 PS ausnutzen.

BMW 600

Da beim BMW 600 aus Stabilitätsgründen auf eine zweite Seitentür verzichtet werden musste, geriet der Wagen, ähnlich wie der Zündapp Janus, zum Kuriosum der Automobilgeschichte. Zwei verschiebbare Seitenfenster auf der Beifahrerseite, aber nur eines auf der Fahrerseite (die Scheibe der Seitentür war feststehend) ließen bei Bedarf frischen Wind in den nur 2900 mm langen Wagen. Die nicht selbsttragend ausgelegte Karosserie, die auf dem soliden Vierkantrohrrahmen ruhte, orientierte sich von der Optik her an der Isetta und wurde durch einen seitlichen Einstieg ergänzt. Während man bei der Isetta lediglich einen „Armaturenhalter" in die Fronttür integrierte, erhielt der BMW 600 ein „richtiges" durchlaufendes Armaturenbrett.

Modell	*BMW 600*
Hubraum / Zylinder	*582 ccm / 2 Zyl.*
PS / KW	*19,5 / 14,3*
Bauzeit	*1957 – 1959*
Stückzahl	*34 318*

BMW 700 Cabriolet

Für das gefällige Äußere des Modells 700 zeichnete der italienische Designer Michelotti verantwortlich. Der ab August 1959 gefertigte BMW 700 verzichtete ganz bewusst auf viel Chrom und gab sich optisch eher betont unauffällig. Seine Qualitäten lagen im Verborgenen in Form von beeindruckenden Fahrleistungen. Aus den anfänglichen 30 PS wurden 1963 bereits 32 PS, und das 1964 auf den Markt gebrachte Coupé LS machte den Wagen 135 km/h schnell. Auch die Cabriolet-Variante, die von Baur in Stuttgart etwa 2500 Mal gebaut wurde, erhielt in der Sportausgabe LS eine Zweivergaseranlage mit 40 PS Leistungsabgabe. Für den Unterbau der Luxusmodelle LS verlängerte BMW übrigens den Radstand von 2120 auf 2280 mm, was dem Platzangebot im Fond zugute kam.

Modell	*BMW 700 Cabriolet*
Hubraum / Zylinder	*697 ccm / 2 Zyl.*
PS / KW	*30 / 22*
Bauzeit	*1959 – 1965*
Stückzahl	*ca. 2500*

BMW 700 Coupé

Dem BMW 700 wurde nicht nur die Aufgabe zuteil, als Nachfolger des Modells 600 wieder für höhere Absatzzahlen zu sorgen – mit ihm erschien auch ein prädestiniertes Fahrzeug, das genau zum richtigen Zeitpunkt die Lücke zwischen den Luxusmodellen (V 8) und der in Kürze erscheinenden „Neuen Klasse" (BMW 1500) schloss. Anders als alle vorher gebauten Wagen war der Typ 700 übrigens der erste BMW, der mit einer selbsttragenden Karosserie aufwartete. Vom Grundlayout her schon leicht zur Mittelklasse tendierend, hatte der 700 mit seinem Vorgänger nur noch die Verwendung eines luftgekühlten und im Heck platzierten Motors gemein – natürlich handelte es sich wieder um einen Zweizylinder-Boxer (697 ccm; anfangs 30 PS) aus dem Programm des Motorradbaus.

Modell	*BMW 700 Coupé*
Hubraum / Zylinder	*697 ccm / 2 Zyl.*
PS / KW	*30 / 22*
Bauzeit	*1959 – 1965*
Stückzahl	*ca. 36 000*

Modell	*BMW 700 LS Limousine*
Hubraum / Zylinder	*697 ccm / 2 Zyl.*
PS / KW	*30 / 22*
Bauzeit	*1959 – 1965*
Stückzahl	*ca. 143 000*

BMW 700 LS Limousine

In einem Punkt brachen alle 700er-Modelle die Tradition des Hauses BMW: Sie verzichteten am Bug auf die traditionelle verchromte „Niere". Dafür prangte auf ihrer vorderen Haube, unter der sich der Kofferraum (!) verbarg, nur das unübersehbare Markenemblem. Wer hier auf den ersten Blick einen relativ großen Laderaum vermutete, wurde beim Öffnen der Haube arg enttäuscht, denn Reserverad und Kraftstofftank reduzierten den Stauraum um einiges. Nicht nur auf der Straße machte der BMW 700 eine gute Figur: Er zählte auch im Wettbewerbssport in den kleinen Wagenklassen zu den ernsthaften Gegnern – für den am Nürburgring ansässigen Tuner Martini Grund genug, auf Basis des 700 diverse Hochleistungssportwagen zu entwickeln.

BMW 507

Nach einem sehr bescheidenen Neubeginn 1948 als Fahrzeughersteller hatte BMW zur Überraschung der Fachpresse bereits 1951 wieder einen großen Luxuswagen präsentiert. Der teilweise auf Vorkriegstechnik basierende 501 hatte die Marke wieder ins Rampenlicht der autobegeisterten Welt gerückt. Auch ein noch exklusiver angesiedeltes Modell mit V8-Motor, der Typ 502, konnte in vielen Varianten ab 1954 die Käufer beeindrucken. Auf Anraten des amerikanischen BMW-Importeurs befasste man sich ab 1954 intensiv mit der Konstruktion sportlicher Versionen des Typs 502, die hauptsächlich für die verwöhnte Klientel aus Übersee gedacht waren. All diese Entwürfe entstanden am Zeichenbrett des Designers Albrecht Graf Goertz, einem ehemaligen Schüler des Design-Papstes Raymond Loewy.

Modell	*BMW 507*
Hubraum / Zylinder	*3168 ccm / 8 Zyl.*
PS / KW	*150 / 110*
Bauzeit	*1955 – 1959*
Stückzahl	*254*

BMW 507

Nachdem sich der Vorstand von BMW zum Bau des 507 entschlossen hatte, stand fest, dass das um 355 mm verkürzte Chassis des Typs 502 3.2 Super als Basis für den flotten Roadster dienen sollte. Dank einer höheren Verdichtung ließ sich die Motorleistung im 507 um 10 PS anheben. Der bildschön gelungene Wagen wurde zum ersten Mal im Sommer 1955 in New York präsentiert, doch die erhofften Aufträge aus den USA blieben aus. Im Vergleich zu manch anderem Konkurrenten bot der 507 einfach zu wenig Motorleistung. So blieb es bis zum Produktionsende im Frühjahr 1959 bei nur 254 Fahrzeugen, die mit drei verschiedenen Hinterachsübersetzungen geordert werden konnten und so den 507 zwischen 190 km/h und 220 km/h schnell machten.

Modell	*BMW 507*
Hubraum / Zylinder	*3168 ccm / 8 Zyl.*
PS / KW	*150 / 110*
Bauzeit	*1955 – 1959*
Stückzahl	*254*

BMW 507 Vignale

Ähnlich dem BMW-Modell 503 gab es auch vom 507 eine überarbeitete zweite Serie. Diese war an der rechts hinten platzierten Tankklappe erkennbar. Hier lag ein deutlich kleinerer Tank mit 65 statt 110 Litern Fassungsvermögen nun unter dem Kofferraumboden und nicht mehr hinter den Sitzen. Auch das Armaturenbrett hatte Veränderungen erfahren und bot bessere Einbaumöglichkeiten für ein Radio. Von der zweiten Bauserie abgesehen, blieb der 507 seiner Linienführung bis auf zwei Ausnahmen generell treu: Zum einen ließ Raymond Loewy 1957 bei der französischen Karosseriebaufirma Pichon-Parat einen 507 im Stil des amerikanischen Studebaker Avanti einkleiden – die zweite, hier gezeigte Version, entstand ein Jahr später in Italien bei dem berühmten Karosserier Vignale.

Modell	*BMW 507 Vignale*
Hubraum / Zylinder	*3168 ccm / 8 Zyl.*
PS / KW	*150 / 110*
Bauzeit	*1958*
Stückzahlen	*Einzelstück*

BMW 503

Neben der Entwicklung des sportlichen Typs 507 befasste sich Designer Graf Goertz noch mit einem weiteren Projekt, denn BMW wollte allen Kunden, die eine Alternative zu diesem Sportwagen suchten, etwas ganz Besonderes offerieren. Unter dem Kürzel 503 entstand ein weiteres hinreißendes Luxusautomobil, das es nicht nur als Cabriolet, sondern auch als elegantes Coupé geben sollte. Um diesen Wagen zu realisieren, setzte man auf das Fahrgestell des 140 PS starken BMW 502 3.2 Super eine geräumige Aluminiumkarosserie. Extras wie elektrische Fensterheber zählten bereits zum Serienstandard, und im Falle des Cabriolets gehörte sogar das elektrische Verdeck (zumindest für den amerikanischen Markt!) zur Grundausstattung.

Modell	*BMW 503*
Hubraum / Zylinder	*3168 ccm / 8 Zyl.*
PS / KW	*140 / 102,6*
Bauzeit	*1955 – 1960*
Stückzahl	*412*

BMW 503

Zwar feierte der 190 km/h schnelle BMW 503 sein Debüt bereits 1953 auf der Frankfurter IAA, doch die anlässlich der Messevorstellung erhofften Exportaufträge ließen mehr als zu wünschen übrig. Mit einem Preis von etwa 30.000 Mark bewegte man sich nämlich in einer Kategorie, in der es schon Konkurrenzmodelle mit wesentlich mehr Leistung gab. So blieb es bis zum Produktionsende im Frühjahr 1959 bei nur 273 Coupés und 139 Cabriolets. Trotz dieser geringen Stückzahl entstanden die BMW 503 in zwei Serien, wobei sich die ab Ende 1957 gebauten Wagen der Serie 2 im Wesentlichen durch eine gerade verlaufende, seitliche Zierleiste und ein am Motor angeflanschtes Getriebe unterschieden.

Modell	*BMW 503*
Hubraum / Zylinder	*3168 ccm / 8 Zyl.*
PS / KW	*140 / 102,6*
Bauzeit	*1955 – 1960*
Stückzahl	*412*

Borgward Isabella TS

Was die Karosserieform betraf, hatten die Borgward-Werke mit der 1954 präsentierten Limousine namens Isabella genau den Zeitgeschmack getroffen: Das amerikanisierte Styling kam gut an. Auch vom Preis-Leistungsverhältnis her betrachtet, stellte dieser Wagen viele Mitbewerber in den Schatten. Die Fachpresse assistierte dem Wagen eine gute Wirtschaftlichkeit, und in punkto Fahrverhalten gab es reichlich Pluspunkte – der bei Borgward zwischenzeitlich vollzogene Übergang von Blatt- zu Schraubenfedern überzeugte selbst härteste Kritiker. Als 1957 die Mitbewerber DKW, Ford und Opel dermaßen aufholten, dass Borgward in der deutschen Zulassungsstatistik sogar bis auf den Platz hinter Mercedes-Benz abrutschte, ließ sich der Erfolg nicht länger fortsetzen. 1961 musste die Firma ihre Tore schließen, und als zur IAA 1961 der neue Ausstellungskatalog erschien, war Deutschland wieder um drei Automobilmarken (Borgward, Goliath und Lloyd) ärmer geworden.

Modell	*Borgward Isabella TS*
Hubraum / Zylinder	*1493 ccm / 4 Zyl.*
PS / KW	*60 / 44*
Bauzeit	*1954 – 1961*
Stückzahl	*ca. 202 000*

Borgward Isabella Coupé

Mit dem Isabella Coupé setzte Borgward in einer Automobilklasse, die vom Nutzen her eigentlich nur ein reiner Zweisitzer war, vollkommen neue Maßstäbe: Wie bei der Limousine auch, führte man die Karosserie in selbsttragender Bauweise aus und schweißte zusätzliche Profile ein. Auch motortechnisch ging man mit der Zeit. Die fortschrittliche Konstruktion des Vierzylinders wurde mit der gesamten vorderen Radaufhängung zu einem Fahrschemel zusammengefasst, der, wie auch die komplette Hinterachse, nach dem Lösen weniger Verschraubungen schnell zu demontieren war. Die Reichhaltigkeit der serienmäßigen Ausstattung war ein weiterer Vorzug dieses Automobils: Zeituhr und Kühlerthermometer zählten ebenso zum Standard wie hintere Ausstellfenster, und beim Coupé überzeugte vor allem der 75 PS starke Motor.

Modell	*Borgward Isabella Coupé*
Hubraum / Zylinder	*1493 ccm / 4 Zyl.*
PS / KW	*75 / 54,9*
Bauzeit	*1957 – 1961*
Stückzahl	---

Brütsch Mopetta

In den 50er Jahren gehörte es zum Bild der Automobilausstellungen, dass mehr oder minder interessante Prototypen von Kleinstautomobilen und Kleinwagen das Interesse der Medien auf sich zogen. Egon Brütsch, ehemals Rennfahrer, zählte mit etwa einem Dutzend genialer Ideen zu den Tüftlern, deren Konzepte meist in den Kinderschuhen stecken blieben oder nur vereinzelt im Bau von Kleinserien verwirklicht wurden. Auch seine so genannte Mopetta mit einem an der Karosserieaußenseite angeflanschten Motor blieb in der automobilen Sackgasse stecken. Sie debütierte unter dem Slogan „Mopetta – eine Brütsch-Konstruktion für den kleinen Geldbeutel" zwar 1956 auf der IFMA, doch das, was die Fachpresse zu sehen bekam, war nichts anderes als eine Attrappe!

Modell	*Brütsch Mopetta*
Hubraum / Zylinder	*48 ccm / 1 Zyl.*
PS / KW	*1 / 0,7*
Bauzeit	*1956*
Stückzahl	*ca. 12*

DKW Meisterklasse F 89

DKW war als eine der ersten deutschen Automobilmarken schon seit 1931 auf den Frontantrieb spezialisiert. 1932 schloss man sich mit den Marken Audi, Horch und Wanderer zur Auto Union AG zusammen. Da sich deren Fertigungsstätten hauptsächlich im östlichen Teil Deutschlands befanden, wurde der Konzern nach dem Zweiten Weltkrieg aufgelöst und die Betriebsanlagen verstaatlicht. In Westdeutschland entstand 1949 eine neue Auto Union, und ein Jahr später gab es wieder erste Personenwagen der Marke DKW. Die neue Baureihe nannte sich Meisterklasse (Typ F 89) und basierte weitgehend auf dem letzten Vorkriegsmodell. Der F 89 stellte nur eine Art Übergangslösung dar, denn das Werk arbeitete mit Hochdruck an einem moderneren Wagen, der 1953 unter dem Namen Sonderklasse die Nachfolge anzutreten hatte.

Modell	*DKW Meisterklasse F 89*
Hubraum / Zylinder	*684 ccm / 2 Zyl.*
PS / KW	*23 / 16,8*
Bauzeit	*1950 – 1954*
Stückzahl	*ca. 60 000*

DKW Meisterklasse F 89

Vom ursprünglichen Kleinwagenkonzept der Bauserie „Meisterklasse", die DKW in den 30er Jahren viele treue Kunden brachte, hatte sich das Werk nach der Wiederaufnahme der Produktion 1950 weit entfernt. Die Modelle wurden größer und geräumiger. Neben Limousinen und Cabriolets gab es auch eine Kombiversion, die unter dem Begriff Universal geführt wurde. Nach amerikanischem Vorbild erhielt dieser Wagen im Heckbereich eine Holzbeplankung. Der Nachteil aller ab 1950 gebauten DKW war die im Verhältnis zur Größe zu geringe Motorleistung. Außerdem lag der Anschaffungspreis der Fronttriebler mit etwa 6.000 Mark in einer ziemlich hohen Preisregion. Für so viel Geld erwarteten die Käufer ein moderneres Automobil und keine Konstruktion, die aus der Vorkriegszeit stammte.

Modell	*DKW Meisterklasse F 89*
Hubraum / Zylinder	*684 ccm / 2 Zyl.*
PS / KW	*23 / 16,8*
Bauzeit	*1950 – 1954*
Stückzahl	*ca. 60 000*

DKW Sonderklasse F 91

DKWs neue „Sonderklasse" (Typ F 91), die als Weiterentwicklung und Verbesserung der in die Jahre gekommenen Meisterklasse zu verstehen war, hielt zwar vom Design her an alten Traditionen fest, doch unter der Haube fand der Kunde jetzt endlich das, was er sich schon lange wünschte: Einen 34 PS starken Zweitakter, der in Form eines Dreizylindermotors endlich ausreichend Leistung abgab. Die Höchstgeschwindigkeit von 120 km/h war vollkommen ausreichend und auch der Preis (ca. 6.000 Mark) schien akzeptiert zu werden. Neben der einfachen Normalausstattung brachte DKW auch eine besser ausgestattete Spezialausführung auf den Markt – Highlight der Baureihe war eine elegante Hardtop-Limousine, die auf Grund der fehlenden B-Säule mehr einem eleganten Coupé ähnelte.

Modell	*DKW Sonderklasse F 91*
Hubraum / Zylinder	*896 ccm / 3 Zyl.*
PS / KW	*34 / 24,9*
Bauzeit	*1953 – 1955*
Stückzahl	*ca. 57 500*

DKW 3=6

Mit der Modellbezeichnung 3=6 wollte DKW zum Ausdruck bringen, dass man es geschafft hatte, einen Dreizylindermotor zu entwickeln, der von der Laufruhe her durchaus mit einem Sechszylinder zu vergleichen war. Ganz so kultiviert gab sich das Aggregat natürlich nicht: Es arbeitete nach dem Zweitaktprinzip, und bei jedem Tankvorgang musste gleichzeitig das Öl für die Motorschmierung hinzugefügt werden. Dieser Handgriff erübrigte sich später mit der Einführung der so genannten Frischölautomatik – hier wurde das Verhältnis Benzin/Öl automatisch über einen Ölvorratsbehälter dosiert. Der DKW 3=6 (intern nannte man ihn Typ F 93/94) entsprach mit amerikanisch angehauchten Stilelementen wie den Panoramascheiben zwar noch dem Zeitgeschmack, doch schon lange bevor die letzten Wagen gefertigt wurden, arbeitete man an einem modern gestylten Nachfolger.

Modell	*DKW 3=6*
Hubraum / Zylinder	*896 ccm / 3 Zyl.*
PS / KW	*40 / 29,3*
Bauzeit	*1955 – 1959*
Stückzahl	*157 331*

DKW 3=6 Cabrio

Im Herbst 1955 lancierte DKW als Ergebnis ständiger Modellpflege den „Großen DKW 3=6". Die Bezeichnung war nicht willkürlich gewählt, der Wagen gewann zwischenzeitlich 100 mm an Breite, dementsprechend nahm auch die Spurweite zu, und auch in der Länge gab es einige Zentimeter mehr. Außerdem war die Frontscheibe des 3=6 oben nicht mehr leicht zugespitzt, sondern gleichmäßig gewölbt. Von der Technik her erhielt das Kastenprofil des Chassisrahmens eine Kreuztraverse, und der Federungskomfort wurde verbessert. Bei Karmann in Osnabrück entstanden auch 667 Cabriolet-Versionen, die zum Preis von etwa 8.000 Mark in den Handel kamen. Der 3=6 in einfachster Ausstattung kostete nur 5.400 Mark.

Modell	*DKW 3=6 Cabrio*
Hubraum / Zylinder	*896 ccm / 3 Zyl.*
PS / KW	*40 / 29,3*
Bauzeit	*1955 – 1959*
Stückzahl	*667*

DKW Junior

DKW präsentierte zur Frankfurter IAA 1957 mit dem Modell DKW Junior ein neues Baumuster, das in einem eigens dafür errichteten Werk vom Band laufen sollte. Mit dem Gedanken, Fahrzeuge mit selbsttragender Karosserie zu bauen, konnte sich DKW allerdings nicht anfreunden. Man blieb lieber dem stabilen Chassis treu und investierte mehr Zeit in die Motorenentwicklung. Ein Zweitaktmotor mit drei Zylindern und einem Hubvolumen von 741 ccm bis 889 ccm galt als Standard für die gesamte Baureihe. Als 1959 die Serienproduktion anlief, erschienen zuerst die Modelle F 11 auf dem Markt, 1963 debütierten die hubraumstärkeren F 12-Versionen. Als technisches Highlight besaßen alle ab 1961 gebauten Wagen die so genannte Frischölautomatik, die den Besitzern beim Tanken das lästige Öl-Beimischen im Verhältnis 1:100 abnahm.

Modell	*DKW Junior*
Hubraum / Zylinder	*741 ccm / 3 Zyl.*
PS / KW	*34 / 24,9*
Bauzeit	*1959 – 1963*
Stückzahl	*237 587*

DKW F 12 Roadster

Der offene DKW F 12, den das Werk als Roadster bezeichnete, wurde beim Karosseriespezialisten Baur in Stuttgart gefertigt und konnte ab 1964 zum Einstiegspreis von 7.200 Mark geordert werden. Ein teures Vergnügen, wenn man bedenkt, dass dieses Modell nach wie vor von einem Zweitaktmotor angetrieben wurde. Immerhin spürten die Händler eine langsam wachsende Abneigung gegen dieses Konzept, und F 12-Besitzer konnten kaum auf einen guten Wiederverkaufswert ihrer Wagen hoffen. DKW stellte die Produktion aller F 12 Modelle 1965 ein. Zwar brachte man zwischenzeitlich noch den Typ F 102 in veränderter Optik und mit selbsttragender Karosserie auf den Markt, doch vom Prinzip des Zweitaktmotors wollten sich die Konstrukteure immer noch nicht trennen.

Modell	*DKW F 12 Roadster*
Hubraum / Zylinder	*889 ccm / 3 Zyl.*
PS / KW	*45 / 33*
Bauzeit	*1964 – 1965*
Stückzahl	*6640*

Ford Taunus

Auf dem Niveau der Vorkriegstechnik basierend, kehrte 1948 in Fords Modellpalette wieder der Taunus zurück. Er rollte vorne wie hinten auf Starrachsen und besaß eine halb selbsttragende Karosserie. Die Kraftübertragung des Vierzylindermotors – er hatte noch stehende Ventile – erfolgte über ein Dreiganggetriebe an die Hinterachse. 34 PS machten den Wagen etwa 105 km/h schnell. 1950 zeigte sich der Taunus mit zahlreichen Detailverbesserungen, zu denen auch die Lenkradschaltung zählte. Die Neugestaltung der Kühlerpartie gab dem Wagen, den der Volksmund auch „Buckel-Taunus" nannte, ein frischeres Aussehen. Neben der Limousinenausführung führte Ford auch ein paar Cabriolets im Programm – diese Aufbauten entstanden vorwiegend bei den Karosseriebetrieben Deutsch und Karmann.

Modell	*Ford Taunus*
Hubraum / Zylinder	*1172 ccm / 4 Zyl.*
PS / KW	*34 / 24,9*
Bauzeit	*1948 – 1952*
Stückzahl	*ca. 76 590*

Modell	*Ford Taunus 12 M*
Hubraum / Zylinder	*1172 ccm / 4 Zyl.*
PS / KW	*38 / 27,8*
Bauzeit	*1952 – 1958*
Stückzahl	*ca. 430 000*

Ford Taunus 12 M

Erst 1952 brachten die deutschen Ford-Werke mit der Präsentation des neuen Taunus 12 M frischen Wind in ihre veraltete Modellpalette. Die Ziffer 12 in der Typenbezeichnung wies hierbei auf die Größe des Hubraums hin, der bei 1,2 Litern lag. Der Buchstabe M bedeutete soviel wie Meisterstück. In einem detaillierten Verkaufsprospekt ließen sich alle Vorzüge dieses Meisterstücks nachlesen – Ford hielt es anscheinend für wichtig, in dem Druckwerk auf nicht weniger als 79 Vorzüge einzugehen! Dazu gab es wunderbare technische Illustrationen, denn man wollte den Kaufinteressenten unmissverständlich mitteilen, dass dieser Taunus mit seinem Vorgänger überhaupt keine Gemeinsamkeiten mehr hatte.

Ford Taunus 12 M

Die zweifellos großen Glasflächen und die für damalige Verhältnisse modisch gestaltete Frontpartie mit einer deutlich nach vorn ragenden runden „Nase" in der Mitte, die von einer symbolischen Weltkugel gekrönt war, brachten dem neuen Taunus bald seinen speziellen Spitznamen ein, denn der Volksmund redete generell vom „Weltkugel-Taunus". Manche Fachjournalisten sahen in dem 12 M übrigens den modernsten deutschen Mittelklassewagen. Er verfügte nicht nur über ein mehr als ausreichendes Platzangebot, sondern er besaß auch akzeptable Fahrleistungen (105 km/h Spitze). Vor allem aber war der 12 M, der bei Karmann in Osnabrück auch als Kombi gebaut wurde, von den niedrigen Unterhaltskosten her interessant.

Modell	*Ford Taunus 12 M*
Hubraum / Zylinder	*1172 ccm / 4 Zyl.*
PS / KW	*38 / 27,8*
Bauzeit	*1952 – 1958*
Stückzahl	*ca. 430 000*

ord Taunus 15 M

ie Nachfrage nach leistungsstärkeren Auto-ıobilen veranlasste Ford, dem Taunus 12 M ine höherwertige Version gegenüber zu tellen. Mit dem Modell 15 M ergänzte man 955 das Angebot. Der 15 M besaß einen euentwickelten kurzhubigen Vierzylinder-motor mit einer hohlgegossenen Kurbel-velle. Zu den Modifikationen, die für den aien im Verborgenen blieben, zählten auch /erbesserungen am Fahrwerk. Obwohl Ford len 15 M als Konkurrent zum Opel in nehreren Ausstattungsversionen auf den Markt brachte, verkaufte sich der Wagen schlechter als erwartet. Selbst die de Luxe-Versionen mit eleganter Zweifarblackierung und reichlich Chromschmuck standen lange n den Verkaufsräumen der Händler.

Modell	*Ford Taunus 15 M*
Hubraum / Zylinder	*1498 ccm / 4 Zyl.*
PS / KW	*55 / 40,3*
Bauzeit	*1955 – 1958*
Stückzahl	*ca. 134 100*

Ford Taunus 12 M

Dass der neue Taunus des Jahrgangs 1952 ein anders geartetes Fahrzeug als der alte Buckel-Taunus war, erkannten Insider sofort an der Karosseriebauweise. Mit der Auslegung als selbsttragende Karosserie hatte auch bei der deutschen Ford-Tochter der Fortschritt Einzug gehalten. Dass bedeutete andererseits aber, dass die Zeit der Sonderkarosserien so gut wie zu Ende war, denn die ließen sich am besten auf Konstruktionen mit separatem Fahrgestell realisieren. Obwohl im ersten Produktionsjahr gleich mehr als 30000 neue 12 M auf die Räder gestellt wurden, konnten Karosseriebauexperten dennoch nicht die Finger von dem Wagen lassen. Trotz Pontonbauweise modifizierte der Spezialist Deutsch den neuen Taunus und brachte ihn in kleiner Stückzahl als vollkommen offenes Cabriolet auf den Markt.

Modell	*Ford Taunus 12 M*
Hubraum / Zylinder	*1172 ccm / 4 Zyl.*
PS / KW	*38 / 27,8*
Bauzeit	*1952 – 1958*
Stückzahl	*ca. 430 000*

Ford Taunus 17 M

Ganz im amerikanischen Stil gehalten, debütierte bei Ford im September 1957 der Taunus 17 M. Die durch eine Zierleiste betonte Gürtellinie ließ den 4380 mm langen Wagen noch größer erscheinen, als er schon war. Wie man der Modellbezeichnung entnehmen konnte, arbeitete unter der Motorhaube nun ein Vierzylinder der 1,7-Liter-Klasse. Er machte den Wagen 125 km/h flott. Die Kraftübertragung zur nun verbreiterten Hinterachse erfolgte wahlweise über ein Dreigang- oder Vierganggetriebe. Auf Wunsch konnte eine automatische Kupplung, der so genannte Saxomat, geordert werden. Ford brachte den bequemen 17 M in diversen Ausstattungsstufen (durchgehende vordere Sitzbank) als Zwei- und Viertürer auf den Markt, außerdem gab es den 17 M als Kombi.

Modell	*Ford Taunus 17 M*
Hubraum / Zylinder	*1698 ccm / 4 Zyl.*
PS / KW	*60 / 44*
Bauzeit	*1957 – 1960*
Stückzahl	*ca. 240 000*

Fuldamobil N 2

Gegenüber den rundlichen Fuldamobil-Versionen fiel das Modell N 2 mit seiner leicht kantigen Aluminiumblechkarosserie etwas aus dem Rahmen. Grund dafür war eine Unterkonstruktion aus Holz, die die Beplankung trug. Trotz zahlreicher Exportversuche blieb das Fuldamobil zu Beginn seiner Karriere eine rein deutsche Angelegenheit – die Namenswahl des Winzlings verriet übrigens den Ort, wo er gebaut wurde: In Fulda, bei der Elektromaschinenbau Fulda GmbH. Erst als sich 1958 der englische Geschäftsmann York Nobel für den Dreiradwagen interessierte, bekam das Fuldamobil internationalen Charakter. Nobel ließ das Auto unter seinem Namen bis 1961 beim Flugzeugbauer Bristol fertigen und brachte es sogar als Bausatz auf den Markt!

Modell	*Fuldamobil N 2*
Hubraum / Zylinder	*191 ccm / 1 Zyl.*
PS / KW	*10 / 7,3*
Bauzeit	*1955 – 1961*
Stückzahl	*ca. 3000 (alle Modelle)*

Glas Goggomobil T 250

Von den zahlreichen Kleinwagen, die zu Beginn der deutschen Wirtschaftswunderzeit das Straßenbild prägten, gelang es nur wenigen Modellen, sich fest und dauerhaft zu etablieren. Ursprünglich sollte das erfolgreiche Goggomobil als Fronttür-Fahrzeug (ähnlich der BMW-Isetta) mit Rolldach bescheidenen Ansprüchen gerecht werden, doch sein Konstrukteur, Hans Glas, erkannte, dass man automobilhungrigen Käufern mehr als eine Notlösung auf Rädern bieten musste. Er revidierte seine Pläne und brachte 1955 das Goggomobil als einen vollwertigen Kleinwagen, der wie ein richtiges Auto aussah, auf den Markt. Trotz kleiner Dimensionen attestierte man dem Goggomobil volle Verkehrstauglichkeit.

Modell	*Glas Goggomobil T 250*
Hubraum / Zylinder	*247 ccm / 2 Zyl.*
PS / KW	*13,6 / 10*
Bauzeit	*1955 – 1969*
Stückzahl	*210 531*

Glas Goggomobil T 300

Bei einem Anschaffungspreis ab 3.000 Mark setzte das Goggomobil zum ungeahnten Siegeszug unter den Kleinwagen an und brachte das Dingolfinger Unternehmen auf Richtung Erfolgskurs. Bereits ein Jahr nach Erscheinen baute Hans Glas von dem Goggo, der in 36 Ländern der Welt bekannt war, an die 170 Einheiten pro Tag. Davon entfiel ein Fünftel auf den Export. Als Marktführer dieser Fahrzeuggattung hielt sich das Goggomobil bis Ende der 60er Jahre – vor allem in der 250 ccm-Version: Diese Ausführung, die wie die anderen Modelle auch 14 Jahre lang fast unverändert gebaut wurde, etablierte sich vor allem bei jener Käuferschicht, die den Führerschein der alten Klasse IV besaß. Die wichtigste Veränderung, die dem Goggo im Zuge der Modellpflege widerfuhr, war die Einführung von Kurbelfenstern (1957) und die Umstellung auf vorn angeschlagene Türen (1964).

Modell	*Glas Goggomobil T 300*
Hubraum / Zylinder	*296 ccm / 2 Zyl.*
PS / KW	*15 / 11*
Bauzeit	*1955 – 1969*
Stückzahl	*210 531*

Glas Goggomobil TS 400 Coupé

Mit dem Goggomobil-Coupé – es erhielt die Modellbezeichnung TS – ergänzte Hans Glas im Februar 1957 das aus drei Leistungsstufen bestehende Programm der Goggo-Limousine. Seiner Meinung nach war die Zeit reif für einen Kleinwagen mit sportlicher Schale und eleganter Linienführung. Erwartungsgemäß avancierte das Wägelchen schnell zum Traum der Damenwelt oder stand gar als Zweitwagen vor manchem Einfamilienhaus. Bedeutende Veränderungen hat es während der Bauzeit, abgesehen vom Übergang zu vorn angeschlagenen Türen, kaum gegeben. Statistisch betrachtet, brachte es die Coupé-Variante stückzahlmäßig auf etwa ein Drittel aller gefertigten Goggomobile – und die war beachtlich, denn mit 280 730 Einheiten ging das Goggomobil nach Produktionsende als bisher erfolgreichster deutscher Kleinwagen in die Automobilgeschichte ein.

Modell	*Glas Goggomobil TS 400*
Hubraum / Zylinder	*395 ccm / 2 Zyl.*
PS / KW	*20 / 14,7*
Bauzeit	*1957 – 1969*
Stückzahl	*66 511*

Glas Isar T 600

Dem Trend größerer Autos folgend, stellte Glas 1958 seinem Kleinwagenprogramm einen vollwertigeren Wagen, den T 600 gegenüber. Die Idee, dieses 3400 mm lange, zweitürige Modell als Fronttriebler zu lancieren, wurde verworfen – man entschied sich letztendlich für die klassische Kombination von Heckantrieb und vorn platziertem Motor. Mit seiner Panorama-Windschutzscheibe, Weißwandreifen und etwas Chrom entsprach der zweifarbig lackierte T 600, der anfangs ebenfalls unter dem Namen Goggomobil vertrieben wurde, durchaus dem Zeitgeschmack. Im Gegensatz zu seinem Vorgänger, dem legendären Goggo, basierte der T 600 auf einer halb selbsttragenden Karosserie mit einer durch Längsträger verstärkten Bodenpartie. Ab 1959 wählte man für den T 600 bzw. T 700 (688 ccm; 30 PS; 135 km/h) die Modellbezeichnung Isar und ergänzte die schwer verkäuflichen Limousinen mit einer Kombiversion.

Modell	*Glas Isar T 600*
Hubraum / Zylinder	*584 ccm / 2 Zyl.*
PS / KW	*19 / 13,9*
Bauzeit	*1957 – 1965*
Stückzahl	*87 585*

Gutbrod Superior

Die im Hausprospekt dargestellte großstädtische Straßenszene, in der sich nur Gutbrod-Automobile begegnen, blieb für den Kleinwagenhersteller Gutbrod leider ein Traum. Seine zwar formschön gezeichneten Automobile mit angenehmen Fahreigenschaften neigten im harten Alltagsbetrieb jedoch zur Störanfälligkeit, und vom Preisniveau her betrachtet, bekam man ausgereiftere Technik anderer Hersteller zum günstigeren Kurs. Unter dem Markennamen Moto-Standard kam als erster Gehversuch im Kleinwagenbau bereits 1949 ein Gutbrod-Wagen auf den Markt, doch erst mit dem Modell Superior gelang es, für mehr Aufmerksamkeit zu sorgen. Gemessen an den Stückzahlen (7726 Fahrzeuge von Juli 1950 bis April 1954) zählte der Superior allerdings zu den Verlierern der Wirtschaftswunder-Fahrzeuge.

Modell	*Gutbrod Superior*
Hubraum / Zylinder	*593 ccm / 2 Zyl.*
PS / KW	*22 / 16,1*
Bauzeit	*1950 – 1954*
Stückzahl	*7726*

Gutbrod Superior

Da sich der Bau von Sonderkarosserien für viele Automobilhersteller nicht rechnete, überließ man dieses Feld gerne den Spezialisten und arbeitete dementsprechend mit Fremdfirmen zusammen. Bei den Westfalia-Werken in Rheda-Wiedenbrück realisierte man in kleiner Stückzahl auf Basis des Gutbrod Superior einen Kombiwagen. Der kleine Lastentransporter wurde mit einem Zweitaktmotor der 700 ccm-Klasse bestückt, den es in zwei Ausführungen gab: Entweder als Vergasermotor (26 PS) oder als Einspritzmotor (30 PS) mit einer Bosch-Einspritzpumpe. Zwar brachte letztere den Fronttriebler auf eine Spitze von 115 km/h, doch das Plus von 5 km/h stand im krassen Verhältnis zu den Anschaffungskosten. War die Vergaser-Version für 6.000 Mark zu haben, verlangte man für den Einspritzer 500 Mark mehr.

Modell	*Gutbrod Superior*
Hubraum / Zylinder	*658 ccm / 2 Zyl.*
PS / KW	*30 / 22*
Bauzeit	*1952 – 1954*
Stückzahl	*7726*

Hanomag Partner

Hanomag nutzte die Frankfurter Automobilausstellung 1951 zur Präsentation eines vollkommen neuen Modells namens Partner. Mit dem Partner hoffte man, wieder an alte Traditionen im PKW-Bau anknüpfen zu können, doch das relativ breite und rundliche Coupé, das auf der vorderen Sitzbank drei nebeneinander sitzenden Personen bequem Platz bieten konnte, traf alles andere als den Geschmack des Publikums. Bestückt mit einem Dreizylindermotor, hätte es den Reigen der Kleinwagenmodelle sicherlich angenehm bereichert, doch dieses Automobil verlangte nach mehr Pferdestärken. Angeblich verschrottete Hanomag nach der Ausstellung die bereits 20 existierenden Fahrzeuge und setzte damit ein für alle mal einen Schlussstrich unter den Geschäftsbereich PKW.

Modell	*Hanomag Partner*
Hubraum / Zylinder	*697 ccm / 3 Zyl.*
PS / KW	*28 / 20,5*
Bauzeit	*1951*
Stückzahl	*20*

Hansa 1100

Die zum Borgward-Konzern gehörende Marke Goliath präsentierte zum Modelljahrgang 1959 eine etwas größere Fahrzeugklasse, die unter dem eigenständigen Markennamen Hansa in den Handel gebracht wurde. Der Hansa hob sich nicht nur durch eine ansprechende Optik vom Goliath ab – er profitierte auch von vielen technischen Weiterentwicklungen wie dem neuartigen Sicherheitslenkrad, und seine optional lieferbare automatische Kupplung (Saxomat) trug zur Steigerung des Fahrkomforts bei. Für damalige Verhältnisse eher unüblich, verfügte der Hansa bereits über eine zweigeteilte Rücksitzlehne, die abgeklappt werden konnte und so das Volumen des Kofferraums erheblich erweiterte.

Modell	*Hansa 1100*
Hubraum / Zylinder	*1084 ccm / 4 Zyl.*
PS / KW	*55 / 40,3*
Bauzeit	*1959 – 1961*
Stückzahl	*ca. 28 700*

Heinkel Kabine 150

Als Produkt der Heinkel-Flugzeugwerke in Speyer setzte man für die Heinkel Kabine auf Leichtbauweise und erreichte bei dem niedrigen Gewicht von 245 kg und der günstigen Formgebung eine Spitze von 82 km/h. Um diesen Wert zu erzielen, genügte der vom Heinkel-Motorroller her bekannte Viertaktmotor. Seine einzige Veränderung bestand durch das Ergänzen eines Rückwärtsganges. Zum Vergleich: Die kleinere BMW Isetta brachte 345 kg auf die Waage und musste von einem 250 ccm Motor angetrieben werden. Wurden die Heinkel Kabinen der ersten Serie noch mit einer Gestängeschaltung bestückt, erhielten spätere Modelle ein Viergang-Klauengetriebe nebst Bowdenzugschaltung. 1958, nach dem Ende der deutschen Produktion, wurden die Herstellerrechte der Kabine an die Firma International Sales Ltd. in Irland abgetreten und später von Trojan in England übernommen.

Modell	*Heinkel Kabine 150*
Hubraum / Zylinder	*174 ccm / 1 Zyl.*
PS / KW	*9 / 6,6*
Bauzeit	*1955 – 1958*
Stückzahl	*ca. 12 000*

Ifa F 8

Obwohl die Industrie-Vereinigung Volkseigener Fahrzeugwerke mit der ostdeutschen Version des DKW F 9 (Ifa F 9) einen interessanten Wagen im Programm hatte, gab man die Fertigung des aus der Vorkriegszeit stammenden Modells F 8 keineswegs auf. Als Ableger dieses einfach gehaltenen Automobils (Holzkarosserie mit Kunstleder überzogen) entstand jetzt eine Cabriolet-Version. Diese Luxusausgabe mit Stahlblechaufbau sollte ursprünglich auch in westeuropäische Länder exportiert werden – von einigen Gehversuchen abgesehen, blieb diesem Auto aber der devisenbringende Erfolg verwehrt, denn der F 8 blieb eine eher osteuropäische Angelegenheit. Im Gegensatz zum F 9 arbeitete unter der Haube des F 8 kein Dreizylinder-Zweitaktmotor, sondern ein etwas kleineres Zweizylinder-Aggregat.

Modell	*Ifa F 8*
Hubraum / Zylinder	*684 ccm / 2 Zyl.*
PS / KW	*20 / 14,7*
Bauzeit	*1948 – 1955*
Stückzahl	---

Ifa F 9 Cabrio

Die 1932 gegründete Auto Union – ein Zusammenschluss der Marken Audi, DKW, Horch und Wanderer – wurde nach dem Zweiten Weltkrieg aufgelöst und alle im ostdeutschen Teil gelegenen Produktionsstätten verstaatlicht. Unter der Regie der Industrie-Vereinigung Volkseigener Fahrzeugwerke (Ifa) realisierte man zunächst ein Projekt, das vom Ursprung her bereits 1939 bei DKW entwickelt wurde. Dieser Wagen, dessen serienreife Version 1950 auf der Leipziger Messe zu sehen war, ging schließlich als Ifa F 9 in die Produktion, denn die Modellbezeichnung DKW hatte man zwischenzeitlich der im westlichen Teil Deutschlands neu gegründeten Auto Union überlassen.

Modell	*Ifa F 9 Cabrio*
Hubraum / Zylinder	*910 ccm / 3 Zyl.*
PS / KW	*28 / 20,5*
Bauzeit	*1950 – 1956*
Stückzahl	---

Kleinschnittger F 125

Paul Kleinschnittger gründete 1949 in Arnsberg die Kleinschnittger-Werke GmbH, um dort mit einer Belegschaft von 75 Mann den zweisitzigen F 125 zu bauen. Dieses Auto entsprach in etwa den Anschaffungs- und Unterhaltskosten eines Motorrads. Selbst leidenschaftlicher Motorradfahrer, war Kleinschnittger der Nachteil eines Zweirads – mangelnder Wetterschutz – bestens bekannt. Da seine Autokonstruktion nur 130 kg auf die Waage brachte, konnte auf den Rückwärtsgang verzichtet werden – wer den F 125 wenden wollte, musste aussteigen, das Wägelchen am Heck anheben und es einfach nur umsetzen! Der Einstieg in den türlosen Wagen war durch die geschickt gestalteten Seitenteile leicht zu bewältigen, allerdings nur, solange man auf den Gebrauch des eigenwilligen Klappverdecks verzichtete.

Modell	*Kleinschnittger F 125*
Hubraum / Zylinder	*123 ccm / 1 Zyl.*
PS / KW	*4,5 / 3,5*
Bauzeit	*1950 – 1957*
Stückzahl	*ca. 2000*

Lloyd LP 300

Bereits von 1906 bis 1914 hatte es Personenwagen der Marke Lloyd gegeben, danach verband sich das Unternehmen mit Hansa und ging 1929 an Carl F.W. Borgward über, der die Marke 1950 als Zweig der Borgward-Gruppe wieder reaktivierte. Mit dem Lloyd LP 300 stellte der in Bremen ansässige Automobilbauer für die Zeit der 50er Jahre eine ebenso interessante wie kostengünstige Lösung auf die Räder. Für den einfach konzipierten Kleinwagen mit kunstlederüberzogener Sperrholzkarosserie (!), die dem Modell alsbald den Spitznamen „Leukoplastbomber" einbrachte, wählte man als Chassisstruktur einen Zentralrohrrahmen mit Plattform. Sprüche wie „Wer den Tod nicht scheut, fährt Lloyd" konnten das Image des Lloyd 300 keineswegs ankratzen – der Wagen avancierte zum Bestseller.

Modell	*Lloyd LP 300*
Hubraum / Zylinder	*293 ccm / 2 Zyl.*
PS / KW	*10 / 7,3*
Bauzeit	*1950 – 1952*
Stückzahl	*18 087*

Lloyd LP 300

Um den spartanisch ausgestatteten LP 300 kostengünstig auf Fahrt bringen zu können, wählte Borgward als Antriebsquelle einen luftgekühlten Zweizylinder-Zweitaktmotor, der seine Leistung an die Vorderräder brachte. Das Motörchen, das bei einer Verdichtung von 6,25 : 1 bescheidene 10 Pferderstärken mobilisierte, reichte gerade für eine Spitzengeschwindigkeit von 75 km/h. Neben der Ausführung als Limousine baute man vom LP 300 noch eine Kombi-Version, die vor allem bei Gewerbetreibenden auf großes Interesse stieß. Bei einem Anschaffungspreis von etwa 3.400 Mark lag der als Kleinwagen konzipierte LP 300 zwar auf einem recht hohen Preisniveau, doch im Gegensatz zu Rollermobilen konnte man diesen Wagen fast wie ein vollwertiges Automobil nutzen.

Modell	*Lloyd LP 300*
Hubraum / Zylinder	*293 ccm / 2 Zyl.*
PS / KW	*10 / 7,3*
Bauzeit	*1950 – 1951*
Stückzahl	*18 087*

Lloyd LP 400

Im Zuge der Modellpflege modifizierte Lloyd den LP 300 zum LP 400. Während die ersten 400er noch traditionell mit Sperrholzkarosserie und Kunstlederüberzug gefertigt wurden, entschied man sich ab Frühjahr 1953 für eine höherwertige Bauweise und bestückte das Auto mit Seitenteilen aus Stahlblech. Mit dem inzwischen auf 3350 mm Gesamtlänge vergrößerten LP 400 hatte der Borgward-Konzern jetzt ein Automobil im Programm, das der Marke Lloyd nach VW und Opel den dritten Platz in der deutschen Zulassungsstatistik sichern konnte. Mittlerweile exportierten die Bremer ihr Automobil in mehr als 70 Länder der Erde, und ein Ende des ungewöhnlichen Erfolgskurses schien nicht in Sicht.

Modell	*Lloyd LP 400*
Hubraum / Zylinder	*383 ccm / 2 Zyl.*
PS / KW	*13 / 9,5*
Bauzeit	*1953 – 1957*
Stückzahl	*ca. 110 000*

Lloyd Alexander TS

Die Krönung konsequenter Weiterentwicklungen und Verbesserungen gipfelte 1958 in der Präsentation des Lloyd Alexander TS. Theoretisch zählte dieses Modell vielleicht zu den Kleinwagen, aber mit all den serienmäßigen Standards, die der TS besaß, war er besser in der Kategorie der untersten Mittelklasse aufgehoben. Verglichen mit dem VW-Käfer (3.800 Mark), an dessen Preis sich in den 50er Jahren alle Automobile zu messen hatten, wurde der Lloyd lange Zeit nur von einem Zweizylinder-Viertaktmotor angetrieben. Dank seines durchweg geschraubten und völlig zerlegbaren Aufbaus war der Wagen aber ein Musterbeispiel an niedrigen Folgekosten. Mit insgesamt 176 524 Einheiten zählten die Modelle LP 600, Alexander und Alexander TS eindeutig zu den populärsten Automobilen des Bremer Konzerns.

Modell	*Lloyd Alexander TS*
Hubraum / Zylinder	*596 ccm / 2 Zyl.*
PS / KW	*25 / 18,3*
Bauzeit	*1958 – 1961*
Stückzahl	---

Lloyd Arabella

Als Konkurrent für den VW-Käfer gedacht, brachte Lloyd unter der Modellbezeichnung Lloyd Arabella 1959 ein vollkommen anders geartetes Automobil mit einem neu konstruierten wassergekühlten Vierzylinder-Boxermotor auf den Markt. Mit hinterer Panoramascheibe und kleinen Heckflossen versehen, entsprach der Wagen durchaus dem Zeitgeschmack. Für das Fachmagazin „Auto, Motor und Sport" war Lloyds Arabella allerdings nur ein verkleinerter Mittelklassewagen – ein Gegenstück zum DKW-Junior. Die Arabella – die zuletzt als Borgward Arabella bei den Händlern stand – wurde bis zum Zusammenbruch des Borgward-Konzerns im Juli 1961 gebaut, unter der Regie der Konkursverwalter entstanden bis 1963 noch einmal 1493 Exemplare.

Modell	*Lloyd Arabella*
Hubraum / Zylinder	*897 ccm / 4 Zyl.*
PS / KW	*45 / 33*
Bauzeit	*1959 – 1963*
Stückzahl	*47 042*

Maico 500

Auf der Frankfurter Automobilausstellung 1955 debütierte in der Kategorie der Kleinwagen der Maico 500, ein viersitziges Gefährt mit Pfiff – behauptete zumindest die Werbung. Darf man der Maico-Werbung Glauben schenken, waren die weichen Polsterbänke behaglich wie Klubsessel, und es konnten sogar – Zitat: „... dicke Leute mitfahren. Jede Person hat eine Sitzbreite von über 1/2 Meter ..." Im Vergleich zum Lloyd „Leukoplastbomber" besaß der Maico 500 zwar eine Ganzstahlkarosserie, doch mit nur etwa 5000 gebauten Einheiten konkurrierte er nicht im Geringsten mit dem Bestseller des Bremer Borgward-Konzerns. Trotz in etwa übereinstimmender technischer Eckdaten blieb der Maico stets ein Außenseiter. Laut Prospekt eben, „... eine Klasse für sich, auf die nur Kenner schwören ..."

Modell	*Maico 500*
Hubraum / Zylinder	*452 ccm / 2 Zyl.*
PS / KW	*13 / 9,5*
Bauzeit	*1956 – 1958*
Stückzahl	*ca. 5000*

Mercedes-Benz 170 V

Nach Kriegsende begann Mercedes-Benz entwicklungstechnisch wieder dort, wo man vor 1939 stehen geblieben war. Die Zerstörungen des Krieges hatten die einzelnen Werke des Konzerns unterschiedlich betroffen. Unter anderem brachte die Materialknappheit die Wirtschaft nur äußerst langsam in Schwung. Im Februar 1946 baute man in Untertürkheim schon wieder Motoren, bald darauf konnte die Serienfertigung des Mercedes-Benz 170 V anlaufen. Nachdem vorerst die Modellpalette hauptsächlich aus Liefer-, Kranken- und Polizeistreifenwagen bestand, ergänzte man das Programm allmählich wieder mit viertürigen Personenwagen. Verließen bis Ende 1947 gerade mal 1000 PKW die Werkshallen, so konnte diese Zahl ein Jahr später bereits verfünffacht werden.

Modell	*Mercedes-Benz 170 V*
Hubraum / Zylinder	*1697 ccm / 4 Zyl.*
PS / KW	*38 / 27,8*
Bauzeit	*1947 – 1950*
Stückzahl	---

Mercedes-Benz 170 V

Erst im Mai 1948 konnten die wichtigen Forschungs- und Entwicklungsarbeiten bei der Daimler-Benz AG wieder aufgenommen werden. Man entschloss sich, den 170 jetzt in moderner Ganzstahlbauweise herzustellen, was eine Reduzierung der bisherigen Karosserievielfalt bedeutete. Ansonsten orientierte sich der Wagen weiterhin am Vorkriegsmodell. Sonderausstattungen waren ebenso Mangelware wie eine reichhaltige Farbpalette. Wer einen 170 haben wollte, hatte die Wahl zwischen grauer oder schwarzer Lackierung. Bis zum in Kraft treten der Währungsreform lag der amtlich festgelegte Preis für einen Typ 170 übrigens bei 6.200 Reichsmark – gut erhaltene Exemplare aus den 30er Jahren hatten zwar keine Lieferfristen, kosteten dafür aber wesentlich mehr.

Modell	*Mercedes-Benz 170 V*
Hubraum / Zylinder	*1697 ccm / 4 Zyl.*
PS / KW	*38 / 27,8*
Bauzeit	*1947 – 1950*
Stückzahl	---

Mercedes-Benz 170 S Cabriolet A

Der Mercedes-Benz Typ 170, mit dem der Konzern nach Ende des Zweiten Weltkriegs die Tradition im Automobilbau fortsetzte, entwickelte sich im Zuge der Modellpflege zu einem zuverlässigen Gebrauchsfahrzeug erster Güte. Trotz zahlreicher technischer Verbesserungen (Überarbeitung des Fahrwerks, Pendelachse, zentrale Chassisschmierung) blieb Daimler-Benz der bereits in den 30er Jahren entwickelten unverwechselbaren Karosserieform weitgehend treu. Dem wachsenden Wohlstand angemessen, reagierte man auf den Wunsch nach mehr Leistung, und der Aufstieg in die automobile Oberklasse war zu Beginn der 50er Jahre wieder zum Greifen nah. Mit dem Anstieg der Nachfrage und der Steigerung der Produktion war es nur noch eine Frage der Zeit, bis der Konzern die Modellpalette mit anderen Baumustern ergänzte.

Modell	*Mercedes-Benz 170 S Cabriolet A*
Hubraum / Zylinder	*1767 ccm / 4 Zyl.*
PS / KW	*52 / 38*
Bauzeit	*1949 – 1951*
Stückzahl	*830*

Mercedes-Benz 170 S Cabriolet A

Gehörte schon die viertürige Limousine des Typs 170 S zu den damals teuersten Automobilen, durfte man die Cabrio-Version erst recht zu den absoluten Luxuswagen zählen. Daimler-Benz brachte die offenen Ausführungen als Cabriolet A und Cabriolet B auf den Markt. Das Cabrio A wurde in den Verkaufsunterlagen als zweisitzige Sportvariante gelistet, die man an nur einem Seitenfenster erkannte. Die geräumigere B-Ausführung mit ebenfalls 2840 mm Radstand verfügte über vier Sitze und zwei Seitenfenster. Von der Ausstattung her gab es bei den Cabriolets keinen Unterschied: Sie verfügten über ein poliertes Armaturenbrett aus Holz und bequeme Sitze, die mit allerfeinstem Leder überzogen waren.

Modell	*Mercedes-Benz 170 S Cabriolet A*
Hubraum / Zylinder	*1767 ccm / 4 Zyl.*
PS / KW	*52 / 38*
Bauzeit	*1949 – 1951*
Stückzahl	*830*

Mercedes-Benz 170 S Cabriolet B

Von den Abmessungen her ein bisschen größer gebaut und komfortabler ausgestattet, feierte im Mai 1949 mit dem 170 S ein Wagen sein Debüt, den die Fachpresse gern als Symbol des sich anbahnenden Wirtschaftswunders bezeichnete. Auf einem Radstand von 2840 mm basierend, entstand hier praktisch die erste S-Klasse des Konzerns. Der Anschaffungspreis lag bei etwas mehr als 16.000 Mark, weshalb dieser Wagen damals zu den Luxusautomobilen zählte, die sich nur Spitzenverdiener leisten konnten. Als Weiterentwicklung des alten 170 V flossen in den 170 S viele technischen Neuerungen ein – beispielsweise die vollkommen überarbeitete Vorderradaufhängung aus Doppel-Querlenkern, Schraubenfedern und einem Stabilisator.

Modell	*Mercedes-Benz 170 S Cabriolet B*
Hubraum / Zylinder	*1767 ccm / 4 Zyl.*
PS / KW	*52 / 38*
Bauzeit	*1949 – 1952*
Stückzahl	---

Mercedes-Benz 170 S Cabriolet B

Die Produktion der ersten Ausführung des Nachkriegsmodells 170 endete im Mai 1950. Schon ein Jahr zuvor debütierte dieser Wagen in einer Dieselvariante (170 D), die sich schnell zum Bestseller entwickelte, weil Dieselkraftstoff ohne Engpässe lieferbar war. Das Dieselaggregat gab bei 3200 Touren eine Leistung von 40 PS ab und brachte den 170 auf eine Höchstgeschwindigkeit von 100 km/h. Der Verbrauch lag bei etwa 8 Liter auf 100 Kilometer Fahrtstrecke – für ein knapp 1300 kg schweres Automobil ein akzeptabler Wert. Der alternativ angebotene Vergasermotor machte den Mercedes-Benz 170 nur unwesentlich schneller. Die Spitze lag hier bei 110 km/h, der durchschnittliche Benzinverbrauch pro 100 Kilometer betrug etwa 11 Liter.

Modell	*Mercedes-Benz 170 S Cabriolet B*
Hubraum / Zylinder	*1767 ccm / 4 Zyl.*
PS / KW	*52 / 38*
Bauzeit	*1949 – 1952*
Stückzahl	---

Mercedes-Benz 220 Limousine

Mit dem Wirtschaftswunder und der Gründung der Bundesrepublik Deutschland startete auch Mercedes-Benz wieder voll durch. Bereits im Oktober 1950 wurde die Produktion des 50 000sten PKW nach Kriegsende gefeiert. Sechs Monate später, im April 1951, präsentierte die Daimler-Benz AG während der ersten Internationalen Automobilausstellung in Frankfurt/Main den gänzlich neuen Typ 220. Damit gab es endlich wieder ein Fahrzeug der Oberklasse. Sein Motor leistete 80 PS und ermöglichte eine respektable Höchstgeschwindigkeit von 140 km/h. Bis 1955 entstand der 220 in verschiedensten Karosserievarianten. Besonders das Cabriolet A und das Coupé erreichten dabei einen Imagestatus, der die Wagen schon frühzeitig zu wertvollen Sammlerobjekten machte.

Modell	*Mercedes-Benz 220 Limousine*
Hubraum / Zylinder	*2195 ccm / 6 Zyl.*
PS / KW	*80 / 58,6*
Bauzeit	*1951 – 1955*
Stückzahl	*16 154*

Mercedes-Benz 220 Cabrio A

Man musste schon genau hinsehen, um den Typ 220 von seinem Vorgänger, dem 170 S, unterscheiden zu können – beide Modelle besaßen fast identische Abmessungen. Trotzdem wirkte der 220 voluminöser, und das lag an den geänderten, fülligeren Vorderkotflügeln. In sie hatte man jetzt die Scheinwerfer integriert, was der Vorderfront ein gestreckteres Aussehen verlieh. Die Heckansicht des 220 bot weniger Unterscheidungsmerkmale – von der Umgestaltung der Rücklichter abgesehen, zeigte eigentlich nur das Typenschild, dass es sich nicht um den vierzylindrigen 170, sondern um den 220 mit sechs Zylindern handelte. Im Frühjahr 1954 ergänzte man die Modellpalette und stellte der viertürigen Limousine zwei Cabriolet-Versionen (Cabrio A und Cabrio B) gegenüber.

Modell	*Mercedes-Benz 220 Cabrio A*
Hubraum / Zylinder	*2195 ccm / 6 Zyl.*
PS / KW	*80 / 58,6*
Bauzeit	*1954 – 1955*
Stückzahl	*2275*

Mercedes-Benz 220 Cabrio A

Sechs Jahre nach Kriegsende war die Zeit nicht nur für eine neue temperamentvolle Limousine, sondern auch für ein elegant gezeichnetes Cabriolet reif. Dem schnittigen Äußeren angemessen, bestückte Daimler-Benz die Cabrio-Versionen des 220 mit einem neu entwickelten Sechszylindermotor. Das kurzhubige Aggregat, dessen Kopf und Block aus Grauguss bestanden, verfügte über einen Nockenwellenantrieb per Doppelrollenkette. Obwohl der Motor seine Leistung von 80 PS bereits bei der humanen Drehzahl von 4850 Touren abgab, garantierte diese Auslegungsart ein stattliches Drehvermögen: Man konnte den 220 ohne weiteres für längere Zeit im Bereich von 5500 Umdrehungen bewegen – die Abstufung des Getriebes verlangte eh keine schaltfaule Fahrweise.

Modell	*Mercedes-Benz 220 Cabrio A*
Hubraum / Zylinder	*2195 ccm / 6 Zyl.*
PS / KW	*80 / 58,6*
Bauzeit	*1954 – 1955*
Stückzahl	*2275*

Mercedes-Benz 220 Coupé

Alle Versionen des Typs 220 basierten auf einem x-förmigen Rahmen, der aus ovalem Stahlrohr gefertigt wurde. Damit entsprach der solide Unterbau mit seiner hinteren Zweigelenk-Pendelachse dem bei Daimler-Benz seit Kriegsende angewandten Baukastenprinzip. Von den 14 verschiedenen Karosserieversionen des 220 zählten schon damals die Coupé-Varianten zu den seltensten Aufbauten. Obwohl Daimler-Benz nur 85 Coupés auf die Räder stellte, gab es hier regelmäßige Detailveränderungen. Die frühen Coupés wurden wie gewohnt von dem 80 PS starken Motor angetrieben, während man den Jahrgang 1955 mit einem weiterentwickelten Motor bestückte, dessen Zylinderkopf aus Leichtmetall gefertigt wurde.

Modell	*Mercedes-Benz 220 Coupé*
Hubraum / Zylinder	*2195 ccm / 6 Zyl.*
PS / KW	*80 / 58,6*
Bauzeit	*1954 – 1955*
Stückzahl	*85*

Mercedes-Benz 220 Coupé

Fast 12.000 Mark kostete der viertürige Mercedes-Benz 220 in der Standardausführung. Das Coupé, das nur zwei Personen Platz bot, kostete genau doppelt soviel – zu diesem Preis war bereits ein Stahlschiebedach enthalten. Unabhängig von der Karosserieversion waren die Typen 220 von den Abmessungen her so gut wie identisch. Ihre Gesamtlänge maß etwa 4500 mm, der Radstand 2840 mm. Daraus resultierte ein Wendekreisdurchmesser von zwölf Metern. Je nach Wagengewicht (1350 kg für die Limousine; 1680 kg für das Cabrio) erreichte der 220 eine Höchstgeschwindigkeit von 140 bis 145 km/h. Um den Wagen vom Stand aus bis zur 100 km/h-Markierung zu beschleunigen, vergingen 21 Sekunden.

Modell	*Mercedes-Benz 220 Coupé*
Hubraum / Zylinder	*2195 ccm / 6 Zyl.*
PS / KW	*80 / 58,6*
Bauzeit	*1954 – 1955*
Stückzahl	*85*

Mercedes-Benz 219

Im Herbst 1953 präsentierte Daimler-Benz mit dem Typ 180 endlich den lang erwarteten „Ponton-Wagen". Bei diesem Modell kam im Konzern erstmals die Bauweise der selbsttragenden Karosserie zur Anwendung, die jede Menge Vorteile brachte: So profitierte der Wagen dank des rechteckigen Grundrisses von einer optimalen Raumausnutzung. Gleich nach dem ersten Produktionsjahr wurde der vierzylindrige 180 durch eine längere Limousine gleichen Baumusters ergänzt. Dieser Typ 220a, der ab 1956 durch den 219 ersetzt wurde, erhielt einen drehmomentstarken Sechszylindermotor. Vor allem das Modell 219 – eine hochwertige Alternative zum sechszylindrigen Opel – sollte Interessenten einen preisgünstigen Einstieg in diese Fahrzeugklasse bieten.

Modell	*Mercedes-Benz 219*
Hubraum / Zylinder	*2195 ccm / 6 Zyl.*
PS / KW	*85 / 62,2*
Bauzeit	*1954 – 1959*
Stückzahl	*---*

Mercedes-Benz 220 S

Der ebenfalls vom 220a abgeleitete Typ 220 S zeichnete sich in erster Linie durch eine dieser Wagenklasse standesgemäße Leistung aus: Seine Zweivergaseranlage entlockte dem Sechszylinder ab Jahrgang 1956 exakt 100 PS. Damit beschleunigte die viertürige Limousine innerhalb 17 Sekunden von 0 auf 100 km/h und erreichte eine Höchstgeschwindigkeit von 160 km/h. Zur Steigerung des Fahrkomforts wurde noch einmal das Federungssystem überarbeitet. Ein Bremskraftverstärker, der die Wirksamkeit der hydraulisch betätigten Trommelbremsen unterstützte, gehörte jetzt ebenso zur Grundausstattung wie die Lichthupe. Wer wollte, konnte seinen 220 S auf Wunsch mit einem Kupplungsautomaten, einer Art Halbautomatik, ordern.

Modell	*Mercedes-Benz 220 S*
Hubraum / Zylinder	*2195 ccm / 6 Zyl.*
PS / KW	*100 / 73,2*
Bauzeit	*1956 1959*
Stückzahl	---

Mercedes-Benz 220 S Cabrio

Mit der offenen Version des Modells 220 realisierte man im Hause Daimler-Benz zum ersten Mal ein Cabriolet, das von der Grundstruktur her in selbsttragender Bauweise gefertigt wurde. Es war nicht leicht, diese Idee zu verwirklichen, denn wegen der fehlenden Rahmenstruktur musste das Cabriolet vor allem im Bodenbereich verstärkt werden, um die erforderliche Verwindungsfestigkeit des Aufbaus garantieren zu können. Ein großes Problem stellten die breiten Türen dar. Um ihr Gewicht möglichst niedrig zu halten, basierten sie auf einem Aluminiumgerüst, das mit Blech beplankt wurde. Trotz allen Hindernissen hat sich der Aufwand gelohnt. Als die Serienfertigung anlief, hatte man endlich ein vom Design her eigenständiges Cabriolet im Programm, das nicht wie eine aufgeschnittene Limousine aussah.

Modell	*Mercedes-Benz 220 S Cabrio*
Hubraum / Zylinder	*2195 ccm / 6 Zyl.*
PS / KW	*100 / 73,2*
Bauzeit	*1956 – 1959*
Stückzahl	---

Mercedes-Benz 220 S Cabrio

Anlässlich der Frankfurter IAA im September 1955 zeigte Daimler-Benz die Prototypen eines Cabriolets, das mit dem Sechszylindermotor des Modells 220 a bestückt wurde – von Experimenten mit Vierzylinder-Aggregaten hatte man sich zwischenzeitlich verabschiedet. Vom Konzept her legte man ein Cabriolet als Zweisitzer aus, das andere als Viersitzer. Keines dieser Konzepte wurde realisiert. Mit ihrem plumpen Aussehen verfehlten sie den Geschmack des Publikums. Es bedurfte noch vieler Nachbesserungen, doch die Arbeit hatte sich gelohnt. Erst nach der Änderung des Radstands auf 2700 mm und dem Reduzieren der Gesamtlänge wirkte der Karosserieaufbau harmonisch und elegant – die Grundlage zur Serienfertigung war somit geschaffen.

Modell	*Mercedes-Benz 220 S Cabrio*
Hubraum / Zylinder	*2195 ccm / 6 Zyl.*
PS / KW	*100 / 73,2*
Bauzeit	*1956 – 1959*
Stückzahl	---

Mercedes-Benz 220 SE Coupé

Der bekannte Sechszylindermotor, den es ab Oktober 1958 auch in einer Version als Einspritzer gab, zeichnete sich in erster Linie natürlich durch die höhere Leistungsabgabe aus. Er brachte gegenüber der Vergaser-Ausführung 15 PS mehr an die Hinterräder. Dank seines höheren Drehmoments erzielten das Ponton-Cabrio und das Ponton-Coupé damit eine etwas bessere Beschleunigung, an der Höchstgeschwindigkeit von 160 km/h änderte sich hingegen nichts. Allerdings schlug der Einspritzmotor mit einem saftigen Aufpreis zu Buche. Der kaufkräftigen Kundschaft, die sich einen luxuriösen 220 SE mit verschwenderischer Ausstattung leisten konnte, schien das wenig zu stören. Auf Grund der hohen Nachfrage blieb der SE ein Jahr länger in Produktion als der 220 S.

Modell	*Mercedes-Benz 220 SE Coupé*
Hubraum / Zylinder	*2195 ccm / 6 Zyl.*
PS / KW	*115 / 84,2*
Bauzeit	*1958 – 1960*
Stückzahl	---

Mercedes-Benz 300

Es herrschte viel Gedränge auf dem Stand der Daimler-Benz AG, als man 1955 anlässlich der Frankfurter IAA neben dem eleganten Mercedes-Benz 220 noch einen weiteren Wagen, den Typ 300, präsentierte. Mit diesem imposanten Modell wollte der Konzern auf eindrucksvolle Weise neue Akzente in der automobilen Oberklasse setzen – und das ist den Ingenieuren mehr als gelungen. Die fast 5000 mm lange viertürige Limousine basierte auf einem X-förmigen Rahmen, dessen Radstand 3050 mm betrug. Ein optischer Kunstgriff ließ den 300er noch länger wirken, als er schon war, denn die Form der stark ausgeprägten vorderen Kotflügel setzte sich nahtlos über die gesamte Breite der Vordertüren fort.

Modell	*Mercedes-Benz 300*
Hubraum / Zylinder	*2996 ccm / 6 Zyl.*
PS / KW	*115 / 84,2*
Bauzeit	*1951 – 1954*
Stückzahl	---

Mercedes-Benz 300

Der Daimler-Benz-Konzern war nicht der einzige Hersteller, der mit Modellen wie dem Typ 300 auf der IAA für Aufmerksamkeit sorgte. Auch Opel und BMW hatten ihre Oberklasse-Wagen nach Frankfurt gebracht, doch – wie sich später zeigen sollte – konnte nur der Mercedes-Benz 300 den Titel in Anspruch nehmen, das schnellste aller großen Modelle zu sein. Das fast schon amerikanischen Dimensionen entsprechende Fahrzeug lief trotz seines hohen Gewichts von 1780 kg beachtliche 160 km/h. Unter der langen Motorhaube der markanten Frontpartie arbeitete ein Sechszylinder-Aggregat mit schräg stehenden Ventilen und obenliegender Nockenwelle. Mit zwei Fallstromvergasern bestückt, leistete die Maschine 115 PS – dieser Wert war, wie sich bald zeigte, noch steigerungsfähig.

Modell	*Mercedes-Benz 300*
Hubraum / Zylinder	*2996 ccm / 6 Zyl.*
PS / KW	*115 / 84,2*
Bauzeit	*1951 – 1954*
Stückzahl	---

Mercedes-Benz 300 Sc Cabrio A

Nur ein halbes Jahr später nach dem Debüt leitete Daimler-Benz im Zuge der Modellpflege von dem Typ 300 die Variante 300 S ab. Sie wurde im Oktober 1951 auf dem Pariser Salon der Fachpresse vorgestellt. Der werksintern W 188 I genannte Wagen wandelte sich bald wieder und sorgte dann als Typ 300 Sc (intern W 188 II) für Aufmerksam auf den Straßen. Der 300 Sc glänzte mit reichlich Chromzierrat, profitierte in erster Linie aber von einem starken Einspritzmotor. Eine überarbeitete Eingelenk-Pendelhinterachse trug übrigens zur Steigerung des Fahrkomforts bei. Mittlerweile ergänzten verschiedene Karosserievarianten diese Baureihe, unter anderem das hier abgebildete zweitürige Cabriolet. Sein Kaufpreis damals: 37.000 Mark!

Modell	*Mercedes-Benz 300 Sc Cabrio A*
Hubraum / Zylinder	*2996 ccm / 6 Zyl.*
PS / KW	*175 / 128,1*
Bauzeit	*1955 – 1958*
Stückzahl	---

Mercedes-Benz 300 Sc Coupé

Zugegeben, den höchsten Fahrkomfort der 300er-Baureihe konnte man in der viertürigen Limousine genießen. Sie war ab etwa 22.000 Mark zu haben, und wer ein solches Fahrzeug besaß, zählte meist zu der Kundschaft, die nicht selbst fuhr, sondern sich fahren ließ. Kaufinteressenten, die ein von der Optik her eleganteres Modell suchten, fanden in einem Roadster, Cabriolet oder Coupé die entsprechende Alternative. Daimler-Benz ließ sich dieses Fahrvergnügen gut honorieren und verlangte für ein Coupé – nur ein Zweisitzer! – an die 37.000 Mark. Das entsprach Mitte der 50er Jahre dem Wert eines Einfamilienhauses, weshalb der Roadster, das Cabriolet und das Coupé in nur geringen Stückzahlen gebaut worden sind (alle drei Versionen etwa 760 Stück).

Modell	*Mercedes-Benz 300 Sc Coupé*
Hubraum / Zylinder	*2996 ccm / 6 Zyl.*
PS / KW	*175 / 128,1*
Bauzeit	*1955 – 1958*
Stückzahl	*ca. 760 (alle Versionen)*

Mercedes-Benz 300 d

Der große Mercedes-Benz 300 war nicht nur in finanziell gut situierten Kreisen ein begehrtes Prestigeobjekt. Auch die Regierung schwörte auf den Repräsentationswagen. Bundeskanzler Adenauer und Bundespräsident Heuss ließen sich bald nur noch im 300er chauffieren, weshalb dieses Modell unter dem Spitznamen „Adenauer" in die Automobilgeschichte eingegangen ist. Natürlich profitierten die Regierungswagen von allerlei Extras. So gab es unter anderem den verlängerten Radstand (3150 mm) zugunsten der Beinfreiheit im Fond. Die Trennscheibe zum Fahrerabteil gehörte ebenso zum Extra wie das Autotelefon oder das Blaulicht.

Modell	*Mercedes-Benz 300 d*
Hubraum / Zylinder	*2996 ccm / 6 Zyl.*
PS / KW	*160 / 117,2*
Bauzeit	*1957 – 1962*
Stückzahl	---

Mercedes-Benz 300 SL

Am 15. Juni 1951 fasste der Vorstand von Daimler-Benz einen Beschluss mit großer Tragweite: Mercedes-Automobile sollten wieder auf die Rennstrecken der Welt zurückkehren. Wie sich später herausstellte, war es eine äußerst glückliche Entscheidung. Denn sie brachte der Marke Mercedes-Benz in den 50er Jahren nicht nur zwei WM-Titel in der Formel 1, sondern war gleichzeitig auch die Geburtsstunde einer unsterblichen Auto-Faszination: des Mythos SL. Selten hat eine Buchstabenfolge wie die Modellbezeichnung SL – eigentlich nur als Kürzel für "sportlich" und "leicht" gedacht – einen ähnlich charismatischen Glanz erreicht. Die beiden Buchstaben sind noch heute die Urkunde für eine einzigartige Mercedes-Tradition und Garanten für eine pulsierende Legende.

Modell	*Mercedes-Benz 300 SL*
Hubraum / Zylinder	*2996 ccm / 6 Zyl.*
PS / KW	*215 / 157,5*
Bauzeit	*1954 – 1957*
Stückzahl	*1400*

Mercedes-Benz 300 SL

Als der SL-Mythos begann, lebte man noch in der düsteren Nachkriegszeit. Die Geldbörsen waren leer, die Autobahnen fast ausgestorben, es gab freie Parkplätze im Überfluss und jede Menge Visionen. Eine davon sah den Mercedes-Benz 300 SL als reines Rennfahrzeug – ein Ziel, das er mit Bravour erreichte. Obwohl als technische Basis aus Kostengründen und Zeitknappheit nur die Limousine W 186 (das ist der berühmte „Dreihunderter") zur Verfügung gestanden hatte, war der Mercedes-Sportwagen auf Anhieb erfolgreich. Rudolf Uhlenhaut, der die entscheidenden Impulse für den 300 SL gegeben hatte, erinnerte sich später: „Wir nahmen den Serienmotor des 300 und bauten um ihn herum einen Rohrrahmen mit einer Aluminiumkarosserie."

Modell	*Mercedes-Benz 300 SL*
Hubraum / Zylinder	*2996 ccm / 6 Zyl.*
PS / KW	*215 / 157,5*
Bauzeit	*1954 – 1957*
Stückzahl	*1400*

Mercedes-Benz 300 SL

Das SL-Konzept stimmte von Anfang an: Bereits 1952 fuhr ein SL bei der berühmten Rallye Mille-Miglia als Zweiter durchs Ziel. Eindeutig charismatisch wurden die beiden Buchstaben spätestens beim Auftritt des 300 SL im selben Jahr bei der Carrera Panamericana. Der grandiose Doppelsieg von Karl Kling und seinem Copiloten Hans Klenk sowie von Hermann Lang und Erwin Grupp bei diesem berüchtigten Langstreckenrennen rückte das Flügeltüren-Coupé endgültig in den Mittelpunkt des Interesses, nachdem die 300 SL im gleichen Jahr auch in Bern, bei den 24 Stunden von Le Mans und am Nürburgring am schnellsten gewesen waren.

Modell	*Mercedes-Benz 300 SL*
Hubraum / Zylinder	*2996 ccm / 6 Zyl.*
PS / KW	*215 / 157,5*
Bauzeit	*1954 – 1957*
Stückzahl	*1400*

Mercedes-Benz 300 SL

Trotz früher Erfolge auf der Rennpiste hätte es den 300 SL als Straßensportwagen – und damit die Keimzelle aller SL – fast nicht gegeben: Die Idee, den SL in einer Straßenversion zu bauen, stammte nämlich von Max Hoffman. Der brillante Verkäufer, der in den USA mit europäischen Fahrzeugen handelte, war überzeugt davon, auf dem nordamerikanischen Kontinent 1000 straßentaugliche Exemplare des Mercedes-Benz 300 SL verkaufen zu können. Schließlich war der Sportwagen durch seine Rennerfolge auch jenseits des großen Teichs überall bekannt. Hoffmans Argumente überzeugten den Vorstand des Stuttgarter Automobilunternehmens, und so erblickte die Straßenversion des 300 SL am 6. Februar 1954 auf der Motor Show in New York das Licht der Autowelt. Der 300 SL war durch und durch eine Hightech-Konstruktion in der innovativen Tradition der Marke Mercedes-Benz. Die Ingenieure hatten mit dem Sechszylinder-Reihenmotor ein Hochleistungs-Aggregat entwickelt, das zunächst 210 PS bei 5760 Touren abgab. Mit einer Sportnockenwelle und einem Verdichtungsverhältnis von 8,55 : 1 brachte es das Kraftpaket sogar auf eine Leistung von 215 PS bei 5800 Touren. Das entsprach einer Literleistung von 71,5 PS pro Liter – ein für damalige Verhältnisse unvorstellbarer Wert, denn die meisten Motoren begnügten sich mit einer kargen Leistungsausbeute von höchstens 30 PS pro Liter Hubraum. Ebenso sorgten die Drehzahlen des SL-Triebwerks für Bewunderung: 6600 U/min nannte Mercedes-Benz als Höchstdrehzahl, 6000 U/min als Dauerdrehzahl.

Modell	*Mercedes-Benz 300 SL*
Hubraum / Zylinder	*2996 ccm / 6 Zyl.*
PS / KW	*215 / 157,5*
Bauzeit	*1954 – 1957*
Stückzahl	*1 400*

Mercedes-Benz 300 SL

Das Sensationelle am SL war neben seinem brillanten Triebwerk vor allem der Unterbau des Wagens. Man sprach von einem Gitterrohrrahmen, dessen Grundprinzip aus dem Flugzeugbau stammte. Die filigrane Konstruktion, die Spezialisten aus einzelnen, dünnen Stahlrohren von Hand zusammenschweißten, war leicht und trotzdem steif. Um den Rahmen stabil zu halten, wurde er bei der ursprünglichen Coupé-Version an der Fahrgastzelle, dort wo normalerweise die Türen sind, sehr hoch gehalten. Daraus ergab sich fast zwangsläufig eine spektakuläre Neuerung, die das 300 SL Coupé unverwechselbar machte: die Flügeltüren. Um jedoch für den Roadster einen bequemen Einstieg und einen größeren Kofferraum zu schaffen, veränderten die Ingenieure die Rohrrahmenkonstruktion und zogen sie im Türbereich stark nach unten.

Modell	*Mercedes-Benz 300 SL*
Hubraum / Zylinder	*2996 ccm / 6 Zyl.*
PS / KW	*215 / 157,5*
Bauzeit	*1954 – 1957*
Stückzahl	*1400*

Mercedes-Benz 300 SL Roadster

Im März 1957 löste der Roadster, der bis 1963 produziert wurde, den Flügeltürer ab. Wieder blickte man bei dieser Entscheidung auf den US-Markt, wo offene Automobile im Trend lagen. Ab 1958 gab es den Roadster, der sich vom Coupé durch seine länglichen, senkrecht angeordneten Scheinwerfer unterschied, auch mit Hardtop. Damit begründete Mercedes-Benz die Philosophie, dass ein SL offen, aber gleichzeitig auch wettertauglich sein muss. In beiden Varianten bewies der 300 SL eine einzigartige Anziehungskraft. Enthusiasten aus aller Welt wollten ihn haben. Auch die internationale Prominenz schmückte sich gern mit diesem Sportwagen. Filmdiva Zsa Zsa Gabor legte sich ebenso einen 300 SL zu wie Zeitungskönig William Randolph Hearst, adelige Häupter wie der Herzog von Edinburgh und Schah Reza Pahlevi fuhren SL genauso wie Rock'n'Roll-König Elvis Presley. Ein weiteres markantes Merkmal der SL-Modelle der 50er Jahre waren die sichelförmigen Karosserieausbuchtungen über den Rädern, die dem Wagen eine eindrucksvolle Erscheinung verliehen. Ursprünglich waren sie dazu gedacht, die Karosserieflanken vor Schmutz und Steinschlägen zu schützen. Deshalb nannte man sie offiziell auch „Spritzschutzkanten". Im Gegensatz zum Flügeltürer verbesserten die Mercedes-Ingenieure den Roadster in einigen wichtigen Punkten. Er erhielt eine neue Eingelenk-Pendelachse mit tiefer gelegtem Drehpunkt und Ausgleichsfeder, welche der ursprünglichen Zweigelenk-Achse überlegen war und die Fahrer im Grenzbereich weniger forderte. Ab 1961 setzt Mercedes-Benz beim SL-Roadster an allen vier Rädern Scheibenbremsen ein.

Modell	*Mercedes-Benz 300 SL Roadster*
Hubraum / Zylinder	*2996 ccm / 6 Zyl.*
PS / KW	*215 / 157,5*
Bauzeit	*1957 – 1963*
Stückzahl	*1858*

Mercedes-Benz 300 SL Roadster

Die international anerkannte amerikanische Automobilfachzeitschrift „Road & Track" unterrichtete ihre Leser über den 300 SL Roadster: „Wenn ein komfortabler Innenraum mit einem bemerkenswert guten Fahrverhalten konform geht, mit geradezu unheimlicher Bodenhaftung der Räder, einer leichtgängigen und präzisen Lenkung und einer Leistung, die den besten bisher bekannten Wagen nahe kommt und sie sogar noch zu übertreffen vermag, bleibt nur eines zu sagen: Der Sportwagen der Zukunft ist Wirklichkeit geworden!" Doch auch dieser Traum ging zu Ende: Am 8. Februar 1963 wurde die Produktion des 300 SL eingestellt. Insgesamt 3258 Mal war der Sportwagen bis dahin gebaut worden, 1858 Mal als Roadster.

Modell	*Mercedes-Benz 300 SL Roadster*
Hubraum / Zylinder	*2996 ccm / 6 Zyl.*
PS / KW	*215 / 157,5*
Bauzeit	*1957 – 1963*
Stückzahl	*1858*

Mercedes-Benz 190 SL

Die denkwürdige Vorstandssitzung in Stuttgart, die als Geburtsstunde des berühmten Typs 190 SL gilt, fand am 2. September 1953 statt. Man hatte Max Hoffman eingeladen, weil der geschäftstüchtige Amerikaner bereits seit 1946 europäische Automobile in die USA importierte und dabei einen untrüglichen Instinkt und ein großes Fingerspitzengefühl bewiesen hatte. Er war also der richtige Partner für Mercedes-Benz, um ins Amerika-Geschäft einzusteigen. Der 190 SL sollte gemeinsam mit dem legendären Flügeltürer 300 SL den amerikanischen Markt für die älteste Automobilmarke der Welt weit öffnen – die Premiere auf der International Motor Sports Show in New York war dazu vom 6. bis zum 14. Februar 1954 anberaumt worden.

Modell	*Mercedes-Benz 190 SL*
Hubraum / Zylinder	*1897 ccm / 4 Zyl.*
PS / KW	*105 / 77*
Bauzeit	*1955 – 1963*
Stückzahl	*25 881*

Mercedes-Benz 190 SL

Für die Entwicklung des 190 SL blieben den Ingenieuren nur fünf Monate Zeit – Eile war geboten. Bereits zwei Wochen nach der Sitzung mit Hoffman prüfte man die ersten Entwürfe, und weitere zwei Wochen später konnte das erste Modell im Maßstab 1 :10 beurteilt werden. Und das Entwicklungstempo nahm an Rasanz noch zu. Die Bodengruppe des Typs 180 musste als Ausgangsbasis noch angepasst und der richtige Motor gefunden werden. Während die Konstrukteure mit Leidenschaft und höchstem Einsatz an dem neuen 190 SL arbeiteten, machte sich der Vorstand grundlegende Gedanken zur künftigen Modellpolitik. So vermerkte ein Vorstandsprotokoll ausdrücklich, dass der 190 SL als Tourensportwagen und nicht als Rennsportwagen zu betrachten sei.

Modell	*Mercedes-Benz 190 SL*
Hubraum / Zylinder	*1897 ccm / 4 Zyl.*
PS / KW	*105 / 77*
Bauzeit	*1955 – 1963*
Stückzahl	*25 881*

Mercedes-Benz 190 SL

Am 6. Februar 1954 berichtete die internationale Motorpresse zwar euphorisch über den neuen schicken Sportwagen aus Stuttgart, doch kaufen konnte man den neuen „Stern am Autohimmel" noch nicht. Die Konstrukteure beklagten noch verschiedene Schwachpunkte: Optisch schien ihnen der Wagen zu wenig ausgewogen, und auch der neu entwickelte Motor zeigte sich im Fahrbetrieb noch recht widerspenstig. Alles in allem war kaum zu verbergen, dass wegen des hohen Entwicklungstempos keine Zeit für ausführliche Erprobungszyklen geblieben war. Darauf wollte man bei Mercedes-Benz allerdings auf keinen Fall verzichten. So begannen die Ingenieure, dem Motor Manieren beizubringen, indem sie unter anderem mit verschiedenen Vergaserkonfigurationen experimentierten.

Modell	*Mercedes-Benz 190 SL*
Hubraum / Zylinder	*1897 ccm / 4 Zyl.*
PS / KW	*105 / 77*
Bauzeit	*1955 – 1963*
Stückzahl	*25 881*

Modell	*Mercedes-Benz 190 SL*
Hubraum / Zylinder	*1897 ccm / 4 Zyl.*
PS / KW	*105 / 77*
Bauzeit	*1955 – 1963*
Stückzahl	*25 881*

Mercedes-Benz 190 SL

Die endgültige, serienreife Ausführung des 190 SL konnte das Publikum zum ersten Mal auf dem Genfer Automobilsalon im März 1955 bewundern. Zwei Monate später lief die Fertigung an – das Fahrzeug war endlich technisch erprobt und ausgereift. Dabei war der 190 SL nicht wie der 300 SL als reinrassiger Sportwagen konzipiert, sondern als sportlich elegantes zweisitziges Reise- und Gebrauchsfahrzeug. Als Fahrwerk diente die verkürzte Rahmenbodenanlage des Typs 180 mit der bekannten Eingelenk-Pendelachse. Angetrieben wurde der 190 SL von einem neu entwickelten Vierzylinder mit 1,9 Litern Hubraum, obenliegender Nockenwelle und 105 PS. Damit erreichte er eine Geschwindigkeit von deutlich über 170 km/h und beschleunigte etwa in 14 Sekunden von null auf 100 km/h.

Messerschmitt KR 175

Als der Flugzeugingenieur Fritz Fend sich nach dem Zweiten Weltkrieg überlegte, wie die ideale Lösung für die Transportprobleme der Nachkriegszeit aussehen sollte, entwickelte er zunächst ein eiförmiges Vehikel mit Fahrradrädern und Antrieb durch Fuß- oder Handhebel. Unter dem Namen „Fend Flitzer" wurde es im Wesentlichen von Kriegsversehrten gekauft. Fend erkannte jedoch, dass eine Motorisierung seiner Fahrzeuge praktischer war und startete erfolgreiche Versuche mit Victoria-, Riedel- und Sachs-Motoren. Mit dem 98 ccm großen Sachs-Aggregat erreichten die spartanischen Flitzer immerhin 60 km/h, und Fend betrachtete das Ergebnis als ausbaufähige Vorstufe zum Kleinwagen. Auf der Suche nach einer gesünderen Basis für die Erweiterung seines Unternehmens kam er mit seinem früheren Arbeitgeber, Professor Messerschmitt, zusammen.

Modell	*Messerschmitt KR 175*
Hubraum / Zylinder	*173 ccm / 1 Zyl.*
PS / KW	*9 / 6,6*
Bauzeit	*1953 – 1955*
Stückzahl	*ca. 10 000*

Messerschmitt KR 175

Die unter dem Markennamen Messerschmitt gebauten Kleinwagen sorgten von Anfang an für viel Gesprächsstoff, denn diese Automobile waren einfach zu ungewöhnlich. In der Bestückung mit einem Einzylinder-Zweitaktmotor von Fichtel & Sachs (173 ccm) erhielt das erste Serienmodell die Typenbezeichnung KR 175. Von der Karosserieform einmal abgesehen, brach der KR 175 auch in anderen Punkten mit dem Konventionellen: Anstelle des Lenkrades besaß er eine Lenkung mit einem motorradähnlichen Lenker, der ohne Lenkgetriebe direkt auf die Vorderräder wirkte, was geübten Fahrern blitzschnelles korrigieren des leicht ausbrechenden Hinterrades ermöglichte. Dem urigen Aussehen des dreirädrigen Gefährts angemessen, bildete der 9 PS starke und luftgekühlte Motor zusammen mit dem Hinterrad eine Antriebsschwinge – diese Einheit musste zunächst nicht per Anlasser, sondern mittels eines Kickstarters zum Leben erweckt werden!

Modell	*Messerschmitt KR 175*
Hubraum / Zylinder	*173 ccm / 1 Zyl.*
PS / KW	*9 / 6,6*
Bauzeit	*1953 – 1955*
Stückzahl	*ca. 10 000*

Modell	*Messerschmitt KR 200*
Hubraum / Zylinder	*191 ccm / 1 Zyl.*
PS / KW	*10 / 7,3*
Bauzeit	*1955 – 1964*
Stückzahl	*ca. 46 000*

Messerschmitt KR 200

Zu Beginn des Jahres 1955 kam ein weiterentwickelter Kabinenroller, der KR 200, auf den Markt. Der Modellbezeichnung entsprechend, bestückte man diese Version mit einem 191 ccm großen Aggregat (10 PS), das den „König der Roller" – so titulierte das Werk den Wagen im Prospekt – 100 km/h schnell machte. Die seitlich aufklappbare Plexiglaskanzel, die als Einstieg diente, ließ den KR 200 dank optischer Retuschen gegenüber seinem Vorgänger eleganter wirken. Es änderte aber nichts an der Tatsache, dass man den Kabinenrollern weiterhin den Spitznamen „Schneewittchensarg" gab: Zwar bot die Kanzel eine perfekte Rundumsicht, doch bei Sonnenschein wurde es warm wie in einem Treibhaus, weshalb alternativ auch ein Klappverdeck angeboten wurde.

Messerschmitt KR 201

Von der Grundkonstruktion her bestand jeder Kabinenroller aus einem Rohrrahmen mit Bodenwanne und aufgeschweißter Stahlblechkarosserie. An diesem Konzept hat sich während der Bauzeit von 1953 bis 1964 nichts Wesentliches geändert. Dank der Tandemsitzanordnung – sie gab dem Wagen eine relativ kleine Windangriffsfläche – profitierten die Wägelchen von überdurchschnittlich guten Fahrleistungen und waren in der Tat eine interessante Alternative zum Zweirad. Im Gegensatz zur Standardbauweise mit Plexiglaskuppel sorgte die Karosserieversion der Cabrio-Limousine für angenehmere Temperaturen im Innenraum. Für absolut offenes Fahrvergnügen ohne störende Seitenfenster lancierte Messerschmitt den KR 201 – hier bestand der Wetterschutz lediglich aus einem Klappverdeck, das nach Cabriomanier mit einer Persenning abgedeckt wurde.

Modell	*Messerschmitt KR 201*
Hubraum / Zylinder	*191 ccm / 1 Zyl.*
PS / KW	*10 / 7,3*
Bauzeit	*1955 – 1964*
Stückzahl	*ca. 10 000*

Messerschmitt KR 200

Trotz vieler Verbesserungen bekamen Ende der 50er Jahre auch die Messerschmitt-Werke das nachlassende Interesse am Kleinwagen zu spüren. Obwohl man noch immer 30 Prozent jeder Jahresproduktion exportierte, verabschiedete sich Professor Messerschmitt Ende 1956 vom Automobilbau. Er verkaufte die Werksanlagen und überließ das Feld wieder Fritz Fend, dem genialen „Erfinder" des Kabinenrollers. Nach der Trennung von Messerschmitt gründete Fend 1957 in Regensburg sein eigenes Unternehmen, führte den Kabinenroller-Bau fort und lancierte zur Überraschung der Experten noch schnell den Tiger – eine vierrädrige Sportausgabe mit ordentlich Biss! Damals war der Tiger das Traumauto der Jugend – die konnte ihn aber nicht bezahlen. Heute ist er das Traumauto eines jeden Kleinwagensammlers – doch die paar Dutzend Exemplare, die noch existieren, bestimmen auch 40 Jahre nach Produktionsende den Preis.

Modell	*Messerschmitt KR 200*
Hubraum / Zylinder	*191 ccm / 1 Zyl.*
PS / KW	*10 / 7,3*
Bauzeit	*1955 – 1964*
Stückzahl	*ca. 10 000*

Messerschmitt FMR Tg 500

Als die ersten Messerschmitt Tiger auf dem Markt erschienen, führten sie als Markenemblem das aus drei Ringen bestehende FMR-Symbol. Fend durfte dieses Signet leider nur kurze Zeit nutzen und musste die Ringe in Karos umändern; denn auch Krupp verwendete drei Ringe im Markenemblem. Außerdem gehörten Krupp die Rechte an der Markenbezeichnung Tiger, was letztendlich zur Umbenennung in die Modellbezeichnung Tg 500 führte. All die Rechtsstreitigkeiten änderten jedoch nichts an der Tatsache, dass Enthusiasten diesen Wagen nach wie vor als Messerschmitt Tiger bezeichneten. Beim Fahren machte der nur 3000 mm lange sportliche Kleinwagen (Radstand 1885 mm) seinem Beinamen „Düsenjäger der Landstraße" schon damals alle Ehre. Auf Grund des fehlenden Lenkgetriebes provozierten bereits geringste Lenkeinschläge aggressivste Kurvenfahrten, weshalb der Tg 500 auch im Slalomsport kein Unbekannter blieb.

Modell	*Messerschmitt FMR Tg 500*
Hubraum / Zylinder	*493 ccm / 2 Zyl.*
PS / KW	*19,5 / 14,3*
Bauzeit	*1958 – 1963*
Stückzahl	*ca. 320*

Messerschmitt FMR Tg 500

Etwa 320 FMR Tg 500 (so die offizielle Modellbezeichnung für den Tiger) verließen von 1958 bis 1963 die Werkshallen. War der Wagen schon damals eine Rarität, so ist die Zeit, in der noch restaurierungsfähige Exemplare zu finden waren, längst abgelaufen. Den dreirädrigen Kabinenrollern entsprechend basierte auch der Tg 500 auf einem mit der Bodenwanne verschweißten Rohrrahmen. Mit einem Zweizylinder-Zweitaktmotor bestückt (493 ccm) erhielt man nun – laut Werbeprospekt! – „…für den Preis eines Kleinwagens die Leistung eines Tourenwagens". Sie lag in diesem speziellen Fall allerdings bei bescheidenen 19,5 PS und machte den Tiger etwa 130 km/h schnell. Somit war er – wieder der Werbung entsprechend – „… Das Fahrzeug für den sportbegeisterten Motorradfahrer, der sicher und trocken fahren möchte, ohne auf die Fahrleistung seiner spurtschnellen Maschine verzichten zu müssen …"

Modell	*Messerschmitt FMR Tg 500*
Hubraum / Zylinder	*493 ccm / 2 Zyl.*
PS / KW	*19,5 / 14,3*
Bauzeit	*1958 – 1963*
Stückzahl	*ca. 320*

NSU Prinz II

Als Prinz I, gewissermaßen als Standard-Prinz, lieferte NSU den Wagen in nur einer Farbe: Lichtgrün mit aluminiumfarbig lackierten Stoßstangen und Radkappen. Schiebedach und Lichthupe waren gegen Aufpreis erhältlich. Der Großteil der Käufer bevorzugte allerdings den parallel zum Modell I gebauten Prinz II. Er lief reichhaltiger ausgestattet vom Band und zeigte sich unter anderem mit Ablagetaschen in den Türen und Kurbelanstelle von Schiebefenstern. Außerdem war er in vier Farbtönen zu haben. Auf Wunsch gab es noch ein paar aufpreispflichtige Extras wie die Zweifarblackierung oder Weißwandreifen. Technische Unterschiede zwischen den Modellen I und II hielten im Februar 1959 Einzug, als der Prinz II anstelle des Vierganggetriebes mit Klauenkupplung eine vollsynchronisierte Ausführung erhielt.

NSU Prinz I

Es muss für die Fachpresse eine Überraschung gewesen sein, als ausgerechnet Deutschlands größte Zweiradfabrik – NSU – im September 1957 per Pressemitteilung wissen ließ: „Der Prinz ist da!" Gemeint war damit ein Automobil, das der Marktsituation entsprechend den Kleinwagensektor bereichern sollte; denn noch immer blieb für viele der VW-Käfer ein Traum. Dem NSU Prinz, der ab März 1958 vom Band laufen sollte, schrieb man eine besonders wichtige Vorgabe ins Lastenheft: Vier erwachsene Menschen mussten in diesem Automobil untergebracht werden, anders gesagt, eine komplette Familie. Das war durchaus machbar – allerdings nicht auf die bequemste Weise, wie Fachjournalisten nach ausgiebigen Testfahrten zu berichten hatten.

Modell	*NSU Prinz I*
Hubraum / Zylinder	*583 ccm / 2 Zyl.*
PS / KW	*20 / 14,7*
Bauzeit	*1958 – 1962*
Stückzahl	*ca. 94 500*

Modell	*NSU Prinz II*
Hubraum / Zylinder	*583 ccm / 2 Zyl.*
PS / KW	*20 / 14,7*
Bauzeit	*1958 – 1962*
Stückzahl	*ca. 94 500*

NSU Sport-Prinz

Im März 1959 ergänzte ein kleines Coupé, der Sport-Prinz, die NSU Modellpalette. Im Vergleich zu den Limousinen blieb der Sport-Prinz stets ein Außenseiter – während sich andere Automobile von Jahr zu Jahr verteuerten, rutschte der Preis des Coupés im Laufe der Zeit von ursprünglich 6.500 Mark hinunter auf 5.000 Mark. Es waren im Prinzip nur zwei Käufergruppen, die sich für den Sport-Prinz interessierten: Jüngere Fahrer, die Wert auf Repräsentativität legten, und der Kreis jener Autofahrer, der die Anschaffung eines Zweitwagens in Erwägung zog. Dementsprechend stellte die Werbung gern Motive dar, in denen Damen einen Sport-Prinz bewegten, sei es zur Bewältigung ihrer Einkäufe oder auf der Fahrt zum Tennisplatz.

Modell	*NSU Sport-Prinz*
Hubraum / Zylinder	*583 ccm / 2 Zyl.*
PS / KW	*30 / 22*
Bauzeit	*1959 – 1967*
Stückzahl	*20 831*

Modell	*Opel Olympia*
Hubraum / Zylinder	*1488 ccm / 4 Zyl.*
PS / KW	*37 / 27,1*
Bauzeit	*1950 – 1953*
Stückzahl	---

Opel Olympia

Bevor die Automobilproduktion nach dem Zweiten Weltkrieg wieder richtig in Schwung kam, knüpften viele Hersteller zunächst an den Bau ihrer Vorkriegsmodelle an – für Neuentwicklungen fehlte Zeit und Geld. Auch Opel ging diesen Weg und legte aus diesem Grund zuerst den Olympia neu auf. Seine Hauptmerkmale waren die ab 1935 eingeführte Bauweise der selbsttragenden Karosserie, die vordere Einzelradaufhängung und der kopfgesteuerte Vierzylindermotor. Anstelle des Vierganggetriebes erhielt die Nachkriegsversion nur drei Gänge, diesmal in Form einer Lenkradschaltung. Die von 1947 bis Anfang 1950 gefertigten Modelle unterschieden sich kaum von jenen der 30er Jahre, erst 1950 kam der Olympia mit einer modernisierten Linienführung auf den Markt.

Opel Olympia Rekord

Mit der Präsentation des Olympia Rekord ging Opel 1953 ungewohnt neue Wege, denn mit diesem anders gestylten Fahrzeug verabschiedete man sich vom typisch amerikanischen Design jener Epoche. Der neuen Karosserie waren üppig geformte Kotflügel fremd, das Blechkleid zeigte sich weitgehend geglättet, und die moderne Pontonform deutete die Kotflügel der Heckpartie nur noch leicht an. Auch unter der neumodischen Verpackung gab es jede Menge technischer Weiterentwicklungen, außerdem galt der neue Wagen als wirtschaftlicher und unproblematischer als seine Vorgänger. Der Verkauf des Olympia Rekord startete im März 1953. Opel ergänzte die Modellpalette bald mit einem Kombi-Modell (Caravan) und lancierte zum Frühjahr 1954 eine so genannte Cabriolet-Limousine.

Modell	*Opel Olympia Rekord*
Hubraum / Zylinder	*1488 ccm / 4 Zyl.*
PS / KW	*51 / 37,3*
Bauzeit	*1953 – 1956*
Stückzahl	---

Opel Olympia Rekord

Im Zuge der Modellpflege gab es beim Olympia Rekord regelmäßig optische und technische Retuschen. Wie bei vielen Fahrzeugen der 50er Jahre üblich, legte auch Opel das Dreiganggetriebe (nur der zweite und dritte Gang waren synchronisiert) als Lenkradschaltung aus. Verglich man den Preis der Limousine mit dem der offenen Variante, war man überrascht, dass das offene Fahrvergnügen nur 300 Mark mehr kostete. Dieser Mehrpreis war auch für das Kombi-Modell fällig – Opel nannte es Caravan. Der Kastenwagen war ein beliebtes Fahrzeug für Handwerker und viele Gewerbetreibende und wurde etwa 6300 Mal gebaut. Zu den anderen eher selten verlangten Karosserieversionen gehörte die hier abgebildete Cabrio-Limousine.

Modell	*Opel Olympia Rekord*
Hubraum / Zylinder	*1488 ccm / 4 Zyl.*
PS / KW	*51 / 37,3*
Bauzeit	*1953 – 1956*
Stückzahl	---

Opel Olympia Rekord

Weil Opel dem 1952 auf den Markt gebrachten Ford Taunus 12 M die Stirn bieten wollte, präsentierte man 1953 auf der Frankfurter IAA mit dem Olympia Rekord schnell ein Gegenstück. Amerikanischen General-Motors-Modellen folgend, hatte der Olympia Rekord keine reine Pontonform – er zeigte sich mit angedeuteten Kotflügeln. Noch ahnte niemand, welche Bedeutung der Beiname Rekord in den kommenden Jahrzehnten erlangen sollte. Technisch ständig weiterentwickelt, sorgte der Wagen regelmäßig für Gesprächsstoff. Als der Olympia Rekord mit zahlreichen Retuschen (größeres Heckfenster, anderes Kühlergitter) den 1956er Jahrgang eröffnete, arbeiteten Opels Ingenieure längst an einer neuen Baureihe, deren Aussehen durch so genannte Panoramascheiben bestimmt wurde.

Modell	*Opel Olympia Rekord*
Hubraum / Zylinder	*1488 ccm / 4 Zyl.*
PS / KW	*45 / 33*
Bauzeit	*1955 – 1956*
Stückzahl	—

Modell	*Opel Rekord P1*
Hubraum / Zylinder	*1488 ccm / 4 Zyl.*
PS / KW	*45 / 33*
Bauzeit	*1957 – 1960*
Stückzahl	*ca. 817 000*

Opel Rekord P1

Der Einfluss von General Motors schlug sich bei der Konzernmarke Opel vor allem in der Entwicklung des neuen Modells Rekord nieder. Dieser 1957 auf den Markt gebrachte Wagen war praktisch die verkleinerte Ausgabe amerikanischen Designs. So genannte Panoramascheiben bestimmten nun das Aussehen der Karosserie. Die hinteren Kotflügelenden liefen in kleinen Heckflossen aus und nahmen gleichzeitig die Rückleuchten auf. Motortechnisch betrachtet, knüpfte der Rekord erst einmal an den Standard des nun veralteten Modells Olympia Rekord an – Leistungszuwachs und hubraumstärkere Aggregate hielten zum Jahrgang 1959 Einzug. Eine gegen Aufpreis lieferbare automatische Kupplung – „Olymat" genannt – trug zur Steigerung des Fahrkomforts bei.

Opel Kapitän

An die Produktion von Personenwagen war nach dem Zweiten Weltkrieg bei Opel vorerst nicht zu denken. Man hatte das Werk Brandenburg verloren, die Fertigungsanlagen des Modells Kadett wurden als Reparationsleistung nach Osten abtransportiert, und erst 1947 konnte wieder ein PKW (Modell Olympia) die Montagehallen verlassen. 1948 folgte, von wenigen Veränderungen abgesehen, die Neuauflage des Modells Kapitän, der in seiner Urform bereits vor Ausbruch des Zweiten Weltkriegs erschien. 1939 musste die Fertigung nach knapp 25 000 Exemplaren eingestellt werden, doch in der zweiten Auflage (Oktober 1948 bis Februar 1951) konnte die große viertürige Limousine wieder 30 000 Mal verkauft werden.

Modell	*Opel Kapitän*
Hubraum / Zylinder	*2473 ccm / 6 Zyl.*
PS / KW	*55 / 40,2*
Bauzeit	*1948 – 1951*
Stückzahl	*30 431*

Opel Kapitän

Der Kapitän war gewiss kein preisgünstiges Automobil, doch für Opel gab es mehrere Gründe, die Personenwagenproduktion ausgerechnet mit diesem Typ wieder in Schwung zu bringen: Sein Sechszylinder-Aggregat wurde nämlich auf der gleichen Motorenstraße montiert, auf der auch der Motor des Opel-Blitz-LKW vom Band lief. Außerdem konnten viele Formen und Werkzeuge der Vorkriegsproduktion aus den Trümmern gerettet werden. So sparte man jede Menge Entwicklungskosten und beschränkte sich lediglich auf kleinere Detailverbesserungen gegenüber dem Vorkriegsmodell. Auch eine Auflage der Besatzungsmächte, die den Bau von PKW mit mehr als 1,5 Litern Hubraum verbot, wurde zwischenzeitlich aufgehoben.

Modell	*Opel Kapitän*
Hubraum / Zylinder	*2473 ccm / 6 Zyl.*
PS / KW	*55 / 40,2*
Bauzeit	*1948 – 1951*
Stückzahl	*30 431*

Opel Kapitän

Als Opel in der unmittelbaren Nachkriegszeit die Produktion des Modells Kapitän wieder aufnahm, stand fest, dass es diesen Wagen nunmehr in einer einzigen Karosserieversion geben sollte – und zwar als Limousine. Auf die von den 30er Jahren her bekannte Cabriolet-Variante wurde bewusst verzichtet, denn die Ingenieure befassten sich längst mit dem Konzept eines Nachfolgemodells. Ganz im Stil des amerikanischen Chevrolets gehalten, stand es so gut wie in den Startlöchern und wartete auf die Präsentation. Mit einem bescheidenen Leistungszuwachs von 3 PS zählte der neue Kapitän keineswegs zu den schnellsten Automobilen seiner Klasse – dank einer weichen Federung wohl aber zu den bequemsten.

Modell	*Opel Kapitän*
Hubraum / Zylinder	*2473 ccm / 6 Zyl.*
PS / KW	*58 / 42,5*
Bauzeit	*1951 – 1953*
Stückzahl	*48 491*

Opel Kapitän

Dank regelmäßiger Modellpflege zeigte sich bereits der Jahrgang 1954/55 des Kapitäns mit einem neuartigen Karosserieentwurf in gestreckter Pontonform. Ein Jahr später folgten weitere Retuschen, und neben optischen Veränderungen (das Fahrzeug wuchs in der Länge um 25 mm und verlor 40 mm an Höhe) profitierte auch die Technik von einigen Modifikationen – die Motorleistung wurde von 68 auf 75 PS angehoben. Für den besonderen Komfort konnte man jetzt erstmals bei einem Opel mit nur einem Schlüssel die Tür, das Zündschloss, das Handschuhfach, den Kofferraum und das Tankdeckelschloss betätigen. Während der Produktionszeit dieses Modells konnte Opel übrigens ein ganz besonderes Jubiläum feiern: Am 9. November 1956 verließ der 2 000 000ste Opel das Band! Es war ein Kapitän, der als Jubiläumsmodell anstelle verchromter Zierteile vergoldeten Zierrat erhielt!

Modell	*Opel Kapitän*
Hubraum / Zylinder	*2473 ccm / 6 Zyl.*
PS / KW	*75 / 55*
Bauzeit	*1955 – 1958*
Stückzahl	*92 555*

Opel Kapitän P 2.5

Im Juni 1958 erschien der Kapitän P 2.5, der bis zur Ablösung durch den P 2.6 (ein Jahr später) immerhin rund 35 000 Käufer fand. Das 4800 mm lange Automobil überzeugte zwar mit seiner neuartigen Karosserieform, doch die Abkehr von der bislang favorisierten Pontonform hatte auch negative Eigenschaften: Es war praktisch unmöglich, auf der hinteren Sitzbank Platz nehmen zu können, ohne sich beim Einsteigen den Kopf zu stoßen – die Dachpartie fiel nämlich schon in Höhe der Rücksitzlehne zu Lasten der Kopffreiheit weit nach hinten zurück. Panoramascheiben, ausladende Stoßstangen und der verschwenderische Umgang mit Chrom entsprachen allerdings dem Zeitgeschmack – auch Zweifarblackierungen waren zu jener Zeit sehr beliebt.

Modell	*Opel Kapitän 2.5*
Hubraum / Zylinder	*2473 ccm / 6 Zyl.*
PS / KW	*80 / 58,6*
Bauzeit	*1958 – 1959*
Stückzahl	*34 842*

Porsche 356

Porsche-Konstruktionen haben seit nunmehr 100 Jahren Technikgeschichte geschrieben, aber das erste Automobil mit dem Markennamen Porsche wurde erst am 8. Juni 1948 als Porsche 356 von der Kärntner Landesregierung technisch abgenommen. Dessen geistiger Vater war der am 27. März 1998 im Alter von 88 Jahren verstorbene Professor Ferdinand „Ferry" Porsche. In seiner während des Krieges von Stuttgart-Zuffenhausen nach Gmünd im österreichischen Kärnten verlagerten Firma hatte Ferry Porsche 1947 mit bewährten Mitarbeitern begonnen, auf der Basis des von seinem Vater entwickelten Volkswagen-Käfers „einen Sportwagen zu bauen, wie er mir selbst gefiel".

Modell	*Porsche 356*
Hubraum / Zylinder	*1131 ccm / 4 Zyl.*
PS / KW	*40 / 29,3*
Bauzeit	*1948*
Stückzahl	*Einzelstück*

Porsche 356 Super

Ohne feste Pläne und mehr als Zeitvertreib wurden von Porsche diverse Zeichnungen für einen offenen Sportwagen angefertigt. Im Juli 1947 standen sie, mit der Nummer 356.00.105 versehen, auf dem Papier. 356 bezeichnete das daraus entstehende Projekt. Auf einem aus Röhren zusammengeschweißten Chassis entstand Porsches erstes Auto. Der luftgekühlte Motor (1131 ccm / 4 Zylinder) wurde vor das Getriebe hinter die Hinterachse montiert. Federung und Radaufhängungen wurden original vom Volkswagen übernommen. Fast ein Jahr später konnten die ersten Testfahrten unternommen werden. Der sozusagen direkt vor Porsches Haustür gelegene Katschberg-Pass bot dafür die ideale Teststrecke.

Modell	*Porsche 356 Super*
Hubraum / Zylinder	*1488 ccm / 4 Zyl.*
PS / KW	*70 / 51,3*
Bauzeit	*1952 – 1955*
Stückzahl	*76 302*

Modell	*Porsche 356 B*
Hubraum / Zylinder	*1582 ccm / 4 Zyl.*
PS / KW	*60 / 44*
Bauzeit	*1959 – 1963*
Stückzahl	*76 302*

Porsche 356 B

Porsche staunte nicht schlecht, als trotz der schwierigen wirtschaftlichen Lage jede Menge Bestellungen für seinen Sportwagen eingingen. Schon Ende 1948 wurden in Wien die ersten Prospekte für den Typ 356 gedruckt. Texte in Deutsch, Englisch und Französisch ergänzten die Abbildungen des Coupés. Die Cabriolet-Karosserien, die das Coupé bald ergänzten, entstanden übrigens in der Schweiz bei dem Karosseriebauer Beutler. Auf dem Genfer Salon 1949 wurde der Typ 356 offiziell der Öffentlichkeit präsentiert. Die Begeisterung war enorm. Porsches Auftragsbücher füllten sich schneller als erwartet. Somit stand einer Serienproduktion nichts mehr im Wege – als die ersten Wagen die Räumlichkeiten in Gmünd verließen, zeigte sich aber, dass man hier auf Grund der Platzverhältnisse keine hohen Stückzahlen realisieren konnte.

Porsche 356 A Speedster

Die für den ersten Porsche angefertigte Karosserie bestand aus Aluminium, was das Gewicht des Wagens auf 555 kg beschränkte. Der 40 PS starke Motor brachte den Wagen deshalb auf eine Höchstgeschwindigkeit von 130 km/h. Trotz dieser idealen Eckwerte wurde zu diesem Zeitpunkt noch nicht an die Möglichkeit einer Serienproduktion gedacht. Erst als sich der bekannte Automobilkonstrukteur Professor Eberan von Eberhorst bei ausgiebigen Probefahrten selbst von der Güte dieser Konstruktion überzeugen konnte, begann Porsche, einen Finanzier für sein Vorhaben zu suchen. Große Absatzchancen des Wagens hatte er allerdings nicht erhofft, denn das zu dieser Zeit zerstörte Europa brauchte jetzt alles andere als Sportwagen.

Modell	*Porsche 356 A Speedster*
Hubraum / Zylinder	*1582 ccm / 4 Zyl.*
PS / KW	*60 / 44*
Bauzeit	*1955 – 1959*
Stückzahl	*76 302*

Porsche 356 Carrera 1600

Um den Typ 356 erfolgreich in Serie bauen zu können, war es für Porsche unabdinglich, die Produktion von Gmünd aus in geeignetere Räumlichkeiten zu verlagern. Zwar war seine Fabrikanlage in Stuttgart zu Kriegszeiten von den Amerikanern übernommen worden, doch die versprachen ihm, die Hallen bis zum 1. September 1950 zu räumen. Obwohl die Zeit knapp war, gelang es Porsche, vorerst eine Zwischenlösung zu finden. Die Karosseriebaufirma Reutter, bei der die Aufbauten gefertigt werden sollten, stellte Porsche 500 Quadratmeter zur Verfügung, für die er monatlich eine Miete in Höhe von 500 Mark zu zahlen hatte. Porsches Villa, seine Garage und eine Scheunenanlage mussten ebenfalls als provisorische Fabrikanlage herhalten – nur so konnte der erste in Deutschland montierte 356 auf die Räder gestellt werden.

Modell	*Porsche 356 Carrera 1600*
Hubraum / Zylinder	*1588 ccm / 4 Zyl.*
PS / KW	*115 / 84,2*
Bauzeit	*1959 – 1963*
Stückzahl	*76 302*

Porsche 356 C

Als im März 1950 der erste mit einer Stahlblechkarosserie bestückte Typ 356 aus den provisorischen Fabrikanlagen rollte, ließ die Modellpflege dieses Baumusters nicht lange auf sich warten. Der 1100 ccm große Vierzylinder wurde auf 1300 ccm aufgebohrt. Damit konnte eine Leistung von 44 PS an die Hinterachse gebracht werden. Als am 21. März 1951 schon der 500ste Wagen ausgeliefert wurde, folgte bereits die 1500 ccm-Variante, und das war erst der Anfang einer permanenten Leistungssteigerung. Ende 1951 konnte im Hause Porsche das erste kleine Produktionsjubiläum gefeiert werden – der 1000ste Wagen hatte gerade die Fabrik verlassen, der Erfolg des 356 war einfach nicht zu bremsen.

Modell	*Porsche 356 C*
Hubraum / Zylinder	*1582 ccm / 4 Zyl.*
PS / KW	*75 / 55*
Bauzeit	*1963 – 1965*
Stückzahl	*76 302*

Porsche 356 C

Entstanden die ersten Porsche-Wagen noch auf einem aufwändig zu fertigenden Rohrrahmenchassis als reine Zweisitzer, erleichterte später die Verwendung der VW-Käfer-Plattform die Serienproduktion enorm. 1949 hatte Porsche mit dem Typ 356 seinen großen Auftritt auf dem Genfer Salon. Als endlich die Serienproduktion des eleganten Wagens begann, war sein Erfolg nicht mehr zu bremsen. 17 Jahre lang baute man dieses Auto, das sich stets der Modellpflege beugen musste. Die Baureihen A, B und C blieben zwar dem optischen Erscheinungsbild weitgehend treu, doch von der technischen Seite her entwickelte sich der 356 vom braven Straßensportwagen bald zum bissigen Carrera-Modell, unter dessen Haube ein Motor mit vier obenliegenden Nockenwellen arbeitete.

Modell	*Porsche 356 C*
Hubraum / Zylinder	*1582 ccm / 4 Zyl.*
PS / KW	*75 / 55*
Bauzeit	*1963 – 1965*
Stückzahl	*76 302*

Sachsenring P 240

Nach dem Zerfall der Auto Union – ein Zusammenschluss der Marken Audi, DKW, Horch und Wanderer – wurden die im östlichen Teil Deutschlands gelegen Horch-Werke nach Ende des Zweiten Weltkriegs als so genannter volkseigener Betrieb (VEB) weitergeführt. In der nun VEB Sachsenring genannten Betriebsstätte stellte man 1956 erstmals wieder Personenwagen auf die Räder, die vom Prestige her der legendären Ostblock-Marke Tatra entsprachen. Während Tatra auf den Heckmotor schwor, blieb der auf der Leipziger Frühjahrsmesse 1956 gezeigte Sachsenring-Wagen der konventionellen Bauweise (Frontmotor und Heckantrieb) weiterhin treu. Eine Position als „Funktionärsfahrzeug" konnte sich der P 240 im Osten Deutschlands bald sichern – in den „Westen" gelangte dieser Wagen nicht.

Modell	*Sachsenring P 240*
Hubraum / Zylinder	*2407 ccm / 6 Zyl.*
PS / KW	*80 / 58,6*
Bauzeit	*1956 – 1959*
Stückzahl	*ca. 1400*

Sachsenring P 240

Der auf einem Kastenrahmenchassis (2800 mm Radstand) aufgebaute P 240 passte von der Optik her durchaus in die Zeit der 50er Jahre, doch die Technik, die unter der Motorhaube arbeitete, erinnerte mehr an die 30er Jahre. Ein veralteter Sechszylinder brachte das 1500 kg schwere Auto auf etwa 140 km/h. Für den Zweck, den der P 240 erfüllen musste, reichte das allemal: Der P 240 war hauptsächlich ein Wagen der Politprominenz, weshalb das Standardmodell – die viertürige Limousine – noch durch ein Cabriolet abgerundet wurde. Die seltenen Cabrios waren im Verkehrsalltag der ehemaligen DDR kaum zu sehen – wohl aber auf der legendären Maiparade! Im Gegensatz zu Trabant und Wartburg hat man beim P 240 an nichts gespart – Lederpolster und Radio gehörten zum Standard.

Modell	*Sachsenring P 240*
Hubraum / Zylinder	*2407 ccm / 6 Zyl.*
PS / KW	*80 / 58,6*
Bauzeit	*1956 – 1959*
Stückzahl	*ca. 1400*

Trabant P 50

Verglichen mit dem VW-Käfer galt im Osten Deutschlands jahrzehntelang der Trabant als das automobile Markenzeichen der DDR. Seit Beginn seiner Serienproduktion 1958 verließen 3,7 Millionen Exemplare die VEB Sachsenring Automobilwerke, und für viele stolze Besitzer war das Plastikauto weit mehr als ein Produkt zur Förderung der Massenmotorisierung: Spätestens mit der Grenzöffnung symbolisierte dieser Kleinwagen auch den Drang nach Freiheit – Bilder mit massenweise Richtung Westen knatternden Trabis gingen um die ganze Welt. Der Trabant war bei seinem Debüt der große Star der Leipziger Frühjahrsmesse und fungierte bald schon als Volksautomobil, das die Bürger der ehemaligen DDR mobil machte.

Modell	*Trabant P 50*
Hubraum / Zylinder	*500 ccm / 2 Zyl.*
PS / KW	*18 / 13,2*
Bauzeit	*1958 – 1963*
Stückzahl	*ca. 3 700 000*

Trabant P 50

Der Trabant P 50, der seit November 1957 von den AWZ Automobilwerke Zwickau (später VEB Sachsenring) produziert wurde, ist als Oldtimer mittlerweile eine Rarität. Die frühen Ausführungen dieses Wagens wurden ihrer rundlichen Form wegen im Volksmund auch liebevoll „Kugelporsche" genannt – andere sprachen von der „Rennpappe". Mit dem Erscheinen der zweiten Trabi-Generation 1962 gab es kaum Neuigkeiten, denn Modellpflege war dem Fronttriebler erst einmal fremd. Auch der offizielle Weg in den „Westen" blieb dem Wagen so gut wie verschlossen. Einerseits blockierte der Bau der Mauer im August 1961 etwaige Exportversuche, andererseits reichte die Produktion kaum aus, um die Nachfrage in der DDR zu decken: Wer einen Trabi haben wollte, hatte sich auf Lieferzeiten von zehn Jahren und mehr einzustellen.

Modell	*Trabant P 50*
Hubraum / Zylinder	*500 ccm / 2 Zyl.*
PS / KW	*18 / 13,2*
Bauzeit	*1958 – 1963*
Stückzahl	*ca. 3 700 000*

Veritas 90 SPC

Modell	*Veritas 90 SPC*
Hubraum / Zylinder	*1988 ccm / 6 Zyl.*
PS / KW	*100 / 73,2*
Bauzeit	*1949 – 1950*
Stückzahl	---

Die Firma Veritas wurde in der unmittelbaren Nachkriegszeit von ehemaligen BMW-Mitarbeitern gegründet. Neben extrem sportlichen Wettbewerbswagen stellte man bald auch interessante Straßenversionen auf die Räder, die von einem neuentwickelten Motor angetrieben wurden. Ernst Loof, einer der Initiatoren dieser Marke, verlegte Anfang 1951 nach dem Zusammenbruch des Unternehmens einen Teil der Produktionsanlagen an den Nürburgring. Hier baute er in Kleinauflage das Modell Veritas-Nürburgring weiter. Der Typ SPC entstand noch im Werk Messkirch/Baden. Wie alle Veritas-Wagen, basierte er auf einem kräftig dimensionierten Chassis. Der Exklusivität eines Veritas angemessen, lag der Einstiegspreis dieser Sportwagen damals bei etwa 17.000 Mark.

Victoria 250

1956 gründete der Ingenieur Harald Friedrich zusammen mit den Victoria-Werken die Firma BAW (Bayerische Automobil-Werke), um das Projekt eines Kleinwagens mit Kunststoffkarosserie realisieren zu können. Leider hinkte der Absatz den Erwartungen hinterher, denn der „Spatz" genannte Wagen war ein Schönwetterauto – bedingt durch fehlende Türen, wurde das Einsteigen bei geschlossenem Verdeck zur Qual. Als sich Friedrich von der BAW trennte, entstand eine zweite Auflage des Winzlings, die unter der Regie von Victoria noch einmal überarbeitet wurde. Die Wagen dieser Baureihe kamen als Victoria 250 in den Handel, bevor Victoria die Produktionsrechte an den Fahrzeugbau Burglengenfeld abgab – der hier geplante Weiterbau als „Burgfalke FB 250" kam allerdings nicht mehr zum Tragen.

Modell	*Victoria 250*
Hubraum / Zylinder	*248 ccm / 1 Zyl.*
PS / KW	*14 / 10,2*
Bauzeit	*1956 – 1958*
Stückzahl	*ca. 1580*

Volkswagen 1200

Im Dezember 1945 wurde mit 55 montierten Fahrzeugen die Serienfertigung des Käfers aufgenommen. Dass damit in dem einsam am Mittellandkanal gelegenen Werk der Start für eine automobile Karriere beginnen sollte, konnte noch niemand ahnen – schließlich war man zu jener Zeit noch von Existenzsorgen und anderen Nöten geplagt. Bereits ein Jahr später lief der 10 000ste Volkswagen vom Band, bevor Restriktionen und äußere Ereignisse dem Aufbau entgegenwirkten. So waren Lieferungen an Privatpersonen nicht gestattet. Der Mangel an Kohle führte 1947 zu einer vorübergehenden Stilllegung des VW-Werkes. Doch die Erfolgsgeschichte ging weiter. Schon 1948 gehörten 8400 Mitarbeiter zur Belegschaft, die fast 20 000 Fahrzeuge im Jahr bauten – ihr Durchschnittsstundenlohn betrug 1,10 Mark.

Modell	*Volkswagen 1200*
Hubraum / Zylinder	*1192 ccm / 4 Zyl.*
PS / KW	*30 / 22*
Bauzeit	*1953 – 1957*
Stückzahl	*ca. 1 200 000*

Volkswagen 1200

Im August 1947 begann erstmals der Export des VW-Käfers. Die Gebrüder Pon aus den Niederlanden wurde als Volkswagen-Generalimporteur eingesetzt und erhielten als erste Lieferung 56 Käfer-Limousinen. Ein Jahr später wurde der Export auf Dänemark, Luxemburg, Schweden, Belgien und die Schweiz ausgeweitet. Jetzt flossen die ersten begehrten Devisen – 4464 Käfer brachten stolze 23 Millionen Mark ein. Aber auch wenn die schwache Kaufkraft nach der Währungsreform kein boomendes Geschäft zuließ, wuchs die Gewissheit, dass dieses Auto wirklich ein echter „Volkswagen" ist. In Zeiten, in denen an Schneeräumen und Winterreifen noch nicht zu denken war, schaffte es der Käfer, auf glatten Straßen zu klettern: Sein Heckmotor sorgte für ausreichend Haftung der Antriebsräder.

Modell	*Volkswagen 1200*
Hubraum / Zylinder	*1192 ccm / 4 Zyl.*
PS / KW	*30 / 22*
Bauzeit	*1953 – 1957*
Stückzahl	*ca. 1 200 000*

Volkswagen Hebmüller Cabrio

VW-Chef Heinrich Nordhoff ließ 1948 bei der Firma Joseph Hebmüller in Wülfrath probehalber drei Prototypen eines Cabriolets auf Volkswagenbasis bauen. Für die Fertigung sollten aber möglichst viele Originalteile der VW-Limousine verwendet werden; die exklusive Innenausstattung des Wagens stammte von Hebmüller selbst. Das Volkswagenwerk gab eine Serie von 2000 Einheiten in Auftrag, doch als Folge eines Großbrands in den Fertigungsanlagen musste Hebmüller vier Jahre später die Tore schließen. Bis dahin waren lediglich 696 Cabriolets auf den Markt gekommen. Die Karmann-Werke in Osnabrück – sie sollten in der VW-Geschichte schon bald eine wichtige Rolle spielen – montierten aus Restbeständen und Ersatzteilen noch diverse Hebmüller-Cabriolets.

Modell	*Volkswagen Hebmüller Cabrio*
Hubraum / Zylinder	*1131 ccm / 4 Zyl.*
PS / KW	*25 / 18,3*
Bauzeit	*1949 – 1953*
Stückzahl	*696*

Volkswagen Cabriolet

Ursprünglich sah Ferdinand Porsche in einem Zweitaktmotor die wirtschaftlich vernünftigste Lösung für den Volkswagen, doch nach zahlreichen Versuchen und Erprobungen kam ein Vierzylinder-Boxermotor mit Luftkühlung zur Verwendung. Der erste für die Serie vorgesehene Volkswagen-Motor mit den Grundmaßen 70 x 64 mm für Bohrung und Hub wies noch ein Arbeitsvolumen von 985 ccm auf. Bei einem Verdichtungsverhältnis von 5,6 : 1 und einer Nenndrehzahl von 3000 U/min leistete dieser Motor 22,5 PS. Besonders auffällig war die Ausführung der Gehäuse für Motor und Getriebe in Leichtmetall-Druckguss. Die Weiterentwicklung des Motors nach 1945 brachte eine regelmäßige Erhöhung des Hubraums und ein ständiges Anheben der Leistung mit sich.

Modell	*Volkswagen Cabriolet*
Hubraum / Zylinder	*1131 ccm / 4 Zyl.*
PS / KW	*25 / 18,3*
Bauzeit	*1949 – 1980*
Stückzahl	*33 1847*

Volkswagen 1200

Der „Oben-ohne-Käfer", das VW Cabriolet, ließ nicht lange auf sich warten. Bereits am 1. Juli 1949 präsentierte Karmann in Osnabrück eine offene Karosserievariante. Während in Wolfsburg weiterhin die Käfer-Limousine vom Band lief, baute man in Osnabrück jahrelang das offene Gegenstück, das im Zuge der Modellpflege stets von allen Verbesserungen des Stammwerks profitierte. Der genügsame Boxermotor des Käfers ging im doppelten Sinne bald als Wirtschaftswundermotor in die Geschichte ein, und immer wieder gab es Anlass zum Feiern, denn die Produktionszahlen stiegen ohne Unterbrechung an: 1955 lief schließlich der 1 000 000ste VW Käfer vom Band und die Tagesproduktion überschritt erstmals 1000 Fahrzeuge.

Modell	*Volkswagen 1200*
Hubraum / Zylinder	*1192 ccm / 4 Zyl.*
PS / KW	*30 / 22*
Bauzeit	*1953 – 1957*
Stückzahl	*ca. 1 200 000*

Volkswagen Dannenhauer & Stauss Cabriolet

Neben dem „offiziellen" VW Käfer-Cabriolet bereicherten noch diverse Exoten das Straßenbild, denen ebenfalls die Plattform des Käfers als Ausgangsbasis diente. Es war aber fast unmöglich, für derartige Spezialaufbauten nur ein Chassis von Volkswagen zu beziehen: Manche Tüftler kauften deshalb einen kompletten Wagen, um ihren Sonderaufbau realisieren zu können. Gottfried Dannenhauer und sein Schwiegersohn Kurt Stauss in Stuttgart zählten zu jenen Experten, die das Käfer-Cabriolet noch exklusiver machten. Die Dannenhauer & Stauss-Wagen entstanden überwiegend in Handarbeit und erhielten mit Leder überzogene Sitze und auf Wunsch einen leistungsgesteigerten Motor, was den Preis extrem in die Höhe trieb – der Dannenhauer & Stauss kostete doppelt so viel wie ein Standard-Käfer.

Modell	*Volkswagen Dannenhauer & Stauss Cabriolet*
Hubraum / Zylinder	*1192 ccm / 4 Zyl.*
PS / KW	*31 / 22,7*
Bauzeit	*1951 – 1957*
Stückzahl	*ca. 100*

Volkswagen 1200

„Kein anderes Automobil wie der Käfer hatte eine derartige soziale Auswirkung", schrieb Arthur Railton in „The Beetle", seiner Hymne an den Käfer. Dieser Wagen hatte eine eigene Mythologie. Man schrieb Bücher darüber, gab eigene Zeitschriften heraus und drehte Filme mit ihm als Star. Der Käfer war Mittelpunkt von Hunderten von Witzen und wurde für Karikaturisten zum Symbol. Der Käfer war nicht Protz und Prunk. Doch er war auch nicht bloß reine Vernunft. Wie kein anderes Automobil zuvor und keines danach verlieh der Käfer seinem Besitzer durchaus Status – wenn der es darauf anlegte. Bereits Mitte der 60er Jahre bediente sich die VW-Werbung dieser Käfer-Einmaligkeit: „Man sieht ihm nicht an, was sein Fahrer ist. Ob er beispielsweise Glück bei Frauen oder an der Börse hat. Oder sogar beides."

Modell	*Volkswagen 1200*
Hubraum / Zylinder	*1192 ccm / 4 Zyl.*
PS / KW	*30 / 22*
Bauzeit	*1957 – 1973*
Stückzahl	---

Volkswagen Stoll Coupé

Die exotischen Brüder des VW-Käfers, die in den 50er Jahren, mit hübschen Sonderkarosserien bestückt, um die Gunst der Käufer warben, waren gewiss nicht billig, doch auch zur Zeit des Wirtschaftswunders ließen sich schon Automobile der höheren Preisklasse an den Mann bringen. Neben der Werksausführung des Käfer-Cabriolets gab es auf dem Markt noch diverse Coupé- und Cabrio-Varianten des Berliners Friedrich Rometsch. Auch die Gebrüder Drews in Wuppertal-Oberbarmen bauten auf Käfer-Basis schöne Sportcabriolets mit Aluminiumkarosserie. Eine weitere Rarität, der hier gezeigte Wagen, entstand 1952 bei der Karosseriebaufirma Stoll. Ein Rechtsanwalt hatte Stoll den Auftrag erteilt. Das seltene Stück ist noch heute existent und wurde vor einigen Jahren von Grund auf restauriert.

Modell	*Volkswagen Stoll Coupé*
Hubraum / Zylinder	*1131 ccm / 4 Zyl.*
PS / KW	*25 / 18,3*
Bauzeit	*1952*
Stückzahl	*Einzelstück*

Volkswagen Cabriolet

In der Geschichte des Käfers gab es nur wenige Jahrgänge, in denen nichts an der Karosserie verändert wurde. Der Ur-Volkswagen ist gekennzeichnet durch die vom Aufbau trennbare, weitgehend tragende Bodengruppe, den in Längsrichtung eingebauten Heckmotor in Boxer-Bauweise, die Luftkühlung sowie den Hinterradantrieb. Die Bedeutung der Porsche-Konstruktion lag in ihrer klaren Zielsetzung: Viersitzer, Dauergeschwindigkeit von 100 km/h, geringer Preis. Der Volkswagen der ersten Generation war als Einheitsmodell gedacht und geplant. Doch mit Beginn des wirtschaftlichen Aufschwungs gab es bereits erste Exportausführungen des Käfers. Diese waren insbesondere mit einer besseren Ausstattung, einer bunten Farbpalette und Chromverzierungen bestückt.

Modell	*Volkswagen Cabriolet*
Hubraum / Zylinder	*1131 ccm / 4 Zyl.*
PS / KW	*30 / 22*
Bauzeit	*1949 – 1980*
Stückzahl	*331 847*

Volkswagen 1200

„Käferfahren" hatte von Anfang an etwas Besonderes. Das amerikanische Verbraucher-Magazin „Consumer Reports" brachte die Wirkung des Käfers bereits im November 1952 auf den Punkt: „Wenn Sie gewöhnlicher Wagen müde sind, ist der Volkswagen eine gute Erfrischung." Und zwei Jahre später urteilte Lawrence Brooks, Testberater desselben Magazins, bereits euphorisch über den Käfer: „... einer von sehr wenigen Wagen, die ... Begeisterung hervorrufen, weil sie beim Fahren wirklich Spaß machen ..." Und 1955 rieb sich Leo Donovan in der US-Zeitschrift „Popular Mechanics" verwundert die Augen: „... ein Wagen, klein und untermotorisiert. Doch dessen Händler können nicht ausreichend beliefert werden, so spektakulär läuft sein Verkauf. Welcher Wagen ist so unglaublich? Es ist der Volkswagen. Die Händler haben sogar Lieferfristen für gebrauchte Modelle."

Modell	*Volkswagen 1200*
Hubraum / Zylinder	*1192 ccm / 4 Zyl.*
PS / KW	*30 / 22*
Bauzeit	*1957 – 1973*
Stückzahl	---

Volkswagen Karmann-Ghia

Ende 1953 hatte Wilhelm Karmann sein Ziel, ein elegantes Sportwägelchen auf VW-Käfer-Basis bauen zu dürfen, erreicht. Der Volkswagen-Konzern gab grünes Licht, weshalb der weiteren Entwicklungsarbeit nichts mehr im Wege stand. Im Sommer 1955 konnte Karmann endlich die serienreife Version des neuen Karmann-Ghia präsentieren. Die Fachpresse hatte diesen Wagen schon mit Spannung erwartet und als er in Georgsmarienhütte der automobilen Prominenz gezeigt wurde, stand fest, dass das hübsche Coupé mit deutscher Technik und italienischem Design noch im August in Serie gehen sollte. Das einzige Risiko, das bestand, war die Tatsache, dass dieser Wagen nur ein Zweisitzer mit hinteren Notsitzen war und somit nicht gerade zu den zweckmäßigsten Automobilen zählte.

Modell	*Volkswagen Karmann-Ghia*
Hubraum / Zylinder	*1192 ccm / 4 Zyl.*
PS / KW	*34 / 25*
Bauzeit	*1959 – 1965*
Stückzahl	*80 881 (Cabrios)*

Volkswagen Karmann-Ghia

Die Karmann-Werke in Osnabrück hatten die besten Voraussetzungen, um einen flotten, sportlich angehauchten Zweisitzer auf VW-Käfer-Basis auf die Räder zu stellen – als Hersteller des Käfer-Cabriolets waren sie schließlich mit der VW-Technik bestens vertraut. Das einzige Problem aber war, dem VW-Konzern diese Idee schmackhaft zu machen, denn Karmann wollte den Wagen ebenfalls über das VW-Händlernetz vertreiben. Ideen für einen „Käfer im Frack“ gab es im Hause Karmann schon 1951. Wilhelm Karmann ließ seine Vorstellungen, die schon in Form von Skizzen existierten, von dem italienischen Designstudio Carozzeria Ghia noch einmal gründlich überarbeiten, bevor 1953 der erste Prototyp des Karmann-Ghia auf die Räder gestellt wurde.

Modell	*Volkswagen Karmann-Ghia*
Hubraum / Zylinder	*1192 ccm / 4 Zyl.*
PS / KW	*30 / 22*
Bauzeit	*1955 – 1960*
Stückzahl	*362 585 (Coupés)*

Volkswagen Karmann-Ghia

Freunde offener Automobile, die sich den Karmann-Ghia lieber als Cabriolet gewünscht hätten, mussten zunächst noch enttäuscht werden; denn zuerst stand die Fertigung des Coupés auf dem Plan. Das Cabriolet debütierte später, und zwar auf der Internationalen Automobil-Ausstellung 1957. Mit dieser Ausführung war endlich der Wagen zu haben, von dem auch Wilhelm Karmann von Anfang an geträumt hatte. Als Alternative zum Cabriolet mit Stoffverdeck befasste man sich noch mit einer Abwandlung des Modells – hier sollte die offene Version auf Wunsch mit einem Hardtop versehen werden. Zwar hat es von dieser durchaus interessanten Variante ein paar Einzelstücke gegeben, doch die Idee, das Modell in größeren Stückzahlen zu bauen, wurde rasch aufgegeben.

Modell	*Volkswagen Karmann-Ghia*
Hubraum / Zylinder	*1192 ccm / 4 Zyl.*
PS / KW	*30 / 22*
Bauzeit	*1957*
Stückzahl	*Einzelstück*

Volkswagen Karmann-Ghia

Da die Mechanik des Karmann-Ghia mit der des Käfers identisch war, profitierte der flotte Zweisitzer prinzipiell von allen Verbesserungen seiner Ausgangsbasis. Veränderungen der Vorder- oder Hinterachse wurden ebenso übernommen wie eine modifizierte Lenkung oder eine veränderte Getriebeübersetzung. Im Mittelpunkt der Modellpflege stand aber hauptsächlich der Motor. Das robuste luftgekühlte Boxer-Aggregat kam zuerst mit 1,2 Litern Hubraum zum Einsatz (30 PS) und wurde im Laufe der Jahre bis auf 1,5 Liter (50 PS) gebracht. Nach fast 20 Jahren Bauzeit endete im Juli 1974 die Karriere des erfolgreichen Karmann-Ghia – der letzte Wagen, der vom Band lief, war ein weißes Cabriolet.

Modell	*Volkswagen Karmann-Ghia*
Hubraum / Zylinder	*1192 ccm / 4 Zyl.*
PS / KW	*30 / 22*
Bauzeit	*1957*
Stückzahl	*Einzelstück*

Wartburg 311-2

Mit dem neuen Wartburg 311 führten 1956 die VEB Automobilwerke die Tradition des alten IFA 9 fort. Der Wartburg, in der Standardversion eine viertürige Limousine, unterschied sich von seinem Vorgänger hauptsächlich durch eine modernisierte Karosserie mit schwungvoller Linienführung. Technisch blieb vorerst alles beim Alten. Der 4300 mm lange Wagen mit 2450 mm Radstand wurde von einem Dreizylinder-Zweitaktmotor mobilisiert und erreichte anfangs eine Spitze von nur 100 km/h. Neben der Limousine führte man noch einen eleganten Kombi und eine viersitzige Cabrio-Limousine im Programm. Die sparsam eingesetzte Modellpflege brachte den Modellen 1958 einige optische Retuschen – unter anderem einen neu gestylten Kühlergrill.

Modell	*Wartburg 311-2*
Hubraum / Zylinder	*900 ccm / 3 Zyl.*
PS / KW	*45 / 33*
Bauzeit	*1956 – 1966*
Stückzahl	*ca. 290 000*

Wartburg Sport 313-1

Zu den wenigen Fahrzeugen, die das uniforme und triste Straßenbild der ehemaligen DDR angenehm bereicherten, zählte unter anderem der bildhübsche Wartburg Sport. Dieser Roadster mit Stahlblechkarosserie, zu dem auf Wunsch ein wetterfestes Hardtop erhältlich war, konnte sogar für sich einen Schönheitspreis beanspruchen – und zwar in den USA! Die Linienführung der Heckpartie erinnerte ein wenig an Borgwards Isabella Coupé. Chromzierleisten und ein verchromtes Kühlergitter unterstrichen die Eleganz dieses Zweisitzers, dessen Optik ganz im Widerspruch zu der unter der Motorhaube platzierten Technik stand: Ein Dreizylinder-Zweitakter bemühte sich, den Wagen auf 145 km/h zu bringen.

Modell	*Wartburg Sport 313-1*
Hubraum / Zylinder	*900 ccm / 3 Zyl.*
PS / KW	*50 / 36,6*
Bauzeit	*1957 – 1960*
Stückzahl	*469*

Zündapp Janus

Um dem rückläufigen Motorradgeschäft entgegenzuwirken, entschieden die Zündapp-Werke, einen PKW zu bauen, der konventionelles Automobilstyling in den Schatten stellen sollte. Eine Eigenkonstruktion war der Typ Janus aber nicht – er basierte auf dem 1955 entwickelten Prototypen des Dornier Delta, den Dornier an Zündapp veräußerte. Das interessante am Janus-Konzept war, dass die Insassen in diesem vorne wie hinten identisch aussehenden Automobil Rücken an Rücken saßen. Warum das so sein sollte, erklärte die Pressemitteilung: „… Eine zukunftsweisende Automobilkonstruktion! Die vier Sitze liegen sicher Rücken an Rücken …". Vielleicht blickte man mit dem Janus zu weit in die Zukunft – nur Individualisten konnten sich für diesen automobilen Flop begeistern.

Modell	*Zündapp Janus*
Hubraum / Zylinder	*248 ccm / 1 Zyl.*
PS / KW	*14 / 10,2*
Bauzeit	*1957 – 1958*
Stückzahl	*6902*

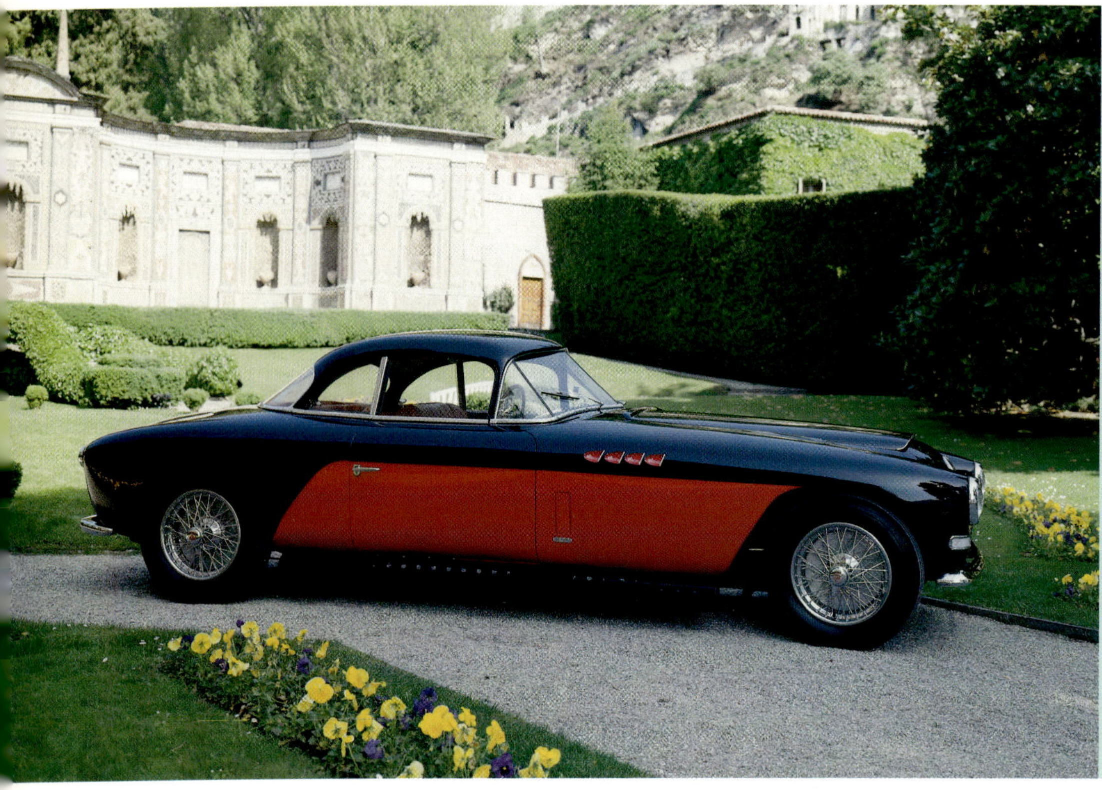

Bugatti 101 C

Nach dem Zweiten Weltkrieg gelang der Luxusmarke Bugatti zwar noch einmal ein kurzfristiges Comeback – es gab jede Menge Ideen und neue Vorhaben –, doch an die Tradition der Vergangenheit vermochte man nicht mehr anzuknüpfen, Der Bugatti Typ 101, der 1951 auf dem Pariser Automobilsalon gezeigt wurde, war nichts anderes als eine konsequente und moderne Weiterentwicklung des legendären T 57. Seine interessant gestylte Pontonkarosserie wurde von dem Designer Louis L. Lepoix entworfen und bei dem Karosseriebaubetrieb Gangloff in Colmar gebaut. Das unter der Haube arbeitende Achtzylinder-Aggregat gab standardmäßig eine Leistung von 135 PS ab, in der höherwertigen Kompressorversion (Bugatti 101 C) standen 190 PS abrufbereit, die den Wagen etwa 180 km/h schnell machten

Modell	*Bugatti 101 C*
Hubraum / Zylinder	*3257 ccm / 8 Zyl.*
PS / KW	*190 / 139,1*
Bauzeit	*1952 – 1954*
Stückzahl	*7*

Citroen 2 CV

Im Oktober 1948 auf dem Pariser Salon erneut präsentiert, bahnte sich die „Ente" zielstrebig ihren Weg auf Frankreichs Straßen und wurde, trotz der bescheidenen Motorleistung, generell bestaunt. Sie besaß eigentlich alles – also nur das Notwendigste –, um sicher ans Ziel zu kommen. Dazu gehörte neben einem 375 ccm großen Zweizylindermotor jede Menge Haltbarkeit und Verlässlichkeit, weil man auf andere Dinge, die entbehrlich waren, von vornherein verzichtet hatte. Eigentlich war der frontangetriebene „deux chevaux" von den Motordaten her den Kleinwagen zuzuordnen – seine viertürige Karosserie mit Rolldach entsprach aber mehr dem Konzept der unteren Mittelklasse. 2 CV-Besitzer hatten schon damals die Möglichkeit, ihren anfangs nur in grauer Lackierung erhältlichen Wagen mit Zubehör optisch aufzuwerten.

Modell	*Citroen 2 CV*
Hubraum / Zylinder	*375 ccm / 2 Zyl.*
PS / KW	*9 / 6,6*
Bauzeit	*1949 – 1954*
Stückzahl	*ca. 676 000*

Citroen 2 CV

Um den etwas höheren Ansprüchen europäischer Nachbarländer entgegenzukommen, zeigten sich die im belgischen Zweigwerk (in Forest) montierten 2 CV schon ab 1954 mit einem massiven Kofferraumdeckel und dritten Seitenfenstern. Eine Leistungsspritze bescherte 1954 dem 2 CV neben dem auf 425 ccm vergrößerten Hubraum jetzt 12 PS. Dem Bedarf und der Nachfrage entsprechend, etablierte Citroen den Wagen natürlich zuerst auf dem heimischen Markt, bevor man Schritt für Schritt das Exportgeschäft in Schwung brachte. Deutschland wurde ab 1958 mit der Ente bedient – wer sie haben wollte, war mit 4.600 Mark und langen Lieferzeiten dabei. Besitzer, die ihren ab Werk relativ simpel ausgestatteten Wagen verschönern wollten, fanden auf dem Markt jede Menge Zubehör wie extravagante Stoßstangen, Reserveradhalter fürs Dach und dergleichen.

Modell	*Citroen 2 CV*
Hubraum / Zylinder	*425 ccm / 2 Zyl.*
PS / KW	*12 / 8,8*
Bauzeit	*1954 – 1956*
Stückzahl	*ca. 676 000*

Citroen 2 CV Sahara

1958 sorgte auch der 2 CV Sahara – ein 4x4-Wagen – für Aufmerksamkeit: Mit zwei Motoren bestückt, konnte man beide Aggregate gleichzeitig oder nur eines (entweder das vordere für die Vorderachse oder das hintere für die Hinterachse) nutzen. Doppelt mobilisiert fühlte sich die Ente so auch im Wüstensand bei Steigungen von 45 Prozent wohl! Mit zwei Aggregaten bestückt, musste der Sahara allerdings auf einen Kofferraum verzichten. Das Reserverad des bis zu 110 km/h flotten Modells wanderte aus Platzgründen nun nach außen und wurde auf der vorderen Haube platziert. Der Tank befand sich unter dem Beifahrersitz (!) – um das Betanken zu erleichtern, war der Benzineinfüllstutzen durch einen runden Ausschnitt in der Tür zu erreichen.

Modell	*Citroen 2 CV Sahara*
Hubraum / Zylinder	*2 x 425 ccm / 2 x 2 Zyl.*
PS / KW	*2 x 26 PS*
Bauzeit	*1958 – 1955*
Stückzahl	*694*

Citroen 11 CV

Lange, bevor das Wort Crash-Test im Vokabular der Automobilindustrie auftauchte, simulierte Citroen in einer Kiesgrube, was passiert, wenn ein Fahrzeug mit einer Geschwindigkeit von 30 km/h gegen eine Mauer fährt. Dieser außergewöhnliche Test geschah 1935, um die Stabilität der selbsttragenden Ganzstahlkarosserie des „Traction Avant" zu beweisen. Es passierte nichts – die Fahrgastzelle blieb unversehrt und keine Tür sprang auf. Für Citroen war dieses Testergebnis einerseits ein Beweis für die Richtigkeit seiner Bauweise und andererseits die Bestätigung, dem Konzept auch weiterhin ohne Veränderungen treu zu bleiben, weshalb die Tradition dieses Wagens auch nach Ende des Zweiten Weltkriegs unverändert fortgesetzt wurde.

Modell	*Citroen 11 CV*
Hubraum / Zylinder	*1911 ccm / 4 Zyl.*
PS / KW	*56 / 41*
Bauzeit	*1946 – 1953*
Stückzahl	---

Citroen 11 CV Coupé

Noch viele Jahre nach Kriegsende bildete der 11 CV Citroens wichtigste Produktionsbasis. Am Grundprinzip des Fronttrieblers wurde kaum etwas verändert, und auch die ersten ab 1946 gebauten Wagen wurden weiterhin in ausschließlich mattschwarzer Lackierung geliefert. Trotz des selbsttragenden Aufbaus befassten sich ein paar Karosseriebauspezilisten mit dem 11 CV und brachten diverse individuell gestaltete Wagen auf den Markt. Die Schweizer Firma Worblaufen in Bern machte sich mit ihren gelungenen Cabriolet-Versionen rasch einen Namen für Qualitätsarbeit, und auch andere Karosseriers (L. Mitre, Renard, Splendilux) gaben dem 11 CV ein interessantes Aussehen – so entstanden unter anderem auch einige Coupés.

Modell	*Citroen 11 CV Coupé*
Hubraum / Zylinder	*1911 ccm / 4 Zyl.*
PS / KW	*42 / 30,7*
Bauzeit	*1952*
Stückzahl	---

Citroen 15 Six

Der Legende nach wurden Citroens fortschrittliche Frontantriebswagen gerne auch als Fluchtwagen von Ganoven und anderen lichtscheuen Gestalten genutzt, weshalb der Volksmund den 11 CV bald auf den Spitznamen „Gangsterwagen" taufte. Noch besser dazu geeignet war der 15 Six. Unter seiner Haube arbeitete ein durchzugskräftiges Sechszylinder-Aggregat. Im Zuge der Modellpflege erhielt der 15 Six ab 1951 neu gestaltete Lüftungsklappen hinter dem Kühler. Außerdem gab es nun größere und wirksamer arbeitende Bremstrommeln, und die im britischen Montagewerk hergestellten Wagen mit Rechtslenkung erhielten sogar eine vornehme Lederpolsterung. Für den Jahrgang 1954 profitierten die 15 Six-Modelle von einer Gas-Flüssigkeits-Federung, die zwischenzeitlich zur Serienreife gebracht werden konnte.

Modell	*Citroen 15 Six*
Hubraum / Zylinder	*2867 ccm / 6 Zyl.*
PS / KW	*80 / 58,6*
Bauzeit	*1953 – 1956*
Stückzahl	*ca. 50 600*

Citroen DS 19

Dicht gedrängt standen die Besucher 1955 auf dem Pariser Automobilsalon. Jeder musste sehen, was sich da auf dem Stand von Citroen drehte, um zu glauben, dass ein Automobil so aussehen kann. In der Geschichte des Automobils hat es wohl keinen anderen Wagen gegeben, in dem so viele technisch revolutionäre und richtungweisende Neuerungen zugleich angeboten wurden. DS – diese im Französischen „Déesse" ausgesprochenen Buchstaben heißen übersetzt „Göttin", und aus jenem Wortspiel wurde bald der Ehrenname des avantgardistischen Modells. Am Abend des ersten Messetages lagen übrigens schon 12 000 Bestellungen für die „Göttin" vor, und ein Fachjournalist kommentierte die Geschehnisse: „... ein Auto, das die Technik der Welt tief beeinflussen wird."

Modell	*Citroen DS 19*
Hubraum / Zylinder	*1911 ccm / 4Zyl.*
PS / KW	*75 / 55*
Bauzeit	*1955 – 1968*
Stückzahl	*1 415 700*

Citroen ID 19

Citroens DS-Modell war gewiss kein Luxuswagen für ein paar Reiche. Mit 1900 ccm Hubraum und 75 PS Leistung bewegte sich das als Großserienprodukt konzipierte Auto ganz auf der Linie der wirtschaftlichen Vernunft. Hier war „nur" zum ersten Mal ein Fünfsitzer nach den Gesetzen der Aerodynamik gestaltet worden, woraus sich die eigenwillige Form mit niedriger Gürtellinie ergab. Im Gegensatz zum 11 CV gab es nun keinen Kühlergrill mehr, die hinteren Blinkleuchten saßen ganz oben am Heck, und die Frontpartie war rund wie ein Schiffsbug. Auch dass das Lenkrad nur eine Speiche hatte, war mehr als außergewöhnlich. Die Zahl der technischen Revolutionen wirkte auf den Betrachter schier erdrückend. Deshalb brachte Citroen mit dem Typ ID für konservativ eingestellte Kunden eine etwas abgespeckte Version auf den Markt, die auf einige technische Highlights verzichtete.

Modell	*Citroen ID 19*
Hubraum / Zylinder	*1911 ccm / 4 Zyl.*
PS / KW	*62 / 45,4*
Bauzeit	*1957 – 1969*
Stückzahl	---

Citroen DS 19 Cabriolet

Weil die Ansprüche an Schnelligkeit, Spurtvermögen und Fahrkomfort mit zunehmender Verkehrsdichte stets wuchsen, erlebte das DS-Modell immer wieder Reformen und Modifikationen. Dazu gehörte auch die Programmerweiterung durch ein Cabriolet. Der französische Karosseriebauer Henri Chapron befasste sich erstmals 1958 mit dieser Idee und realisierte diverse offene Zweitürer, die sich in den obersten Preisregionen bewegten. Dafür gab er seinen Modellen viele zusätzliche Extras mit auf den Weg – beispielsweise eine elektrohydraulische Verdeckbetätigung oder eine Klimaanlage. Ab 1960 nahm sich Citroen auch selbst des Cabrio-Baus an und stellte preisgünstigere Versionen auf die Räder, während Chapron seine Modellpalette durch elegante Coupé-Umbauten ergänzte.

Modell	*Citroen DS*
Hubraum / Zylinder	*1985 ccm / 4 Zyl.*
PS / KW	*84 / 61,5*
Bauzeit	*1958 – 1965*
Stückzahl	---

Delahaye 135 MS

Zwar rangierte der Name Delahaye nach Ende des Zweiten Weltkriegs noch eine Weile unter den Marken der Luxusautomobile, doch aufgrund unternehmerischer Umstrukturierungen gehörte die Firma zusammen mit Delage jetzt der G.F.A (Groupe Français de l'Automobile) an. Das Kürzel G.F.A. wurde auch zusätzlich im Markenemblem geführt und hat heute den Vorteil, dass sich dadurch auf eine relativ einfache Art und Weise die Wagen der Vorkriegs- bzw. Nachkriegsproduktion identifizieren lassen. Als die Produktion 1946 wieder aufgenommen wurde, setzte man zuerst die Tradition der Modelle 134 und 135 fort. Genau wie früher, entstanden auf dem Kastenrahmenchassis neben den Werksaufbauten weiterhin zahlreiche Sonderkarosserien, beispielsweise wie diese bei Saoutchik kreierte Cabriovariante.

Modell	*Delahaye 135 MS*
Hubraum / Zylinder	*3557 ccm / 6 Zyl.*
PS / KW	*120 / 87,9*
Bauzeit	*1946 – 1951*
Stückzahl	---

Delahaye 175 S

Als Nachfolger für das Modell 134 nahm Delahaye 1948 die Version 175 ins Programm auf. Mit einem Motor der 4,5-Liter-Klasse bestückt, rundete der 175 die Modellpalette nach oben hin ab. Der Wagen profitierte von vielen technischen Verbesserungen und besaß unter anderem eine modernisierte Radaufhängung der Vorderräder sowie eine Doppelgelenk-Hinterachse. Außerdem gab es hydraulische Bremsen und ein Vierganggetriebe, das über eine spezielle Mimik elektromagnetisch geschaltet wurde (System Cotal). Auf dem Kastenrahmenchassis mit 2950 mm Radstand ließen sich hinreißende Karosserien realisieren – je nach Größe und Schwere des Aufbaus brachte es der Typ 175 auf eine Höchstgeschwindigkeit von etwa 165 km/h.

Modell	*Delahaye 175 S*
Hubraum / Zylinder	*4455 ccm / 6 Zyl.*
PS / KW	*140 / 102,6*
Bauzeit	*1948 – 1949*
Stückzahl	---

Mochet CM 125

Charles Mochet, der schon unter dem Markennamen C.M. im französischen Puteaux von 1924 bis 1930 verschiedene Kleinwagentypen in geringen Stückzahlen baute, wagte sich 1945 mit seinem Sohn Georges erneut ins Automobilgeschäft. Während Käufer traditioneller Marken (Citroen oder Renault) unangemessen lange Lieferzeiten einzuplanen hatten, konnten die Etablissements Charles Mochet ihre Modelle innerhalb von sechs Wochen liefern. Der Mochet CM 125, ein niedlicher Roadster, gab sich von der Optik her durchaus attraktiv, doch mit simplen Bandbremsen, Zugstarter und Magnetzündung ausgestattet, konnte dieses Automobil nicht mehr als eine Notlösung auf Rädern sein – trotzdem fand es seine Käufer.

Modell	*Mochet CM 125*
Hubraum / Zylinder	*125 ccm / 1 Zyl.*
PS / KW	*5 / 3,7*
Bauzeit	*1951 – 1957*
Stückzahl	*ca. 250*

Panhard Dyna 120

Stellte der französische Automobilbauer Panhard et Levassor vor dem Zweiten Weltkrieg meist ausgefallene und luxuriöse Fahrzeuge wie den legendären Panhard Dynamic mit Schiebermotor auf die Räder, so änderte man in der Nachkriegszeit die Strategie und wandte sich der Kleinwagensparte zu. Mit dem Panhard Dyna entstand unter der Regie des Konstrukteurs J.A. Grégoire – ein Experte in Sachen Frontantrieb – ein Kleinwagenkonzept, das sich in einigen Punkten von den bekannten konventionellen Konstruktionen der Mitbewerber unterschied: Der Dyna wurde nämlich, trotz bescheidener Abmessungen (Radstand 2120 mm; Gesamtlänge 3580 bis 3820 mm), von vornherein als Viertürer ausgelegt – zumindest in der Form als Limousine.

Modell	*Panhard Dyna 120*
Hubraum / Zylinder	*745 ccm / 2 Zyl.*
PS / KW	*31 / 22,7*
Bauzeit	*1950 – 1952*
Stückzahl	*ca. 55 000*

Panhard Dyna 120

Dank der Verwendung von Leichtmetall für die Motorhaube und den Türen brachte der optisch ansprechende Panhard Dyna nur 550 kg auf die Waage. Deshalb war das Auto, das 1946 zuerst mit einem 24 PS starken luftgekühlten Zweizylinder-Boxermotor (610 ccm Hubraum) bestückt wurde, keineswegs untermotorisiert. Im Zuge der Weiterentwicklung stieg die Leistung ab 1949 bis auf 31 PS an. Neben den werksseits lieferbaren Karosserieaufbauten entstanden auf der Basis des Stahlrohrrahmens (vorne Einzelradaufhängung, hinten Starrachse) noch diverse Sonderkarosserien, die hauptsächlich in den Ateliers namhafter Karosseriers wie Allemano oder Ghia-Aigle entworfen wurden. Ähnlich dem MG in England, entwickelten sich Panhard-Dyna-Modelle bald zum Traumwagen der französischen Jugend.

Modell	*Panhard Dyna 120*
Hubraum / Zylinder	*745 ccm 2 Zyl.*
PS / KW	*31 / 22,7*
Bauzeit	*1950 – 1952*
Stückzahl	*ca. 55 000*

Panhard Dyna Junior

Neben viertürigen Limousinen und zweitürigen Cabriolets hielt Panhard den Dyna auch als Kombiversion bereit – eine interessante Alternative, mit der man Gewerbetreibende wie Handwerker für die Marke begeistern wollte. Als sportlich gestylter Ableger sorgte aber der nur kurzfristig gebaute Dyna-Junior, ein offener Spider mit interessanter Linienführung, für mehr Begeisterung. Sein Zweizylindermotor besaß höchst ungewöhnliche Ventilfedern in Form von Torsionsstäben, deren Hülsen aus den Zylinderköpfen ragten. Mit 130 km/h angegeben, galt der Junior als schnellster Vertreter der Dyna-Baureihe. 1955, als sich die Übernahme von Panhard durch Citroen auszuwirken begann, nutzte man die Werksanlagen mehr und mehr zum Ausbau der Citroen-Modellpalette, bis das Jahr 1967 schließlich das Aus für die Marke Panhard bedeutete.

Modell	*Panhard Dyna Junior*
Hubraum / Zylinder	*850 ccm / 2 Zyl.*
PS / KW	*40 / 29,3*
Bauzeit	*1954 – 1954*
Stückzahl	---

Peugeot 203

Mit dem Peugeot 203 knüpfte die traditionsreiche französische Automobilfabrik nicht an die Modellpalette veralteter Vorkriegswagen an, sondern stellte eine vollkommen neu entwickelte Fahrzeuggeneration auf die Räder. Der Ende 1947 erstmals gezeigte Prototyp hatte gewisse Ähnlichkeit zum Volvo 444, war in seinen Linien aber etwas fließender und eleganter. In der technischen Konzeption konnte man den Peugeot 203 als einen durchaus modernen Wagen bezeichnen. Er wies eine selbsttragende Karosserie auf, hatte hydraulische Bremsen und vordere Einzelradaufhängung. Sein Kernstück war ein robuster und langlebiger Vierzylindermotor, dessen hochliegende seitliche Nockenwelle über Stößelstangen und Kipphebel die schrägstehenden Ventile betätigte.

Modell	*Peugeot 203*
Hubraum / Zylinder	*1290 ccm / 4 Zyl.*
PS / KW	*45 / 33*
Bauzeit	*1948 – 1960*
Stückzahl	*ca. 685 000*

Peugeot 203

In den 50er Jahren, als die elektrische 6-Volt-Anlage noch zum Standard fast aller Automobile zählte, gab es erst wenige Hersteller, die die Elektrik auf 12 Volt umstellten. Peugeot gehörte zwar zu den fortschrittlichen Produzenten, doch die Umstellung basierte auf einem etwas ungewöhnlichen Konzept. Um mit 12 Volt arbeiten zu können, wurden einfach zwei 6-Volt-Batterien in Serie geschaltet – funktioniert hat es trotzdem. Wie für Automobilproduzenten üblich, bezog man die KFZ-Elektrik aus Kostengründen von Fremdherstellern. Auch Peugeot arbeitete mit mehreren Lieferanten zusammen, weshalb einige Wagen mit Anlassern der Marke Ducellier und andere Serien mit denen des Herstellers Paris-Rhone bestückt wurden.

Modell	*Peugeot 203*
Hubraum / Zylinder	*1290 ccm / 4 Zyl.*
PS / KW	*45 / 33*
Bauzeit	*1948 – 1960*
Stückzahl	*ca. 685 000*

Modell	*Peugeot 203*
Hubraum / Zylinder	*1290 ccm / 4 Zyl.*
PS / KW	*45 / 33*
Bauzeit	*1948 – 1960*
Stückzahl	*ca. 685 000*

Peugeot 203

Zweifelsohne brachte Peugeot mit dem Typ 203 einen fortschrittlichen Wagen auf den Markt, der von Anfang an mit einem synchronisierten Vierganggetriebe bestückt wurde. Seine hydraulischen Bremsen und die vordere Einzelradaufhängung brachten ihm ebenfalls jede Menge Pluspunkte ein, denn das entsprach Ende der 40er Jahre keineswegs dem üblichen Standard. Peugeot gab sich mit dieser modernen Ausstattung dennoch nicht zufrieden – immer wieder wurde der 203 verbessert und perfektioniert. Veränderungen am Blattfedersystem sowie Modifikationen an der Spur und der Getriebeaufhängung verbesserten das Fahrverhalten und den Fahrkomfort ebenso wie die Anhebung der Reifendimension.

Peugeot 203

In den Baujahren 1948 bis 1954 standen zeitweise bis zu zwölf verschiedene Karosserieversionen des 203 bei den Händlern bereit. Alle Modelle wurden in selbsttragender Bauweise gefertigt und verfügten in der Regel über einen Radstand von 2580 mm. Schmuckstück aller Aufbauten war natürlich das Cabriolet. In den am meisten bestellten Normalausführungen besaßen die 203-Modelle einen recht geräumigen Kofferraum, während kleine Nutzfahrzeugausgaben wie Kombis etc. auch mit verlängertem Radstand zu haben waren. Der relativ anspruchslose Typ 203 festigte den Ruf des Hauses Peugeot nicht nur in der Nachkriegszeit: Man darf ihn getrost als Wegbereiter für den noch erfolgreicheren Typ 403 bezeichnen. Außerdem öffnete er als Exportprodukt seinem Hersteller viele neue Märkte, nicht nur in Europa.

Modell	*Peugeot 203*
Hubraum / Zylinder	*1290 ccm / 4 Zyl.*
PS / KW	*42 / 30,8*
Bauzeit	*1948 – 1960*
Stückzahl	*ca. 685 000*

Peugeot 403

Mit dem 403 präsentierte Peugeot 1955 auf dem Turiner Automobilsalon einen perfekten Mittelklassewagen, der elf Jahre die Modellpalette bereicherte. Als er erschien, gab es fünf Jahre lang als Alternative noch den etwas kleineren 203 und ab 1960 sogar schon den modernisierten Typ 404. Diese Vielfalt tat dem Erfolg des 403 keinen Abbruch – er war Frankreichs zeitgemäßes Mittelklassefahrzeug und wurde allen Ansprüchen gerecht. Als viertüriger Familienwagen bot er fünf Personen reichlich Platz. Der Komfort wurde vor allem durch die vorderen Einzelsitze unterstrichen, die aber so eng zusammenlagen, dass man dort bei Bedarf wie auf einer durchgehenden Sitzbank auch drei Personen unterbringen konnte.

Modell	*Peugeot 403*
Hubraum / Zylinder	*1468 ccm / 4 Zyl.*
PS / KW	*58 / 42,5*
Bauzeit	*1956 – 1966*
Stückzahl	*1 214 130*

Peugeot 403

Modern interpretiert, würde man den Peugeot 403 aus heutiger Sicht vielleicht als Raumwunder bezeichnen. Der etwa 4500 mm lange Wagen (Radstand 2660 mm) mit glattflächiger Pontonkarosserie bot jede Menge Platz und Stauraum – sogar der Bereich unter den Vordersitzen konnte genutzt werden. Das Kofferraumvolumen ließ manch anderen Hersteller vor Neid erblassen: Es gab mehr als einen Quadratmeter Bodenfläche, denn das Reserverad wurde Platz sparend unter dem Gepäckraumboden platziert. Wem das nicht reichte, konnte den Wagen alternativ als viertürigen Kombi ordern – Peugeot nannte diese Ausführung „Familiale". Eher für Gewerbetreibende geeignet war die zweitürige Version des Kombis oder die Pritschenwagen-Variante mit Plane.

Modell	*Peugeot 403*
Hubraum / Zylinder	*1468 ccm / 4 Zyl.*
PS / KW	*58 / 42,5*
Bauzeit	*1959 – 1966*
Stückzahl	*1 214 130*

Peugeot 403

Besitzer eines 403 kamen in den Genuss einiger Details, die bei Außenstehenden oft für Verwirrung sorgten: So verbarg sich der Benzineinfüllstutzen unter (!) dem Rückstrahler der linken Heckleuchte. Um den Wagen betanken zu können, wurde der Rückstrahler wie eine Tankklappe aufgeschlossen und nach oben geklappt! Als einer der letzten Wagen seiner Zeit stattete Peugeot den 403 für den Fall der Fälle mit einer Andrehkurbel aus. Eine weitere Eigenart war die Anordnung des Aschenbechers mitten im Armaturenbrett. Wer ein Autoradio einbauen wollte, das ja in den 50er Jahren sehr viel Platz beanspruchte, musste den Ascher entfernen und woanders unterbringen, oder auf Musikgenuss verzichten – nur an dieser Stelle stand dem Radio genügend Tiefe zur Verfügung.

Modell	*Peugeot 403*
Hubraum / Zylinder	*1468 ccm / 4 Zyl.*
PS / KW	*58 / 42,5*
Bauzeit	*1959 – 1966*
Stückzahl	*1 214 130*

P. Vallée Chantecler

Vielleicht muss man, wie der Franzose Paul Vallée, einmal Rennleiter gewesen sein, um ein Automobil wie den Chantecler (dt.=Nachtigall) kreieren zu können. Vallée bezeichnete diesen Kleinwagen, die Weiterentwicklung eines Lastenrollers, als sportlichen Einsitzer! Musste sich die erste Serie des Chantecler mit nur einem Scheinwerfer begnügen, so bestückte man das Wägelchen in der zweiten Auflage mit zwei Lampen. Die 3100 mm lange und 1320 mm breite Karosserie bestand aus Kunststoff. Sie ruhte auf einem Rohrrahmen und erhielt als Rammschutz zierliche Aluminiumstoßstangen. Ein im Heck platzierter Einzylindermotor der Marke Ydral brachte seine Leistung an das hintere Einzelrad. Der P. Vallée Chantecler – so die offizielle Modellbezeichnung –, war schon damals eine große Rarität auf Frankreichs Straßen.

Modell	*P.Vallée Chantecler*
Hubraum / Zylinder	*125 ccm 1 Zyl.*
PS / KW	*6 / 4,4*
Bauzeit	*1952*
Stückzahl	*ca. 200*

Renault 4 CV

Eine Vorkriegskonstruktion weiterzubauen, wie es viele Automobilhersteller nach Ende des Zweiten Weltkriegs taten, kam für Renault auf der Suche nach einem neuen Modell nicht in Frage. Man holte stattdessen einen Prototyp aus der Versenkung, der schon 1940 auf die Räder gestellt wurde. Dem ursprünglich zweitürigen Versuchsträger mit Aluminiumkarosserie stellte man noch eine Alternative mit Stahlaufbau und eleganterer Linienführung gegenüber. Zur Serienreife entwickelt, avancierte der kleine Viertürer mit der Modellbezeichnung Renault 4 CV zum Star des Pariser Automobilsalons 1947. Renault erklärte: „300 Exemplare sollen pro Tag gefertigt werden und kein Stück weniger ...". Anders interpretiert hieß das, dass hier von einem Massenprodukt geredet wurde.

Modell	*Renault 4 CV*
Hubraum / Zylinder	*760 ccm / 4 Zyl.*
PS / KW	*18 / 13,3*
Bauzeit	*1947 – 1961*
Stückzahl	*1 105 000*

Renault 4 CV

Um die Produktion des 4 CV in Gang zu setzen, musste Renault in einer Zeit, wo Werkzeuge, Maschinen und Rohstoffe knapp waren, eine Anleihe von 500 Millionen Franc ausschreiben. Doch die Renault-Werke, die im Januar 1945 zur „Régie nationale" verstaatlicht wurden, wählten den richtigen Weg. Eine ungeahnte Nachfrage setzte ein – Interessenten mussten 1947 für ihren 4 CV mit Lieferzeiten von fast zwei Jahren rechnen! Manch cleverer Zeitgenosse bot seinen eingelösten Vertrag sogar weit über dem offiziellen Verkaufspreis an und versuchte, aus der Bestellung Kapital zu schlagen. Von den 300 pro Tag geplanten Einheiten war man in der Anfangsphase allerdings noch etwas entfernt. Lediglich 232 Wagen ließen sich Ende 1948 realisieren, erst im Juli 1950 steigerte sich der Tagesausstoß auf 400 Autos.

Modell	*Renault 4 CV*
Hubraum / Zylinder	*760 ccm / 4 Zyl.*
PS / KW	*18 / 13,2*
Bauzeit	*1947 – 1961*
Stückzahl	*1 105 000*

Renault Dauphine

Mitte der 50er Jahre, als sich Renaults kleiner Mitteklassewagen 4 CV auf dem Markt richtig etabliert hatte, versuchte man, diesem Modell ein etwas größeres Fahrzeug als Alternative an die Seite zu stellen. Der Dauphine, wie die Alternative genannt wurde, verfügte ebenfalls über einen im Heck platzierten wassergekühlten Motor. Dieses Konzept machte ihn sympathisch, weshalb die Nachfrage nicht auf sich warten ließ. Das handliche Familienauto entwickelte sich außerdem zu einem Exportschlager und sorgte darüber hinaus auch im Wettbewerbssport für Gesprächsstoff: Unter der Regie des Rennwagenkonstrukteurs Gordini lancierte man ab Ende 1957 den extrem sportlich angehauchten Dauphine Gordini mit einer Leistungsabgabe von 38 PS.

Modell	*Renault Dauphine*
Hubraum / Zylinder	*845 ccm / 4 Zyl.*
PS / KW	*27 / 19,8*
Bauzeit	*1956 – 1968*
Stückzahl	*2 120 000*

Renault Frégate

Die Antwort auf die Mittelklassewagen von Peugeot, Opel und anderen Mitbewerbern nannte sich im Hause Renault Frégate. Der modern konstruierte Viertürer verfügte über einen sehr geräumigen Innenraum, weshalb das Werk den Wagen im Prospekt gern als Sechssitzer bezeichnete. Trotzdem widersprach das Fahrzeug in einigen Punkten dem Zeitgeschmack – Renault verzichtete nämlich auf die moderne pontonförmige Linienführung und stellte weiterhin einen barocken Rundling auf die Räder. Die ab 1953 gefertigte Ausführung profitierte von einer verbesserten Hinterradaufhängung und der Überarbeitung des Getriebes. Zum Jahrgang 1957 konnte die Frégate mit einem Kupplungsautomaten geordert werden – dieses 80 PS starke Modell erhielt die Zusatzbezeichnung „Transfluide".

Modell	*Renault Frégate*
Hubraum / Zylinder	*2141 ccm / 4 Zyl.*
PS / KW	*80 / 58,6*
Bauzeit	*1957 – 1960*
Stückzahl	*ca. 200 000*

Renault Floride

Auf der gleichen technischen Basis aufbauend wie die Dauphine, präsentierte Renault 1959 die elegante Floride. Anders als ihr viertüriges Gegenstück mit rundlicher Linienführung, zeigte sich die Floride (Radstand ebenfalls 2270 mm) als flotter Zweitürer. Pietro Frua, einer der namhaften italienischen Karosseriebauer, hatte diesmal das Design entworfen – hergestellt wurde der zweitürige Coupé-Aufbau allerdings bei der französischen Firma Chausson. Das zweisitzige Coupé besaß zwar eine hintere Notsitzbank, doch dieses dürftige Platzangebot ließ sich besser als zusätzliche Gepäckablage nutzen. Lufteinlässe im Bereich der hinteren Kotflügel signalisierten dem Kenner, dass das neue Modell ebenfalls von einem Heckmotor angetrieben wurde.

Modell	*Renault Floride*
Hubraum / Zylinder	*845 ccm / 4 Zyl.*
PS / KW	*35 / 25,5*
Bauzeit	*1959 – 1968*
Stückzahl	---

Renault Floride

Es dauerte nicht lange, bis die Floride ihren speziellen Käuferkreis gefunden hatte. Meist waren es Damen, die dieses Automobil gern als Zweitwagen bewegten – eine der prominentesten Floride-Besitzerinnen war übrigens Brigitte Bardot. Der Dauphine entsprechend, brachte der Heckmotor auch bei diesem Baumuster seine Kraft an die Hinterachse, was den Wagen 125 km/h schnell machte. Dieser Wert stand zwar im krassen Missverhältnis zur flotten Karosserielinie, doch das schien niemanden zu stören. Der Wagen verkaufte sich gut. Besonders begehrt war die Cabriolet-Version, für die gegen Aufpreis ein Hardtop zu haben war. Das Aufsetzdach stand dem Wagen ausgezeichnet und machte ihn bei Bedarf absolut wetterfest.

Modell	*Renault Floride*
Hubraum / Zylinder	*845 ccm / 4 Zyl.*
PS / KW	*35 / 25,6*
Bauzeit	*1959 – 1968*
Stückzahl	---

Renault Caravelle

Mit der Floride führte Renault nicht nur einen besonders formschönen Wagen im Programm, sondern auch ein Modell, das sich auf dem US-Markt hervorragend verkaufen ließ. Um den amerikanischen Gesetzen zu entsprechen, mussten die für den Export bestimmten Fahrzeuge in einigen Punkten modifiziert werden – sie kamen in den USA unter der Modellbezeichnung Caravelle in den Handel. Zum Modelljahrgang 1962 – als Renault den Bau der Cabrio-Version einstellte – wurde die Bezeichnung Caravelle auch für den europäischen Markt genutzt. Diese Umbenennung war gleichzeitig mit einem Anheben der Leistung verbunden, und auch zum Jahrgang 1963 wurde dieser Vorgang noch einmal wiederholt.

Modell	*Renault Caravelle*
Hubraum / Zylinder	*1108 ccm / 4 Zyl.*
PS / KW	*51 / 37,4*
Bauzeit	*1963 – 1968*
Stückzahl	---

Modell	*Talbot Lago Record*
Hubraum / Zylinder	*4482 ccm / 6 Zyl.*
PS / KW	*170 / 124,5*
Bauzeit	*1946 – 1951*
Stückzahl	---

Talbot Lago Record

Während alle nach dem Zweiten Weltkrieg in England gebauten Talbot unter dem Markennamen Sunbeam-Talbot auf den Markt kamen, bereicherten die in Frankreich hergestellten Wagen als Talbot Lago die Automobilwelt. Hier setzten sie die Tradition der in den 30er Jahren gebauten Klassiker fort – das erste Modell, das 1946 die Werkshallen verließ, war der Talbot Lago Record. Auf seinem Kastenrahmenchassis entstanden noch immer wunderbare Sonderkarosserien. Chefkonstrukteur Carlo Marchetti hatte zwischenzeitlich das bekannte 4,5-Liter-Aggregat modernisiert – es erhielt einen neuen Zylinderkopf und zwei obenliegende Nockenwellen. Das Vierganggetriebe, das die Kraft an die Hinterachse brachte, wurde übrigens elektromagnetisch geschaltet und entsprach von der Wirkung her einer Halbautomatik.

Vespa 400

Kontrastierend zur Modellpalette der Motorroller konnten Besucher des Pariser Automobilsalons 1957 auf dem Stand der Vespa-Gruppe ein Wägelchen bewundern, das zwar den italienischen Markennamen Vespa trug, genau genommen aber ein Mischling mit französischem Einschlag war. Um nicht dem Fiat-Konzern, zu dem man Geschäftsbeziehungen pflegte, als Konkurrent in die Quere zu kommen, wurde der Vespa 400 nicht in seinem Heimatland, sondern in Frankreich gebaut! Das modern gestylte Auto mit selbsttragender Karosserie erinnerte ein wenig an den Autobianchi 500, dessen praktische Rolldachkonstruktion anscheinend hier Pate stand. Ursprünglich plante man eine Tagesproduktion von 100 Fahrzeugen, doch weil sich der Wagen wider Erwarten schlecht verkaufte, wurde die Produktion vorzeitig eingestellt.

Modell	*Vespa 400*
Hubraum / Zylinder	*394 ccm / 2 Zyl.*
PS / KW	*14 / 10,3*
Bauzeit	*1957 – 1961*
Stückzahl	---

AC 2 Litre

Modell	*AC 2 Litre*
Hubraum / Zylinder	*1991 ccm / 6 Zyl.*
PS / KW	*75 / 55*
Bauzeit	*1947 – 1956*
Stückzahl	---

Der legendäre Cobra war gewiss das Automobil, das die Marke AC weltberühmt machte. Die automobile Karriere der Firma AC (Auto Carrier) begann aber schon in den 20er und 30er Jahren mit dem Bau sportlicher Wagen – eine Tradition, die nach dem Zweiten Weltkrieg fortgesetzt wurde. Ab 1947 entstand im britischen Thames Ditton diese Limousine der 2-Liter-Klasse, deren Karosserie auf einem Hilfsrahmen aus Holz ruhte. Diese Bauart war zwar alles andere als zeitgemäß, doch AC hielt an ihr noch bis 1956 fest. Dass der AC 2 Litre ebenfalls vorne wie hinten eine Starrachse besaß, schien der Kundschaft ebenso wenig zu stören. Das Konzept ließ sich tatsächlich noch verkaufen, und neben den Zweitürern wurden auch diverse Viertürer und Kombiversionen gefertigt.

Allard K 2

Sydney Allards Automobile waren eine interessante Kombination des britischen Sportwagenkonzepts mit amerikanischer Motorentechnik: Fast alle seine Boliden wurden von drehmomentstarken V8-Aggregaten mobilisiert, mit denen Spitzengeschwindigkeiten von bis zu 200 km/h realisiert werden konnten. Mit viel Liebe zum Detail entstanden ab 1950 die überwiegend in Handarbeit montierten Typen K 2 und J 2, die auf Wunsch mit einem 5,4-Liter-Motor von Cadillac bestückt wurden. Ein Großteil der Wagen wurde erfolgreich in die USA exportiert, wo man die Motoren abermals tunte und für den Wettbewerbssport präparierte. Kontrastierend zu den Hubraumriesen versuchte Allard ab 1955 auch ins Kleinwagengeschäft einzusteigen – der Bau des kleinen Allard Clipper wurde alsbald wieder aufgegeben.

Modell	*Allard K 2*
Hubraum / Zylinder	*3622 ccm / 8 Zyl.*
PS / KW	*96 / 70,3*
Bauzeit	*1950 – 1952*
Stückzahl	---

Alvis Typ 14

Alvis zählte zu den wenigen Automobilherstellern, die in der glücklichen Lage waren, ihre Produktion nach Ende des Zweiten Weltkriegs unmittelbar wieder aufnehmen zu können. Natürlich führte man zuerst die Fertigung der bereits in den 30er Jahren entwickelten Baureihe fort – eine vollkommene Neuentwicklung sollte es erst 1950 geben. Der Alvis Typ 14, der ab 1946 wieder in drei Versionen angeboten wurde, unterschied sich in der Linienführung kaum von seiner Vorkriegsausführung. Das Vierzylinder-Aggregat, das seine Kraft an die starre Hinterachse brachte, gab es in mehreren Leistungsstufen von 66 bis 71 PS. Das stabil konstruierte Kastenrahmenchassis wurde vereinzelt auch an Karosseriebauspezialisten geliefert, die einige wenige Typ 14 mit eleganten Sonderaufbauten bestückten.

Modell	*Alvis Typ 14*
Hubraum / Zylinder	*1892 ccm / 4 Zyl.*
PS / KW	*66 / 48,3*
Bauzeit	*1946 – 1950*
Stückzahl	*ca. 3300*

Modell — Aston Martin DB 2
Hubraum / Zylinder — 2580 ccm / 6 Zyl.
PS / KW — 108 / 79,1
Bauzeit — 1951 – 1953
Stückzahl — ---

Aston Martin DB 2

Trotz permanenter Finanzkrisen hatte Aston Martin in den 30er Jahren stets für Aufmerksamkeit im Motorsport gesorgt, und als es nach dem Zweiten Weltkrieg wieder einmal an Kapital mangelte, rettete 1947 der Industrielle David Brown die Automobilfabrik vor ihrem sicheren Untergang. Brown beabsichtigte, die Sportwagentradition des Hauses Aston Martin fortzuführen und ließ unter seiner Regie für 1948 ein Sport-Cabriolet, den Typ DB 1 (DB stand für David Brown) entwickeln. Dem ziemlich barock geratenen Wagen folgte bald der elegantere Typ DB 2, der zuerst im Wettbewerbssport von sich Reden machte, bevor er 1950 als Straßenversion erschien. Der DB 2 folgte vom Design her dem Gran Tourismo Konzept, einer Designlinie, die in Italien populär geworden war.

Aston Martin DB 2

David Brown hatte neben der finanziell angeschlagenen Marke Aston Martin noch ein weiteres vor dem Untergang stehendes Unternehmen übernommen, und zwar die Luxusmarke Lagonda. Dank dieser Übernahme profitierte er von einem ausgereiften Motorenkonzept, das ursprünglich W.O. Bentley für Lagonda entwickelt hatte. Es handelte sich um einen Sechszylindermotor der 2,5-Liter-Klasse mit zwei obenliegenden Nockenwellen, der nun auch den DB 2 mobilisierte. Auch die Karosserien für den zuerst nur als Coupé gebauten Typ DB 2 entstanden in einem Unternehmen, das ebenfalls David Brown gehörte – die Firma Tickford. Alternativ zu Fahrzeugen mit hauseigenen Aufbauten kreierten auch andere Karosseriebauer das Design einiger DB 2, allen voran der Schweizer Karossier Hermann Graber.

Modell — Aston Martin DB 2
Hubraum / Zylinder — 2580 ccm / 6 Zyl.
PS / KW — 108 / 79,1
Bauzeit — 1951 – 1953
Stückzahl — ---

Aston-Martin DB 2-4

Basierend auf dem Radstand des DB 2 (2510 mm) bestückte man den flotten GT-Wagen ab 1953 auch mit einer etwas geräumigeren Karosserie und verwandelte durch diesen Kunstgriff den Zweisitzer zwar in einen Viersitzer, doch das Platzangebot der beiden hinteren Notsitze war alles andere als eine vollwertige Sitzgelegenheit. Im Zuge dieser Karosserieüberarbeitung wurde dabei das Heckfenster mit in die Heckklappe integriert. Ein Jahr später zeigte sich der geschlossene DB 2-4 als Version Mark II auf der Londoner Automobilausstellung in einem abermals modifizierten Blechkleid: Der elegante Fastback-Wagen tendierte nun zum Stufenheck. Auch unter der Motorhaube hatte es zwischenzeitlich Veränderungen gegeben – der DB 2-4 profitierte auf Wunsch von einer abgewandelten Version des kräftigen DB-3-Aggregats.

Modell	*Aston Martin DB 2-4*
Hubraum / Zylinder	*2580 ccm / 6 Zyl.*
PS / KW	*127 / 93*
Bauzeit	*1953 – 1954*
Stückzahl	—

Aston Martin DB 2-4

Für den Modelljahrgang 1957 präsentierte Aston Martin den Typ DB 2-4 in einer abermals weiterentwickelten Form: Diese „Mark III" genannten Wagen schöpften ihre Kraft aus einem 3-Liter-Aggregat, das dank eines neu konstruierten Zylinderkopfs die Leistung auf 164 PS steigerte. Verbesserungen am Fahrwerk so wie auf Wunsch lieferbare Girling-Scheibenbremsen verhalfen diesem Modell zu extremer Sportlichkeit. Neben der Coupé- bzw. Cabriolet-Version erschien Ende 1956 noch ein bildschöner Spider, dessen Aufbau von dem italienischen Karosseriebauspezialisten Touring gefertigt wurde. Touring war vor allem durch seine „Superleggera" Leichtbauweise bekannt, und der Tradition entsprechend, wurde auch der Aufbau dieses nur dreimal gebauten Modells aus Aluminium gefertigt.

Modell	*Aston Martin DB 2-4*
Hubraum / Zylinder	*2922 ccm / 6 Zyl.*
PS / KW	*164 / 120*
Bauzeit	*1956 – 1957*
Stückzahl	*3*

Austin A 30

Anfang der 50er Jahre kursierten Gerüchte, dass Austin mit einem neuen Modell in die Fußstapfen des legendären Seven der Vorkriegszeit treten wollte: Man brachte 1951 den A 30 Seven auf den Markt – nach fünf Jahren Bauzeit wurde dieses Modell (Austins erster Wagen mit selbsttragender Karosserie!) durch den Typ A 35 ergänzt. Als die Austin Motor Company 1952 mit der Nuffield-Gruppe (Morris, MG, Wolseley und Riley) zur British Motor Corporation (BMC) fusionierte, stellte man dem viertürigen A 30 (4 Zylinder; 803 ccm; 30 PS) noch einen Zweitürer als Sparversion gegenüber. Glücklich wurde BMC mit beiden Wagen nicht. Erst mit dem 1959 von Alec Issigonis lancierten Mini konnte man auf dem Kleinwagenmarkt wieder erfolgreich Fuß fassen.

Modell	*Austin A 30*
Hubraum / Zylinder	*803 ccm / 4 Zyl.*
PS / KW	*30 / 22*
Bauzeit	*1951 – 1959*
Stückzahl	*ca. 225 000*

Austin A 40 Somerset

Wem der Austin A 30 etwas zu klein war, fand ab 1952 bei den Händlern eine interessante Alternative: Das Werk brachte mit dem A 40 Somerset einen Wagen auf den Markt, der die Käufer der unteren Mittelklasse bedienen sollte. Nach alter Tradition basierte der A 40 noch immer auf einem stabilen Kastenrahmen, der die viertürige Ganzstahlkarosserie trug. Bei einer Gesamtlänge von 4050 mm und einem Radstand von 2350 mm zeigte sich die rundliche Karosserie durchaus harmonisch proportioniert, doch ihr Design galt in Augen der Kritiker als veraltetet und bieder. Die meist konservativ eingestellte Käuferschicht schien das kaum zu stören – trotzdem konnte sich der A 40 auf dem Markt nicht etablieren. Nach nur zwei Jahren Bauzeit stellte Austin die Produktion wieder ein.

Modell	*Austin A 40 Somerset*
Hubraum / Zylinder	*1200 ccm / 4 Zyl.*
PS / KW	*43 / 32*
Bauzeit	*1952 – 1954*
Stückzahl	---

Austin-Healey 100

1952 übernahm die British Motor Corporation (BMC) die Produktion und den Vertrieb eines von Donald Healey entwickelten Sportwagens. Bereits im Jahr zuvor präsentierte Healey den Prototyp seines Typ 100 genannten Vierzylinders auf der Londoner Motor Show. Der Zufall wollte es, dass sich ausgerechnet der Generaldirektor der Austin-Werke für diese Studie interessierte – schließlich liebäugelte man hier schon seit längerem mit einem sportlichen Modell. Healey erkannte die Chance, sein Vorhaben durch Austin realisieren zu lassen, denn nur mit Hilfe eines renommierten Herstellers ließen sich hohe Stückzahlen erreichen. Das unter der Modellbezeichnung Austin-Healey 100 verwirklichte Projekt füllte bald die Preislücke zwischen den günstigen MG-T-Modellen und dem teuren Jaguar XK 120.

Modell	*Austin-Helaey 100*
Hubraum / Zylinder	*2660 ccm / 4 Zyl.*
PS / KW	*91 / 66,7*
Bauzeit	*1952 – 1956*
Stückzahl	*ca. 12 900*

Austin-Healey 100/6

Der Erfolg des 100 Meilen (160 km/h) schnellen Austin-Healey 100 ließ nicht lange auf sich warten. Käufer rissen sich förmlich um diesen Roadster, und Donald Healey machte sich bereits Gedanken, wie er das Fahrvergnügen noch steigern könne. Im Zuge der Weiterentwicklung und Modellpflege experimentierte er mit einem durchzugskräftigen Sechszylinder-Aggregat aus dem Hause Morris, das die Laufkultur des Sportwagens verbessern sollte. Außerdem wurde über eine Verlängerung des Radstands (2340 anstelle von 2290 mm) sowie die Platzierung hinterer Notsitze nachgedacht. All diese Veränderungen bescherten den Sportwagenenthusiasten schließlich den Austin-Healey 100/6, der es auf eine Höchstgeschwindigkeit von etwa 170 km/h brachte.

Modell	*Austin-Healey 100/6*
Hubraum / Zylinder	*2639 ccm / 6 Zyl.*
PS / KW	*103 PS*
Bauzeit	*1956 – 1959*
Stückzahl	*ca. 14 450*

Austin Mini

Nur wenige Automobile haben einen so revolutionären Eindruck hinterlassen wie der Mini. Als er 1959 debütierte, wirkten alle anderen Kleinwagen plötzlich überholt. Der Mini eroberte schon bald die Straßen und Rennstrecken in aller Welt – doch dieses Automobil bedeutete auch Abschied von vielen traditionellen Konstruktionsmerkmalen. Dieser knapp 3000 mm lange (oder kurze?) Wagen hatte eine Gummifederung, Frontantrieb und winzige 10-Zoll-Räder, die an den äußeren Ecken der Karosserie saßen. Die Motor-Getriebe-Einheit war quer eingebaut und nahm insgesamt nur ein Fünftel des Gesamtvolumens ein. Damit bot der Mini trotz seiner Kürze vier Personen Platz. Das wichtigste aber war, dass er preiswert, schnell und darüber hinaus auch sparsam war.

Modell	*Austin Mini*
Hubraum / Zylinder	*848 ccm / 4 Zyl.*
PS / KW	*34,5 / 25,3*
Bauzeit	*1959 – 1967*
Stückzahl	---

Austin-Healey Sprite Mk I

Um auch Sportwagenfans mit schmalerem Geldbeutel den Genuss des Healey-Fahrens zu ermöglichen, entschied man, für 1958 einen besonders preiswerten Roadster auf den Markt zu bringen, der vor allem jüngere Fahrerinnen und Fahrer ansprechen sollte. Aufgrund der eigenwilligen Position der Scheinwerfer wurde das Modell Sprite im Volksmund bald nur noch „Frog" (Frosch) genannt. Die ungewöhnliche Frontpartie ergab sich übrigens daraus, dass amerikanische Bestimmungen eine gewisse Mindesthöhe der Hauptscheinwerfer vorschrieben. Der knapp unter der 1-Liter-Klasse angesiedelte Sprite war für leistungssteigerndes Tuning geradezu geschaffen. Auf dem Markt waren jede Menge Umbausätze zu haben, und selbst das Werk offerierte einen Kompressor, der die Leistung auf 60 PS anheben konnte.

Modell	*Austin-Healey Sprite Mk I*
Hubraum / Zylinder	*948 ccm / 4 Zyl.*
PS / KW	*42,5 / 31,1*
Bauzeit	*1958 – 1961*
Stückzahl	*ca. 39 000*

Bentley R-Type

Als 1952 die ersten Bentley R-Type das Werk verließen, durften sie sich rühmen, das seinerzeit teuerste Automobil der Welt gewesen zu sein: Etwa 230.000 Mark kostete das Vergnügen, sich entspannt in diesem bequemen Luxusgefährt (Radstand = 3048 mm!) chauffieren zu lassen. Die Frage nach der Höchstgeschwindigkeit spielte bei einem Automobil dieser Kategorie zwar nur eine untergeordnete Rolle, doch es war beruhigend zu wissen, dass etwa 160 km/h erreicht werden konnten. Wem die Fließheckkarosserie aus irgendeinem Grunde nicht zusagte, konnte den R-Type alternativ als Fahrgestell mit Motor ordern: Die Gestaltung der Wunschkarosserie wurde gerne von renommierten Karosseriers übernommen.

Modell	*Bentley R-Type*
Hubraum / Zylinder	*4566 ccm / 6 Zyl.*
PS / KW	*keine Leistungsangaben*
Bauzeit	*1952 – 1955*
Stückzahl	*2528*

Bentley R-Type

Mit seinem eleganten in Leichtbauweise (Aluminiumkarosserie) gefertigten Fließheckaufbau unterschied sich der luxuriöse Bentley-R Type in den frühen 50er Jahren wohltuend von anderen Bentley-Modellen, denen eine gewisse optische Schwerfälligkeit nicht abzusprechen war. Das von einem Reihensechszylindermotor (4566 ccm) angetriebene R-Type Coupé hätte sogar noch flotter aussehen können, wenn der Karosseriebauer H.J. Mulliner von Rolls-Royce die Erlaubnis erhalten hätte, die Frontpartie – den „Kühlertempel" also – extrem niedrig und flach halten zu dürfen. Leider blieb dieser Schritt Mulliner verwehrt, und so hatte der R-Type zumindest optisch noch eine Gemeinsamkeit zu den werksmäßig gelieferten Standardkarosserien.

Modell	*Bentley R-Type*
Hubraum / Zylinder	*4566 ccm / 6 Zyl.*
PS / KW	*keine Leistungsangaben*
Bauzeit	*1952 – 1955*
Stückzahl	*2528*

Bentley R-Type Continental

Am Zeichenbrett namhafter Karosseriebauspezialisten wie Graber in der Schweiz, Franay in Frankreich oder Pininfarina in Italien entstanden sogar Aufbauten, die dem Bentley ein sportliches Image einhauchten – optisch zumindest. Neben der Motorisierung mit der 4,6-Liter-Maschine stand auch ein auf 4,9 Liter Hubraum aufgebohrtes Aggregat zur Verfügung. Fahrzeuge mit dieser Bestückung erhielten die Modellbezeichnung Bentley R-Type Continental. Dem Leistungszuwachs entsprechend, wurde hier das Vierganggetriebe (auf Wunsch Automatik) durch verändern der Übersetzungsverhältnisse leicht modifiziert, fahrwerktechnisch änderte sich nichts. Während der Bauzeit von 1952 bis 1955 begeisterten sich insgesamt 2528 Käufer für einen R-Type, wobei sich 207 Besitzer für den stärkeren Continental entschieden.

Modell	*Bentley R-Type Continental*
Hubraum / Zylinder	*4887 ccm / 6 Zyl.*
PS / KW	*keine Leistungsangaben*
Bauzeit	*1952 – 1955*
Stückzahl	*207*

Bentley S 2

Bentleys Modelle S 2 und S 2 Continental wurden als Alternative zum Silver Cloud II gebaut und von einem V8-Motor (Leichtmetall) angetrieben. Wie immer, wurde die Leistungsangabe mit mehr als ausreichend angegeben, auch wenn Nebenaggregate wie die Servolenkung, die Klimaanlage oder das Automatikgetriebe an einem Teil der Kraft zehrten. Entgegen der Tradition, Bentleys mit Sonderkarosserien zu bestücken, hielt sich diese Maßnahme beim S 2 in Grenzen – nur einige Spezialisten wie Park Ward, Hooper, H.J. Mulliner oder James Young teilten sich den Markt auf, um jene Besitzer zu bedienen, die hauptsächlich den S 2 Continental favorisierten. Während die Mehrzahl aller S 2 auf einem Radstand von 3124 mm basierte, erhielten 57 Wagen einen Unterbau mit 3225 mm Radstand.

Modell	*Bentley S 2*
Hubraum / Zylinder	*6230 ccm / 8 Zyl.*
PS / KW	*keine Leistungsangaben*
Bauzeit	*1959 – 1962*
Stückzahl	*2308*

Berkeley T 60

In den 50er Jahren zählte die englische Firma Berkeley zu den wohl bedeutendsten Caravanherstellern Europas. Um das Unternehmen auch in der saisonschwachen Herbst- und Winterzeit voll auslasten zu können, betätigte sich Chairman Charles Panter zusätzlich als Automobilbauer und übernahm einen fast fertigen Automobilentwurf, den er zur Serienreife brachte. Als Experte der Kunststoffverarbeitung stand für Panter fest, dass die Karosserie aus Kunststoff gefertigt werden sollte. Einige Prototypen, die bereits 1956 in Biggleswade entstanden und auf der Londoner Motor Show präsentiert wurden, zeigten, dass sich das Publikum durchaus für Kleinwagen begeistern ließ. Jahrelang baute man bei Berkeley vierrädrige Modelle, erst der dreirädrige T 60 (konnte mit Mopedführerschein gefahren werden!) führte das Unternehmen zum Erfolg.

Modell	*Berkeley T 60*
Hubraum / Zylinder	*328 ccm / 2 Zyl.*
PS / KW	*18 / 13,2*
Bauzeit	*1959 – 1961*
Stückzahl	*ca. 2500*

Bond Minicar Mark C

Lawrence Bond verdiente sein Geld nicht mit irgendwelchen Agententätigkeiten, sondern im Automobilbau. Sein erstes Dreiradvehikel, ein offener Zweisitzer mit Aluminiumkarosserie, kam bereits 1949 heraus. Zwei Jahre später erschien Bonds Minicar in dritter Auflage, und mit diesem Modell, dem Mark C, konnte sich die bei der Firma Sharp's Commercial Ltd. gebaute Konstruktion sogar die Vormachtstellung auf dem Dreiradmarkt erkämpfen. Obwohl das Mobil nur ein vorderes Einzelrad besaß, erhielt es entgegen britischem Understatement zwei vordere Kotflügelattrappen – über Geschmack ließ sich schon immer streiten. Das Genialste an diesem Wagen aber war, dass man ihn auf der Stelle wenden konnte: Sein vorderes Einzelrad mitsamt dem Motor ließ sich exakt 90 Grad einschlagen!

Modell	*Bond Minicar Mark C*
Hubraum / Zylinder	*197 ccm / 1 Zyl.*
PS / KW	*2 / 1,5*
Bauzeit	*1951 – 1954*
Stückzahl	*ca. 6700*

Bond Mark F

Verkaufte sich schon der Bond Mark C nicht schlecht, so sollte das Ergebnis nach dem Erscheinen des Mark F noch getoppt werden. In etwas „schlichterem" Design gehalten, sah der Mark F zwar auch wie ein Jahrmarktswägelchen aus, erhielt im Gegensatz zum Mark C aber einen autotypischen Dachaufbau – allerdings aus Fiberglas. Bond bestückte den dreisitzigen Mark F mit einem stärkeren 12 PS Motor (246 ccm), um so das recht hohe Gewicht des Minimobils kompensieren zu können. Neben ein paar Mitbewerbern, die sich auf der britischen Insel ebenfalls mehr oder minder erfolgreich im Kleinwagengeschäft versuchten, musste Bond eigentlich nur vor einem Konkurrenten – der Firma Reliant – den Hut ziehen. Zumindest bis 1969, jenem Jahr, in dem die beiden Produzenten fusionierten.

Modell	*Bond Mark F*
Hubraum / Zylinder	*246 ccm / 1 Zyl.*
PS / KW	*12 / 8,8*
Bauzeit	*1958 – 1961*
Stückzahl	*ca. 7000*

Bristol 405

Die Idee, Automobile zu bauen, beschäftigte den britischen Flugzeughersteller Bristol schon in den frühen 40er Jahren. Als 1947 der erste Bristol sein Debüt feierte, ließ sich eine gewisse Ähnlichkeit zu BMW-Modellen nicht verleugnen – immerhin hatte Bristol im Zuge von Reparationsleistungen die Pläne des BMW 327 erhalten. Auch zum Antrieb bediente man sich lange Zeit bewährter BMW-Technik, bevor die Wahl unter anderem auf amerikanische V8-Motoren fiel. Mit dem Typ 405 erschien 1953 erstmals ein viertüriger Bristol. Erfolgreich war der Wagen gerade nicht, aber er besaß jede Menge interessanter Detaillösungen: So ließen sich die Vorderkotflügel nach oben klappen – denn hier positionierte man nicht nur das Reserverad, sondern auch die Batterie!

Modell	*Bristol 405*
Hubraum / Zylinder	*1971 ccm / 6 Zyl.*
PS / KW	*107 / 78,3*
Bauzeit	*1953 – 1957*
Stückzahl	*ca. 300*

Ford Prefect

Die bereits vor dem Zweiten Weltkrieg von den englischen Ford-Werken entwickelten Modelle Prefect und Anglia bildeten nach 1945 eine gute Basis, um die Automobilproduktion im britischen Dagenham wieder in Schwung zu bringen. Der von der rundlichen Optik her an Vorkriegswagen erinnernde Prefect basierte nach wie vor auf einem Kastenrahmen und besaß vorne wie hinten eine veraltete Starrachse. Als kleiner Viertürer konkurrierte er auf der britischen Insel mit den gleichwertigen, aber moderneren Modellen von Austin und Morris, bevor man 1953 einen völlig neu gezeichneten Prefect mit pontonförmiger Karosserie vorstellte. Zweifelsohne verstärkten die Prefect-Modelle den Expansionskurs von Ford in England – zu Beginn der 50er Jahre produzierte man bereits wieder 1000 Fahrzeuge pro Tag.

Modell	*Ford Prefect*
Hubraum / Zylinder	*1172 ccm / 4 Zyl.*
PS / KW	*31 / 22,7*
Bauzeit	*1946 – 1951*
Stückzahl	*---*

Ford Pilot

Mit dem 1947 erschienenen Modell Pilot führte die britische Dependance des Ford-Konzerns einen Wagen mit V8-Motor im Programm, der nach dem typisch amerikanischen Muster gestrickt war. Er setzte die Tradition des bereits in den 30er Jahren auf der britischen Insel montierten Typs 60 fort, verfügte nun jedoch über einen größeren Hubraum (2,5 anstelle von 2 Liter). Für den Jahrgang 1948 nahm man sogar die Produktion einer 3,6-Liter-Variante auf und stattete den Pilot mit hydraulisch betätigten Vorderradbremsen aus. Die je nach Motorisierung etwa 120 bis 130 km/h schnellen Modelle sprachen eine eher konservativ eingestellte Käuferschicht an, die nicht unbedingt Wert auf Prestige, aber auf solide Verarbeitung legte.

Modell	*Ford Pilot*
Hubraum / Zylinder	*2535 ccm / 8 Zyl.*
PS / KW	*67 / 49*
Bauzeit	*1947 – 1949*
Stückzahl	*---*

Ford Consul Mk I

Mit der Präsentation der beiden Modelle Consul und Zephyr zeigte der britische Ableger der Ford-Werke 1950 eine neue Fahrzeuggeneration, die an die Tradition des Modells Pilot anknüpfen sollte. Die Fachpresse war da skeptisch eingestellt, denn im Gegensatz zum Pilot, der mittels eines V8-Motors auf Trab gebracht wurde, arbeitete unter der Haube des Zephyrs ein Sechszylinder, und der Consul wurde lediglich von einem Vierzylinder-Aggregat angetrieben. Dass man damit aber vollkommen richtig lag, sollten schon bald die Verkaufszahlen beweisen. Vor allem der Consul war ein perfekt auf den britischen Markt zugeschnittener Wagen, der eine fortschrittliche Technik besaß. Dazu zählte neben der selbsttragenden Karosserie vor allem die vordere Einzelradaufhängung.

Modell	*Ford Consul Mk I*
Hubraum / Zylinder	*1508 ccm / 4 Zyl.*
PS / KW	*48 / 35,1*
Bauzeit	*1950 – 1956*
Stückzahl	*ca. 180 000*

Ford Anglia 105 E

1959 überraschte Ford England mit dem vollkommen neu entwickelten Typ Anglia 105 E. Als eine Art Volksautomobil gedacht, bestückte man ihn mit einem sparsamen Vierzylindermotor. Bei dieser kurzhubigen Maschine handelte es sich um ein modernes Aggregat mit hängenden Ventilen. Die rückwärts geneigte Heckscheibe sowie die bogenförmige Frontpartie sind das Ergebnis langwieriger Tüfteleien im Windkanal – laut Pressemitteilung sprach man diesem Design einen benzinsparenden Einfluss zu. 1961 stellte Ford der Limousine einen Kombi gegenüber und bot den Anglia alternativ mit einer Maschine der 1,2-Liter-Klasse an. Machte sich der Anglia jenseits der britischen Insel damals ziemlich rar, so brachte es sein Nachfolger, der Ford Escort, zu mehr Popularität.

Modell	*Ford Anglia 105 E*
Hubraum / Zylinder	*997 ccm / 4 Zyl.*
PS / KW	*40 / 29,3*
Bauzeit	*1959 – 1967*
Stückzahl	*---*

Healey 2.4 Litre

Zwar wird der Name Donald Mitchell Healey generell mit Englands legendärem Sportwagen namens Austin-Healey in Verbindung gebracht, doch schon lange bevor die „Big-Healeys" existierten, stellte der ehemalige Pilot ein paar interessante Automobile auf die Räder. Der allererste Healey, der 1946 der Öffentlichkeit präsentiert wurde, basierte auf einem robusten Kastenrahmenchassis und wurde mit einem frisierten Motor der Marke Riley bestückt. Um Gewicht sparen zu können, bestand die Karosserie größtenteils aus Leichtmetall. Zwar war der Prototyp als viersitziger Roadster ausgelegt, doch das hielt Healey nicht davon ab, im Kleinserienbau ständig von diesem Konzept abzuweichen – fast jeder Wagen, der die Werkshallen verließ, sah anders aus.

Modell	*Healey 2.4 Litre*
Hubraum / Zylinder	*2443 ccm / 4 Zyl.*
PS / KW	*106 / 77,6*
Bauzeit	*1946 – 1954*
Stückzahl	*---*

Jaguar 3.5 Litre

Mit Kriegsende 1945 wurde im Hause Jaguar der Firmenname den Modellbezeichnungen angepasst – das Unternehmen hieß nun offiziell Jaguar Cars Ltd. und baute bis 1948 noch die Vorkriegstypen 1.5 Litre, 2.5 Litre und 3.5 Litre weiter. Je nach Motorisierungsstufe brachten es diese Modelle auf eine Spitze von 120 bis 155 km/h. Man wusste, dass diese Wagen zwischenzeitlich veraltet waren und arbeitete deshalb parallel an der Präsentation zweier völlig neuer Baureihen (Mark V und XK-Serie). Die Vorkriegskonstruktionen – es gab sie als Limousine und Cabriolet – wurden dennoch akzeptiert, denn jedermann wusste, wie schwierig es war (Materialknappheit), die Automobilproduktion in der unmittelbaren Nachkriegszeit wieder in Schwung zu bringen.

Modell	*Jaguar 3.5 Litre*
Hubraum / Zylinder	*3486 ccm / 6 Zyl.*
PS / KW	*126 / 92,2*
Bauzeit	*1946 – 1948*
Stückzahl	*ca. 25 600*

Jaguar Mk V 2.5 Litre

Auf der Earls Court Motor Show des Jahres 1948 in London – die erste nach dem Zweiten Weltkrieg – gab es neben dem legendären Jaguar XK noch ein weiteres Automobil, das bei der Fachpresse für Gesprächsstoff sorgte. Es handelte sich um eine geräumige Limousine, deren Linienführung maßgeblich von den geschwungenen, in die Trittbretter auslaufenden Kotflügel bestimmt wurde. Unter dem Kürzel Mk V debütierte hier ein Wagen, der zwar optisch an die 30er Jahre erinnerte, sich von der Technik her aber auf dem aktuellsten Stand der Dinge befand. Als Ausgangsbasis diente dem Mk V ein vollkommen neu konstruiertes Fahrwerk in Form eines Kastenrahmens mit Kreuzverstrebung, weshalb auf den früher üblichen hölzernen Hilfsrahmen, der die Karosseriebeplankung abstützte, verzichtet werden konnte.

Modell	*Jaguar Mk V 2.5 Litre*
Hubraum / Zylinder	*2663 ccm / 6 Zyl.*
PS / KW	*102 / 74,7*
Bauzeit	*1948 – 1951*
Stückzahl	*1670*

Jaguar Mk V 3.5 Litre

Der neue Jaguar Mk V rollte im Gegensatz zu den Vorkriegswagen nicht mehr auf großen 18-Zoll-Reifen, sondern auf kleineren 16-Zoll-Rädern. Diese waren vorn einzeln aufgehängt und wurden durch Dreiecklenker nebst Torsionsstäben abgestützt, während die Hinterachse weiterhin starr geführt wurde. Die kleineren Räder hatten den großen Vorteil, dass das Reserverad jetzt nicht mehr außen in der Kotflügelmulde, sondern im Kofferraum untergebracht werden konnte. In einer zweiten Ebene des Kofferraumdeckels, die separat aufgeklappt werden konnte, befand sich übrigens eine reichhaltig sortierte Werkzeugsammlung. Angesichts der Größe und des Gewichts des Mk V bot Jaguar den Wagen auch in einer 3,5-Liter-Version an – ein guter Entschluss: drei Viertel aller Käufer favorisierten das stärkere Modell.

Modell	*Jaguar Mk V 3.5 Litre*
Hubraum / Zylinder	*3485 ccm / 6 Zyl.*
PS / KW	*125 / 92*
Bauzeit	*1948 – 1951*
Stückzahl	*7815*

Modell	*Jaguar Mk VII*
Hubraum / Zylinder	*3442 ccm / 6 Zyl.*
PS / KW	*162 / 118,7*
Bauzeit	*1950 – 1953*
Stückzahl	---

Jaguar Mk VII

Während sich die Sportwagenwelt für Jaguars neue XK-Baureihe begeisterte, widmete sich das Werk auch jener Klientel, die mehr auf konservativen Automobilbau schwört. Für sie hielt man ab Oktober 1950 eine fast 5000 mm lange viertürige Limousine bereit (Radstand 3050 mm), deren Linienführung – besonders die der Karosserieflanken – sich zweifellos am XK 120 orientierte. Der mächtige Luxuswagen profitierte ebenfalls von dem XK-Motor, der sich auf Grund des hohen Gewichts im Mk VII allerdings nicht zur Bestform entfalten konnte – die Tachonadel reichte nur bis zur 160 km/h-Markierung. Mit einem Armaturenbrett aus Edelholz und üppig gepolsterten Ledersitzen avancierte der Mk VII vom Ambiente her fast zu einem Konkurrenzmodell der Marke Bentley – zumindest kostete er deutlich weniger.

Jaguar Mk VII M

Schon immer setzte Jaguar den größten Teil aller exportierten Fahrzeuge auf dem US-Markt ab. Man wusste genau, was die Kundschaft dort wünschte und stattete deshalb den Mk VII mit einem automatischen Borg-Warner-Getriebe aus, während der heimische Markt ab 1953 von einem so genannten drehzahlreduzierenden Schnellgang profitierte. Im Zuge der Modellpflege trugen die ab 1954 gefertigten Mk VII die Zusatzbezeichnung „M". Man erkannte sie an leicht um die Ecken herumgezogenen Stoßstangen und verchromten Ziergittern vor den Austrittsöffnungen des Mehrklang-Signalhorns. Dank des Leistungszuwachses von 30 PS erreichte ein Mk VII M jetzt eine Höchstgeschwindigkeit von 175 km/h.

Modell	*Jaguar Mk VII M*
Hubraum / Zylinder	*3442 ccm / 6 Zyl.*
PS / KW	*192 / 140*
Bauzeit	*1954 – 1957*
Stückzahl	---

Jaguar Mk VIII

Ende 1956 ergänzte Jaguar das Limousinenprogramm durch den fast 1600 mm hohen Mk VIII. Dieser Wagen basierte vom Prinzip her auf dem Karosseriekörper des Mk VII, doch während sich dieser mit einer zweiteiligen Windschutzscheibe zeigte, erhielt der Mk VIII eine durchgehende Ausführung. Neben weiteren optischen Neuerungen (Zweifarblackierung und breiteres Kühlergitter) gab es auch ein luxuriöseres Interieur mit Klapptischchen an den Rückenlehen der Vordersitze. Die wohl technisch interessanteste Modifikation fand aber unter der Motorhaube statt: Der inzwischen weiterentwickelte Reihensechszylinder gab in seiner aktuellsten Version dank eines neu konstruierten Zylinderkopfes noch mehr Leistung ab.

Modell	*Jaguar Mk VIII*
Hubraum / Zylinder	*3442 ccm / 6 Zyl.*
PS / KW	*213 / 156*
Bauzeit	*1956 – 1959*
Stückzahl	---

Jaguar Mk IX

Als Jaguar im Herbst 1958 der Fachpresse das Modell Mk IX vorstellte, hatte man endlich die bis dahin größte gebaute und beeindruckendste Limousine im Programm. Unter der Haube dieses Wagens arbeitete wie nicht anders erwartet ein Sechszylindermotor, doch das Aggregat schöpfte seine Leistung nicht mehr aus 3,4, sondern aus 3,8 Litern Hubraum. Obwohl der Mk IX vom Design her inzwischen leicht veraltet wirkte, verkaufte sich das Modell ausgesprochen gut, denn es entsprach dem neuesten Stand der Technik und verfügte über Scheibenbremsen an allen vier Rädern. Eine serienmäßig eingebaute Servolenkung ermöglichte ein einigermaßen bequemes Handling des Luxuswagens – der Mk IX brachte fast zwei Tonnen auf die Waage.

Modell	*Jaguar Mk IX*
Hubraum / Zylinder	*3781 ccm / 6 Zyl.*
PS / KW	*223 / 163,3*
Bauzeit	*1958 – 1961*
Stückzahl	*ca. 10 000*

Jaguar XK 120 Showcar

Auf der Londoner Motor Show im Oktober des Jahres 1948 standen zwei neue Jaguar Sportwagen, der XK 100 und der XK 120. Ob sie in Serie gehen würden, war noch nicht beschlossen; Jaguar-Chef William Lyons wollte zunächst einmal die Resonanz des Publikums abwarten, ehe er seine Entscheidung traf. Schon wenige Tage nach der Ausstellungseröffnung stand für ihn fest: auf das kleinere Vierzylindermodell XK 100 konnte man getrost verzichten, doch der 3,4 Liter Sechszylinder XK 120 mit 160 PS musste gebaut werden. Die Reaktion der Ausstellungsbesucher und der Presse war sehr viel positiver ausgefallen, als Lyons zu hoffen gewagt hatte, und der offene Zweisitzer avancierte schnell zum Inbegriff des klassischen Sportwagens.

Modell	*Jaguar XK 120 Showcar*
Hubraum / Zylinder	*3442 ccm / 6 Zyl.*
PS / KW	*162 / 118,7*
Bauzeit	*1948*
Stückzahl	*Einzelstück*

Jaguar XK 120 Roadster

Nicht nur wegen seiner bildschönen Proportionen mit der langen Motorhaube, dem kurzen Cockpit, der niedrigen, gewinkelten Windschutzscheibe und dem harmonischen Heckabschluss sorgte der neue XK 120 international für Begeisterung. Sportwagen-Enthusiasten wussten auch das Leistungspotential der Sechszylinder-Maschine mit zwei oben liegenden Nockenwellen – damals eine ungewöhnliche Besonderheit – zu schätzen. Hinzu kam die für damalige Verhältnisse gute Straßenlage. Sie resultierte aus einem sehr niedrigen Fahrzeugschwerpunkt und vorderer Einzelradaufhängung mit Newton-Teleskopstoßdämpfern. Außerdem war der XK 120 relativ preisgünstig – natürlich trug auch dieser Umstand zu seinem Markterfolg bei.

Modell	*Jaguar XK 120 Roadster*
Hubraum / Zylinder	*3442 ccm / 6 Zyl.*
PS / KW	*162 / 118,7*
Bauzeit	*1948 – 1954*
Stückzahl	*12 087*

Jaguar XK 120 DHC

Dem an die 200 km/h schnellen offenen XK-Modell stellte Jaguar 1951 erstmals ein elegantes Coupé zur Seite. Es wies Kurbelfenster in den Türen und alle jaguartypischen Attribute auf, also viel Holz und Leder im Interieur. 1953 bereicherte noch ein „Drop Head Coupé" genanntes Modell den Markt – diese Karosserieversion war nichts anderes als ein Cabriolet mit hochwertig gefüttertem Verdeck. Kurbelscheiben in den Türen gehörten ebenso zum Standrad wie ein in das Verdeck integriertes Rückfenster (Kunststoff), das sich per Reißverschluss herausnehmen ließ. Dass der XK 120 auch ein hervorragendes Wettbewerbsauto darstellte, bewies seine auf Anhieb erfolgreiche Karriere. Bei den 24 Stunden von Le Mans 1950 kam der Privatfahrer Nick Haines am Lenkrad eines serienmäßigen Roadsters immerhin auf den 12. Platz im Gesamtklassement.

Modell	*Jaguar XK 120 DHC*
Hubraum / Zylinder	*3442 ccm / 6 Zyl.*
PS / KW	*213 / 156*
Bauzeit	*1948 – 1954*
Stückzahl	*12 087*

Jaguar XK 140

Jaguar hatte den XK 120 bekanntlich nicht als Rennwagen konzipiert, sondern als sportlichen Gran Turismo für die Straße. Aber es gab Enthusiasten, die William Lyons zu überzeugen vermochten, dass der XK auch im harten Wettbewerb zum Siegen taugte – vor allem bei den prestigeträchtigen 24 Stunden von Le Mans. Der Ruf nach stärkeren Versionen wurde allmählich laut, und es blieb dem Werk nichts anderes übrig, als 1954 den XK 140 zu etablieren. Jetzt hatte der Motor zwar mehr Leistung, aber das Auto war nicht nur schneller, sondern auch etwas opulenter geworden. Die Karosserielinien wurden im Zuge der Modellpflege etwas gestrafft, der Kühlergrill leicht modifiziert, die Stoßstangen verstärkt und das Interieur verfeinert. Außerdem hatte man die Lenkung und die Hinterradfederung verbessert.

Modell	*Jaguar XK 140*
Hubraum / Zylinder	*3442 ccm / 6 Zyl.*
PS / KW	*192 / 140*
Bauzeit	*1954 – 1957*
Stückzahl	*8884*

Jaguar XK 140 Coupé

Immer wieder wurde darüber spekuliert, wie der sportliche Jaguar XK zu seinem Namen kam. Die Erklärung war ganz einfach: Das X war ein Kürzel für das Wort „experimental", und der Buchstabe K ergab sich aus einer Folge interner Bezeichnungen für diverse Motorenprojekte. Dass gerade das Projekt XK die Grundlage für einen Mythos bildete, ahnten seine „Väter" gewiss nicht. Diese Männer hießen Harry Weslake, Walter Hassan und William Heynes. Sie schufen jenen Sechszylindermotor mit 3442 ccm Hubraum und zwei oben liegenden Nockenwellen, der über sein Experimentalstadium hinaus die Bezeichnung XK behielt und schließlich auch dem 1948 vorgestellten Sportwagen XK 120, der eine weltberühmte Fahrzeugfamilie anführen sollte, seinen Namen verlieh. In konsequenter Arbeit wurde der dohc-Motor immer wieder verbessert, verfeinert und optimiert.

Modell	*Jaguar XK 140 Coupé*
Hubraum / Zylinder	*3442 ccm / 6 Zyl.*
PS / KW	*192 / 140*
Bauzeit	*1954 – 1957*
Stückzahl	*8884*

Jaguar XK 150

Wie gewohnt, stand auch Jaguars XK 140 als Roadster, Coupé und Cabriolet bei den Händlern. Die Verbesserungen gegenüber dem XK 120 taten diesem Modell gut – der etwas nach vorn versetzte Motor machte den XK 140 weniger seitenwindempfindlich als seinen Vorgänger. Der große Erfolg der XK-Baureihe führte dazu, dass viele Wagen exportiert werden mussten – die meisten traten die Reise in die USA an, denn die Amerikaner waren vom Jaguar geradezu begeistert. Das galt auch für die letzte Version der klassischen XK-Serie. Als XK 150 stellte dieses Modell abermals eine optische und technische Weiterentwicklung dar. Von 1957 bis 1961 hatte man die Wahl zwischen dem Coupé und dem Cabriolet, der besonders sportliche Roadster wurde nur in den Jahren 1958 bis 1960 gebaut.

Modell	*Jaguar XK 150*
Hubraum / Zylinder	*3442 ccm / 6 Zyl.*
PS / KW	*213 / 156*
Bauzeit	*1957 – 1961*
Stückzahl	*9395*

Jaguar Mk II – 2.4 Litre

Mit der Präsentation des Jaguar Mark 2 kam Ende des Jahres 1959 ein Viertürer auf den Markt, dessen Ursprünge sich bereits im Jaguar 2.4 Litre bzw. im Typ 3.4 Litre fanden. Die Versionen 2.4 und 3.4 (inoffiziell Mk I genannt) rundeten 1955 das Limousinenprogramm nach unten ab. Sie profitierten gleich zu Beginn ihrer Karriere vom neuen XK-Motor der 2,4-Liter-Klasse, konnten sich aber erst in der stärkeren Version (3.4 Litre) etablieren. Es brauchte allerdings viel Modellpflege (unter anderem eine serienmäßige Heizungsanlage und die Ausstattung mit Scheibenbremsen) in Kombination mit optischen Retuschen (größere Fenster, modifiziertes Heck), bevor sich der Viertürer in seiner zweiten Auflage als Typ Mk II einen guten Platz in der Verkaufsstatistik sichern konnte.

Modell	*Jaguar MK II – 2.4 Litre*
Hubraum / Zylinder	*2483 ccm / 6 Zyl.*
PS / KW	*120 / 87,9*
Bauzeit	*1959 – 1967*
Stückzahl	*ca. 61 000*

Jaguar XK 150

Jaguar bot den XK 150 standardmäßig in einer 210 und einer 250 PS-Version an. Gegen Ende der Produktionszeit erschien als technisches Highlight noch ein 265 PS starker Typ XK 150 S. Das nur 1466-mal gebaute Fahrzeug war sagenhafte 225 km/h schnell – der Motor des XK 150 S schöpfte seine Leistung aus 3781 ccm Hubraum. Dem Zeitgeist entsprechend konnte man als Extra mit Weißwandreifen bestückte Drahtspeichenräder ordern, außerdem listete das Zubehörprospekt eine Getriebeautomatik, die sich vor allem auf dem amerikanischen Markt großer Beliebtheit erfreute. Zweifellos schrieben alle XK-Modelle ein ganz besonderes Stück britischer Automobilgeschichte. Sie trugen entscheidend zum Weltruhm der Marke bei und bildeten die Grundlage für zukünftige Modelle.

Modell	*Jaguar XK 150*
Hubraum / Zylinder	*3442 ccm / 6 Zyl.*
PS / KW	*213 / 156*
Bauzeit	*1957 – 1961*
Stückzahl	*9395*

Jaguar Mk II – 3.8 Litre

Mit der Einführung der selbsttragenden Karosserie läutete Jaguar 1955 eine neue Epoche im Automobilbau ein. Auch preislich setzte die viertürige Limousine auf dem europäischen Markt neue Akzente – es war schwer, so eine Luxuslimousine in vergleichbarer Ausstattung bei der Konkurrenz zu bekommen. Nach dem erfolgreichen Start des Mk II in den Versionen 2.4 und 3.4 debütierte auf der Londoner Motor Show Ende 1959 als Highlight der Baureihe noch eine Serie, die mit einem Motor der 3,8-Liter-Klasse bestückt wurde. Der auf der Messe gezeigte Wagen stand allein schon wegen seiner außergewöhnlichen Optik im Blickpunkt – Jaguar nannte das gold-metallic lackierte Fahrzeug „Gold Plated Show Car".

Modell	*Jaguar Mk II – 3.8 Litre*
Hubraum / Zylinder	*3781 ccm / 6 Zyl.*
PS / KW	*220 / 161,2*
Bauzeit	*1959 – 1967*
Stückzahl	*30070*

Lea-Francis 2.5 Litre

Lea-Francis, eine alteingesessene britische Firma, die sich bereits 1904 mit dem Automobilbau beschäftigte, verlegte sich im Laufe der Jahre immer mehr auf die Konstruktion sportlicher Fahrzeuge. Im Herbst 1949 konnten die Besucher der Londoner Motor Show wieder einen Wagen der 2,5-Liter-Klasse bestaunen, der bald darauf in Serie gefertigt wurde. Da das Modell von einer modernen vorderen Einzelradaufhängung profitierte und der Motor im Zuge der Modellpflege zu immer mehr Leistung gebracht wurde, entschloss man sich, die Modellpalette des Jahrgangs 1952 mit einem Sport-Roadster zu erweitern. Leider sank zu diesem Zeitpunkt bereits die Nachfrage nach Lea-Francis-Wagen, weshalb 1954 die Automobilproduktion eingestellt wurde.

Modell	*Lea-Francis 2.5 Litre*
Hubraum / Zylinder	*2496 ccm / 4 Zyl.*
PS / KW	*110 / 80,6*
Bauzeit	*1952 – 1954*
Stückzahl	---

MG Typ Y

Als besonderes Zeichen des Fortschritts erhielt der ab 1947 gefertigte Typ Y eine vordere Einzelradaufhängung. Sie wurde von Alec Issigones entwickelt, jenem genialen Konstrukteur, der Jahre später mit seinem legendären Mini ein vollkommen neuartiges Kleinwagenkonzept realisierte. MGs Y-Modell verkaufte sich vom Start weg gut. Der kleine Vierzylinder-Wagen war ein guter Kompromiss zu dem sportlichen TC-Modell. Zumindest aus technischer Sicht, denn der Y lief nach wie vor als Limousine vom Band. Das änderte sich ab 1948 mit der Produktionsaufnahme des Y-Tourers. Jetzt gab es endlich die offene Alternative zum TC. Mit einem Radstand von 2510 mm war der Y zwar nicht so sportlich ausgelegt wie der TC – dafür bot er aber vier Personen bequem Platz.

Modell	*MG Typ Y*
Hubraum / Zylinder	*1250 ccm / 4 Zyl.*
PS / KW	*47 / 34,4*
Bauzeit	*1947 – 1953*
Stückzahl	---

MG Typ YA

Entgegen der Gewohnheit, hauptsächlich offene sportlich angehauchte Wagen auf die Räder zu stellen, orientierte sich MG seit Mitte der 30er Jahre mehr und mehr an der Modellpalette von Wolseley. Wolseley baute hauptsächlich Limousinen – MGs erster geschlossener Wagen, der 1935 vorgestellte Typ SA, war der Vorläufer einer neuen Baureihe, die auch nach dem Ende des Zweiten Weltkriegs in abgewandelter Form fortgeführt werden sollte. Als man im britischen Abingdon die Automobilproduktion wieder aufnahm, liefen zuerst die Limousinen-Modelle des Typs Y vom Band. So luxuriös wie die mit einem 2,5-Liter-Motor ausgestatteten Vorkriegswagen war der Y nicht mehr – unter seiner Haube werkelte ein Aggregat der 1,2-Liter-Klasse.

Modell	*MG Typ YA*
Hubraum / Zylinder	*1250 ccm / 4 Zyl.*
PS / KW	*47 / 34,4*
Bauzeit	*1947 – 1953*
Stückzahl	---

MG Typ TC

Eigentlich werden Automobile, solange sie noch vom Fließband rollen, noch nicht als Klassiker bezeichnet. Zu den wenigen Ausnahmen, die es in der Automobilgeschichte bisher gab, zählten unter anderem die T-Modelle aus dem Hause MG. Obwohl sie technisch eigentlich nie richtig up to date waren, verkörperten sie von Anfang an den Inbegriff des typisch britischen Sportwagens. Gleich der erste Wagen dieser Baureihe – der TC – entwickelte sich zu einem Bestseller. Er konnte nicht nur auf der britischen Insel, sondern vor allem auch in den USA hervorragend abgesetzt werden. Cecil Kimber, Gründer der Marke MG, konnte diesen spannenden Augenblick leider nicht mehr erleben – er kam im Februar 1945 bei einem tragischen Eisenbahnunfall ums Leben.

Modell	*MG Typ TC*
Hubraum / Zylinder	*1250 ccm / 4 Zyl.*
PS / KW	*54 / 40*
Bauzeit	*1945 – 1949*
Stückzahl	*ca. 10 000*

MG Typ TC

Von den 1500 Stück im Jahre 1946 gebauten TC-Modellen exportierte MG gut ein Drittel in die USA. Der deshalb auch als Linkslenker gebaute handliche Sportwagen war ein guter Devisenbringer. Er half dem Unternehmen in der unmittelbaren Nachkriegszeit schnell wieder auf die Beine. MG expandierte, die Produktionszahlen stiegen, und laut Verkaufsstatistik wurde Ende 1949 schon der 10 000ste MG TC verkauft. Kein schlechter Wert für eine Zeit, in der viele Automobilhersteller unter der noch immer herrschenden Materialknappheit zu leiden hatten. Dass dieses Auto auf einem veralteten Kastenrahmen basierte und sogar noch eine vordere Starrachse besaß, schien die Sportwagenfans kaum zu stören, ihnen machte der 130 km/h schnelle Wagen Spaß.

Modell	*MG Typ TD*
Hubraum / Zylinder	*1250 ccm / 4 Zyl.*
PS / KW	*55 / 40*
Bauzeit	*1949 – 1953*
Stückzahl	*ca. 30 000*

Modell	*MG Typ TC*
Hubraum / Zylinder	*1250 ccm / 4 Zyl.*
PS / KW	*54 / 40*
Bauzeit	*1945 – 1949*
Stückzahl	*ca. 10 000*

MG Typ TD

Unter der Leitung von Jack Tatlow – er war lange Jahre bei Riley tätig – entwickelte MG Ende 1949 den längst überfälligen Nachfolger für das TC-Modell. Zur konstruktiven Grundlage eines verbesserten Konzepts bediente man sich dem Chassis des Modells Y. Dieser Unterbau musste allerdings leicht modifiziert werden, denn der vom TC her bekannte Karosseriestil sollte weiterhin stilbestimmend sein. Unter der Modellbezeichnung TD lief Ende 1949 die Produktion des Nachfolgers an. Als die ersten Wagen bei den Händlern standen, waren die Verbesserungen für den Experten gleich zu erkennen: MGs TD profitierte endlich von einer modernen vorderen Einzelradaufhängung und verbesserten Bremsen.

MG Typ TD

Der Modellwechsel vom TC zum TD brachte jede Menge Detailverbesserungen, die sich erst bei genauerem Hinsehen offenbarten. So ging es im Cockpit dank eines breiteren Karosserieaufbaus nicht mehr ganz so beengt zu. Außerdem erhielt der TD Stoßstangen und kleinere Reifen, die auf Stahlfelgen montiert wurden – die eleganten Drahtspeichenräder fielen dieser Modifikation leider zum Opfer. Das einfache Klappverdeck, mit dem der TD serienmäßig ausgestattet wurde, war natürlich nur als Notbehelf zu betrachten – richtig wetterfest ließ sich der Wagen kaum machen. Der etwa 120 km/h schnelle TD, der für den Exportmarkt wie gewohnt als Linkslenker gebaut wurde, sah mit zurückgeklapptem Verdeck wesentlich eleganter aus.

Modell	*MG Typ TD*
Hubraum / Zylinder	*1250 ccm / 4 Zyl.*
PS / KW	*55 / 40*
Bauzeit	*1949 – 1953*
Stückzahl	*ca. 30 000*

Modell	*MG Typ TF*
Hubraum / Zylinder	*1250 ccm / 4 Zyl.*
PS / KW	*58 / 42,5*
Bauzeit	*1953 – 1954*
Stückzahl	*ca. 6200*

MG Typ TF

Jahrelang führte MG mit den Modellen TF und TD den Karosseriestil der 30er Jahre fort, während andere Automobilhersteller längst die Formgebung moderner Pontonkarosserien favorisiert hatten. Anscheinend kam MGs Design noch gut an, bis der Absatz 1953 plötzlich drastisch zusammenbrach. Man hätte gut daran getan, den TD jetzt einzustellen, doch MG gab dem Wagen nach einem gründlichen Facelifting (Typ TF) weiterhin eine Chance auf dem Markt. Das Facelifting bestand auf den ersten Blick aus der teilweisen Integration der Scheinwerfer in die Kotflügel und dem Verkleinern und Schrägstellen der verchromten Kühlergrillattrappe. Bei unverändertem Radstand (2390 mm) gewann der Wagen etwas an Länge (3730 mm) und durch eine größere Verdichtung ließ sich die Motorleistung leicht anheben.

MG Typ TF 1500

Das Erscheinungsbild des TF wurde nicht nur durch die optische Überarbeitung der Karosserie geprägt – MG führte auf Wunsch der Kunden wieder Drahtspeichenräder ein, die als Sonderausstattung geordert werden konnten. Um verlorenes Terrain auf dem Sportwagenmarkt zurückerobern zu können, legte MG den TF noch in einer weiteren Serie auf, die mit dem stärkeren 1,5-Liter-Motor bestückt wurde. Dieses Aggregat brachte bei 5000 Umdrehungen exakt 64 PS an die Hinterachse und machte den TF 1500 etwa 140 km/h schnell. Auf den Verkaufserfolg wirkte sich diese Maßnahme nicht mehr aus – die Zeit der T-Serie war abgelaufen. Verglichen mit den T-Modellen der 30er Jahre (3330 Stück) zählten die TC, TD und TF zu den erfolgreichen MGs der Nachkriegszeit – mehr als 49 000 Einheiten rollten bis 1955 von den Bändern.

Modell	*MG Typ TF 1500*
Hubraum / Zylinder	*1466 ccm / 4 Zyl.*
PS / KW	*64 / 46,9*
Bauzeit	*1954 – 1955*
Stückzahl	*ca. 3400*

MG Typ A

Zum Herbst 1955 präsentierte MG mit dem Modell A eine vollkommen neue Baureihe, die der Sportwagenmarke wieder zu mehr Popularität verhelfen sollte. Rundliche, sanft geschwungene Linien bestimmten das Design des Zweisitzers – nichts erinnerte mehr an die alten T-Modelle. Der A basierte auf einem modernen Unterbau, dessen nach außen gebogene Längsträger durch zusätzlich platzierte Querstreben verstärkt wurden. Diese Auslegung sorgte für eine verwindungsfreie Konstruktion, denn der A sollte in erster Linie als offener Roadster den Markt bereichern. Der Tradition entsprechend, rollten die Hinterräder noch immer an einer starren Achse während man sie vorn einzeln aufhängte. Die Federung entsprach dem technischen Durchschnitt – hinten gab es Halbelliptikfedern, die Vorderräder wurden von Schraubenfedern abgestützt.

Modell	*MG Typ A*
Hubraum / Zylinder	*1489 ccm / 4 Zyl.*
PS / KW	*69 / 50,5*
Bauzeit	*1955 – 1962*
Stückzahl	*ca. 98 900*

MG Typ A Coupé

Ein britischer Sportwagen hat nach Ansicht der Enthusiasten vollkommen offen zu sein. Ein Dach, egal in welcher Form, wurde nur selten akzeptiert, denn oft zerstörte dieser Aufbau die Karosserielinie. Beim MG A war alles anders – das feste Coupédach stand der geschlossenen Variante außerordentlich gut zu Gesicht, zudem profitierte der Wagen in dieser Form von einem attraktiven Preis. Gegenüber dem Roadster erhielten die bis zu 165 km/h schnellen Coupés ein gepolstertes Armaturenbrett, einen Teppichboden und kleine ausstellbare Dreieckfenster. Mit dieser perfekten Ausstattung besaß man ein vollkommen wetterfestes Fahrzeug. Echte Roadster-Fans hingegen verzichteten bewusst auf diese Annehmlichkeiten – sie fühlten sich bei Bedarf unter einem spartanischen Klappverdeck wohler.

Modell	*MG Typ A Coupé*
Hubraum / Zylinder	*1489 ccm / 4 Zyl.*
PS / KW	*69 / 50,5*
Bauzeit	*1955 – 1962*
Stückzahl	*ca. 98 900*

MG Typ A Twin-Cam

Für den Preis, der unter dem eines Porsche lag, bot MG 1958 dem Sportwagenfan eine interessante Version des populären MG A an. Ein Doppelnockenwellenmotor machte den A noch schneller und aggressiver – allerdings war diese Alternative alles andere als pflegeleicht. Dass der MG A einen stärkeren Motor gebrauchen konnte, darüber waren sich Tester schon 1955 beim Erscheinen der Erstausgabe einig. Einer Veränderung des Fahrwerks bedurfte es nicht – der A konnte mehr Kraft mühelos vertragen. Von den Stahlscheibenrädern abgesehen, entdeckte man am Twin-Cam, wie dieser Typ A ergänzend benannt wurde, auf den ersten Blick keinen Unterschied zum normalen MG A. Erst der Blick unter die Haube offenbarte seine Besonderheit, den fast 50 Prozent stärkeren Motor.

Modell	*MG Typ A Twin-Cam*
Hubraum / Zylinder	*1589 ccm / 4 Zyl.*
PS / KW	*108 / 79,1*
Bauzeit	*1958 –1960*
Stückzahl	*2111*

MG Typ A Twin-Cam

MG-Freunde, denen ein MG A zu gewöhnlich schien, hatten ab 1958 die Möglichkeit, den bissigeren MG A Twin-Cam zu ordern. Die meisten, die das taten, wurden mit dem Wagen kaum glücklich. Der hier arbeitende Motor mit zwei obenliegenden Nockenwellen erforderte im Alltagsbetrieb besonders viel Fingerspitzengefühl. Allein das Einstellen des Ventilspiels verlangte viel Geduld. Touren bei feuchtem Wetter oder Bergabfahrten dankte das Aggregat mit verölten Zündkerzen, eine sportlich forcierte Fahrweise bei guten Witterungsbedingungen ließ hingegen den Ölverbrauch rapide ansteigen. Ein Twin-Cam beschleunigte aus dem Stand bis zur 100 km/h-Markierung innerhalb von 12,9 Sekunden – sofern man die Maschine dabei auf erschreckende 6500 Umdrehungen brachte, zuviel für diese Konstruktion.

Modell	*MG Typ A Twin-Cam*
Hubraum / Zylinder	*1589 ccm / 4 Zyl.*
PS / KW	*108 / 79,1*
Bauzeit	*1958 – 1960*
Stückzahl	*2111*

MG Magnette ZA

Eine Bauserie namens Magnette führte MG bereits im Modellprogramm der 30er Jahre. Mit der Lancierung des Baumusters Magnette ZA führte man 1953 diesen traditionsreichen Namen fort. Die Magnette ZA hatte als Nachfolgemodell in die Fußstapfen des nicht mehr gebauten MG Y zu treten und wurde dementsprechend als viertürige Limousine konzipiert. Optisch orientierte sich der ZA an einem parallel auch bei Wolseley gebauten Wagen. Wolseley, ebenso wie MG eine Marke der British Motor Corporation (BMC) steuerte deshalb diesem Projekt den Motor bei, dessen Leistungsabgabe je nach Ausführung zwischen 61 und 69 PS lag. Im Gegensatz zum schlichten Äußeren überraschte das Interieur des Wagens mit Ledersitzen und einem Edelholz-Armaturenbrett.

Modell	*MG Magnette ZA*
Hubraum / Zylinder	*1489 ccm / 4 Zyl.*
PS / KW	*61 / 44,7*
Bauzeit	*1953 – 1959*
Stückzahl	*ca. 12 750*

MG Magnette Mk III

Ganz im Zeichen permanenter Modellpflege debütierte parallel zu den Wolseley-Wagen im Februar 1959 die dritte Auflage der Magnette. Die Karosserielinie, ein Entwurf von Pininfarina, fand sich auch in diversen anderen Modellen des BMC-Konzerns wider. Die Zweifarblackierung, ein für die 50er Jahre typisches Stilelement, unterstrich ein wenig die Grundlinie des 135 km/h schnellen Wagens. Ebenso wie die frühe Magnette ZA, überraschte die Version Mk III mit einem ansprechenden Interieur. Der technische Fortschritt orientierte sich auch bei diesem Baumuster an den sportlicher ausgelegten MG-Wagen, was die Käufer aber kaum interessierte – nur Insider konnten sich für diesen Wagen begeistern.

Modell	*MG Magnette Mk III*
Hubraum / Zylinder	*1622 ccm / 4 Zyl.*
PS / KW	*68 / 50*
Bauzeit	*1959 – 1968*
Stückzahl	*ca. 30 000*

Morris Minor Saloon

Bei Morris vertrat man schon zu Beginn des Zweiten Weltkriegs die Meinung, dass das Geschäft zukünftig mehr im Kleinwagenbau liegen werde. Wie recht man hatte – immerhin verlangte der bewährte Morris Eight dringend einen Nachfolger. Alec Issigonis, der bereits seit 1936 für Morris tätig war, aber erst viel später durch die Kreation des Mini weltberühmt wurde, hatte seit langem ähnliche Ideen, und er tat gut daran, all diese Gedankengänge während der langen Kriegsnächte in Skizzenbüchern festzuhalten. So entstand bereits im Dezember 1943 ein zweitüriger Versuchswagen in amerikanischer Formgebung, den man „Mosquito" nannte. Diesem Prototypen, der auf kleinen 14-Zoll Rädern lief, folgten 1946/47 weitere Versuchsfahrzeuge, aus denen sich letztendlich der legendäre Morris Minor entwickelte.

Modell	*Morris Minor Saloon*
Hubraum / Zylinder	*803 ccm / 4 Zyl.*
PS / KW	*27 / 19,8*
Bauzeit	*1948 – 1971*
Stückzahl	*1 015 000*

Morris Minor 1000

Als William Morris, der spätere Lord Nuffield, den ersten Prototypen des neuen Minor sah, war er nur mit Mühe zu bewegen, einer Serienfertigung zuzustimmen. Morris lehnte es gar ab, sich bei der Pressevorstellung in einen Minor zu setzen, obwohl es sich bei diesem Auto um eine hochmoderne Konstruktion mit Einzelradaufhängung, Zahnstangenlenkung und sparsamem Motor handelte. Kurz vor der Premiere zur Earl's Court Motor Show 1948 befand Konstrukteur Alec Issigonis sein Werk plötzlich für zu schmalbrüstig, weshalb in letzter Minute ein Prototyp mittig auseinandergesägt und um etwa 100 mm verbreitert wurde! Das kuriose an dieser Aktion war, dass man bereits alle Werkzeugmaschinen auf den alsbaldigen Beginn der Serienproduktion ausgerichtet hatte, und so ist die in der Mitte abgeflachte Dachlinie noch heute ein Andenken an jene Schönheitsoperation.

Modell	*Morris Minor 1000*
Hubraum / Zylinder	*948 ccm / 4 Zyl.*
PS / KW	*38 / 27,8*
Bauzeit	*1956 – 1971*
Stückzahl	*1 015 000*

Morris Minor Traveller

Im Grunde genommen war der Morris Minor von Anfang ein perfekter Wagen, der nur in einer Hinsicht etwas zu wünschen ließ: Sein Motor war zu schwach. Glücklicherweise konnte das Fahrwerk des Minor reichlich Pferdestärken verkraften, und es war eine leichte Übung, diesem Wagen im Zuge der Modellpflege zu mehr Power zu verhelfen. Kaufmännisch betrachtet, verkaufte sich das Auto vom Start weg gut – 70 Prozent der Produktion ging sogar in den Export. War die erste Serie (1948 bis 1950) noch recht einfach ausgerüstet (keine Heizung, nur ein Wischer), so kamen mit der Einführung der viertürigen Version und dem Traveller erste Verbesserungen, unter anderem höher liegende Scheinwerfer.

Modell	*Morris Minor Traveller*
Hubraum / Zylinder	*918 ccm / 4 Zyl.*
PS / KW	*27 / 19,8*
Bauzeit	*1953 – 1971*
Stückzahl	*1 015 000*

Rolls-Royce Silver Wraith

Während sich viele Automobilbauer nach Ende des Zweiten des Weltkriegs dem Fortschritt beugten und verstärkt ihre Fahrzeuge nach dem Prinzip der selbsttragenden Karosserie auf die Räder stellten, blieb Rolls-Royce weiterhin dem konventionellen Verfahren treu: Der 1946 präsentierte Typ Silver Wraith basierte nach wie vor auf einem wuchtigen Fahrgestell, denn nur so ließen sich Karosserieaufbauten nach Kundenwunsch realisieren. Rolls-Royce fertigte das Chassis mit hinterer Starrachse und unabhängiger vorderer Radaufhängung in zwei Größen, wobei standardmäßig ein Radstand von 3220 mm genutzt wurde. Ab 1951 kam zusätzlich eine Alternative mit 3370 mm Radstand auf den Markt – auf ihr entstand etwa ein Drittel aller Silver Wraith-Modelle.

Modell	*Rolls-Royce Silver Wraith*
Hubraum / Zylinder	*4257 ccm / 6 Zyl.*
PS / KW	*keine Leistungsangaben*
Bauzeit	*1949 – 1955*
Stückzahl	*1883*

Rolls-Royce Silver Wraith

Der Silver Wraith darf sich rühmen, das letzte Rolls-Royce-Modell gewesen zu sein, das in unzähligen verschiedenen Karosserieversionen gebaut wurde. Während seiner langen Bauzeit profitierte der Wagen regelmäßig von technischen Verbesserungen. So gab es ab dem Jahrgang 1952 die Möglichkeit, ein automatisches Getriebe zu ordern. Vier Jahre später konnte der Fahrkomfort auf Wunsch durch eine Servolenkung gesteigert werden. Der Hubraum des Sechszylinder-Aggregats stieg bereits 1951 von 4257 auf 4566 ccm an. 1954 verfügte der Reihenmotor, dessen Leistungsabgabe stets als ausreichend angegeben wurde, über noch mehr Kraft – jetzt konnte die Leistung aus einem Hubvolumen von 4887 ccm geschöpft werden.

Modell	*Rolls-Royce Silver Wraith*
Hubraum / Zylinder	*4257 ccm / 6 Zyl.*
PS / KW	*keine Leistungsangaben*
Bauzeit	*1949 – 1955*
Stückzahl	*1833*

Rolls-Royce Phantom IV

Nur für Königshäuser und Staatsoberhäupter – aber nicht für Privatfahrer! – war der Phantom IV gedacht. Seiner Exklusivität angemessen, bestückte Rolls-Royce dieses Modell mit einem Achtzylindermotor (Reihenbauweise) und stufte das Getriebe so ab, dass der Phantom IV für Paradezwecke problemlos in Schrittgeschwindigkeit bewegt werden konnte. Auf dem Fahrgestell (3680 mm Radstand) ließen sich natürlich großzügig bemessene Karosserieaufbauten realisieren. Bis auf eine Ausnahme wurden die Karosserien bei Hooper und H.J. Mulliner gefertigt – in aufwändiger Handarbeit! Obwohl Rolls-Royce den Phantom IV nur 18-mal baute, ging auch dieser Kleinserie ein Prototyp voraus, der nach Abschluss aller notwendigen Tests verschrottet wurde.

Modell	*Rolls-Royce Phantom IV*
Hubraum / Zylinder	*5675 ccm / 8 Zyl.*
PS / KW	*keine Leistungsangaben*
Bauzeit	*1950 – 1956*
Stückzahl	*18*

Rolls-Royce Silver Cloud I

Auf der Basis eines modernisierten Kastenrahmens entstand 1955 bei Rolls-Royce ein neues Modell namens Silver Cloud. Angeblich konnte die Festigkeit des Fahrgestells gegenüber früheren Konstruktionen um 50 Prozent gesteigert werden. Das war durchaus notwendig, denn die Karosserieaufbauten dieser Modellreihe zählten nicht gerade zu den kleinsten (Radstand anfangs 3120 mm, ab 1957 auch 3220 mm) – die Gesamtlänge des Silver Cloud lag zwischen 5380 und 5500 mm. Um den Wagen optisch besonders attraktiv zu machen, wurde die Linienführung durch eine Zweifarblackierung dezent unterstrichen. Entgegen dem vor allen in den 30er Jahren praktizierten Trend, eine Wunschkarosserie zu ordern, entschieden sich mehr als 90 Prozent aller Silver Cloud-Kunden für den Standardaufbau.

Modell	*Rolls-Royce Silver Cloud I*
Hubraum / Zylinder	*4887 ccm / 6 Zyl.*
PS / KW	*keine Leistungsangaben*
Bauzeit	*1955 – 1959*
Stückzahl	*2360*

Rolls-Royce Phantom V

1959 präsentierte Rolls-Royce mit dem Phantom V den bisher größten in der Nachkriegszeit gebauten Wagen. Das 6000 mm lange Luxusgefährt (Radstand 3650 mm) entstand immer noch auf einem konventionellen Fahrgestell und wurde mit einem seidenweich laufenden V8-Motor bestückt. Technisch orientierte sich der Phantom V weitgehend am Modell Silver Cloud II, weshalb ein automatisches Getriebe (nach General Motors-Lizenz) zum Standard gehörte. Um den schweren Wagen sicher verzögern zu können, wurde die Größe der hydraulischen Trommelbremsen den Erfordernissen entsprechend angeglichen. Den Löwenanteil aller Karosserieaufbauten fertigten die zu Rolls-Royce gehörenden Firmen Mulliner und Park Ward – 200 Karosserien entstanden beim Spezialisten James Young.

Modell	*Rolls-Royce Phantom V*
Hubraum / Zylinder	*6230 ccm / 8 Zyl.*
PS / KW	*keine Leistungsangaben*
Bauzeit	*1959 – 1968*
Stückzahl	*516*

Rover 75

Bei der Motor Show im Jahr 1949 stellte Rover den neuen P4 vor, der zunächst nur in der 75-PS-Variante mit Sechszylindermotor erhältlich war. Er war der erste Rover mit der neuartigen Pontonkarosserie nach amerikanischem Vorbild und hatte in den ersten Jahren einen für Rover äußerst untypischen Kühlergrill mit einem zentral angeordneten Nebelscheinwerfer, der diesem Modell den Spitznamen „Cyclops" einbrachte. Später wurde er durch einen typischen Rover-Kühlergrill ersetzt, und aus dem P4 entwickelte sich eine sehr beliebte Modellreihe. Die Fahrzeuge mit der ehrwürdigen, typisch britischen Ausstrahlung wurden liebevoll „Tantchen" genannt. Als die P4 Reihe 1964 schließlich ihren Abschied nahm, waren über 130000 dieser Modelle gebaut worden.

Modell	*Rover 75*
Hubraum / Zylinder	*2103 ccm / 6 Zyl.*
PS / KW	*76 / 55,7*
Bauzeit	*1949 – 1954*
Stückzahl	*130 000*

Rover 90

Die Rover der Baureihe P4 waren alles andere als Automobile für Modefans – sie sprachen mehr den typisch britischen Gentleman an, der ein unaufdringliches, aber dennoch interessantes Fahrzeug fahren wollte. Die bequeme viertürige Limousine musste sich regelmäßiger Modellpflege unterziehen und wurde in relativ kurzen Intervallen immer wieder durch verbesserte Nachfolger ersetzt. Neben dem zuerst lancierten Typ 75 gab es bald eine Sparausgabe mit Vierzylindermotor (Rover 60), und ein Sechszylinder der 2,6-Liter-Klasse rundete das Programm nach oben hin ab. Während einige Baumuster vorübergehend mit einer Lenkradschaltung bestückt wurden, kehrte man bald wieder zur moderneren Mittelschaltung zurück.

Modell	*Rover 90*
Hubraum / Zylinder	*2638 ccm / 6 Zyl.*
PS / KW	*93 / 68,1*
Bauzeit	*1955 – 1959*
Stückzahl	*130 000*

Rover 60

In der Zeit direkt nach dem Krieg wurden bei Rover zuerst ein paar Limousinen gebaut, die an die späten 30er Jahre anknüpften. Anfang 1948 brachte man die ersten neu entwickelten Nachkriegsmodelle auf den Markt: einen 1,6-Liter-Vierzylinder mit 60 PS und einen 2,1-Liter-Sechszylinder mit 75 PS. Bei allen neuen Motoren waren die Einlassventile oben und die Auslassventile seitlich angeordnet. Die neuen Fahrwerke verfügten vorne über Einzelradaufhängung und waren mit hydromechanischen Bremsen ausgestattet. Diese Fahrzeuge wurden als P3 Modelle bekannt. Rover experimentierte zudem an einem Kleinwagen, und 1948 kam der mit Allradantrieb ausgestattete Land Rover auf den Markt – ein Modell, mit dem eine ganz neue Fahrzeugklasse geschaffen wurde.

Modell	*Rover 60*
Hubraum / Zylinder	*1595 ccm / 4 Zyl.*
PS / KW	*60 / 44*
Bauzeit	*1948 – 1949*
Stückzahl	*---*

Rover 110

Mit der Baureihe P 4 etablierte Rover einen soliden Wagen auf dem Markt, den es während seiner langen Bauzeit in zahlreichen Motorversionen gab. Das schien auf den ersten Blick unlogisch zu sein, denn neue Motoren zu entwickeln bedeutete auch, regelmäßig investieren zu müssen. Rover gelang es, die Entwicklungskosten dennoch niedrig zu halten, denn alle realisierten Motorvarianten basierten immer auf identischen Zylinderbohrungen – um den Hubraum anzuheben, wurde lediglich die Hubraumlänge variiert. Als Krönung seiner ständigen Weiterentwicklung gab der ruhig laufende Sechszylinder (insgesamt sieben Ausführungen) in der letzten Entwicklungsstufe eine Leistung von 125 PS ab – dieses Aggregat kam im Rover 110 zum Einsatz.

Modell	*Rover 110*
Hubraum / Zylinder	*2638 ccm / 6 Zyl.*
PS / KW	*125 / 91,6*
Bauzeit	*1959 – 1964*
Stückzahl	*4612*

Rover 3 Litre

Zur Ergänzung der Modellpalette wurde auf Grundlage des P 5 noch ein schnittiges Coupé entwickelt, das nicht nur die Herzen von Privatpersonen höher schlagen ließ. Auch viele Amts- und Würdenträger wurden vorzugsweise mit dem 3-Liter-Modell chauffiert, so zum Beispiel die britischen Premierminister von Harold Wilson bis Margaret Thatcher. Auch die Königin fuhr privat einen solchen Wagen. Bei dem P 5 verwirklichte Rover übrigens schon einige Sicherheitsmerkmale – beispielsweise den über der Hinterachse platzierten Benzintank. Er befand sich somit in einer geschützten Lage, lange bevor die Gesetzgebung das vorschrieb. Für den Jahrgang 1963 wurde der Zylinderkopf des Sechszylinders durch eine modernere Konstruktion ersetzt – dieser Kunstgriff bedeutete einen Leistungsanstieg auf 136 PS.

Modell	*Rover 3 Litre*
Hubraum / Zylinder	*2995 ccm / 6 Zyl.*
PS / KW	*136 / 100*
Bauzeit	*1963 – 1967*
Stückzahl	*48 541*

Rover 3 Litre

Einen großen Schritt nach vorn machte Rover im Jahr 1958 mit dem Modell P 5, einer geräumigen Luxuslimousine, die mit einer 3-Liter-Version des legendären Sechszylindermotors ausgestattet war. Dieses von David Bache entworfene Modell war der erste Rover mit selbsttragender Karosserie – die Montage des Aufbaus auf einem schweren Kastenrahmen gehörte endlich der Vergangenheit an. Das Fahrzeug mit seinem traditionell gut ausgestatteten Interieur vereinte in sich Würde und Eleganz. Die im Vergleich zum P 4 in der Höhe um etwa 50 mm reduzierte Dachlinie ließ den Wagen in Verbindung mit einer vergrößerten Windschutzscheibe noch voluminöser aussehen, als er schon war. Je nach Art der Motorisierung lag die Höchstgeschwindigkeit eines P 5 zwischen 160 und 180 km/h.

Modell	*Rover 3 Litre*
Hubraum / Zylinder	*2995 ccm / 6 Zyl.*
PS / KW	*117 / 85,7*
Bauzeit	*1959 – 1967*
Stückzahl	*48 541*

Scootacar

Im Falle des Scootacar stieg kein traditioneller Automobilbauer, sondern eine Lokomotivenfabrik ins Automobilgeschäft ein. Hunselt in Leeds, bzw. dessen Tochterfirma Scootacars Limited, brachte dieses Kunststoffei heraus, das auf 2060 mm Gesamtlänge zwei Erwachsenen Platz bieten sollte – zumindest der Werbung nach. Den Dimensionen entsprechend kam die verglaste Kunststoffkabine mit nur einer Tür auf der linken Seite aus. Dank der enormen Höhe saß man in diesem Gefährt fast wie in einem Londoner Taxi, doch das laute Motorengeräusch des im Heck platzierten Zweitaktmotors holte einen rasch auf den Boden der Tatsachen zurück. Gewöhnungsbedürftig war vor allem die Lenkung in Form eines Fahrradlenkers: Sie ermöglichte auf Grund des großen Einschlagwinkels trickreiche Parkmanöver.

Modell	*Scootacar*
Hubraum / Zylinder	*197 ccm / 1 Zyl.*
PS / KW	*8,5 / 6,2*
Bauzeit	*1957 – 1960*
Stückzahl	---

Singer SM 1500

Singer gehörte zu den traditionsreichen britischen Firmen, die schon existierten, bevor man überhaupt an den Bau von Motorwagen dachte. Das Unternehmen wurde 1860 gegründet – den ersten Singer-Wagen gab es 1909. Im Laufe der Jahre entwickelte sich Singer sogar kurzfristig zum drittgrößten Automobilhersteller auf der britischen Insel, doch die Ende der 20er Jahre einsetzende Wirtschaftskrise machte alle Zukunftspläne schnell zunichte. Trotz interessanter Neuentwicklungen konnte sich Singer nicht halten und wurde deshalb in den Rootes-Konzern eingegliedert. Unter dessen Regie stellte man den Bau rassiger Sportwagen bereits 1937 ein und verlegte sich auf die Herstellung konventioneller Automobile.

Modell	*Singer SM 1500*
Hubraum / Zylinder	*1506 ccm / 4 Zyl.*
PS / KW	*48 / 35,1*
Bauzeit	*1948 – 1949*
Stückzahl	---

Triumph 1800

Mit dem Triumph 1800 stellte man 1946 einen Wagen auf die Räder, dessen Karosserielinie im typisch britischen Messerkantenstil (knife-edge-style) gehalten wurde. Diese Stilrichtung war zumindest für die sechsfenstrige Limousine gültig; denn der als Gegenstück gebaute Roadster zeigte sich mit barocken Rundungen. Damit seine Linienführung harmonischer wirkte, wurde der Radstand des Rahmenunterbaus von 2740 auf 2540 mm reduziert. Ein interessantes Detail des Roadsters war sein Kofferraum. Er bestand aus einem zweiteiligen Deckel und gab bei Bedarf noch zwei Notsitze und eine weitere Windschutzscheibe frei – diese damals weit verbreitete Sitzanordnung ist längst unter dem Begriff „Schwiegermuttersitz" in die Automobilgeschichte eingegangen.

Modell	*Triumph 1800*
Hubraum / Zylinder	*1776 ccm / 4 Zyl.*
PS / KW	*66 / 48,3*
Bauzeit	*1946 – 1950*
Stückzahl	*ca. 2500*

Triumph TR 2

Mit einer vollkommen neuen Stilrichtung eröffnete Triumph den Modelljahrgang 1952. Man zeigte anlässlich der Londoner Motor Show einen handlichen Roadster mit weit ausgeschnittenen Türen, langgezogenen Kotflügelrändern und einer Kühlergrillattrappe, die in einer stark zurückgesetzten Frontmulde platziert wurde. Der Wagen, der von der Fachpresse begeistert aufgenommen wurde, ging ein Jahr später als Triumph TR 2 in Serie. Das Auto, das nicht nur flott aussah, brachte es dank einer angemessenen Motorisierung auf eine Höchstgeschwindigkeit von 170 km/h. Um dem Vierzylindermotor der 2-Liter-Klasse letzte Reserven entlocken zu können, wurde das Aggregat mit 2 SU-Horizontalvergasern bestückt.

Modell	*Triumph TR 2*
Hubraum / Zylinder	*1991 ccm / 4 Zyl.*
PS / KW	*91 / 66,6*
Bauzeit	*1953 – 1955*
Stückzahl	---

Triumph TR 3 A

1955 gesellte sich zum Triumph TR 2 das Modell TR 3. Eine wesentlich attraktiver gestaltete Frontpartie und die stärkere Motorisierung brachten diese Wagen sofort auf Erfolgskurs. Dem technischen Fortschritt angemessen, bestückte man den TR 3 vorne mit Scheibenbremsen. Zu den angenehmsten Verbesserungen des Modelljahrgangs 1957/58 gehörte zweifelsohne das erneute Anheben der Leistung. Aber auch die optischen Retuschen, die der nun TR 3 A genannte Sportwagen über sich ergehen lassen musste, standen dem Auto gut zu Gesicht. Unter anderem gab es ein neu gestaltetes Armaturenbrett, bequemere Sitze mit mehr Seitenhalt und das die ganze Wagenbreite einnehmende Kühlergitter.

Modell	*Triumph TR 3 A*
Hubraum / Zylinder	*1991 ccm / 4 Zyl.*
PS / KW	*101 / 74*
Bauzeit	*1957 – 1961*
Stückzahl	---

Triumph Italia 2000 Coupé

Mit dem Triumph Italia realisierte der italienische Triumph-Importeur Dr. Salvatore Ruffino ein Automobil, das zwar britisches Sportwagenfeeling vermittelte, doch von seiner Erscheinung her zweifelsfrei italienisch angehaucht war. Ruffino gab für dieses Projekt einige Entwürfe in Auftrag (unter anderem bei Zagato) und entschied sich letztendlich für die von Michelotti kreierte Karosserielinie. Ursprünglich sollte die Stahlblechkarosserie im Hause Vignale 1000 mal gepresst werden, doch Ruffino stoppte das Projekt nach 328 Einheiten – der 165 km/h flotte Italia war nämlich zu teuer und ließ sich nur schwer absetzen.

Modell	*Triumph Italia 2000 Coupé*
Hubraum / Zylinder	*1991 ccm, 4 Zyl.*
PS / KW	*90 / 66*
Bauzeit	*1958 – 1962*
Stückzahl	*328*

Vauxhall Cresta PA

Die im General Motors-Konzern beheimatete Marke Vauxhall brachte bis zu Beginn der 60er Jahre verschiedene Wagen im eigenständigen Design auf den Markt, bevor die Linienführung der Karosserien zusehends von der Optik der Schwestermarke Opel beeinflusst wurde. Eines der letzten typischen Vauxhall-Modelle, der Cresta, feierte 1957 auf dem Pariser Automobilsalon sein Debüt. Der Cresta, der für den Export unter dem Namen „Velox" gebaut wurde, war ein moderner Wagen mit selbsttragender Karosserie. Sein Styling orientierte sich an amerikanischen Automobilen (Panoramascheiben, Heckflossen), entsprach aber trotzdem dem europäischen Zeitgeschmack (Weißwandreifen, Zweifarblackierung).

Modell	*Vauxhall Cresta PA*
Hubraum / Zylinder	*2262 ccm / 6 Zyl.*
PS / KW	*77 / 56,4*
Bauzeit	*1957 – 1962*
Stückzahl	*ca. 91 200*

Alfa Romeo 6C 2500

1946, als Alfa Romeo unter dem Namen Alfa Romeo S.p.A. firmierte, verließen zuerst die überarbeiteten Wagen des Typs 6C 2500 die Werkshallen. Ihre Linienführung setzte unverkennbar den Karosseriestil der 30er Jahre fort, doch mit Ende des Kriegs ging bereits ein schleichender Wandel im Fahrzeugbau einher. Der große und bequeme fünfsitzige 6C „Freccia d'oro" (Goldpfeil) war jetzt alles andere als zeitgemäß. Die beginnende Massenmotorisierung machte eine Entwicklung von der Fahrzeugmanufaktur zum Serienhersteller notwendig. Neben den immer weniger gefragten, sehr teuren und aufwändigen Automobilen forderte der Markt zunehmend seriengefertigte Fahrzeuge. Alfa Romeo vollzog diesen Schritt 1950.

Modell	*Alfa Romeo 6C 2500*
Hubraum / Zylinder	*2443 ccm / 6 Zyl.*
PS / KW	*90 / 70*
Bauzeit	*1946 – 1950*
Stückzahl	*---*

Alfa Romeo 1900

Für die Fachpresse war der im Werk Portello gebaute vierzylindrige Alfa Romeo 1900 von Anfang an die Sensation überhaupt. Obgleich die Technik dem für Alfa Romeo gewohnt hohen Standard entsprach, erstaunte der Auftritt des Luxus-Fahrzeugproduzenten Alfa Romeo im Mittelklassesegment jetzt alle Einkommensschichten. Die Grundversion – eine viertürige Limousine mit pontonförmiger selbsttragender Karosserie – bildete der Tradition des Hauses entsprechend auch die Basis für verschiedene Coupé- und Cabriolet-Varianten. Und als wäre es eine Selbstverständlichkeit, bewährten sich die neuen Modelle sogar im Wettbewerbssport. Von den Verkaufszahlen her betrachtet, rangierte erwartungsgemäß die Limousine auf dem Ersten Platz.

Modell	*Alfa Romeo 1900*
Hubraum / Zylinder	*1975 ccm / 4 Zyl.*
PS / KW	*90 / 70*
Bauzeit	*1953 – 1958*
Stückzahl	---

Alfa Romeo 1900

Mit dem Modell 1900 gelang Alfa Romeo der Schritt von der Fahrzeugmanufaktur zum Großserienhersteller. Bereits nach vier Jahren Bauzeit hatte die Zahl der 1900er die Produktionszahl der ersten 40 Jahre von Alfa Romeo überschritten! Für die Mailänder Traditionsmarke war damit die Zukunft gesichert. Diese noble Limousine war im Wettbewerbssport ebenso anzutreffen wie im Großstadtverkehr: Bald gesellten sich verschiedene Coupé-Varianten zur Limousine. Im Nachkriegs-Deutschland blieb der teure Wagen indes eine seltene Erscheinung: Erst warteten die Deutschen auf ihr Wirtschaftswunder, später mussten sie für einen 1900 Super Sprint mit Touring-Superleggera-Karosserie soviel bezahlen wie für einen Luxuswagen aus heimischer Produktion.

Modell	*Alfa Romeo 1900*
Hubraum / Zylinder	*1884 ccm / 4 Zyl.*
PS / KW	*90 / 70*
Bauzeit	*1950 – 1953*
Stückzahl	---

Alfa Romeo 1900 Sprint

Schon in der Grundversion als viertürige Limousine spürte man, dass der Alfa Romeo 1900 ein recht sportlich angehauchtes Fahrzeug war. Sein Vierzylindermotor verfügte über zwei obenliegende Nockenwellen und besaß neben Leichtmetallkolben auch einen Zylinderkopf aus Leichtmetall. Dieser Fortschritt stieß nicht nur bei den Käufern, sondern auch bei einigen Karosseriebauern auf großes Interesse. Vor allem bei Touring entstanden auf der Basis des 1900 verschiedene Zweitürer, deren Karosserie aus Aluminium gefertigt wurde. Trotz 263 cm Radstand verstand man es, eine ausgeglichene Linie zu entwerfen, die einen mit Sonderkarosserie bestückten 1900er zum Blickfang machte.

Modell	*Alfa Romeo 1900 Sprint*
Hubraum / Zylinder	*1975 ccm / 4 Zyl.*
PS / KW	*90 / 70*
Bauzeit	*1953 – 1958*
Stückzahl	---

Alfa Romeo Giulietta Sprint

Das erfolgreichste Alfa Romeo Coupé der 50er Jahre und seine nicht minder populären Derivate „Berlina" und „Spider" schrieben nicht nur Automobilgeschichte, sondern führten die Marke auch in neue Absatzregionen. Viele Kunden, unter ihnen Promis wie Sophia Loren und Gina Lollobrigida, entschieden sich für Alfas Giulietta Sprint, jenem Modell, mit dem die Erfolgsstory der neuen Baureihe 1954 begonnen hatte. Unter der Motorhaube des knapp 4000 mm langen Hecktrieblers wartete ein 1290 ccm großer Leichtmetall-Vierzylinder mit zwei obenliegen-den Nockenwellen darauf, seine 65 PS (bei 6500 U/min) zu entfalten – Werte, die heute ein Schmunzeln entlocken, vor 50 Jahren aber für 165 km/h Höchstgeschwindigkeit gut waren und damit viele Konkurrenten weit hinter sich ließen.

Modell	*Alfa Romeo Giulietta Sprint*
Hubraum / Zylinder	*1290 ccm / 4 Zyl.*
PS / KW	*65 / 47,6*
Bauzeit	*1954 – 1965*
Stückzahl	*ca. 36 000*

Alfa Romeo 1900 Super Sprint

Die von der normalen, „Berlina" genannten Limousinenausführung abgeleiteten Coupé-Versionen gipfelten bereits 1954 in der Version Super Sprint, die aus einem Hubvolumen von 1975 ccm eine Leistung von 115 PS schöpfte. Erreicht wurde die Leistungsausbeute, die mittels eines Fünfganggetriebes an die starre Hinterachse gebracht wurde, bei 5500 Umdrehungen. Anders interpretiert, verhalfen diese Werte dem etwa 4410 mm langen Wagen zu seiner Höchstgeschwindigkeit von 180 km/h. Alfa Romeo verstand es immer wieder, sich mit interessanten Sondermodellen gut in Szene zu setzen. Vor allem die Zweitürer mit langem Radstand zeichneten sich durch ein harmonisches Design aus, das man bei Mitbewerbern oft vermisste.

Modell	*Alfa Romeo 1900 Super Sprint*
Hubraum / Zylinder	*1975 ccm / 4 Zyl.*
PS / KW	*115 / 84,2*
Bauzeit	*1954 – 1958*
Stückzahl	---

Alfa Romeo Giulietta Berlina

Im April 1955, erneut auf dem Turiner Salon, wurde Alfa Romeos Giulietta als Berlina (Limousine) präsentiert. Der 4000 mm lange Wagen teilte sich seine Bodengruppe mit dem Modell Sprint und distanzierte die Konkurrenz mit einer bis dato unerreichten Fahrwerksdynamik. Bereits im Herbst desselben Jahres reichte Alfa Romeo als Weltpremiere im Rahmen der Internationalen Automobilausstellung in Frankfurt den von Battista Farina gezeichneten Giulietta Spider nach. Mit diesem Dreigestirn aus Sprint, Berlina und Spider demonstrierten die Mailänder als einer der weltweit ersten Hersteller eindrucksvoll, wie innovativ, varianten- und erfolgreich eine einzige Baureihe aufgestellt werden konnte. Allein an den Messetagen konnte das Werk von den Händlern schon reichlich Bestellungen entgegennehmen.

Modell	*Alfa Romeo Giulietta Berlina*
Hubraum / Zylinder	*1290 ccm / 4 Zyl.*
PS / KW	*53 / 38,9*
Bauzeit	*1955 – 1963*
Stückzahl	*ca. 130 000*

Alfa Romeo Giulietta Spider

Obwohl die Giulietta-Baureihe deutlich günstiger angeboten wurde als alle Alfa Romeo Sportwagen zuvor, waren die Typen Berlina, Sprint und Spider keine Fahrzeug für die breite Masse. Das faszinierende an diesen Autos war für die Enthusiasten neben der Technik (unter anderem rundum Einzelradaufhängung, Aluminium-Schaltgetriebe) auch das Design. Über einen Radstand von 2380 mm spannte sich eine zeitlos elegante Karosserielinie; vorne dominierte der typisch V-förmige Chromgrill, der rechts und links von zwei weiteren ebenfalls chromeingefassten Lufteinlässen flankiert wurde. Zwei Jahre nach dem Debüt folgte die nächste Evolutionsstufe der Baureihe: der Giulietta Sprint Veloce, eine Homologationsserie zur Teilnahme an der Mille Miglia 1956.

Modell	*Alfa Romeo Giulietta Spider*
Hubraum / Zylinder	*1290 ccm / 4 Zyl.*
PS / KW	*65 / 47,6*
Bauzeit	*1955 – 1965*
Stückzahl	*ca. 26 400*

Autobianchi Bianchina 500

Der Typ Bianchina 500, für den Autobianchi eine ansprechende Karosserie mit Rolldach entwickelte, bereicherte im Herbst 1957 das Angebot der Kleinwagenklasse. Das interessante an seinem Karosserieaufbau war, dass das flexible Heckfenster in das Rolldach hinein integriert wurde. Diese außergewöhnliche Lösung machte den winzigen Zweisitzer (das Werk sprach vom 2+2-Sitzer) somit zur kleinsten Cabrio-Limousine der Welt, die bis 1960 gebaut wurde: Bei einem Radstand von 1840 mm betrug die Gesamtlänge gerade mal 2990 mm. Angetrieben wurde der 85 km/h schnelle Winzling natürlich von Fiats unverwüstlichem luftgekühltem Zweizylinder (479 ccm; 15 PS). Dem Fiat entsprechend, profitierte auch der Bianchina von der technischen Modellpflege seines „Originals".

Modell	*Autobianchi Bianchina 500*
Hubraum / Zylinder	*479 ccm / 2 Zyl.*
PS / KW	*15 / 11*
Bauzeit	*1957 – 1960*
Stückzahl	*ca. 8000*

Ferrari 375 America Coupé

Seit Beginn der 50er Jahre war Ferrari auf jedem wichtigen Automobilsalon präsent, und jedes Mal drängte sich die Fachpresse am Stand der Nobelmarke, denn man wusste inzwischen, wo die außergewöhnlichsten Wagen der Saison zu finden waren. Die 1950 lancierte America-Baureihe rangierte zwar auch in der Kategorie der Straßensportwagen, doch viele Besitzer nutzten das Potential des Zwölfzylinders und bewegten einen Typ 375 auch im Wettbewerbssport – immerhin gab das Werk die Höchstgeschwindigkeit mit 240 km/h an! Eine amerikanische Zeitschrift, die diese Angabe bezweifelte schrieb später: „… wir testeten den Wagen auf dem Salzsee in Utah und erreichten im vierten Gang bereits 206 km/h. Dabei lag die Drehzahl noch lange nicht im roten Bereich, und der Wagen hat bekanntlich ein Fünfganggetriebe".

Modell	*Ferrari 375 America Coupé*
Hubraum / Zylinder	*4523 ccm / 12 Zyl.*
PS / KW	*300 / 220*
Bauzeit	*1953 – 1955*
Stückzahl	*12*

Ferrari 342 America

Der erste Ferrari, der als reiner Straßensportwagen konzipiert wurde, debütierte 1948. Bei der Konstruktion dieses Modells (Typ 166) berücksichtigte Enzo Ferrari viele im harten Wettbewerbssport gewonnene Erkenntnisse. Was den Ferrari so begehrenswert machte, war natürlich sein Motor – ein reinrassiger Zwölfzylinder! Konstruiert wurde die brutale Maschine allerdings von Gioacchino Colombo, einem erfahrenen Mann, dessen Karriere in den 30er Jahren bei Alfa Romeo begonnen hatte. Das Hubvolumen der drehfreudigen Maschine mit zwei obenliegenden Nockenwellen ließ sich übrigens anhand der Modellbezeichnung schnell berechnen, denn die gab stets den Hubraum eines einzelnen Zylinders an. So hatte der Ferrari Typ 166 ein Aggregat der 2-Liter-Klasse (12 x 166 ccm), der Ferrari 342 eine 4,1-Liter-Maschine (12 x 375 ccm).

Modell	*Ferrari 342 America*
Hubraum / Zylinder	*4102 ccm / 12 Zyl.*
PS / KW	*200 / 146,5*
Bauzeit	*1952 – 1953*
Stückzahl	*6*

Ferrari 375 America

Weil Enzo Ferrari mit vielen Karosseriebauexperten zusammenarbeitete und dabei noch Sonderwünsche seiner Kunden berücksichtigte, glich für lange Zeit kaum ein Wagen dem anderen. Jedes Fahrzeug war ein individuelles Einzelstück – während manche Wagen auf einem Fahrwerk mit kurzem Radstand basierten, erhielten andere einen längeren Unterbau. Von dem zwölfmal gebauten Typ 375 America entstanden acht Karosserien bei Pininfarina, Vignale realisierte drei Aufbauten und ein Wagen wurde im Hause Ghia eingekleidet. Zu den bekanntesten Prominenten, die in den 50er Jahren einen Ferrari bewegten, zählten unter anderem König Leopold von Belgien, Ingrid Bergmann und Juan Domingo Perón, der Staatschef von Argentinien.

Modell	*Ferrari 375 America*
Hubraum / Zylinder	*4523 ccm / 12 Zyl.*
PS / KW	*300 / 220*
Bauzeit	*1953 – 1955*
Stückzahl	*12*

Ferrari 410 Spyder Superamerica

Als Nachfolger des Ferrari 375 America präsentierte man 1956 mit dem Typ 410 Superamerica einen Wagen der 5-Liter-Klasse. Eine als Rennversion im Jahr zuvor gebaute Ausgabe sorgte schon vor Erscheinen der Straßenvariante für viel Gesprächsstoff – dieser Wagen siegte mehrfach in Le Mans und bewährte sich auch bei der Panamericana, dem legendären mexikanischen Straßenrennen. Um dem V12-Motor Kraft im Überfluss entlocken zu können, wurde die gewaltige Maschine mit drei Fallstrom-Doppelvergasern bestückt. 340 Pferdestärken (später 360 PS) garantierten eine Höchstgeschwindigkeit von 265 km/h. Je nach Hinterachsübersetzung lag die Beschleunigung von 0 – 100 km/h zwischen 5,8 und 6,8 Sekunden – kein schlechter Wert für einen Wagen aus den 50er Jahren.

Modell	*Ferrari 410 Spyder Superamerica*
Hubraum / Zylinder	*4963 ccm / 12 Zyl.*
PS / KW	*340 / 249*
Bauzeit	*1955*
Stückzahl	*2*

Ferrari 410 Superamerica

Karosseriebauexperte Pininfarina, der 33 von insgesamt 37 Superamerica-Wagen karossiert hat, ließ auf dem Fahrgestell (wahlweise 2600 oder 2800 mm) neben den bekannten flotten Coupés auch ein paar Wagen voluminöseren Charakters entstehen. Reza Pahlewi, der Schah von Persien, und Kaiser Bao-Dai, der im Pariser Exil lebende Herrscher von Indochina, schwörten auf den großen Superamerica, obwohl dieses Modell nicht zu den handlichsten Wagen zählte. Abgesehen vom Motor, entsprach der Rest der Technik gewiss nicht mehr dem letzten Stand der Dinge: Zwar hatte Ferrari die veraltete Querblattfeder an der Vorderachse zwischenzeitlich durch Schraubenfedern ersetzt, doch während Jaguar-Sportwagen bereits moderne Scheibenbremsen besaßen, wurde der Superamerica noch immer mittels Trommelbremsen verzögert.

Modell	*Ferrari 410 Superamerica*
Hubraum / Zylinder	*4963 ccm / 12 Zyl.*
PS / KW	*340 / 249*
Bauzeit	*1956 – 1959*
Stückzahl	*37*

Ferrari 250 GT „Tour de France"

Die Design-Entwicklung der 250 GT Berlinetta hatte bereits 1954 mit vier Coupés begonnen, und wieder einmal entstand das Gros der Aufbauten im Atelier der Karosserieschmiede Pininfarina. Als der Wagen 1956 in Serie ging, ließen sich bis zum Produktionsende nicht weniger als sechs verschiedene Karosseriebaumuster erkennen. Ein paar hauptsächlich für den Wettbewerbssport ausgelegte Wagen orientierten sich dennoch am Look der Straßenwagen und zeigten sich mit ausgeprägten Vorderkotflügeln und Scheinwerfern, die im Bereich der Kotflügelspitzen mit Plexiglasverkleidungen abgedeckt wurden. Im Cockpit dieser Wagen war es ziemlich laut und eng – Enthusiasten nahmen das gerne in Kauf, denn dafür entschädigten die gute Straßenlage und der bissige Motor.

Modell	*Ferrari 250 GT „Tour de France"*
Hubraum / Zylinder	*2953 ccm / 12 Zyl.*
PS / KW	*270 / 197,8*
Bauzeit	*1956 – 1959*
Stückzahl	*84*

Modell	*Ferrari 250 GT SWB*
Hubraum / Zylinder	*2953 ccm / 12 Zyl.*
PS / KW	*260 / 190*
Bauzeit	*1959 – 1962*
Stückzahl	*165*

Ferrari 250 GT SWB

Zu den bekanntesten Modellen des Hauses Ferrari zählte unter anderem die ab 1959 gebaute Ausgabe 250 GT Berlinetta. Dieser auf einem relativ kurzen Radstand (2400 mm) basierender Wagen ist unter dem Kürzel 250 SWB längst in die Automobilgeschichte eingegangen – das Kürzel SWB stammt aus dem englischen Sprachgebrauch und bedeutet „Short Wheelbase". Der 250 SWB ließ sich auf Grund seiner Abmessungen problemlos im Alltagsverkehr bewegen und wurde von der Fachpresse stets in höchsten Tönen gelobt – es gab ja endlich viele Verbesserungen, die längst überfällig waren. Dazu zählten besser zugängliche Zündkerzen (jetzt an den Außenseiten der Zylinderreihen) und vor allem aber die Umstellung auf Scheibenbremsen, die aus dem 250 SWB ein modernes Auto machte.

Ferrari 250 GT SWB

Die amerikanische Zeitschrift „Sports Car Illustrated" zählte zu den wenigen Magazinen, die das Vergnügen hatten, einen 250 SWB ausgiebig testen zu dürfen. 1960 brachte es das Blatt auf den Punkt und schrieb: „Von den Spitzen der vorspringenden Scheinwerfer bis zum Abschluss des gedrungenen Hecks strahlt Ferraris neueste Berlinetta die Essenz von Geschwindigkeit und Kraft aus. Die Optik täuscht in keiner Weise. Dies ist ein schnelles Auto, äußerst potent, beinahe brutal. Es ist eines der besten Autos der Welt. Ohne Übertreibung sei festgestellt, dass es vom großartigsten Motor der Gegenwart angetrieben wird." Dieser Motor war übrigens eine Weiterentwicklung des ursprünglich von Colombo konstruierten Aggregats und wurde jetzt mit drei Fallstrom-Doppelvergasern bestückt, um die höchstmöglichste Leistung abgeben zu können.

Modell	*Ferrari 250 GT SWB*
Hubraum / Zylinder	*2953 ccm / 12 Zyl.*
PS / KW	*260 / 190*
Bauzeit	*1959 – 1962*
Stückzahl	*165*

Ferrari 250 GT Cabriolet

Der Erfolg von Ferraris Berlinetta 250 SWB auf der Straße und im sportlichen Wettbewerb durfte freilich nicht darüber hinwegtäuschen, dass sich andere Karosserieversionen nicht weniger erfolgreich verkaufen ließen. Enthusiasten, die ein etwas zurückhaltender gezeichnetes Fahrzeug suchten, fanden in dem unauffälliger wirkenden Coupé eine interessante Alternative. Die Karosserie dieses Tourenwagens entstand ebenfalls am Zeichenbrett Pininfarinas. Genau so elegant wie das Coupé wirkte auch das Cabriolet. Es basierte auf einem Fahrgestell mit 2600 mm Radstand und wurde in zwei Serien gebaut, die sich durch ein paar technische Modifikationen unterschieden – so gab es ab 1959 für den 210 km/h schnellen Wagen die Möglichkeit, ein Vierganggetriebe mit Overdrive zu ordern.

Modell	*Ferrari 250 GT Cabriolet*
Hubraum / Zylinder	*2953 ccm / 12 Zyl.*
PS / KW	*240 / 175,8*
Bauzeit	*1957 – 1962*
Stückzahl	*236*

Modell	*Ferrari 250 GT Spyder California*
Hubraum / Zylinder	*2953 ccm / 12 Zyl.*
PS / KW	*280 / 205,1*
Bauzeit	*1957 – 1963*
Stückzahl	*104*

Ferrari 250 GT Spyder California

Auf Anraten des amerikanischen Ferrari-Importeurs Luigi Chinetti – ein alter Freund Enzo Ferraris – realisierte man mit dem Modell Spyder California einen Traumwagen, der sich nicht nur auf dem US-Markt zum Objekt der Begierde entwickelte. Wieder einmal war es das Fachmagazin „Sports Car Illustrated", das dieses Automobil zu Recht in den höchsten Tönen lobte: „Der California hat den schönsten (Karosserie)Körper diesseits der Riviera. Wir wissen nicht, wie oder warum, aber die Italiener scheinen einen Exklusivvertrag für automobile Schönheit zu besitzen. Kurz und gut, wir halten die Karosserie, den Motor und das Getriebe für großartig, das Fahrverhalten für ganz gut. Aber die Lenkung, die Bremsen und die Sitze entsprechen noch nicht dem Standard."

Fiat 1100 E

Die Ursprungsform des Fiat 1100 datiert aus dem Jahr 1939, als dieser vom Typ 508 Balilla abgeleitete Wagen mit leicht zugespitzter Kühlerfront erstmals in den Verkaufsräumen der Händler zu sehen war. In leicht modifizierter Form baute Fiat den 1100er auch nach dem Zweiten Weltkrieg weiter – es wurden etwa 74000 Einheiten unterschiedlichster Karosserieausführungen hergestellt. Von einem extrem sportlich angehauchten Sondermodell (1100 S) abgesehen, wurde der 1100 im Zuge der Modellpflege stets weiterentwickelt und ging ab 1949 als Version 1100 E in die Produktion. Das ursprünglich am Heck montierte Reserverad fand jetzt seinen Platz im Kofferraum, an technischen Neuerungen gab es endlich ein Getriebe, das ab dem zweiten Gang synchronisiert war.

Modell	*Fiat 1100 E*
Hubraum / Zylinder	*1089 ccm / 4 Zyl.*
PS / KW	*35 / 25,6*
Bauzeit	*1949 – 1953*
Stückzahl	*ca. 74 000*

Fiat 500 C Topolino

Als 1936 Fiats Topolino debütierte, ahnte man noch nichts von seinem weit über die Grenzen Italiens hinausreichenden Erfolg. Minimale Anschaffungs- und Unterhaltskosten ließen die kleine Limousine mit akzeptabler Straßenlage in kürzester Zeit zum Bestseller avancieren. Im Rahmen der Modellpflege ständig weiterentwickelt, wandelte sich der Topolino 1949 zum Modell 500 C mit einem modernisierten Outfit. Zwar kostete der Wagen mehr als ein VW-Käfer, dafür erhielt man neben der Limousine bzw. Cabrio-Limousine alternativ auch den eleganten „Belvedere-Kombi" mit einer Zuladungskapazität von 375 kg. Bereits Anfang 1957 wussten Eingeweihte zu berichten, dass Fiat einen Wagen etablieren wolle, der mit einem attraktiven Preis die Tradition des Topolinos bald fortsetzen könnte.

Modell	*Fiat 500 C Topolino*
Hubraum / Zylinder	*569 ccm / 4 Zyl.*
PS / KW	*16,5 / 12,1*
Bauzeit	*1949 – 1955*
Stückzahl	*ca. 376 500*

Fiat 600

Schon vor der Produktionseinstellung des legendären Topolino Typ 500 C feierte auf dem Genfer Salon 1955 der Fiat 600 als offizieller Nachfolger sein Debüt. Vollkommen neu mit selbsttragender Karosserie konzipiert, etablierte sich der 100 km/h flotte Wagen genau so schnell wie sein Vorgänger. Bis 1960 wurden bereits 950 000 Einheiten produziert, und nachdem die Fließbänder im Fiat-Hauptwerk Mirafiori für die Fertigung des 600 eingerichtet waren, konnte die laut Pressemitteilung sensationellste Kleinwagenneuheit der Nachkriegszeit endlich den Konkurrenzkampf mit anderen kompakten Automobilen aufnehmen. Auf einer Gesamtlänge von 3210 mm bot der Wagen sogar vier Personen Platz. Ein kurzhubiger Motor (633 ccm; 22 PS) sorgte von Anfang an für akzeptable Fahrleistungen – ein Leistungsplus gab es erst in der zweiten Serie ab 1960 (Fiat 600 D).

Modell	*Fiat 600*
Hubraum / Zylinder	*633 ccm / 4 Zyl.*
PS / KW	*22 / 16,1*
Bauzeit	*1955 – 1973*
Stückzahl	*2 500 000*

Fiat Multipla

Kann man einen Kleinwagen in eine Großraumlimousine für sechs Personen verwandeln? Man kann – mit entsprechenden Ideen. Fiats Chefkonstrukteur Dante Giacosa fand die Lösung nach dem Motto „Man nehme einen Fiat 600 und setze den Fahrer auf die Vorderachse". Schön sah das nicht aus, aber bei 2000 mm Radstand und einer Gesamtlänge von 3530 mm blieb da noch reichlich Platz für zwei weitere Sitzreihen, die bei Bedarf umgeklappt werden konnten. So profitierte man von einer 1,7 Quadratmeter großen Ladefläche. Fiat baute vom dem 600 Multipla von 1956 bis 1965 insgesamt 129 994 Einheiten. Bis 1960 motorisierte man die Frontlenker-Wagen mit dem 19 PS Vierzylinder (633 ccm), in der zweiten Serie ab 1960 mit dem größeren 767 ccm-Aggregat (25 PS).

Modell	*Fiat Multipla*
Hubraum / Zylinder	*633 ccm / 4 Zyl.*
PS / KW	*19 / 14*
Bauzeit	*1955 – 1960*
Stückzahl	*129 994*

FIAT

Fiat Nuova 500

Mit dem kleinen Fiat Nuova 500 verwirklichte der italienische Konzern am 4. Juli 1957 das Konzept eines automobilen Massenprodukts, das ganz Italien endgültig mobil machen sollte. Im Gegensatz zu dem auf einem Chassis aufgebauten Topolino basierte der Nuova 500 auf dem Prinzip der selbsttragenden Karosserie, und das Antriebsaggregat wanderte ins Heck. Der luftgekühlte Zweizylinder entwickelte aus exakt 479 ccm bescheidene 13 PS und brachte das Wägelchen auf 85 km/h, wobei der Spritverbrauch bei etwa 4,4 Liter/100 Kilometer lag. Auch eine Kombiversion (Typ Giardiniera) erfreute sich großer Beliebtheit. Während der Limousine nur ein Gepäckraum über der Vorderachse zur Verfügung stand, löste der Laderaum des Kombis fast jedes Transportproblem.

Modell	*Fiat Nuova 500*
Hubraum / Zylinder	*479 ccm / 2 Zyl.*
PS / KW	*13 / 9,5*
Bauzeit	*1957 – 1975*
Stückzahl	*3 400 000*

Fiat Abarth 850 TC

Unter der Regie von Carlo Abarth wandelte sich der Fiat 600 zum Wolf im Schafspelz und durfte sich ganz legal Fiat 850 TC Abarth nennen. Das Markenemblem mit dem Skorpion war bald im Wettbewerbssport bekannt. Carlo Abarth schloß bereits zu Beginn der 20er Jahre erste Kontakte mit dem Motorsport, bevor er 1949 den Schritt in die Selbstständigkeit wagte. Rückgrat seines Betriebs war der Bau von Prototypen und die Fertigung eines Auspuffsystems. Als Fiat 1955 das Modell 600 vorstellte, erkannte Abarth das Potential dieses Wagens. Er vergößerte den Hubraum und steigerte die Leistung. Der Erfolg war so durchschlagend, dass bald praktisch jedes Modell aus dem Haus Fiat einem Abarth-Tuning unterzogen wurde. Die derart heißgemachten und für die Straße zugelassenen Wagen begründeten einen Mythos, der noch heute fasziniert.

Modell	*Fiat Abarth 850 TC*
Hubraum / Zylinder	*847 ccm / 4 Zyl.*
PS / KW	*62 / 45,4*
Bauzeit	*1956 – 1964*
Stückzahl	---

Fiat 1400 Cabrio

Unter dem Kürzel Fiat 1400 präsentierte man auf dem Genfer Salon des Jahres 1950 ein vollkommen neues und modernes Fahrzeug, dessen Aufbau nicht mehr auf einem Kastenrahmen basierte, sondern als selbsttragende Karosserie ausgelegt war. Die erste Serie blieb bis 1954 im Programm, bevor der 1400 der zweiten Generation ein Facelifting in Form geglätteter Flanken und eines modifizierten Kühlergrills erhielt. Der Fiat 1400 war übrigens das erste Modell des Hauses, das serienmäßig mit einer Heizungsanlage ausgestattet wurde. Je nach Motorisierungsstufe erreichte das Fahrzeug eine Höchstgeschwindigkeit von 100 bis 120 km/h – von 1953 bis 1956 konnte auch ein Dieselaggregat mit 1,9 Litern Hubraum bestellt werden.

Modell	*Fiat 1400 Cabrio*
Hubraum / Zylinder	*1395 ccm / 4 Zyl.*
PS / KW	*40 / 29,3*
Bauzeit	*1950 – 1954*
Stückzahl	---

Fiat 1100 Neckar

Modern konstruiert aber konservativ verpackt – so zeigte sich 1953 Fiats Mittelklassewagen vom Typ 1100. Während sich andere Automobilhersteller von an der B-Säule angeschlagenen Türen schon getrennt hatten, blieb Fiat den „Selbstmörder-Türen" noch eine Weile treu. Neben der Standardlimousine offerierte der Konzern auch ein Kombi-Modell und eine sportlich angehauchte Ausstattungsvariante, die an einem in der Mitte des Kühlergrills platzierten Zusatzscheinwerfer zu erkennen war. Dank ständiger Verbesserungen im Zuge der Modellpflege blieb der Wagen bis 1969 im Programm. Neben den in Italien gefertigten Modellen baute man den Wagen auch in Deutschland bei NSU-Fiat in Lizenz, wo er unter dem Namen NSU-Fiat Neckar populär wurde.

Modell	*Fiat 1100 Neckar*
Hubraum / Zylinder	*1089 ccm / 4 Zyl.*
PS / KW	*34 / 24,9*
Bauzeit	*1953 – 1969*
Stückzahl	*ca. 1 700 000*

Fiat 1200 Spider TV

Als Fiat auf Basis der Typen 1100 und 1200 einen kleinen Sportwagen auf die Räder stellte, ahnte man nicht, dass der Markt für dieses Modell sehr begrenzt sein sollte. Die individuell gezeichnete Karosserie war durchaus eigenständig und lag vom Design her irgendwo zwischen italienischer und amerikanischer Linienführung. Während die Heckpartie an den Lancia Aurelia Spider erinnerte, gab es vorn eine Panorama-Windschutzscheibe und auf der Motorhaube Lufthutzen – dabei gab der Vierzylinder nur 50 bis 55 PS Leistung ab. Zu den weiteren ungewohnten Details gehörten die Sitze. Sie ließen sich leicht nach außen drehen, um das Aussteigen zu erleichtern. Obwohl sich der Wagen deutlich vom üblichen Durchschnittsdesign abhob, blieb ihm ein bedeutsamer Durchbruch verwehrt.

Modell	*Fiat 1200 Spider TV*
Hubraum / Zylinder	*1221 ccm / 4 Zyl.*
PS / KW	*55 / 40,2*
Bauzeit	*1955 – 1959*
Stückzahl	*ca. 3400*

Fiat 1200 Stanguellini Spider

Vittorio Stanguellini gründete 1946 im italienischen Modena ein Unternehmen, das sich schwerpunktmäßig mit dem Umbau von Fiat-Wagen befasste. Hier gab man biederen Serienmodellen den richtigen Biss und präparierte sie für den sportlichen Einsatz. Außerdem bestückte Stanguellini das eine oder andere Fiat-Fahrgestell mit bildhübschen Sonderkarosserien. Während einige dieser Wagen in Kleinserien aufgelegt wurden, zeigte man andere Modelle oft nur als Einzelstück auf den internationalen Automobilsalons. Die wohl spektakulärste Sonderkarosserie wurde 1957 von Bertone entworfen. Zwar wurde das mit einem 1,2-Liter-Motor bestückte Showcar auf dem Turiner Salon der Öffentlichkeit präsentiert, doch trotz großen Interesses kam der Wagen aus seinem Prototypen-Stadium nicht heraus.

Modell	*Fiat 1200 Stanguellini Spider*
Hubraum / Zylinder	*1221 ccm / 4 Zyl.*
PS / KW	*55 / 40,2*
Bauzeit	*1957*
Stückzahl	*Einzelstück*

Lancia Aurelia B 10

Im Sommer 1950, zwölf Stunden vor der offiziellen Eröffnung des Turiner Salons, enthüllte Lancia in einer abendlichen Weltpremiere vor internationalem Publikum das erste Modell einer neuen Mittelklasse-Baureihe: den Aurelia B10 Berlina. Die Presse bescheinigte der noblen Limousine in den folgenden Tagen sensationell innovative Eigenschaften. Der Grund: Im Gegensatz zu vielen Wettbewerbern brach der Lancia Aurelia optisch und technisch radikal mit den veralteten Fahrzeugkonzepten der Nachkriegszeit. Unter seiner selbsttragenden Karosserie arbeitete der erste serienmäßig eingesetzte und sehr schmal bauende V6-Motor der Welt; sein Zylinderwinkel beträgt 60 Grad, seine Leistung 56 PS, sein Hubraum 1754 ccm.

Modell	*Lancia Aurelia B 10*
Hubraum / Zylinder	*1754 ccm / 6 Zyl.*
PS / KW	*56 / 41*
Bauzeit	*1950 – 1953*
Stückzahl	---

Lancia Aurelia B 10

Als technische Neuheit wurden die Hinterräder des Lancia Aurelia an einer modernen Schräglenkerachse geführt. Direkt vor dieser Einzelradaufhängung befanden sich das Getriebe und die Kupplung. Dieses Transaxle-Prinzip – Motor vorne, Getriebe und Kupplung hinten – bewirkte eine besonders ausgewogene Achslastverteilung, und um eine optimale Traktion zu garantieren, rollte der Aurelia auf Michelin X-Stahlgürtelreifen. Das innovative Technikpaket dieses Wagens wurde von einem besonders eleganten Karosseriedesign umhüllt, und die Fachpresse war sich einig, dass diese von Pininfarina entworfene Limousine den Esprit der automobilen Oberklasse ausstrahlte. Waren bis dato verschnörkelte und verspielte Formen die Regel, dominierten hier nun zeitlos elegante Designelemente.

Modell	*Lancia Aurelia B 10*
Hubraum / Zylinder	*1754 ccm / 6 Zyl.*
PS / KW	*56 / 41*
Bauzeit	*1950 – 1953*
Stückzahl	---

Lancia Aurelia B 10

Mit dem Lancia Aurelia entstand eine Art Grundlayout, das als Limousine, Coupé und Spider bis 1958 Automobilgeschichte schreiben sollte. Der frühe Lancia Aurelia zeigte sich mit leicht ovalförmigen Scheinwerfern, die den für diese Marke charakteristisch nach unten V-förmig zulaufenden Kühlergrill einrahmten. Auch oberhalb der Gürtellinie wirkte die neue Limousine auffallend elegant, weil sie von einer, für damalige Verhältnisse, extrem großen Fensterfläche geprägt wurde. Der Trick dabei: Es gab keine B-Säule. Die Fondtüren waren hinten verankert und wurden zur Fahrzeugmitte hin verriegelt oder geöffnet. Daher wirkten die Fensterstege filigraner als bei anderen Autos dieser Zeit; gleiches galt für die schmalen Fensterrahmen.

Modell	*Lancia Aurelia B 10*
Hubraum / Zylinder	*1954 ccm / 6 Zyl.*
PS / KW	*56 / 41*
Bauzeit	*1950 – 1953*
Stückzahl	---

Lancia Aurelia B 20 GT

Auf dem Turiner Automobilsalon zum Frühjahr 1951 präsentierte Lancia als Alternative zur viertürigen Aurelia Berlinetta einen flottes Fastbackcoupé, dessen Linienführung wieder einmal am Zeichenbrett Pininfarinas entworfen wurde. Der Aurelia GT (Gran Turismo) genannte Wagen zeigte auf der hinteren Sitzbank etwas beengte Platzverhältnisse, doch dafür logierte man vorn in regelrechten Sesseln. Sie verfügten im vorderen Bereich der Sitzauflage über eine abgesteppte, nach oben ragende Aufpolsterung, um den Oberschenkeln mehr Halt zu geben. Das sportlich gehaltene Cockpit gab sich typisch italienisch – zentral in der Mitte vor dem Fahrer informierten drei Rundinstrumente über alles Wesentliche: der Tacho in der Mitte, links daneben die Uhr und rechts die Kombianzeige für Kraftstoff und Motortemperatur.

Modell	*Lancia Aurelia B 20 GT*
Hubraum / Zylinder	*1991 ccm / 6 Zyl.*
PS / KW	*75 / 55*
Bauzeit	*1951 – 1953*
Stückzahl	---

Lancia Aurelia B 20 GT

Es dauerte nicht lange, bis sich der Name des B 20 GT in die Bezeichnung B 20 2500 GT änderte. Lancias Gran Turismo-Wagen profitierte schon nach kurzer Zeit von einem kräftigen Leistungszuwachs, der die Tachonadel an die 185 km/h-Markierung brachte. Konkurrenzmodelle, beispielsweise der Porsche 356 Typ 1500 Super waren da langsamer. In der vierten Bauserie erhielt das Aurelia-Coupé die verbesserte De-Dion-Hinterachse der Limousinenversion. Resultat: Das ehemals stark übersteuernde Fahrverhalten wurde wesentlich neutraler. Da der B 20 GT nicht nur auf der Straße, sondern auch auf der Piste eine gute Figur machte, witterten bald die ersten Tuningspezialisten ihr Geschäft und brachten allerlei Zubehör auf den Markt, mit dem sich die Motorleistung nachhaltig steigern ließ.

Modell	*Lancia Aurelia B 20 GT*
Hubraum / Zylinder	*1991 ccm / 6 Zyl.*
PS / KW	*75 / 55*
Bauzeit	*1951 – 1953*
Stückzahl	---

Lancia Aurelia GT Spider

Nur ein Jahr nach der Markteinführung des Aurelia reagierte Lancia auf die Kundenwünsche nach mehr Leistung. Im Laufe der Jahre hatte sich der Motor einer permanenten Modellpflege zu unterziehen, und dank des Leistungszuwachses kletterte die Höchstgeschwindigkeit von 135 bald auf über 160 km/h. Schon zu Bauzeiten galt der Lancia Aurelia als Wegbereiter hochklassiger Sportlimousinen und Coupés. In einer Version mit verlängertem Radstand (Typ B 15) entstanden sogar einige Repräsentationslimousinen. Ein Rückblick auf die Zulassungszahlen des Jahres 1951 zeigte den Vertriebsfachleuten, dass vor allem der stärkere Lancia Aurelia B 21 innerhalb kürzester Zeit einen Anteil von 75 Prozent am Gesamtvolumen der Baureihe erreicht hatte.

Modell	*Lancia Aurelia GT Spider*
Hubraum / Zylinder	*2451 ccm / 6 Zyl.*
PS / KW	*118 / 86,4*
Bauzeit	*1955 – 1956*
Stückzahl	---

Lancia Aurelia B 24 Spider

Die zweite Generation der Lancia Aurelia-Baureihe (Typ B 12) stand bereits ab 1954 bei den Händlern. Parallel zum Design modifizierte Lancia in der zweiten Auflage auch die Technik des Wagens. Das wichtigste konstruktive Highlight war die komplett neue De-Dion-Hinterachse, die man vom Rennsportwagen D 24 abgeleitet hatte. Obwohl die Höchstgeschwindigkeit mit 160 km/h anfangs auf dem Niveau des älteren B 21 lag, verbesserte sich das Durchzugsvolumen des V6-Motors deutlich. Neben diversen Coupé- und Cabrio-Sonderkarosserien auf Basis der Limousinen führte der Aurelia viele Jahre die dynamische Tradition der Marke Lancia fort. Im Zuge der Modellpflege gerieten die Formen des Aurelia immer dynamischer – gleichzeitig stieg die Leistung des nun 2,5 Liter großen Sechszylinders auf bis zu 118 PS an.

Modell	*Lancia Aurelia B 24 Spider*
Hubraum / Zylinder	*2458 ccm / 6 Zyl.*
PS / KW	*108 / 79,1*
Bauzeit	*1956 – 1959*
Stückzahl	---

Lancia Aurelia B 24 Spider

1954 ergänzte eine dritte Karosserievariante die Aurelia-Baureihe: der B 24 Spider. Er debütierte im Januar auf dem Automobilsalon in Brüssel. Wieder zeichnete Pininfarina für das Design verantwortlich. Der Zweisitzer wurde zu einem der faszinierendsten offenen Sportwagen der 50er Jahre. Ursprünglich nur für den amerikanischen Markt konzipiert und deshalb parallel auch „America" genannt, erhielt der Spider einen auf 108 PS gedrosselten Motor. Nach nur kurzer Bauzeit und 240 produzierten Wagen folgte eine stark überarbeitete Variante mit optischen und technischen Korrekturen; vor allem das Stoffdach hielt nun den Wetterkapriolen wesentlich besser stand – endlich entsprach es einem klassischen Cabriolet-Verdeck.

Modell	*Lancia Aurelia B 24 Spider*
Hubraum / Zylinder	*2458 ccm / 6 Zyl.*
PS / KW	*108 / 79,1*
Bauzeit	*1956 – 1959*
Stückzahl	---

Lancia Appia

Die Ähnlichkeit zu Lancias großem Aurelia war nicht von der Hand zu weisen, als 1953 auf dem Turiner Salon der kleine Appia sein Debüt feierte. Dieser Wagen, ebenfalls ein Viertürer ohne Mittelpfosten, bewegte sich vom Preisniveau her in den unteren Rängen und war eine Alternative für alle Kunden, denen ein Aurelia zu groß oder zu teuer schien. Die ersten Appia wurden noch als Rechtslenker gebaut, eine links positionierte Lenkung konnte nur auf Wunsch geliefert werden. Unter der Haube des nur 3870 mm langen Wagens (Radstand 2480 mm) arbeitete ein Vierzylindermotor, der in V-Form angeordnete Zylinder besaß. Das direkt am Motor angeflanschte Vierganggetriebe brachte sine Kraft an die Hinterräder – 38 Pferdestärken machten den Wagen 120 km/h flott.

Modell	*Lancia Appia*
Hubraum / Zylinder	*1090 ccm / 4 Zyl.*
PS / KW	*38 / 27,8*
Bauzeit	*1953 – 1956*
Stückzahl	---

Modell	*Lancia Flaminia*
Hubraum / Zylinder	*2458 ccm / 6 Zyl.*
PS / KW	*118 / 86,4*
Bauzeit	*1958 – 1967*
Stückzahl	*5236*

Lancia Flaminia

Eine große Limousine mit sechs Seitenfenstern sorgte 1956 bei der Fachpresse für reichlich Gesprächstoff, denn niemand hatte mit dem Debüt eines solchen Luxusmodells gerechnet. Für den Modelljahrgang 1958 stellte Lancia der Limousine ein elegantes zweitüriges Coupé gegenüber, dessen fließende Formgebung von Pininfarina entworfen wurde. Um das Coupé optisch ausgewogen erscheinen zu lassen, wurde der Radstand des Fahrwerks von 2870 auf 2750 mm verkürzt. Auch die Gesamtlänge (4680 mm) wurde proportional angeglichen. Neben dem von Pininfarina gezeichneten Coupé kamen noch weitere Sonderausführungen anderer Karosseriebauer auf den Markt, wobei die Varianten von Touring und Zagato zu den interessantesten zählten.

Maserati A6 GCS

Lange Zeit entwickelten und bauten die Maserati-Brüder hochkarätige Rennsportwagen, bevor man sich ab 1946 endlich intensiver mit der Konstruktion interessanter Straßensportwagen beschäftigte. Mit dem Modell A6 stellte Maserati 1946 einen für den Privatfahrer gedachten Klassiker auf die Räder, dessen Design am Zeichenbrett Pininfarinas entworfen wurde. Der A6 blieb vom Konzept her für lange Zeit die tragende Säule des Modellprogramms. Der Hubraum des Sechszylindermotors (anfangs 1488 ccm) wurde permanent vergrößert und die Leistungsabgabe gesteigert. Neben Pininfarina entwarfen auch andere Karosseriebauexperten wie Allemano, Frua und Zagato bildhübsche Sonderkarosserien, mit denen das Stahlrohrrahmenchassis bestückt wurde.

Modell	*Maserati A6 GCS*
Hubraum / Zylinder	*1985 ccm / 6 Zyl.*
PS / KW	*167 / 122,3*
Bauzeit	*1953 – 1957*
Stückzahl	---

Maserati 3500 GT

Mit der Präsentation des 3500 GT brachte Maserati 1957 ein zweisitziges Coupé auf den Markt, mit dem definitiv die Zeit des Serienbaus eingeleitet wurde. Der 3500 GT kam bei der internationalen Fachpresse gut an, denn Automobile dieser Hubraumklasse, die einen Motor mit zwei obenliegenden Nockenwellen besaßen, waren Ende der 50er Jahre noch immer eine Besonderheit. Zudem besaß das Sechszylinder-Aggregat eine Doppelzündung, und um reichlich Kraft entfalten zu können, wurde es darüber hinaus mit drei Doppelvergasern bestückt. Das 230 km/h schnelle Coupé, das eine in Leichtbauweise gefertigte Karosserie erhielt, sorgte später noch in einer Cabriolet-Version für reichlich Gesprächsstoff auf dem Sportwagenmarkt.

Modell	*Maserati 3500 GT*
Hubraum / Zylinder	*3485 ccm / 6 Zyl.*
PS / KW	*220 / 161,1*
Bauzeit	*1958 – 1964*
Stückzahl	*ca. 2000*

Maserati 5000 GT

Ein Motor der 5-Liter-Klasse machte den 1959 vorgestellten Maserati 5000 GT zum Traumwagen schlechthin. Das kurzhubige V8-Aggregat mit je zwei obenliegenden Nockenwellen pro Zylinderreihe gab bei 6200 Touren eine Leistung von 350 PS ab. Diese Kraft, die über ein Vierganggetriebe an die starre Hinterachse gebracht wurde, war ausreichend, um den Traumwagen auf 270 km/h zu bringen. Die meisten Karosserien für diesen Wagen entstanden im Hause Touring, wo man sich schon seit langem auf eine besondere Art der Leichtbauweise spezialisiert hatte (System Superleggera). Da die Kundschaft für derartige Sportwagen begrenzt war, lieferte Maserati den 5000 GT fast ausschließlich auf Bestellung.

Modell	*Maserati 5000 GT*
Hubraum / Zylinder	*4975 ccm / 8 Zyl.*
PS / KW	*350 / 256,3*
Bauzeit	*1959 – 1965*
Stückzahl	---

Siata 750 Sport Spider

Ähnlich dem Wirken von Carlo Abarth entstanden bei Siata auf der Basis braver Serienautomobile interessante Liebhaberfahrzeuge sportlichen Charakters. Die Tradition des Hauses begann schon 1926, aber die Fülle an Variationen nahm erst nach Ende des Zweiten Weltkriegs ihren Lauf. Dass es möglich war, auf Fiat-Basis einen Wolf im Schafspelz auf die Räder zu stellen, bewies Siata 1952. Man zeigte mit dem Siata 750 auf den internationalen Automobilsalons ein Modell, das die Lücke zwischen den Typen Amica und Diana schließen sollte. Die kleine Barchetta wurde mit dem amerikanischen Crossley-Motor bestückt – einem bissigen Aggregat mit obenliegender Nockenwelle, das dem Wägelchen zur Höchstgeschwindigkeit von 140 km/h verhalf.

Modell	*Siata 750*
Hubraum / Zylinder	*721 ccm / 4 Zyl.*
PS / KW	*32 / 23,4*
Bauzeit	*1952 – 1954*
Stückzahl	*ca. 40*

Saab 92

Die Flugzeugbaufirma Saab ging davon aus, dass nach Ende des Zweiten Weltkriegs der Bedarf an Personenwagen wachsen würde. Man setzte sich deshalb zum Ziel, ein Automobil zu entwickeln, das zunächst einmal den skandinavischen Markt bedienen sollte. Im Gegensatz zu den amerikanisch aussehenden Volvo-Wagen sollte der Saab von den im Flugzeugbau gesammelten Erfahrungen profitieren und mit einem eigenständigen Design überraschen. Diese Überraschung ist Saab tatsächlich gelungen, denn das Automobil, das im Juni 1947 der Fachpresse präsentiert wurde, brach mit allem, was man bisher im konventionellen Personenwagenbau gesehen hatte. Noch ahnte niemand, dass Saab hier einen Wagen entwickelt hatte, dessen Konzept lange Zeit mustergültig bleiben sollte.

Modell	*Saab 92*
Hubraum / Zylinder	*764 ccm / 2 Zyl.*
PS / KW	*25 / 18,3*
Bauzeit	*1947*
Stückzahl	*Einzelstück*

Modell	*Saab 92*
Hubraum / Zylinder	*764 ccm / 2 Zyl.*
PS / KW	*25 / 18,3*
Bauzeit	*1949 – 1953*
Stückzahl	*5300*

Saab 92

Im Sommer 1949 standen die ersten 20 Vorserienwagen des Saab 92 zur Erprobung bereit. Verglichen mit dem Prototypen, hatte sich das eiförmige Auto nur unwesentlich verändert. Seine stromliniengünstige Karosserie wurde in selbsttragender Bauweise gefertigt. Unter der Haube des kompakten Zweitürers arbeitete ein Zweitaktmotor, der in vielen Details dem des Vorkriegs-DKW glich. Saab hatte sich bewusst für den Zweitakter entschieden, denn dieses Prinzip war auf dem skandinavischen Markt durch die dort sehr beliebten DKW-Wagen bestens bekannt – außerdem hielt man es für außerordentlich zuverlässig. Der Motor des Saab brachte seine Leistung ebenfalls an die Vorderräder – im Anfangsstadium waren das genau 25 PS

Modell	*Saab 92*
Hubraum / Zylinder	*764 ccm / 2 Zyl.*
PS / KW	*25 / 18,3*
Bauzeit	*1949 – 1953*
Stückzahl	*5300*

Saab 92

Als 1950 die Serienfertigung des Saab 92 anlief, stellte man gerade mal 1200 Wagen auf die Räder – geplant waren deutlich mehr. Kaufinteressierten fiel es schwer, sich mit diesem Wagen anzufreunden. So gab es unter anderem keinen Kofferraumdeckel, und das Gepäck musste umständlich nach Umklappen der Rücksitzlehne im Wageninneren verstaut werden. Die Akzeptanz des Wagens wuchs, als Saab bereits ein paar Monate nach Produktionsanlauf einen ersten Rallyeerfolg verbuchen konnte. Rolf Mellde, der Konstrukteur persönlich, gewann nämlich die Schwedenfahrt. Noch eindrucksvoller ließ sich die Leistungsfähigkeit des Saab 92 wohl kaum unter Beweis stellen. Alle Erkenntnisse, die Mellde bei dieser Fahrt gewonnen hatten, flossen im Laufe der Zeit als Verbesserungen in das Fahrzeugkonzept ein.

Saab 92

Ähnlich dem VW-Käfer oder dem Citroen 2 CV gehörte der Saab 92 einer Fahrzeugklasse an, die sich als besonders langlebig erweisen sollte. Modellpflege gab es immer nur dann, wenn sie wirklich notwendig war. Zum Beispiel 1953: Da erschien der Saab 92 B. Er besaß endlich einen von außen zugänglichen Kofferraum und ein vergrößertes Heckfenster. Auch die geteilte Windschutzscheibe gehörte zwischenzeitlich der Vergangenheit an. Eine Erweiterung der Farbpalette brachte jetzt mehr Abwechslung ins Programm – bisher hatte es den Wagen nur in flaschengrün gegeben. Ende 1953, mit der Einführung neu gestylter Felgen, wurde auch die Karosselinie stärker betont: Die Chromzierleisten über den Radausschnitten standen dem Wagen ausgezeichnet.

Modell	*Saab 92*
Hubraum / Zylinder	*764 ccm / 2 Zyl.*
PS / KW	*25 / 18,3*
Bauzeit	*1949 – 1953*
Stückzahl	*5300*

Saab 93

1955 wagte Saab einen großen Schritt nach vorn und brachte mit dem Saab 93 eine Abwandlung des Konzepts auf den Markt. Der Typ 93 wurde nicht mehr von einem Zwei- sondern von einem Dreizylindermotor mobilisiert. Das von dem deutschen Ingenieur Hans Müller konzipierte Aggregat arbeitete natürlich noch nach dem Zweitaktprinzip. Bei einem minimal verkleinerten Hubraum gab diese Maschine 33 PS Leistung ab. In Verbindung mit einem neu konstruierten Dreiganggetriebe konnte der Motor nun sogar längs und nicht mehr quer eingebaut werden. Bis auf die Überarbeitung der Frontpartie blieb auch der Saab 93 seiner im Windkanal entstandenen Karosserieform treu.

Modell	*Saab 93*
Hubraum / Zylinder	*748 ccm / 3 Zyl.*
PS / KW	*33 / 24,1*
Bauzeit	*1955 – 1960*
Stückzahl	*52 730*

Saab 93

Man musste schon genau Hinsehen, um erkennen zu können, dass der Saab 93 nicht mehr auf einem Radstand von 2470, sondern 2490 mm basierte. In Verbindung mit dem ebenfalls leicht verlängerten Karosserieaufbau und einer Modifikation der Hinterachse profitierten die im Fond sitzenden Passagiere jetzt von mehr Beinfreiheit. Der 120 km/h schnelle Typ 93 (Saab 92 = 110 km/h) erhielt außerdem ein überarbeitetes Armaturenbrett und eine neu gestylte Motorhaube mit senkrecht stehender Kühlergrillattrappe. Ab dem Modelljahrgang 1957 zeigte sich der Wagen mit einer durchgehenden Windschutzscheibe und in die Kotflügel eingelassenen Blinkern. Eine bedeutende Veränderung brachte das Jahr 1959 mit sich – im Zuge des aufkommenden Sicherheitsdenkens hielten vorn angeschlagene Türen den Einzug.

Modell	*Saab 93*
Hubraum / Zylinder	*748 ccm / 3 Zyl.*
PS / KW	*33 / 24,1*
Bauzeit	*1955 – 1960*
Stückzahl	*52 730*

Saab Gran Turismo 750

Schwedens Charakterauto machte nicht nur auf der Straße, sondern auch im Wettbewerbssport eine gute Figur. Vor allem mit dem Aufkommen des Dreizylinders war die Marke auf Siege am Laufenden Band abonniert. Erik Carlsson, der ab 1956 zum Team der Entwicklungsabteilung gehörte, oblag auch die Vorbereitung der Werkswagen für Rallyeeinsätze. So durfte er unter anderem einen Typ 750 GT genannten Wettbewerbswagen betreuen, der über wassergekühlte (!) Trommelbremsen verfügte. Nicht ganz so raffiniert ausgestattet war der Gran Turismo 750. Er wurde als Straßenversion konzipiert und bediente vor allem sportlich ambitionierte Privatfahrer. Der mit einem Vierganggetriebe bestückte Wagen wurde anfangs von einem 45 PS-, später 55 PS-Aggregat angetrieben und lief 150 bzw. 160 km/h.

Modell	*Saab Gran Turismo 750*
Hubraum / Zylinder	*748 ccm / 3 Zyl.*
PS / KW	*45 / 33*
Bauzeit	*1958 – 1962*
Stückzahl	---

Saab 96

Zum März 1960 hatte Saab das Erscheinungsbild aller Modelle gründlichst überarbeitet. Ohne mit der mittlerweile typischen Grundform zu brechen, wirkte das schwedische Automobil jetzt wesentlich eleganter als seine Vorgänger. Vor allem die Heckpartie hatte an Eleganz gewonnen. Hier verlief die Dachlinie nicht mehr ganz so schräg abfallend wie üblich. Dieser kleine Kunstgriff brachte den hinten sitzenden Passagieren ein gewaltiges Plus an Kopffreiheit. Dem Dachverlauf angeglichen, wurden auch die hinteren Kotflügel entsprechend überarbeitet. Eine Heckscheibe in leichter Panoramaform ließ das Auto in Verbindung mit den vergrößerten Seitenfenstern rundum gelungen erscheinen.

Modell	*Saab 96*
Hubraum / Zylinder	*841 ccm / 3 Zyl.*
PS / KW	*38 / 27,8*
Bauzeit	*1960 – 1967*
Stückzahl	*ca. 475 000*

Saab Sonett 1

Das wohl ungewöhnlichste an dem Saab Sonett 1 Sportwagen war sein Unterbau: Er bestand aus genieteten Aluminiumplatten – einer Technologie, die in der Luftfahrttechnik zuhause ist. Diese aerodynamische Monocoque-Form wurde von Saab versuchsweise in den automobilen Bereich übertragen, und zwar schon sechs Jahre vor dem revolutionären Auftritt in Gestalt des englischen Lotus 25. Der Aluminiumrumpf des Sonett 1 war viel steifer und leichter als eine herkömmliche Konstruktion aus geschweißten Stahlholmen und Stahlrohren. Zudem war der Korpus extrem belastbar und trug sowohl das Gewicht des Motors, des Fahrwerks und des Kraftstofftanks als auch den attraktiven Karosserieaufbau.

Modell	*Saab Sonett 1*
Hubraum / Zylinder	*748 ccm / 3 Zyl.*
PS / KW	*57,5 / 42,1*
Bauzeit	*1956*
Stückzahl	*Einzelstück*

Saab Sonett 1

Zu den Besonderheiten des Saab Sonett 1 zählte neben dem genieteten Unterbau auch sein Karosseriekörper. Der gesamte Aufbau wurde nämlich aus GfK-Material (durch Glasfaser verstärkter Kunststoff) gefertigt! Auf Grund des leichten Gewichts der verwendeten Baustoffe brachte der von einem Dreizylinder-Zweitaktmotor angetriebene Wagen gerade mal 500 kg auf die Waage. Mit diesem Eckwert war der knapp 160 km/h schnelle Sonett 1 für den Rundstrecken-Rennsport prädestiniert, und es stand fest, dass bald einige straßentaugliche Versionen folgen sollten. Trotzdem wurden vom Sonett 1 nur sechs Exemplare gebaut: Plötzliche Änderungen der Wettbewerbsregeln setzten dem Projekt ein vorzeitiges Ende.

Modell	*Saab Sonett 1*
Hubraum / Zylinder	*748 ccm 3 Zyl.*
PS / KW	*56 / 41*
Bauzeit	*1956*
Stückzahl	*6*

Volvo PV 60

Der Zweite Weltkrieg verursachte für Volvo erwartungsgemäß einen starken Rückgang der Absatzzahlen – verkaufte man vor dem Krieg etwa 7300 Fahrzeuge pro Jahr, so waren es Mitte der 40er Jahre nur noch 5900 Wagen. Grund dafür war die Rationierung von Benzin, vor allem aber der Materialmangel. Der erste Serienwagen, der ab 1946 wieder die Fabrikanlagen verließ, war natürlich der PV 60. Bei diesem Modell handelte es sich noch um eine betagte Vorkriegskonstruktion: Als Nachfolger der Modelle PV 53 bis 56 gedacht, befassten sich Volvos Ingenieure erstmals 1940 mit dem PV 60-Konzept. Auf Grund der politischen Situation kam das Projekt jedoch erst mit reichlich Verspätung zum Tragen, und als der PV 60 endlich vom Band rollen konnte, war er fast schon veraltet.

Modell	*Volvo PV 60*
Hubraum / Zylinder	*3670 ccm / 6 Zyl.*
PS / KW	*93 / 68,1*
Bauzeit	*1946 – 1950*
Stückzahl	*ca. 3000*

Volvo PV 60

Zwischen 1942 und 1943 wurden vier weitere Prototypen des PV 60 gebaut. Immer wieder blieb dieses Projekt in den Kinderschuhen stecken. Der große Viertürer mit amerikanischer Linienführung hinkte im Zeitplan weit hinterher. Volvo wollte die Planungen längst abgeschlossen haben, doch es war vorauszusehen, dass der Wagen erst nach Kriegsende vom Band laufen würde. Als die große Limousine mit schräg abfallendem Heck endlich zu haben war, wurde parallel zum Standardmodell noch eine Taxiausführung auf die Räder gestellt. Dieser Sonderaufbau sollte ursprünglich nur in einer Auflage von 500 Einheiten realisiert werden. Volvo stellte 1950 die Produktion des normalen PV 60 ein – die erfolgreiche Taxiversion hingegen blieb bis Mitte der 50er Jahre im Programm.

Modell	*Volvo PV 60*
Hubraum / Zylinder	*3670 ccm / 6 Zyl.*
PS / KW	*93 / 68,1*
Bauzeit	*1946 – 1950*
Stückzahl	*ca. 3000*

Volvo PV 444

Zu Beginn des Frühjahrs 1944 beschäftigte man sich bei Volvo mit ein paar Prototypen eines vollkommen neuen Fahrzeugkonzepts. Unter dem Kürzel PV 444 sollte nach Kriegsende eine neue PKW-Generation für Aufmerksamkeit sorgen. Das Design war – wie schon bei den Prototypen zu erkennen – eindeutig von amerikanischen Trends beeinflusst, und Volvo war sich im Klaren, dass diese unkonventionelle Linie in Schweden neue Maßstäbe setzen würde. Der Motor – ein kurzhubiger Vierzylinder – war das kleinste Aggregat, was Volvo je entwickelt hatte, – aber das erste mit obenliegenden Ventilen. Als weitere Besonderheit stattete man den PV 444 mit einer Frontscheibe aus Verbundglas aus. Als der PV 444 zum ersten Mal offiziell in Stockholm gezeigt wurde, strömten während einer zehntägigen Ausstellung mehr als 150000 Besucher durch die Messehallen, um sich von dem neuen „Wunderauto" begeistern zu lassen.

Modell	*Volvo PV 444*
Hubraum / Zylinder	*1414 ccm / 4 Zyl.*
PS / KW	*40 / 29,3*
Bauzeit	*1947 – 1958*
Stückzahl	*ca. 196 000*

Volvo PV 444

Erst einen Tag vor der offiziellen Präsentation verkündete Volvo den Preis des neuen PV 444: Er sollte 4.800 schwedische Kronen kosten. Dieser hochinteressante Preis brachte dem Konzern noch während der Messe 2300 Bestellungen ein. Das Interesse am PV 444 war so enorm, dass Kunden bereit waren, das Doppelte und mehr für Vorverträge zu zahlen. Es sollte jedoch noch bis 1947 dauern, bis die Auslieferung des PV 444 begann. Nach der so erfolgreichen Markteinführung des interessanten Wagens erlitt Volvo einen schweren Rückschlag. In der Metallindustrie brach ein langer Streik aus. Volvo musste die Planung für den Fertigungsbeginn zurückstellen. Trotzdem wurden einige Exemplare fertig gestellt – zusammen mit den Prototypen konnte Volvo endlich mit Testfahrten beginnen.

Modell	*Volvo PV 444*
Hubraum / Zylinder	*1414 ccm / 4 Zyl.*
PS / KW	*40 / 29,3*
Bauzeit	*1947 – 1958*
Stückzahl	*ca. 196 000*

Volvo Philip

Mit dem PV 444 führte Volvo einen durchaus interessanten Personenwagen im Programm, der seinem Konzept entsprechend im Marktbereich der Mittelklasse positioniert war. Um auch Interessenten der automobilen Oberklasse bedienen zu können, zog der Konzern den Bau eines Luxusmodells in Erwägung. Dieser Wagen mit viertüriger Pontonkarosserie musste sechs Personen bequem Platz bieten und als Besonderheit mit einem V8-Motor bestückt werden. Ein automatisches Getriebe sollte ebenso zum Serienumfang gehören wie eine Servolenkung und servounterstütze Bremsen. Man experimentierte zwar lange Zeit mit einem Prototyp, legte das Projekt „Philip" aber dennoch zu den Akten.

Modell	*Volvo Philip*
Hubraum / Zylinder	*3200 ccm / 8 Zyl.*
PS / KW	*120 / 87,9*
Bauzeit	*1954*
Stückzahl	*Einzelstück*

Volvo P 1900 Sport

Mitte 1954 lösten die Pläne von Volvo für den Bau eines zweisitzigen Sportwagens große Überraschung aus. Letztendlich hatte sich Volvo als Hersteller guter, stabiler, aber mitunter auch etwas langweiliger Autos einen Namen gemacht. Trotzdem stellte Volvo nun drei Prototypen eines Sportwagens mit Glasfiberkarosserie und Sicherheitsreifen vor. Dieses Auto erhielt die Bezeichnung „Volvo Sport" und war vor allem für den Export vorgesehen. Die Prototypen traten eine PR-Reise durch ganz Schweden an. Um die Strapazierfähigkeit der Spezialreifen unter Beweis zu stellen, wurde unter anderem werbewirksam über ein Nagelbrett gefahren. Um den Wagen standesgemäß motorisieren zu können, experimentierte man mit getunten PV 444- Aggregaten, die hier auf eine Leistung von 70 PS gebracht wurden.

Modell	*Volvo P 1900 Sport*
Hubraum / Zylinder	*1414 ccm / 4 Zyl.*
PS / KW	*70 / 51,3*
Bauzeit	*1956 – 1957*
Stückzahl	*67*

Volvo P 1900 Sport

Mit einem Karosserieaufbau aus Kunststoff zählte Volvos Sportmodell neben der Chevrolet Corvette zu einer ganz besonderen Automobilklasse – diese Art der Fertigung stieß bei Käufern konventioneller Automobile generell auf Skepsis, und auch viele Enthusiasten, die sich von dem P 1900 angesprochen fühlten, gaben letztendlich doch der traditionellen Stahlkarosserie den Vorzug. Zugegeben, auch Volvo hatte bei der Produktion mit Schwierigkeiten zu kämpfen, weshalb das interessante Automobil bald aus der Modellpalette gestrichen wurde. Die Kunststoffkarosserie, zu der es auch ein Hardtop gab, ruhte bei diesem 155 km/h schnellen Sportwagen übrigens auf einem speziellen Rohrrahmenchassis mit 2400 mm Radstand.

Modell	*Volvo P 1900 Sport*
Hubraum / Zylinder	*1414 ccm / 4 Zyl.*
PS / KW	*70 / 51,3*
Bauzeit	*1956 – 1957*
Stückzahl	*67*

Pegaso Z 102

Die spanische Firmengruppe ENASA, die nach dem Zweiten Weltkrieg die Luxuswagenmarke Hispano-Suiza übernommen hatte, spezialisierte sich hauptsächlich auf den Bau von Nutzfahrzeugen. Es verschlug den Vertretern der Motorpresse umso mehr die Sprache, als man 1951 plötzlich einen hochkarätigen Sportwagen auf die Räder stellte. An der Entwicklung des Boliden war hauptsächlich Wilfredo Ricart beteiligt. Er sammelte bereits bei Alfa Romeo jede Menge Erfahrung im Automobilbau und verstand es wie kein Zweiter, für den Pegaso Z 102 ein angemessenes Triebwerk zu entwickeln. Das V8-Aggregat, das man hier unter der Motorhaube sah, war Technik vom Feinsten: Die Maschine besaß zwei obenliegende Nockenwellen pro Zylinderreihe und war damit sogar für den rennsportlichen Einsatz gerüstet.

Modell	*Pegaso Z 102*
Hubraum / Zylinder	*3178 ccm / 8 Zyl.*
PS / KW	*225 / 164,8*
Bauzeit	*1954*
Stückzahl	*86*

Pegaso Z 102

Im Gegensatz zu Automobilherstellern, die ihre Wagen in hohen Stückzahlen vom Fließband rollen ließen, entstanden bei Pegaso in der Zeit von 1951 bis 1958 gerade mal 85 Klassiker – geplant waren ursprünglich 200 Einheiten pro Jahr! Ein Pegaso war eben ein reines Liebhaberfahrzeug für einen Kundenkreis, der das Außergewöhnliche suchte. Das bekam man bei dieser Marke durchaus, denn kaum ein Wagen ähnelte dem anderen. Alle namhaften Karosseriebauer rissen sich förmlich darum, diese Automobile einkleiden zu dürfen. Neben dem Modell Z 102 wurde ab 1955 noch der Z 103 lanciert. Beide Typen wurden ausnahmslos mit V8-Aggregaten bestückt, deren Hubraum das Spektrum zwischen 2816 und 4780 ccm abdeckte.

Modell	*Pegaso Z 102*
Hubraum / Zylinder	*3178 ccm / 8 Zyl.*
PS / KW	*225 / 164,8*
Bauzeit	*1953*
Stückzahl	*86*

Skoda 440

Um die Modellpalette zu ergänzen und nach unten hin abzurunden, präsentierte Skoda 1955 das Modell 440. Dieser Wagen sollte nicht nur den einheimischen Markt bedienen, sondern in einer Luxus-Version (Typ Rapid) auch den Export in osteuropäische Länder ankurbeln. Eine weitere von dem 440 abgeleitete Variante, die sich „Orlik" nannte, war 1955 auf dem Brüsseler Automobilsalon zu sehen. Von diesem Ableger erhoffte sich Skoda – leider vergeblich – ein devisenbringendes Geschäft im westlichen Teil Europas. Mit der Ziffernfolge der Modellbezeichnung wies man übrigens verschlüsselt auf die Motordaten hin: Die erste 4 stand für vier Zylinder, die Zahl 40 für die Leistungsabgabe von 40 PS.

Modell	*Skoda 440*
Hubraum / Zylinder	*1089 ccm / 4 Zyl.*
PS / KW	*40 / 29,3*
Bauzeit	*1955 – 1959*
Stückzahl	---

Skoda Felicia

1959 erschien bei Skoda als Weiterentwicklung des Modells 440 der neue Octavia. Seine Wesensmerkmale waren die verbesserte Vorderradaufhängung und eine überarbeitete hintere Pendelachse. Ovale Kühlergitterverkleidungen zierten sein ansprechendes Äußeres, und als Alternative zur geschlossenen Limousine stand der Octavia noch in einer offenen Version bei den Händlern. Das Cabriolet, das unter der eigenen Modellbezeichnung Felicia angeboten wurde, ließ sich mit einem Hardtop ohne großen Aufwand in ein voll wettertaugliches Automobil verwandeln. Skoda führte mit dem Felicia bzw. Octavia einen Bestseller im Programm, der sich auf Grund seines guten Preis-Leistungsverhältnisses auch eine Position auf dem osteuropäischen Exportmarkt sichern konnte.

Modell	*Skoda Felicia*
Hubraum / Zylinder	*1089 ccm / 4 Zyl.*
PS / KW	*38 / 27,9*
Bauzeit	*1959 – 1965*
Stückzahl	*ca. 15 000*

Tatra 603

Ganz nach dem Schema des alten Tatra 87 gestrickt, sollte 1956 der Typ 603 als Nachfolgemodell in die Fußstapfen seines Vorgängers treten. Schon der 1955 auf die Räder gestellte Prototyp ließ erkennen, dass die viertürige Karosserie des 603 dem Stromliniendesign entsprechen sollte. Wieder musste ein im Heck platzierter luftgekühlter V8-Motor den Wagen antreiben. Die Leistung, die das Aggregat diesmal abgab, lag bei 100 PS. Sie wurde bei 4800 Touren erreicht und machte das 5000 mm lange Automobil 165 km/h schnell. Als 1956 bei der staatlichen Marke Tatra die Serienproduktion anlief, hatte man wieder ein Topmodell im Programm, das vom Konzept her fast zwei Jahrzehnte lang ohne große Veränderungen gebaut werden sollte.

Modell	*Tatra 603*
Hubraum / Zylinder	*2545 ccm / 8 Zyl.*
PS / KW	*100 / 73,2*
Bauzeit	*1956 – 1975*
Stückzahl	---

Buick Le Sabre

Mit dem Le Sabre (Säbel) stellte der General Motors-Konzern 1951 einen Experimentalwagen auf die Räder, der zeigen sollte, was dem damaligen Stand der Technik entsprechend alles machbar war. Der von GM-Stylingchef Harley J. Earl entworfene 5080 mm lange Versuchsträger (Radstand 2902 mm) war als Cabriolet mit elektrisch versenkbarem Verdeck ausgelegt und wurde von einem V8-Motor aus dem Hause Buick angetrieben. Das ungewöhnliche an diesem Aggregat war sein relativ kleiner Hubraum (3525 ccm), der dennoch eine Leistung von 300 PS abgab. Machbar wurde das durch die Verwendung eines Kompressors sowie zwei Vergasern: Während der eine ein normales Benzin-Luftgemisch aufbereitete, wurde der andere mit Methylalkohol versorgt!

Modell	*Buick Le Sabre*
Hubraum / Zylinder	*3525 ccm / 8 Zyl.*
PS / KW	*300 / 220*
Bauzeit	*1951*
Stückzahl	*Einzelstück*

Buick Skylark

Buicks Typ Skylark galt im GM-Konzern als offizielles Jubiläumsmodell und wurde auf Basis des Buick Roadmaster-Cabrios entwickelt. Ned Nickles, Buicks Chefdesigner, entwarf die elegante, sportlich aussehende Karosserie mit großen Radausschnitten, in denen die Chromspeichenräder besonders gut zur Geltung kamen. Als Sportwagen konnte man den Skylark aber nicht bezeichnen, immerhin brachte er zwei Tonnen auf die Waage. Viele Dinge, die es sonst nur gegen Aufpreis gab, gehörten beim Skylark bereits zur Grundausstattung, so unter anderem das Automatikgetriebe, eine Servolenkung, Servobremsen, elektrische Sitzverstellung, elektrische Fensterheber, ein Radio mit fußbetätigtem Sendersuchlauf (!) und natürlich stilvolle Weißwandreifen.

Modell	*Buick Skylark*
Hubraum / Zylinder	*5276 ccm / 8 Zyl.*
PS / KW	*188 / 137,7*
Bauzeit	*1953 – 1954*
Stückzahl	*1690*

Buick 70 Roadmaster

Im Gegensatz zu europäischen Herstellern nahm Buick als Marke des GM-Konzerns zwar 1946 die Produktion wieder auf, doch erst 1949 konnte man ein Geschäftsjahr nach dem Krieg wieder mit einem Rekordergebnis abschließen: Insgesamt wurden 552 827 Fahrzeuge produziert, und der Blick in die Zukunft war optimistisch – außerdem rückte das 50ste Firmenjubiläum in greifbare Nähe. Für das Jubiläumsjahr 1953 gab es diverse Veränderungen bei den so genannten „Golden Anniversary Models". Ihr zwischenzeitlich veralteter, reichlich groß geratener Achtzylinder-Reihenmotor, der für die relativ hohe und gewölbte Motorhaube der Buicks verantwortlich war, wurde in den Super- und Roadmaster-Modellen durch ein moderneres V8-Aggregat ersetzt.

Modell	*Buick 70 Roadmaster*
Hubraum / Zylinder	*5276 ccm / 8 Zyl.*
PS / KW	*202 / 148*
Bauzeit	*1953 – 1955*
Stückzahl	*---*

Cadillac Serie 60

Als 1902 der erste Cadillac im amerikanischen Detroit aus einer kleinen Fabrikhalle rollte, konnte niemand ahnen, dass hier von einer Minute zur anderen eine Weltmarke geboren war. Mehr noch: Es entstand ein Mythos, der bereits seit über neun Jahrzehnten den Traum vom amerikanischen Luxuswagen verkörpert. Von Anfang an bezeichnete man einen Cadillac als „Standard of the World", und die auf den Namen eines französischen Edelmannes getaufte Marke hatte im Laufe der Automobilgeschichte tatsächlich viel innovatives geleistet. Als am 17. Oktober 1945 die Bänder zur Produktion der ersten Nachkriegswagen anliefen, orientierten sich diese vorerst noch am Design des Jahrgangs 1941/42 und unterschieden sich hauptsächlich – typisch für amerikanische Automobile – durch die Formgebung des Kühlergrills.

Modell	*Cadillac Serie 60*
Hubraum / Zylinder	*5675 ccm / 8 Zyl.*
PS / KW	*156 / 114,2*
Bauzeit	*1941 – 1942*
Stückzahl	---

Cadillac Serie 62 Special

Von den exzessiven Formen der 50er Jahre noch weit entfernt, stellte Cadillac als Marke von General Motors zwar im Februar 1942 die PKW-Produktion vorerst ein, doch man wusste genau, wie die ersten Baumuster nach Kriegsende aussehen würden: Es gab keinen Grund, sich von dem soliden Konzept zu trennen, und die Modellpalette sollte wiederum auf ein paar Grundmodellen basieren. In den 40er Jahren bildeten die Versionen 60 S, 61 und 62 die Stütze des Programms, außerdem stand das Modell 75 bei den Händlern – ergänzende Zusatzbezeichnungen waren den Typen so gut wie fremd. Alle Autos basierten auf einem wuchtigen Kastenrahmen, dessen wichtigstes Unterscheidungsmerkmal die Länge des Radstands war.

Modell	*Cadillac Serie 62 Special*
Hubraum / Zylinder	*5675 ccm / 8 Zyl.*
PS / KW	*156 / 114,2*
Bauzeit	*1946 – 1948*
Stückzahl	---

Cadillac Eldorado Convertible

Etwa 1140 Wagen stellte Cadillac im Jahre 1945 auf die Räder. Für amerikanische Verhältnisse war diese Zahl mehr als lächerlich, doch man darf nicht vergessen, dass es auch in den USA nach der Wiederaufnahme der Produktion in der unmittelbaren Nachkriegszeit zu Materialengpässen kam. Es brauchte eine Weile, bis der Handel in Schwung kam, und ein Jahr später sah die Statistik schon ganz anders aus. Fast 30 000 Cadillacs kamen auf den Markt – eine Zahl, die sich 1947 sogar verdoppeln sollte. Das war immer noch zu wenig, denn der Konzern hätte fast schon wieder 100 000 Automobile absetzen können. Neben ganz normalen Standardausführungen waren zu Beginn der 50er Jahre auch wieder Luxusversionen wie der Typ Eldorado gefragt.

Modell	*Cadillac Eldorado Convertible*
Hubraum / Zylinder	*5424 ccm / 8 Zyl.*
PS / KW	*210 / 153,8*
Bauzeit	*1953*
Stückzahl	*532*

Cadillac Le Mans

Briggs Cunningham, Millionär und Liebhaber britischer Sportwagen, hielt es für seine Pflicht, auch einmal einen Cadillac des Baujahres 1949 beim legendären 24-Stunden-Rennen von Le Mans an den Start zu bringen. Natürlich wurde der schwere Wagen ordentlich präpariert – nur so konnte er seine Durchschnittsgeschwindigkeit von etwa 130 km/h halten. Das Zeug zum Siegen hatte sein Cadillac allerdings nicht – Cunningham begnügte sich mit Platz Elf. Auch bei anderen Wettbewerben, beispielsweise der Panamericana, tauchten gelegentlich Cadillacs auf. Natürlich waren die komfortablen Reisewagen nicht auf Belastungen im Wettbewerbssport ausgelegt, doch ihre Teilnahme wirkte sich keineswegs negativ auf das Markenimage aus.

Modell	*Cadillac Le Mans*
Hubraum / Zylinder	*5276 ccm / 8 Zyl.*
PS / KW	*190 / 139,1*
Bauzeit	*1953*
Stückzahl	---

Cadillac Eldorado

Nachdem gegen Ende der 40er Jahre die letzten Cadillacs mit breit geformten Kotflügeln die Werkshallen verließen, bestimmten andere Stilelemente das Aussehen der Luxuswagen. Den auffallend glatten Seitenflächen standen plötzlich wuchtige Stoßstangen gegenüber, und zu Bürzeln auslaufende Kotflügelenden nahmen jetzt die Rückleuchten auf. Der chromüberladene Kühlergrill wurde immer massiver, und die Stoßstangenhörner mutierten bald zu busenartigen Ansätzen. Die 1952 eingeführte hydraulische Servolenkung erhöhte den Fahrkomfort ebenso wie die 1953 eingeführte Klimaanlage. Für 1954 gab es größere Karosserieaufbauten, und die so genannte Panorama-Windschutzscheibe hielt ihren Einzug.

Modell	*Cadillac Eldorado*
Hubraum / Zylinder	*5276 ccm / 8 Zyl.*
PS / KW	*240 / 175,8*
Bauzeit	*1954*
Stückzahl	---

Cadillac Serie 62

Das typische Cadillac-Image – Chrom und Heckflossen – wurde hauptsächlich unter der stilistischen Führungsrolle von Harley Earl und Bill Mitchell während der 50er und 60er Jahre geprägt. In dieser Zeit entstanden Straßenkreuzer mit immer größeren Heckflossen, und die blubbernden V8-Motoren bestimmten das Stilempfinden einer ganzen Epoche. Der Name Cadillac stand aber nicht nur für Lifestyle – auch amerikanische Präsidenten ließen sich gern im Cadillac chauffieren. Nachdem die großvolumigen V8-Motoren – von ein paar Modifikationen abgesehen – seit 1923 ihren Dienst unter der Motorhaube verrichteten, führte man 1949 endlich moderne, kurzhubige OHV-Versionen ein, die vor allem weniger Gewicht auf die Waage brachten.

Modell	*Cadillac Serie 62*
Hubraum / Zylinder	*5276 ccm / 8 Zyl.*
PS / KW	*240 / 175,8*
Bauzeit	*1954*
Stückzahl	---

Cadillac 60 Century

Im Wesentlichen basierte Cadillacs Modellpolitik der 50er Jahre auf vier Grundversionen, die sich hauptsächlich von der Größe des Radstands her unterschieden. Es gab die Serie 61 mit 3200 mm Radstand; die Serie 62 mit 3280 mm; die Serie 60 Special mit 3380 mm und das Baumuster der Serie 75 mit 3460 mm. Während letztere fast ausschließlich den großen Repräsentationswagen vorbehalten blieb, entstanden auf Basis der Serie 60 ausschließlich große geschlossene Limousinen. Trotz vieler Unterschiede glichen sich alle Baureihen in einem Punkt: Cadillac bestückte sie prinzipiell mit einem V8-Motor, zu dem auf Wunsch das automatische Hydramatic-Getriebe geordert werden konnte. So ließen sich die Wagen zwar bequem fahren, bei einer Länge von etwa 5500 mm und einer Breite von etwa 2000 mm waren sie allerdings alles andere als handlich.

Modell	*Cadillac 60 Century*
Hubraum / Zylinder	*5276 ccm / 8 Zyl.*
PS / KW	*259 PS*
Bauzeit	*1956*
Stückzahl	---

Cadillac Serie 60

Für den Modelljahrgang 1957 überarbeitete Cadillac den inzwischen etwas in die Jahre gekommenen Unterbau: Man konstruierte einen neuen X-förmigen Rahmen mit Kastenträgern und verzichtete auf die bis dahin üblichen Längsholme. Die Karosserien, die auf dieser Basis ruhten, gerieten jetzt noch wuchtiger, doch an die inzwischen populäre selbsttragende Bauweise war im Hause Cadillac noch nicht zu denken. Stilelemente wie panoramaförmige Windschutz- und Heckscheiben trugen zur Auflockerung der Optik ebenso bei wie die Absenkung der Bauhöhe: Je nach Modell verloren die Cadillacs zwischen 80 und 110 mm Bauhöhe. Mit dem Jahrgang 1957 – ab nun gab es serienmäßig Doppelscheinwerfer – begann auch die Zeit der von Jahr zu Jahr immer größer werdenden Heckflossen.

Modell	*Cadillac Serie 60*
Hubraum / Zylinder	*5972 ccm / 8 Zyl.*
PS / KW	*289 / 212*
Bauzeit	*1957*
Stückzahl	---

Cadillac Sedan de Ville

Während ein Radio mit automatischem Sendersuchlauf für Cadillac-Besitzer in den 50er Jahren fast schon etwas Selbstverständliches war, konnte man ab 1957 mit der so genannten Cruise-Control abermals eine interessante technische Neuerung erwerben. Diese am Armaturenbrett angebrachte Vorrichtung diente zur Konstanthaltung der gewünschten Geschwindigkeit. Während dieses Zubehör bald zum Serienstandard amerikanischer Wagen zählte, sollten noch 20 Jahre vergehen, bis eine derartige Einrichtung auch in europäischen Automobilen zu haben war. Auch in anderen Punkten verbesserte der GM-Konzern stets den Fahrkomfort der Cadillac-Wagen: Das Hydramatik-Getriebe, das bis dato über zwei Fahrstufen verfügte, arbeitete ab 1958 als Dreigang-Automatik.

Modell	*Cadillac Sedan de Ville*
Hubraum / Zylinder	*5972 ccm / 8 Zyl.*
PS / KW	*310 / 227*
Bauzeit	*1958*
Stückzahl	---

Cadillac Coupé de Ville

Als Ende der 50er Jahre schon die Hälfte aller Cadillac-Besitzer eine Klimaanlage orderte und sich auch weiteren energiezehrenden Extras nicht abgeneigt zeigte, war es unumgänglich, die Motorleistung entsprechend anzuheben, um den durch viele elektrische Verbraucher entstehenden Leistungsverlust kompensieren zu können. Das 6,4-Liter-Aggregat, das ab dem Jahrgang 1959 unter der Haube arbeitete, gab je nach Modell eine Leistung von 309 bis 350 SAE-PS ab. Das reichte für eine Höchstgeschwindigkeit von 180 bis 190 km/h und war gewiss kein schlechter Wert für einen fast 6000 mm langen Wagen! Von ökologischen Bedenken in Bezug auf den hohen Benzinverbrauch oder die Umweltbelastung war man noch meilenwert entfernt.

Modell	*Cadillac Coupé de Ville*
Hubraum / Zylinder	*6384 ccm / 8 Zyl.*
PS / KW	*309 / 226,3*
Bauzeit	*1959*
Stückzahl	---

Cadillac Eldorado

Mit dem Modelljahrgang 1959 erreichte das Heckflossendesign bei Cadillac seinen formalen Höhepunkt – etwas Größeres hat es danach nie wieder gegeben. Vorteile hat dieses Stilelement zu keiner Zeit gehabt – es handelte sich um nichts anderes als einen optischen Gag ohne jeden Nutzwert. Automobile mit derartigen Auswüchsen in Europa zu produzieren, wäre gewiss nicht möglich gewesen. Trotzdem wurde der Cadillac auch auf dem europäischen Markt akzeptiert und verkauft. Die Kundschaft, die sich in einem 6220 mm langen Typ 75 (Radstand 3800 mm) chauffieren ließ, war auch hier vorhanden, und es gab genügend Enthusiasten, die sich mit „weniger" zufrieden gaben und „nur" einen 5720 mm langen Eldorado mit 3300 mm Radstand im Straßenverkehr bewegten.

Modell	*Cadillac Eldorado*
Hubraum / Zylinder	*6384 ccm / 8 Zyl.*
PS / KW	*350 / 256,3*
Bauzeit	*1959*
Stückzahl	---

Chevrolet Corvette

Wie so oft in der Automobilgeschichte, ging auch Chevrolets Corvette aus einem so genannten Showcar oder Dreamcar hervor. Eigentlich sollte solch ein Modell 1953 nur die Motorama-Ausstellung des GM-Konzerns bereichern, doch der niedrige offene Zweisitzer stieß auf ein derart großes Publikumsinteresse, dass sich Chevrolet genötigt sah, etwas intensiver über dieses Modell nachzudenken. Was dort in New York zu sehen war, war zwar lange noch kein endgültiges Fahrzeugkonzept, aber ein durchaus außergewöhnliches: Die Karosserie bestand aus Fiberglas! Die Zeit war wirklich reif, amerikanischen Sportwagenenthusiasten endlich etwas Eigenständiges zu bieten – etwas anderes, als importierte Roadster und Cabriolets aus England.

Modell	*Chevrolet Corvette*
Hubraum / Zylinder	*3859 ccm / 6 Zyl.*
PS / KW	*150 / 110*
Bauzeit	*1953*
Stückzahl	*Einzelstück*

Chevrolet Corvette

Recht bescheiden trat die erste Corvette ins automobile Rampenlicht, doch das anfangs mit einer Kunststoffkarosserie und viel zu kleinem Motor bestückte Automobil änderte in seiner über 50-jährigen Geschichte regelmäßig sein Aussehen und hat sich schnell zum Kultauto der amerikanischen Sportwagenklasse hochgearbeitet. Die Idee, einen Sportwagen zu bauen, kam Harley Earl, dem Chef-Designer des General Motor-Konzerns im September 1951, als er ein Autorennen besuchte. Anscheinend konnte Earl GMs Management gut überzeugen – die erste Corvette rollte nämlich schon im Juni 1953 von den Bändern. Leider führten anfängliche Montageprobleme dazu, dass im ersten Jahr nur 315 zweisitzige Roadster gefertigt werden konnten.

Modell	*Chevrolet Corvette*
Hubraum / Zylinder	*3859 ccm / 6 Zyl.*
PS / KW	*150 / 110*
Bauzeit	*1953 – 1955*
Stückzahl	*4640*

Chevrolet Corvette

Ähnlich der legendären Tin Lizzie aus dem Hause Ford gab es auch Chevrolets Corvette zu Beginn der Serienfertigung in nur einer Farbe – allerdings in Weiß und nicht in Schwarz. Kontrastierend dazu wurde das Interieur des Zweisitzers in kräftigem Rot gehalten. Die Verwendung von üppigem Chromzierrat – eigentlich typisch für amerikanische Automobile – hielt sich diesmal jedoch in einem durchaus vertretbaren Rahmen. Zwar war die Corvette dank ihrer Kunststoffkarosserie ein hochmodernes Auto, doch kaum jemand wusste, dass auf Grund dieses besonderen Materials alle elektrischen Leitungen doppelt verlegt werden mussten, denn Plastik konnte nicht die elektrische Leiterfunktion einer traditionellen Stahlblechkarosserie übernehmen.

Modell	*Chevrolet Corvette*
Hubraum / Zylinder	*3859 ccm / 6 Zyl.*
PS / KW	*150 / 110*
Bauzeit	*1953 – 1955*
Stückzahl	*4640*

Chevrolet Corvette

Ein verkanntes und großes Problem der Corvette war die Tatsache, dass die Wagen der ersten Serie (auch C1 genannt) in vielen Punkten nicht mit europäischen Sportwagen mithalten konnten. Zwar sorgte das attraktive Design mit Steinschlaggittern über den Scheinwerfern und der elegant gezeichneten Karosserielinie (die Karosserie bestand aus Kunststoff!) für einen Mix aus Eleganz und Sportlichkeit, aber anstelle eines erhofften Achtzylinders erhielt die Corvette zunächst nur einen Sechszylinder, dessen 150 PS mittels einer Zweistufen-Automatik an die Hinterachse gebracht wurde. Erst als 1953 Zora Arkus-Duntov, ein in Belgien geborener Amerikaner mit russischer Abstammung, als Cheftechniker das Entwicklungsteam ergänzte, entwickelte sich die Corvette zum richtigen Traumwagen.

Modell	*Chevrolet Corvette*
Hubraum / Zylinder	*4342 ccm / 8 Zyl.*
PS / KW	*195 / 142,8*
Bauzeit	*1956 – 1962*
Stückzahl	*64 375*

Chevrolet Corvette

Unter der Regie von Zora Arkus-Duntov avancierte die Corvette zielstrebig zum kraftvollen Sportwagen, unter dessen Haube ab 1955 ein 195 PS starker V8 mit 4,3 Litern Hubraum rumorte. Als Alternative zum Automatikgetriebe gab es eine manuelle Dreigangschaltung, mit der die Kraft des durchzugsstarken Motors an die starre Hinterachse gebracht werden konnte. 1956 stutze man dem Wagen die zierlichen Heckflossen, und hinter den Vorderrädern beginnend unterstrich eine „Einbuchtung" das Karosseriedesign in der Seitenlinie, bis der Wagen 1958 anstelle von zwei mit vier Scheinwerfern bestückt wurde. Optische Retuschen – vor allem am Heck – ließen schon ahnen, wie die Corvette-Generation der frühen 60er Jahre aussehen sollte.

Modell	*Chevrolet Corvette*
Hubraum / Zylinder	*4342 ccm / 8 Zyl.*
PS / KW	*195 / 142,8*
Bauzeit	*1956 – 1962*
Stückzahl	*64 375*

Chevrolet Corvette

Die Corvette dominierte nur kurzfristig allein auf dem amerikanischen Sportwagenmarkt. Ford antwortete 1954 mit der Präsentation des Thunderbird, doch dieses Gegenstück entwickelte sich ab 1958 im Zuge der Modellpflege zum Viersitzer. Dadurch konnte der General Motors-Konzern seine Position wieder behaupten, und Arkus-Duntov träumte sogar schon davon, die Corvette als Mittelmotor-Sportwagen auf den Markt zu bringen – diese Idee wurde vom Konzern allerdings abgelehnt. Ab Sommer 1954 erweiterte man endlich die Farbpalette, und neben den weißen Wagen standen endlich auch in Hellblau, Kupfer und Rot lackierte Corvetten in den Showrooms der Händler. Auf der technischen Seite gab es auch eine Neuerung – hier hatte die 12-Volt-Elektrik die alte 6-Volt-Anlage abgelöst.

Modell	*Chevrolet Corvette*
Hubraum / Zylinder	*4342 ccm / 8 Zyl.*
PS / KW	*225 / 165*
Bauzeit	*1956 – 1962*
Stückzahl	*64 375*

Chevrolet Nomad

Die ab dem Modelljahrgang 1955 auf den Markt gebrachten Chevrolets unterschieden sich gegenüber ihren Vorgängern von der Optik her durch ein Kühlergitter, das nun die ganze Wagenbreite beanspruchte. Die Motorisierungsstufen gingen vom kleinen Sechszylinder-Aggregat (142 PS) bis hin zum V8, der im Zuge der Modellpflege zwei Jahre später auf ein Hubvolumen von 4,6-Liter gebracht wurde. Für angemessenen Fahrkomfort sorgte zwar das automatische Powerglide-Getriebe, doch auf Wunsch ließen sich die Chevys ab 1957 auch mit einem manuellen Drei- oder Vierganggetriebe bestücken. Als Gegenstück zu den Limousinen bereicherte ab 1955 ein sportlicher Kombi (Bel Air Nomad) das Programm, dessen Zusatzbezeichnung Nomad auch für alle danach erschienenen Kombi-Modelle genutzt wurde.

Modell	*Chevrolet Nomad*
Hubraum / Zylinder	*4342 ccm / 8 Zyl.*
PS / KW	*182 / 133,3*
Bauzeit	*1957*
Stückzahl	---

Chrysler Crown Imperial

Als Chrysler 1946 wieder Personenwagen baute, orientierte man sich zunächst an den bis 1942 gefertigten Typen. Diese Modelle wurden durch einige Spezialversionen ergänzt und unter dem Begriff Town & Country in den Prospektunterlagen geführt. Dabei handelte es sich um holzbeplankte Karosserieaufbauten, die in den Ausführungen Station Wagon (Kombi), Limousine, Coupé oder Cabriolet zu haben waren. Interessante Ausstattungsdetails wie Cord- oder Ledersitze gehörten ebenso zum Luxus wie ein halbautomatisches Vierganggetriebe. In der Town & Country-Baureihe gab es neben den Typen Royal, Windsor, Saragota und New Yorker noch den Crown Imperial – letzterer war die größte und teuerste Town & Country-Version.

Modell	*Chrysler Crown Imperial*
Hubraum / Zylinder	*5299 ccm / 8 Zyl.*
PS / KW	*137 / 100*
Bauzeit	*1946 – 1948*
Stückzahl	---

Chrysler 300 C

Zu Beginn des Jahres 1955 etablierte Chrysler mit dem Modell 300 eine vollkommen neue Baureihe auf dem Markt. Als Konkurrent zu den entsprechenden Cadillac- und Packard-Wagen gedacht, wurde der 300er mit einem V8-Motor der 5,4-Liter-Klasse bestückt – die daraus resultierende Höchstgeschwindigkeit lag bei etwa 225 km/h. Der Folgejahrgang, den man am feinmaschigeren Kühlergitter erkannte, profitierte bereits von 5,8 Litern Hubraum. Dem Leistungszuwachs angemessen, wurden nun jede Menge Sicherheitsaspekte berücksichtigt – unter anderem vergrößerte man die Fläche der Bremsbeläge um 25 Prozent. Für den Modelljahrgang 1957 – der Chrysler 300 war inzwischen zum wuchtigen Coupé herangewachsen – gab es als Novum in dieser Wagenklasse erstmals eine elektronische Benzineinspritzung.

Modell	*Chrysler 300 C*
Hubraum / Zylinder	*6423 ccm / 8 Zyl.*
PS / KW	*380 / 278,3*
Bauzeit	*1957*
Stückzahl	---

Dodge Custom Royale

Ende der 20er Jahre übernahm Walter Chrysler die Marke Dodge, und entsprechend seiner eigenen Konzernmarke rundeten auch hier einige Modelle der Luxusklasse die Produktpalette nach oben hin ab. Diese Aufgabe wurde in den 50er Jahren dem Modell Custom Royale zuteil: Man zeigte, dass man formschöne große Wagen bauen konnte, die sich vor der Konkurrenz nicht verstecken mussten. Amerikanischen Gepflogenheiten entsprechend, gab es jedes Jahr optische Retuschen und im Laufe der Zeit immer mehr Chromschmuck. Ähnlich dem Cadillac, wuchsen gegen Ende der 50er Jahre die Heckflossen zu einer stattlichen Größe heran. Dank des vergrößerten Leistungspotentials beschleunigte ein Custom Royale der letzten Serie in knapp zehn Sekunden von 0 auf 100 km/h.

Modell	*Dodge Custom Royale*
Hubraum / Zylinder	*5735 ccm / 8 Zyl.*
PS / KW	*295 / 216*
Bauzeit	*1958*
Stückzahl	---

Ford V8 Business Coupé

1942 konnten Europas Automobilhersteller von Personenwagen nur träumen. Zwar wurden zu jener Zeit in den USA noch Autos gefertigt, aber auch dort blieb der Jahrgang 1942 ein recht kurzes Produktionsjahr. Wie üblich, überarbeitete man auch für diesen Jahrgang die Frontpartie aller Modelle und hob wie gewohnt den Preis an. Diesmal traf es die Kundschaft aber besonders hart, denn wegen des Krieges waren viele Werkstoffe rar geworden. Ford suchte nach Alternativen und fertigte erstmals Teile wie das Armaturenbrett oder innere Türgriffe aus Kunststoff. Auch Nickel musste eingespart werden, weshalb Komponenten wie Wellen und Zahnräder aus einer Legierung von Stahl und Molybdän gegossen wurden.

Modell	*Ford V8 Business Coupé*
Hubraum / Zylinder	*3917 ccm / 8 Zyl.*
PS / KW	*100 / 73,2*
Bauzeit	*1941 – 1942*
Stückzahl	---

Ford Six Fordoor

Die in den ersten Nachkriegsjahren auf die Räder gestellten Ford-Modelle orientierten sich der Zweckmäßigkeit halber noch am zuletzt gebauten 1942er Jahrgang, doch in den Konstruktionsbüros machte man sich seit langem schon Gedanken, wie die Zukunft des amerikanischen Automobils auszusehen hatte. Spätestens als 1948 die Fließbänder für den kommenden Jahrgang umgestellt wurden stand fest, dass auch bei Ford die moderne pontonförmige Karosserie das Aussehen neuer Modelle bestimmen sollte. Für das Publikum war diese Umstellung mehr als ein Schock. Man gewöhnte sich nur schwer an die nun fast 200 mm niedriger gehaltenen Karosserien, und auch die „angesetzte" Heckpartie, die anstelle des schräg abfallenden Hecks trat, war erst noch gewöhnungsbedürftig.

Modell	*Ford Six Fordoor*
Hubraum / Zylinder	*3706 ccm / 6 Zyl.*
PS / KW	*96 / 70,3*
Bauzeit	*1948 – 1950*
Stückzahl	---

Ford Club Coupé

Als die bei Ford Ende der 40er Jahre eingeführte Pontonkarosserie endlich von der Kundschaft akzeptiert wurde, stand fest, dass das Modellprogramm, das bis dato aus einer zwei- und viertürigen Stufenhecklimousine bestand, weiter ausgebaut werden konnte. Man realisierte auf dem soliden Unterbau (anstelle der X-Traverse gab es fünf Quertraversen) mit vorderer Einzelradaufhängung unter anderem ein flottes Coupé, dessen glattflächige Optik nur durch das im Kühlergitter integrierte „Zyklopenauge" unterbrochen wurde. Man hätte auf diesen Chromschmuck durchaus verzichten können, doch Stilelemente dieser Art waren für amerikanische Automobile der gehobeneren Ausstattungsklasse ebenso unverzichtbar wie Weißwandreifen.

Modell	*Ford Club Coupé*
Hubraum / Zylinder	*3706 ccm / 6 Zyl.*
PS / KW	*96 / 70,3*
Bauzeit	*1949 – 1950*
Stückzahl	---

Ford Six Convertible

Die Anhänger des Offenfahrens überraschte Ford 1949 in der Six-Baureihe mit einer Cabriolet-Version. Der 5000 mm lange Wagen (Radstand 2900 mm) war von der Technik her mit den Limousinen und dem Coupé identisch. Die Höchstgeschwindigkeit lag bei etwa 150 km/h. Das serienmäßige Dreiganggetriebe konnte auf Wunsch durch einen Schnellgang erweitert werden – diese Fahrstufe senkte die Motordrehzahl ab und steigerte dementsprechend bei Langstreckenfahrten auf den Highways den Fahrkomfort. Für den Modelljahrgang 1950 hielt man zwischenzeitlich ein Automatikgetriebe parat, das gemeinsam von Ford und dem Spezialisten Borg-Warner entwickelt worden war.

Modell	*Ford Six Convertible*
Hubraum / Zylinder	*3706 ccm / 6 Zyl.*
PS / KW	*96 / 70,3*
Bauzeit	*1949 – 1950*
Stückzahl	---

Ford Custom Station Wagon

Mit diesem Station Wagon – so nennen die Amerikaner ihre Kombiwagen – brachte Ford den letzten typischen mit Holzbeplankung versehenen „Woody" auf den Markt. Von der Optik her entsprach die Frontpartie der Limousine: Das verchromte „Zyklopenauge" gehörte ab Jahrgang 1951 der Vergangenheit an. Das Modell Custom vom Typ Country Squire war vom Prinzip her zwar ein Kombi, doch kaum jemand setzte diesen Wagen zum gewöhnlichen Lastentransport ein. Er kostete nämlich noch mehr als ein Cabriolet (Convertible) und zählte somit zu den Prestigeautomobilen, die sich nur Wenige leisten konnten. Mit diesem Wagen fuhr man gerne zum Picknick oder zum Golfplatz. Standardmäßig bestückte das Werk den Station Wagon mit einem Sechszylindermotor, gegen Aufpreis konnte auch ein V8-Aggregat geordert werden.

Modell	*Ford Custom Station Wagon*
Hubraum / Zylinder	*3917 ccm / 8 Zyl.*
PS / KW	*88 / 64,5*
Bauzeit	*1951*
Stückzahl	---

Ford Crestline

Eine relative weiche Linienführung in Kombination mit einer gekonnt angesetzten Zweifarblackierung gab dem Modell Crestline des Jahrgangs 1951 ein fast schon verspieltes Äußeres. Hintere Radabdeckungen betonten zusätzlich die Karosserielinie des bequemen Reisewagens. Der Einsatz von Chromelementen hielt sich in Grenzen – sie unterstrichen das Design nur dort, wo es wirklich angebracht schien. Dem luxuriösen Outfit angemessen, präsentierte sich auch der Innenraum gediegen. Die bequeme durchgehende vordere Sitzbank verfügte über getrennte Rückenlehnen, die sich von der Neigung her verstellen ließen. Auf Wunsch konnte anstelle des manuellen Dreigang-Schaltgetriebes eine automatische Kraftübertragung geordert werden.

Modell	*Ford Crestline*
Hubraum / Zylinder	*3528 ccm / 6 Zyl.*
PS / KW	*102 / 74,7*
Bauzeit	*1951*
Stückzahl	---

Ford Crestline Skyliner

Mit Ablegern in vielen Ländern der Erde baute der amerikanische Ford-Konzern jede Menge interessanter Wagen, die im Einzelfall ganz auf die Bedürfnisse des entsprechenden Landes zugeschnitten waren. In Fords Heimatland entstanden in den 50er Jahren vor allem jene Modelle, die den für die USA typischen „American Way of Life" verkörperten. Dazu zählten jede Menge interessanter Cabriolets, die das Fahren zu einem Erlebnis der besonderen Art machten. Der großvolumige V8-Motor unter der Haube war fast immer Standard. Ebenso das Mitte der 50er Jahre immer beliebter werdende Automatikgetriebe. Ford hatte seine Mitbewerber immer im Auge, und mit Modellen wie dem Fairline, Crestline und Falcon stets eine Antwort parat.

Modell	*Ford Crestline Skyliner*
Hubraum / Zylinder	*3917 ccm / 8 Zyl.*
PS / KW	*132 / 96,7*
Bauzeit	*1954*
Stückzahl	*---*

Ford Crestline Skyliner

Als der Ford-Konzern 1954 den legendären Typ Thunderbird präsentierte, profitierten auch andere Modellreihen von dessen Erscheinungsbild. So brachte das Thunderbird-Design unter anderem frischen Wind in die Crestline-Serie: Es gab wieder mehr Mut zur „lockeren" Linienführung. Die beim Thunderbird verwendete panoramaförmige Windschutzscheibe bestimmte in stark abgewandelter Form auch das Aussehen des Crestline – hier gab es seitlich platzierte kleine Dreieckfenster, die sich bei Bedarf ausstellen ließen. Das Raumangebot eines Crestline war durchaus beachtlich, denn der 5040 mm lange Wagen basierte auf einem Fahrwerk mit 2930 mm Radstand. Unter der Haube arbeitete anstelle des alten SV-Motors nun ein moderner V8-Motor in OHV-Bauweise.

Modell	*Ford Crestline Skyliner*
Hubraum / Zylinder	*3917 ccm / 8 Zyl.*
PS / KW	*132 / 96,7*
Bauzeit	*1954*
Stückzahl	*---*

Ford Thunderbird

Schon zu Beginn der frühen 50er Jahre machten sich Fords Mitarbeiter William Burnett und David Ash Gedanken darüber, wie ein zweisitziger Ford-Sportwagen aussehen könnte. Fords Vizepräsident war zwar davon einigermaßen angetan, doch die 1951 entstandene Idee wurde erst einmal zu den Akten gelegt. Ein Fehler, wie sich bald herausstellen sollte: Längst arbeitete der General Motors-Konzern an einem ähnlichen Konzept, und der erste amerikanische Sportwagen, der 1953 debütierte, trug nicht den Markennamen Ford. Er kam aus dem Hause Chevrolet und hieß Corvette. Jetzt musste man notgedrungen nachziehen und setzte alle Hebel in Bewegung, um 1954 mit einem Konkurrenzmodell zurückschlagen zu können.

Modell	*Ford Thunderbird*
Hubraum / Zylinder	*4780 ccm / 8 Zyl.*
PS / KW	*193 / 141,3*
Bauzeit	*1955 – 1957*
Stückzahl	*53 166*

Ford Thunderbird

Für den Modelljahrgang 1956/57 bestand die Möglichkeit, auf Wunsch in das Hardtop eine Art Bullauge schneiden zu lassen. Viele Thunderbird-Besitzer machten von diesem Stilelement Gebrauch, während sich andere eher für die optional lieferbare „Fordomatic" begeistern ließen. Diese Automatik war gewiss eine interessante Alternative zum manuellen Dreigang-Schaltgetriebe und machte das Fahren mit dem kräftigen V8-Motor zum richtigen Vergnügen. Die Thunderbird der ersten drei Modelljahrgänge unterschieden sich optisch nur unwesentlich voneinander: Ab 1956 wurde das Reserverad sichtbar außen am Heck platziert, und die Panoramawindschutzscheibe erhielt kleine klappbare Windabweiser.

Modell	*Ford Thunderbird*
Hubraum / Zylinder	*5113 ccm / 8 Zyl.*
PS / KW	*210 / 153,8*
Bauzeit	*1955 – 1957*
Stückzahl	*53 166*

Ford Thunderbird

Als Ford 1954 den zweisitzigen Thunderbird präsentierte, hatte man endlich den längst überfälligen Sportwagen im Programm, der mit einem Anschaffungspreis von 3.050 Dollar sogar 400 Dollar unter dem Preisniveau der Chevrolet Corvette lag. Die Modellbezeichnung Thunderbird kam nicht von ungefähr, denn bei Indianern galt der Donnervogel schon immer als Glücksbringer. Er sollte ihnen zu Macht und Wohlstand verhelfen, und genau das konnte der Ford-Konzern auch gebrauchen. Ford zeigte den Thunderbird erstmals auf der Detroiter Automobilshow der Öffentlichkeit. Die Fachpresse erkannte natürlich gleich, dass sich Ford vom Konzept her an vergleichbaren europäischen Sportwagen zu orientieren versucht hatte und beschrieb den Thunderbird dementsprechend als ein „Sports Car with American Luxury".

Modell	*Ford Thunderbird*
Hubraum / Zylinder	*4780 ccm / 8 Zyl.*
PS / KW	*193 / 141,3*
Bauzeit	*1955 – 1957*
Stückzahl	*53 166*

Ford Thunderbird

Jahrelang importierten die Amerikaner zweisitzige Sportwagen aus Europa. Vor allem die Jaguar, Aston Martin, MG und Austin Healey hatten es ihnen angetan. Weil sich diese Roadster auf dem US-Markt hervorragend verkaufen ließen, kalkulierte Ford für den neuen Thunderbird ebenfalls recht hohe Stückzahlen ein und schätzte den Jahresabsatz auf 10 000 Fahrzeuge. Man hatte sich geirrt. Schon im ersten Jahr legte Fords Händlerschaft mehr als 16 000 Bestellungen vor. 1957/58 sorgten 21 000 Bestellungen für volle Auftragsbücher, und der Aufwärtstrend schien nicht abzureißen. Im Gegensatz zu der Corvette, die ja eine Kunststoffkarosserie besaß, betonte Ford stets die Vorzüge eines „real car" mit Stahlaufbau, doch diese Argumentation entsprach nicht ganz der Wahrheit: Das Hardtop, das für den Thunderbird optional lieferbar war, wurde ebenfalls aus Plastik gefertigt!

Modell	*Ford Thunderbird*
Hubraum / Zylinder	*5113 ccm / 8 Zyl.*
PS / KW	*210 / 153,8*
Bauzeit	*1955 – 1957*
Stückzahl	*53 166*

Ford Thunderbird

Nicht nur der Hubraum des Thunderbird-Motors wurde im Laufe der Zeit immer größer – auch der Karosserieaufbau begann zu wachsen. Der einst elegant gezeichnete Zweisitzer wandelte sich ganz allmählich zum monströsen Straßenkreuzer. Trotzdem lockte die Modellbezeichnung Thunderbird noch immer viele Käufer in die Showrooms der Händler: 1959/60 näherte sich der Wagen mit mehr als 92 000 gebauten Einheiten seinem bis dato besten Verkaufsergebnis, und immer mehr Besitzer entdeckten, dass sich ein Thunderbird hervorragend tunen ließ. Als Ford die zweite, mit Doppelscheinwerfern optisch stark überladene Bauserie des T-Bird lancierte, ergänzte man gleichzeitig die Modellpalette, indem man dem Cabriolet als Alternative noch ein Coupé gegenüber stellte.

Modell	*Ford Thunderbird*
Hubraum / Zylinder	*5766 ccm / 8 Zyl.*
PS / KW	*304 / 222,6*
Bauzeit	*1958 – 1960*
Stückzahl	*ca. 200 000*

Hudson Commodore

Die in Detroit angesiedelte Firma Hudson brachte bereits 1902 ihr erstes Automobil auf den Markt. In den 20er Jahren lancierte man die eigenständige Marke Essex. Essex-Wagen waren im Prinzip nichts anderes als preisgünstigere Hudson-Modelle, bei denen nur auf luxuriöse Details – nicht aber auf Qualität! – verzichtet wurde. Als Hudson Ende 1945 den Personenwagenbau wieder aufnahm, knüpfte man an die bis 1942 gebaute Modellpalette an und brachte erneut den Typ Commodore auf den Markt. Mit technischen Verbesserungen (vordere Einzelradaufhängung) stand schließlich der Modelljahrgang 1947 bei den Händlern. Als Alternative zum Sechszylindermotor gab es einen Reihenachtzylinder (4165 ccm / 128 PS), der das schwere Automobil aber nur unwesentlich schneller machte.

Modell	*Hudson Commodore*
Hubraum / Zylinder	*3472 ccm / 6 Zyl.*
PS / KW	*102 / 74,7*
Bauzeit	*1946 – 1947*
Stückzahl	---

Kaiser Henry J

Als 1945 der amerikanische Großindustrielle Henry J. Kaiser gemeinsam mit Joseph W. Frazer die Marke Graham-Paige übernahm, plante man, neben Luxuswagen auch eine Art „Volkswagen" auf den Markt zu bringen. Zwar konnte Kaiser seine Modellpalette vom Start weg erfolgreich etablieren, doch schon Ende der 40er Jahre rutschten die Verkaufszahlen tief in den Keller. Ein kompaktes Modell der Mittelklasse (4430 mm Gesamtlänge, 2540 mm Radstand) sollte die Marke 1951 wieder populärer machen. Das nach Henry J. Kaiser benannte Fahrzeug zeigte eine recht gefällige Form und wurde in der Standardausführung mit einem Vierzylindermotor bestückt. Die höherwertige Ausführung – Typ Henry J De Luxe – erhielt einen Achtzylinder-Reihenmotor der 2,6-Liter-Klasse mit einer Leistungsabgabe von 81 PS.

Modell	*Kaiser Henry J*
Hubraum / Zylinder	*2199 ccm / 4 Zyl.*
PS / KW	*69 / 50,5*
Bauzeit	*1951 – 1953*
Stückzahl	---

Lincoln Continental

Bei den ab 1945 wieder gebauten Luxuswagen der Marke Lincoln führte man zunächst die Tradition des Jahrgangs 1941 fort. Ein guter Entschluss, denn der Continental, ein beeindruckender Zwölfzylinder-Wagen, basierte auf einem technisch vollkommen ausgereiften Konzept. Mit einem optisch überarbeiteten Kühlergrill zeigte sich das 1945er Modell bald wieder auf den Straßen und vor vielen Luxusvillen. Sowohl die Vorder- als auch die Hinterräder wurden an starren Achsen geführt, was den Fahrkomfort aber nur unwesentlich schmälerte – die meisten der V12-Zylinder-Modelle wurden als Chauffeurswagen gefahren und nur selten im Bereich der Höchstgeschwindigkeit (155 km/h) bewegt. Handlich war der Continental nicht: Je nach Karosserieaufbau betrug seine Gesamtlänge etwa 5500 mm.

Modell	*Lincoln Continental*
Hubraum / Zylinder	*4990 ccm / 12 Zyl.*
PS / KW	*130 / 95,2*
Bauzeit	*1941 – 1942*
Stückzahl	---

Lincoln Premiere

Die seit 1922 zum Ford-Konzern gehörende Marke Lincoln sorgte bereits 1955 mit einigen Showcars für Aufmerksamkeit, denn diese Modelle – vor allem der mit einem Glasverdeck ausgestattete „Futura" – verrieten, wie sich Lincoln die Zukunft des Automobils vorstellte. Neben einem neuen Outfit wie Panoramascheiben legte man vor allem viel Wert auf Sicherheit. Hierzu entwickelte man ein Lenkrad mit versenkter Nabe, führte Sicherheitsgurte ein und sicherte die Türschlösser gegen unbeabsichtigtes Aufspringen. Der in Serie gebaute Typ Premiere profitierte zwar schon von dem aufkommenden Sicherheitsdenken: Zum endgültigen Durchbruch kam das neue Konzept aber erst bei der Präsentation des Jahrgangs 1957 – diese Modelle erkannte man an ihren übereinander liegenden Doppelscheinwerfern.

Modell	*Lincoln Premiere*
Hubraum / Zylinder	*6031 ccm / 8 Zyl.*
PS / KW	*289 / 212*
Bauzeit	*1956*
Stückzahl	---

Lincoln Continental Mark II

Ein Lincoln war vom Status her ein Wagen für Staatsmänner und all jene, die ihren fahrbaren Untersatz hauptsächlich zum Repräsentieren brauchten. Im Gegensatz zu Cadillac, dem Marktführer von Prestigewagen, gelang es Lincoln nie, den Mitbewerber stückzahlmäßig zu übertrumpfen. Auch der Exportanteil von Lincoln hielt sich in Grenzen. Vielleicht hatte man sich aus diesem Grunde bei der Neuauflage des Continental für den Jahrgang 1956 für eine kleinere Motorenbestückung entschieden: Entgegen der Gewohnheit, das Luxusmodell mit einem V12 auf den Markt zu bringen, arbeitete nun ein V8-Motor unter der Haube. Von der Optik her war ebenfalls Zurückhaltung angesagt: Das schwülstige Design der 40er Jahre gehörte der Vergangenheit an, allein ein kleiner Hüftschwung im Heckbereich lockerte die Karosserieflanke auf.

Modell	*Lincoln Continental Mark II*
Hubraum / Zylinder	*6031 ccm / 8 Zyl.*
PS / KW	*304 / 222,7*
Bauzeit	*1956 – 1957*
Stückzahl	*1769*

Mercury Serie 9 CM

Mit den Modellen des Ford-Konzerns verglichen, profitierten die bei der Schwestermarke Mercury gebauten Wagen ab dem Jahrgang 1946 von reichlich Chromzierrat. Damit wollte man den Charakter der großen Wagen dezent unterstreichen und dem Mercury-Design zur eigenen Identität verhelfen. Zugegeben, der Chromschmuck harmonierte gut mit den lang gestreckten Linien der pontonförmigen Karosserieaufbauten. Er ließ vor allem das luxuriöse Six-passenger-Coupé zum Blickfang werden. Alle ab 1946 gebauten Ausführungen basierten übrigens auf einem modifizierten Chassis, das jetzt zusätzliche Verstrebungen erhielt und bei dem die vordere Starrachse einer Einzelradaufhängung weichen musste.

Modell	*Mercury Serie 9 CM*
Hubraum / Zylinder	*4185 ccm / 8 Zyl.*
PS / KW	*110 / 80,6*
Bauzeit	*1949 – 1950*
Stückzahl	---

Mercury Serie 9 CM

Je nach Karosserieaufbau zählten die großen Mercury-Wagen der späten 40er Jahre nicht gerade zu den handlichsten Wagen. Bei einem Radstand von 3000 mm betrug die Gesamtlänge etwa 5000 bis 5250 mm. Der hubraumstarke V8-Motor brachte seine Kraft normalerweise über ein manuelles Dreiganggetriebe nebst Schnellgang an die Hinterachse. Mehr Fahrkomfort brachte erst der Jahrgang 1951, als optional ein automatisches Getriebe (Mercury nannte es Merc-o-matic) angeboten wurde. Zu dieser Zeit überarbeitete man auch das Karosseriedesign. Die in den Augen der Kritiker viel zu barocken Linien mussten bald einer neuen kantigeren Stilrichtung weichen.

Modell	*Mercury Serie 9 CM*
Hubraum / Zylinder	*4185 ccm / 8 Zyl.*
PS / KW	*127 / 93*
Bauzeit	*1951 – 1952*
Stückzahl	---

Mercury Serie 9 CM

Mercury zählt zu den wenigen Automobilmarken, die nicht durch einen genialen Tüftler, sondern vielmehr aus den kaufmännischen Erwägungen eines Konzerns gegründet wurden. Als der erste Mercury-Wagen 1938 debütierte, sollte er die Lücke zwischen den Ford- und Lincoln-Modellen schließen – schon daraus ließ sich erkennen, dass es sich bei der Marke um einen hundertprozentigen Ableger des Hauses Ford handelte. Vom Raumangebot her rangierten die auf einem langen Radstand basierenden Mercury-Wagen über den Platzverhältnissen eines Fords. Dieses Prinzip kam auch bei den in der unmittelbaren Nachkriegszeit gebauten Modellvarianten zur Anwendung.

Modell	*Mercury Serie 9 CM*
Hubraum / Zylinder	*4185 ccm ccm / 8 Zyl.*
PS / KW	*110 / 80,6*
Bauzeit	*1949 – 1950*
Stückzahl	---

Mercury Turnpike Cruiser

1956 sorgte Mercury mit einem extravaganten Showcar namens Turnpike Cruiser für reichlich Aufmerksamkeit. Entgegen der Gewohnheit, Versuchsträger im Laufe der Zeit wieder in der Versenkung verschwinden zu lassen, realisierte man auf der Basis des Turnpike eine käufliche Variante. Der Wagen besaß einen an ein Coupé erinnernden Dachaufbau, der elektrisch versenkt werden konnte und den Turnpike somit in ein Cabriolet verwandelte. Das 5360 mm lange Luxusgefährt mit ungewöhnlich geformten Heckflossen wurde ausschließlich mit einem Automatikgetriebe geliefert. Zu den weiteren stilistischen Besonderheiten des 190 km/h schnellen Modells zählte eine sektorenförmig gestylte Instrumententafel.

Modell	*Mercury Turnpike Cruiser*
Hubraum / Zylinder	*6031 ccm / 8 Zyl.*
PS / KW	*294 / 215,3*
Bauzeit	*1957*
Stückzahl	---

Nash Ambassador

Die amerikanische Automobilmarke Nash entstand ursprünglich schon 1916 mit der Gründung der Firma Thomas B. Jeffery Co. Als Charles W. Nash – ehemals Generaldirektor bei General Motors – das Unternehmen 1918 übernahm und umstrukturierte, taufte er die Firmenbezeichnung in seinen Namen um. Nash fertigte Automobile, die konstruktiv ihrer Zeit weit voraus waren. Unter anderem brachte er mit dem Typ 600 schon in den frühen 40er Jahren einen Wagen mit vorderer Einzelradaufhängung auf den Markt, dessen Karosserie in selbsttragender Bauweise gefertigt wurde. Nach Ende des Zweiten Weltkriegs setzte Nash diese Tradition mit dem Typ Ambassador fort, bevor man sich 1952 von dem buckligen Karosseriedesign verabschiedete und wieder Stufenheckmodelle entwarf.

Modell	*Nash Ambassador*
Hubraum / Zylinder	*3855 ccm / 6 Zyl.*
PS / KW	*114 / 83,5*
Bauzeit	*1946 – 1948*
Stückzahl	---

Modell	*Oldsmobile 88*
Hubraum / Zylinder	*4974 ccm / 8 Zyl.*
PS / KW	*136 / 100*
Bauzeit	*1948 – 1949*
Stückzahl	---

Oldsmobile 88

Die in den General Motors-Konzern integrierte Marke Oldsmobile orientierte sich technisch hauptsächlich am Cadillac. Das bedeutete für die Käufer jede Menge Fortschritt und Innovation. Ein Oldsmobile zählte Ende der 30er Jahre zu den wenigen Wagen, die bereits mit einem automatischen Getriebe ausgerüstet wurden. Diese Annehmlichkeit gehörte auch zum Serienstandard des ab 1948 gebauten Modells 88. Mit dem Modelljahrgang 1948 führte Oldsmobile einen neuentwickelten V8-Motor mit obenliegender Nockenwelle ein, der den veralteten Reihenachtzylinder ablöste. Die Leistung, die der V8 an die starre Hinterachse brachte, reichte aus, um den über 5000 mm langen Typ 88 auf eine Höchstgeschwindigkeit von 145 km/h zu bringen.

Oldsmobile Starfire

Ende der 40er Jahre entwickelte Oldsmobile einen neuen V8-Motor, der in der Werbung unter dem Slogan „The Power Sensation of the Nation" gefeiert wurde. Viele nachfolgende Fahrzeuggenerationen profitierten von diesem Aggregat, das im Zuge der Modellpflege stets verfeinert wurde. Der neue V8 war aber nicht der einzige Grund zum Feiern: 1950 verließ der 3 000 000ste Oldsmobile die Werkshallen! Während er sich noch mit relativ rundlichen Formen zeigte, entwickelte man in der Stylingabteilung schon das Design kommender Jahrgänge. Gestreckte Linien nebst überdachten Scheinwerfern bestimmten bald das Aussehen. Ab 1955 entwickelte sich die Kühleröffnung unter Einbezug der verchromten Stoßstangen ebenfalls zu einem markanten Stilelement.

Modell	*Oldsmobile Starfire*
Hubraum / Zylinder	*5400 ccm / 8 Zyl.*
PS / KW	*230 / 168,5*
Bauzeit	*1955 – 1956*
Stückzahl	---

Packard Club Coupé

Der Name Packard wurde bereits seit den 20er Jahren in einem Atemzug zusammen mit Cadillac und Lincoln genannt, denn auch diese Marke hatte sich voll und ganz dem Bau von Luxuswagen verschrieben. Ende der 30er Jahre ergänzte man die Modellpalette durch ein paar preisgünstigere Versionen, doch das tat dem positiven Image keinen Abbruch. Fast hätte man schon das Produktionsjubiläum des 1 000 000ste Wagens feiern können – leider setzte der Ausbruch des Zweiten Weltkriegs dem Automobilbau vorerst ein Ende, weshalb bei Packard die Lizenzproduktion eines von Rolls-Royce entwickelten Flugzeugmotors begonnen wurde. Nach Kriegsende setze man die Tradition des Automobilbaus unverzüglich fort – der 1 000 000ste Wagen verließ 1947 die Werkshallen.

Modell	*Packard Club Coupé*
Hubraum / Zylinder	*4000 ccm / 6 Zyl.*
PS / KW	*70 / 51,3*
Bauzeit	*1940*
Stückzahl	---

Modell	*Packard Serie 23 Custom Eight*
Hubraum / Zylinder	*5834 ccm / 8 Zyl.*
PS / KW	*165 / 120,8*
Bauzeit	*1949 – 1959*
Stückzahl	*60*

Packard Serie 23 Custom Eight

1949 war das letzte Jahr, in dem Packard seine angestammte Rolle als Hersteller von Luxuswagen halten konnte. Als Cadillac ein Jahr später ein neues Automobildesign auf den Markt brachte, blieb Packard den rundlichen Aufbauten weiterhin treu – ein Fehler, wie sich bald herausstellen sollte. Da der Jahrgang 1949 gleichzeitig mit dem 50sten Firmenjubiläum zusammenfiel, stellte Packard von dem Baumuster der Serie 23 ein Jubiläumsmodell auf die Räder. Dieser 150 km/h schnelle Wagen, der auf einem Unterbau mit 3220 mm Radstand basierte, erhielt jede Menge interessanter Extras, unter anderem elektrische Fensterheber und ein elektrisch zu betätigendes Verdeck. Da die zahlreichen Elektromotoren viel Strom verbrauchten, wurde dieses Modell nicht mit einer 6-Volt-, sondern mit einer 8-Volt-Anlage (!) ausgestattet.

Plymouth P 12

1928 wurde von Chrysler die Schwestermarke Plymouth gegründet, um mit ihr leichter gegen Ford und Chevrolet antreten zu können. In den 30er Jahren führte Plymouth erstmals versenkte Bedienungsknöpfe am Armaturenbrett ein – damit war man in punkto Sicherheit den Mitbewerbern ein gutes Stück voraus. 1939 stellte Plymouth ein Luxuscabriolet auf die Räder, das als Besonderheit mit einem elektrisch zu betätigenden Verdeck ausgestattet wurde. Eine von diesem Wagen abgeleitete Version, der P 12, blieb noch bis 1942 im Programm. Die vielen Annehmlichkeiten, die es bereits in der Standardversion gab, schlugen sich natürlich auf den Preis nieder – wer mit einem P 12 liebäugelte, musste mindestens 970 Dollar auf den Tisch legen.

Modell	*Plymouth P 12*
Hubraum / Zylinder	*3299 ccm / 6 Zyl.*
PS / KW	*87 / 63,7*
Bauzeit	*1941 – 1942*
Stückzahl	*10 545*

Pontiac Chieftain

Die in den General Motors-Konzern integrierte Marke Pontiac nahm bereits Ende 1945 wieder den Automobilbau auf. Grundlage für die Motorisierung einer neuen Fahrzeuggeneration bildete ein V8-Aggregat, das im Laufe der Jahre zu immer mehr Leistung gebracht wurde. In den späten 50er Jahren, kurz vor der Ära der riesigen Heckflossen, entstand im kanadischen Montagewerk mit dem Modell Laurentian ein Wagen, der keinem dieser Trends folgte. Unter seiner Haube arbeitete nur ein Sechszylinder, denn Pontiac wollte versuchen, dieses Modell als Exportfahrzeug auf dem internationalen Markt zu etablieren. In Skandinavien stand dieses Auto unter der Modellbezeichnung Star Chief bei den Händlern, woanders nannte er sich Chieftain oder Pathfinder.

Modell	*Pontiac Chieftain*
Hubraum / Zylinder	*4278 ccm / 6 Zyl.*
PS / KW	*147 / 107,7*
Bauzeit	*1956 – 1958*
Stückzahl	---

Studebaker Champion

Einen Wagen mit der Modellbezeichnung Champion führte Studebaker bereits 1939 im Programm. Nach Kriegsende wurde die Tradition dieses Typs fortgesetzt, und zwar auf eine besondere Art und Weise: Industriedesigner Raymond Loewy hatte für ein neues Erscheinungsbild gesorgt, mit dem sich der Champion wohltuend vom Einheitsdesign amerikanischer Serienautomobile abhob. Die neue aerodynamisch gestylte Frontpartie war ab sofort ein unverkennbares Stilelement für den in zahlreichen Karosserievarianten gebauten Wagen. Studebaker führte den Champion in diversen Motorisierungsstufen. Neben der Bestückung mit einem Reihensechszylinder gab es als Alternative ein V8-Aggregat – alle Leistungsstufen von 86 bis 121 PS konnten somit abgedeckt werden.

Modell	*Studebaker Champion*
Hubraum / Zylinder	*2779 ccm / 6 Zyl.*
PS / KW	*86 / 63*
Bauzeit	*1947 – 1951*
Stückzahl	---

Dart (Goggomobil)

Als Exportfahrzeug erfreute sich das Goggomobil auch im Ausland zunehmender Beliebtheit. In Spanien wurde es sogar bis 1967 in Lizenz gebaut, und der Australier Bill Buckle stellte von 1957 bis 1961 in einer Auflage von etwa 700 Stück die vollkommen offene Version Dart auf die Räder. Buckle importierte lediglich das Chassis und entwarf zusammen mit dem Ingenieur Stan Brown einen sportlich aussehenden Aufbau aus Fiberglas, der an das Erscheinungsbild der Lotus-Sportwagen jener Epoche erinnert. Für die Windschutzscheibe griff man übrigens ins Ersatzteillager von Renault und bediente sich der Einfachheit halber des Heckfensters der Dauphine! Anfangs bestückte man den türlosen Wagen mit dem 300 ccm-Aggregat, spätere Modelle erhielten die 400 ccm-Version.

Modell	*Dart (Goggomobil)*
Hubraum / Zylinder	*395 ccm / 2 Zyl.*
PS / KW	*20 / 14,7*
Bauzeit	*1957 – 1961*
Stückzahl	*ca. 700*

Modell	*Holden 48/215*
Hubraum / Zylinder	*2170 ccm / 6 Zyl.*
PS / KW	*61 / 45*
Bauzeit	*1948 – 1953*
Stückzahl	---

Holden 48/215

Ende des Jahres 1948 rückte Australien endlich zu den Ländern auf, die eine eigene Automobilproduktion besaßen. Im nahe Melbourne gelegenen Fishermen's Bend liefen bei der Firma Holden ein paar Modelle von den Bändern, die sich optisch von den bisher montierten Fahrzeugen abhoben – Holden diente lange Zeit als Montagewerk für Vauxhall und den General Motors-Konzern. Die Eigenständigkeit des Holden-Designs war bei genauer Betrachtung ein gut gelungener Mix amerikanischer und britischer Linienführung. Die als Viertürer ausgelegten geräumigen Wagen entsprachen mit ihrem selbsttragenden Karosserieaufbau modernstem Standard. Außerdem verfügten sie über einzeln aufgehängte Vorderräder – die hinteren wurden an einer Starrachse geführt.

Holden Typ FJ

Als 1953 Holdens Typ 48/215 durch eine modernere und optisch attraktivere Baureihe abgelöst wurde, stand fest, dass auch die Nachfolger (FJ, FE und FC) weiterhin von dem zuverlässigen Sechszylindermotor angetrieben werden sollte. Der obengesteuerte Reihenmotor gewann dank höherer Verdichtung ein wenig an Leistung, doch in Wahrheit resultierte die Höchstgeschwindigkeit (130 km/h) aus dem geringeren Gesamtwicht des neuen Baumusters. Die Holden-Wagen verkauften sich gut – hatte man im ersten Produktionsjahr lediglich 7700 Einheiten auf die Räder gestellt, so lag die Jahresproduktion in den frühen 50er Jahren über 20 000 Stück und ein Ende der Steigerung war nicht abzusehen.

Modell	*Holden Typ FJ*
Hubraum / Zylinder	*2170 ccm / 6 Zyl.*
PS / KW	*65 / 47,6*
Bauzeit	*1953 – 1956*
Stückzahl	---

Holden Typ FE

Mit einer kaum wahrnehmbaren Überarbeitung einiger Karosseriedetails setzte Holden 1956 den Erfolg des Typs FJ fort: Das Modell FE, das nun in den Handel kam, war nicht nur in Australien, sondern auch auf Neuseeland zu haben, denn Holden begann, einen Exportmarkt aufzubauen. Im Unterschied zum alten FJ profitierte der neue FE von mehr Bodenfreiheit – das machte ihn fast zum universal einsetzbaren Automobil auf allen Pisten Australiens. Das 4470 mm lange Auto erhielt außerdem einen leicht verlängerten Radstand, was vor allem die hinten sitzenden Mitfahrer zu schätzen wussten: Es gab in dieser Klasse kaum einen vergleichbaren Wagen mit soviel Beinfreiheit.

Modell	*Holden Typ FE*
Hubraum / Zylinder	*2170 ccm / 6 Zyl.*
PS / KW	*71 / 52*
Bauzeit	*1956 – 1958*
Stückzahl	---

Datsun DC 3

Der Markenname Nissan kam bereits 1937 durch die Fusion von Datsun mit dem Jidosha Seizo-Konzern zustande, kurz bevor die japanischen Handelskontrollgesetze der Automobilindustrie einen größeren Entfaltungsspielraum einräumten. 1957, drei Jahre nach der ersten Tokioter Automobilausstellung, präsentierte sich Nissan dem internationalen Markt und stellte auf dem Automobilsalon in Los Angeles aus. Den Schwerpunkt der Modellpalette bildete dabei ein Kleinwagen, dem eine gewisse Ähnlichkeit mit dem Austin Seven nicht abzusprechen war. Neben einem niedlichen Sport-Zweisitzer entstanden unter anderem kleine Limousinen, Pick-Up und Tourer, die ausnahmslos von einem Vierzylindermotor (750 ccm) angetrieben wurden.

Modell	*Datsun DC 3*
Hubraum / Zylinder	*750 ccm / 4 Zyl.*
PS / KW	*18 / 13,2*
Bauzeit	*1952 – 1957*
Stückzahl	---

Datsun SP 211

1952 übernahm Nissan in einem Lizenzabkommen mit Austin den Bau der beiden Modelle Austin A 40 und A 50. Während die in Lizenz gefertigten Wagen in bescheidenen Stückzahlen vom Band liefen (1952 etwa 2500 Autos, im Jahre 1955 knapp 5000 Stück), befasste man sich gleichzeitig mit einer eigenen Konstruktion in Form eines modernen pontonförmigen Modells. Die kleine Limousine debütierte 1957 erneut in abgewandelter Form und zwar als flottes Cabriolet. Der Aufbau des offenen Zweitürers wurde übrigens aus Kunststoff gefertigt, während die geschlossenen Limousinen weiterhin über eine Ganzstahlkarosserie verfügten. Das ursprünglich SP 211 genannte Cabriolet wurde Ende der 50er Jahre einer leichten Modellpflege unterzogen und nannte sich ab 1960 Typ SPL 212.

Modell	*Datsun SP 211*
Hubraum / Zylinder	*1189 ccm / 4 Zyl.*
PS / KW	*48 PS*
Bauzeit	*1957 – 1961*
Stückzahl	----

Datsun Bluebird

Als sich Nissan 1957 in Los Angeles erstmals auf einer internationalen Automobilmesse präsentierte und zwei Jahre später in dieser Stadt die Nissan Motor Corporation USA gründete, stand zweifelsfrei fest, dass es nur noch eine Frage der Zeit war, bis die ersten Automobile in Richtung Europa verschifft werden sollten. Auch mit dem 1959 vorgestellten Modell Bluebird sorgte Nissan – nicht nur auf dem asiatischen Markt – für Schlagzeilen. Dieses etwa 4000 mm lange Auto mit einem Radstand von 2280 mm besaß eine vordere Einzelradaufhängung und wurde von einem Vierzylindermotor mobilisiert, dessen Kraft über ein Dreiganggetriebe an die Hinterachse gebracht wurde. Damals ahnte niemand, dass sich der Bluebird im Laufe der Jahrzehnte zu einem absoluten Bestseller entwickeln würde, der manch andere Autogeneration überleben sollte.

Modell	*Datsun Bluebird*
Hubraum / Zylinder	*988 ccm / 4 Zyl.*
PS / KW	*37 PS*
Bauzeit	*1959 – 1963*
Stückzahl	---

Mazda R 360

Erste Erfahrungen im Automobilbau sammelte Mazda – das Unternehmen ist aus der Firma Toyo Kogyo in Hiroshima hervorgegangen – bereits in den 30er Jahren. Man baute motorisierte Dreiräder und LKW, deren Produktion auch nach dem Zweiten Weltkrieg fortgeführt wurde. 1961 schloss Mazda einen Lizenzvertrag mit NSU, um den von Felix Wankel entwickelten Rotationskolbenmotor nutzen zu können. Der Mazda 110 S Cosmo, der als erstes Modell der großen japanischen Marke von dieser Technik profitierte, war zwar ab 1967 zu haben – allerdings nicht für den europäischen Markt. Bevor man den Cosmo auf die Räder stellte, bestand die Modellpalette hauptsächlich aus einem Reigen innovativer Kleinwagen wie dem Typ 360.

Modell	*Mazda R 360*
Hubraum / Zylinder	*356 ccm / 2 Zyl.*
PS / KW	*16 / 11,7*
Bauzeit	*1959 – 1963*
Stückzahl	---

Mazda R 360

Mit dem kleinen Mazda 360 – im Jahre 1959 zweifelsohne ein Star der Tokioter Motorshow – brachte Mazda einen Winzling auf den Markt, den die Japaner den so genannten „Kei-Automobilen" zuordneten. Im Land der aufgehenden Sonne hatte eigentlich jeder Automobilhersteller Keis im Programm; denn diese Wägelchen profitierten unter anderem von Steuervergünstigungen, sofern sie eine Gesamtlänge von 3000 mm und einen Motorhubraum von 360 ccm nicht überschritten. Der kleine 360, den es in vielen Karosserieausführungen gab, sah vor allem als Coupé R 360 besonders elegant aus. Der Wagen, der vom Design her ein wenig an den deutschen NSU-Prinz erinnert, war auf dem europäischen Markt nicht zu haben.

Modell	*Mazda R 360*
Hubraum / Zylinder	*356 ccm / 2 Zyl.*
PS / KW	*16 / 11,7*
Bauzeit	*1959 – 1963*
Stückzahl	---

Subaru 360

Modell	*Subaru 360*
Hubraum / Zylinder	*356 ccm / 2 Zyl.*
PS / KW	*16 / 11,7*
Bauzeit	*1958 – 1962*
Stückzahl	---

1972 brachte Subaru erstmals einen Personenwagen mit Allradantrieb auf den Markt, doch die Wurzeln des Automobilbaus gehen zurück bis 1954. Als sich auch in Japan neun Jahre nach Ende des Zweiten Weltkriegs eine Art Wirtschaftswunder abzeichnete, wollte Chefingenieur Shinroku Momose die Idee eines Kleinwagenprojekts realisieren, obwohl der gesetzliche Spielraum dafür eng gesteckt war: Kleinwagen durften höchstens 3000 mm lang sein und einen Motor mit maximal 360 ccm haben. Das zweite Handicap war der Preis – teurer als 400.000 Yen (damals etwa 1.152 US-$) durfte ein Kleinwagen nicht sein. Mit dem etwas größeren Subaru 450 – seine Gesamtlänge war auf 3120 mm angewachsen – stieg das Werk auch ins Exportgeschäft ein, und die speziell für asiatische Märkte bestimmten Wagen erhielten die Modellbezeichnung Maja.

ZIS 110

Auch wenn der ZIS 110 nur ein Nachbau des Packard war, orientierte er sich in fast jedem Detail am originalen Vorbild. So gab es hydraulische Fensterheber und ein dreifarbiges Tachoband, jede Menge Chromschmuck und natürlich eine Radioanlage. Der Innenraumbereich mit zusätzlich montierten Klappsitzen für Begleitpersonal konnte mittels einer elektrisch zu bedienenden Trennscheibe vom Fahrerabteil getrennt werden. Das wesentlichste Unterscheidungsmerkmal aber war die Umstellung sämtlicher Schrauben und Muttern auf das metrische Gewindesystem. ZIS baute dieses Auto auch in einer Taxiversion und als Krankenwagen. Die größte Rarität, ein offenes Cabriolet, blieb der Regierung vorbehalten, die es für Paradezwecke nutzte.

Modell	*ZIS 110*
Hubraum / Zylinder	*6003 ccm / 8 Zyl.*
PS / KW	*140 / 103*
Bauzeit	*1946 – 1956*
Stückzahl	---

ZIS 110

Als nach Ende des Zweiten Weltkriegs in der Sowjetunion mit dem Moskwitsch ein Automobil fürs Volk von den Bändern lief, bedeutete das nicht, das man hier auf große Repräsentationswagen verzichten wollte. Die Zavod Imeni Stalina, besser bekannt unter dem Kürzel ZIS, baute unter anderem nämlich einen amerikanischen Packard der 30er Jahre nach, der sich mit einem Radstand von 3760 mm bestens zum Repräsentieren eignete. Das 6000 mm lange Luxusauto namens ZIS 110 entstand angeblich auf Weisung Stalins. Es brachte fast 2,5 Tonnen Gewicht auf die Waage und wurde mit einem Achtzylindermotor bestückt. Die Kraft, die das Aggregat an die Hinterachse brachte reichte aus, um den ZIS auf 140 km/h zu beschleunigen.

Modell	*ZIS 110*
Hubraum / Zylinder	*6003 ccm / 8 Zyl.*
PS / KW	*140 / 103*
Bauzeit	*1946 – 1956*
Stückzahl	---

1960 – 1975
Zwischen Tradition und Faszination

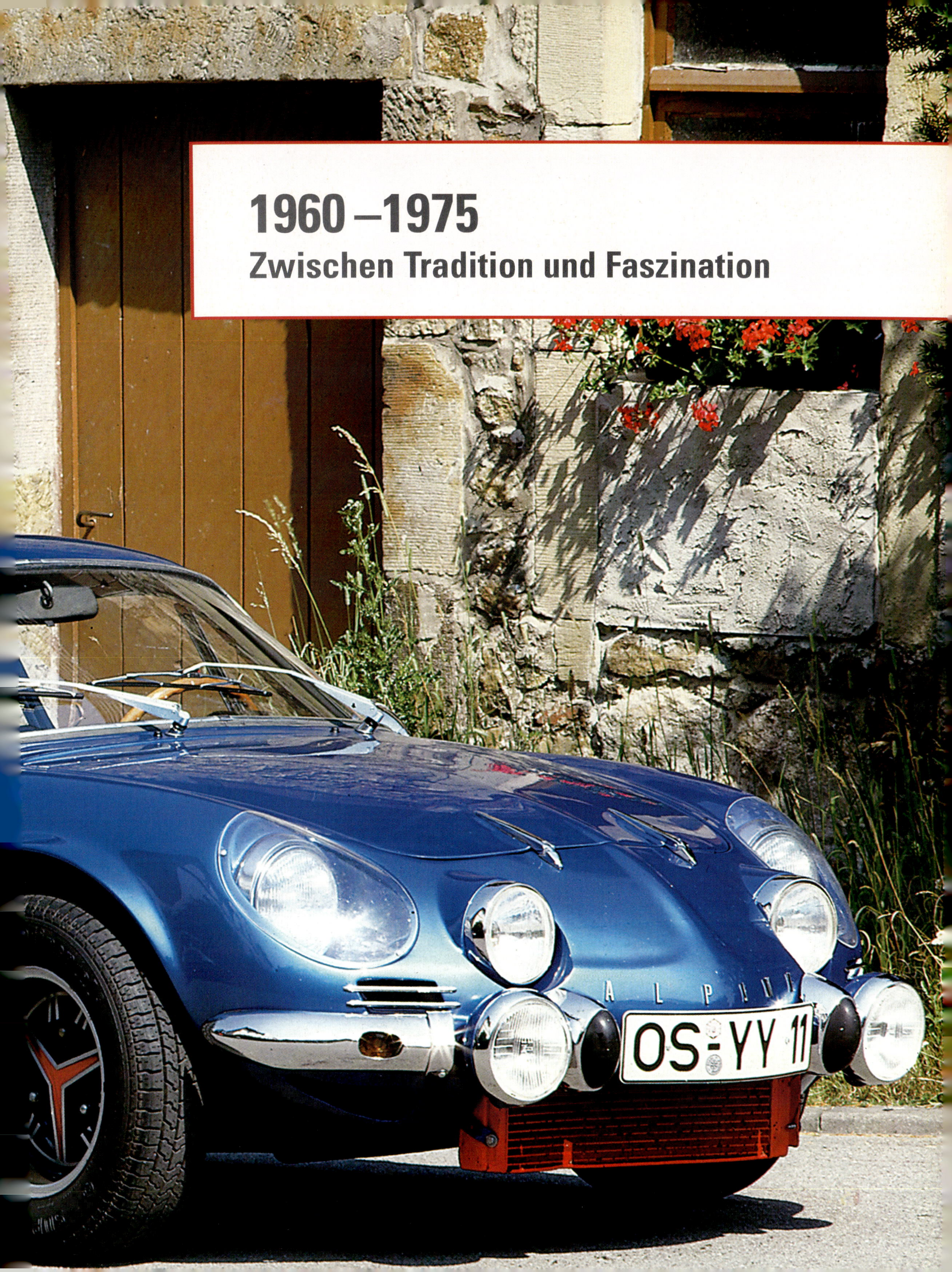

Zwischen Tradition und Faszination

Familienkutschen, Exoten und Sportwagen

Nachdem die Automobilindustrie vor allem in den westeuropäischen Ländern nach dem Zweiten Weltkrieg neue Impulse und neuen Auftrieb erhalten hatte, schien es zunächst, als würde jeder Hersteller noch lange Zeit von diesem Boom profitieren können. Dass die Wirklichkeit zu Beginn der 60er Jahre kurzfristig anders aussah, wollte man anfangs nicht wahrhaben: Erste Automobilmarken verschwanden von der Bildfläche. Meist waren das Hersteller von Kleinwagen. Für sie war die Zeit einfach abgelaufen, zumindest dann, wenn sie keine neuen Konzepte in der Schublade hatten und so dem Trend nach immer größer werdenden Modellen nicht folgen konnten. Andere Unternehmen hatten sich auf den Wechsel rechtzeitig vorbereitet und präsentierten – wie zum Beispiel BMW – Fahrzeuge der unteren Mittelklasse, um den Anschluss nicht zu verlieren. Wer noch weiter in die Zukunft blickte, fusionierte plötzlich mit anderen Marken oder übernahm schwächere Mitbewerber. Teilten sich zu Beginn der 60er Jahre in den führenden europäischen Produktionsländern noch etwa 20 Firmen den Markt, so waren es zehn Jahre später nur noch acht bedeutende Hersteller – Exoten ausgenommen. Neben dem kaufmännischen Umdenken bestimmten aber auch viele andere Vorzeichen die automobile Weiterentwicklung. In den USA, wo sich die Hersteller unter anderem strengen Abgasvorschriften beugen mussten, setzte man schon frühzeitig das aufkommende Sicherheitsdenken in die Tat um und konstruierte Automobile, die im Gegensatz zu den bis vor kurzem noch gebauten Heckflossen-Modellen recht bieder aussahen. Während sich der eine oder andere europäische Hersteller am amerikanischen Design orientierte, favorisierte die Mehrzahl aller Produzenten jedoch ein eigenständiges Design, das seiner jeweiligen Fahrzeugklasse gerecht werden sollte. So kam die hochgezogene hintere Gürtellinie – der Hüftschwung! – in Mode, und kleinere Kompaktwagen bereicherten das Straßenbild ebenso wie erste Heckklappen- bzw. Fließheckversionen. Auch Cabriolets gab es noch reichlich – zumindest solche, die „schön" aussahen und noch keinen Überrollbügel besaßen. Zu den besonderen Highlights aller Automobilausstellungen gehörte natürlich die Klasse der Coupés. Allen Nationen voran dominierten hier die Italiener. Ihr Design war (und ist noch immer) mustergültig, und um das Sportwagenfeeling zu unterstreichen, röhrte nicht selten ein Zwölfzylinder-Aggregat unter der Haube. Der großvolumige V8-Motor hingegen blieb weiterhin eine Domäne der USA-Wagen, während man auf der britischen Insel am liebsten

bissige Sechszylinder-Aggregate favorisierte. In den 60er Jahren hielt außerdem der Frontantrieb verstärkt Einzug, und man lernte auch die Vorzüge eines Automatikgetriebes zu schätzen – auf diesem Gebiet hatten bereits die Amerikaner reichlich Erfahrung gesammelt. Jene Nation gab übrigens nach wie vor den Ton in der Automobilproduktion an: Hier teilten sich die drei Großen (General Motors, Ford und Chrysler) den Markt auf, während in Deutschland – dem wichtigsten europäischen Produzenten – ein Vielfaches an Marken den Handel bereicherte. Der allgemein positive Ruf aller deutschen Automobilhersteller trug zu guten Exportergebnissen bei, während in Italien die Vorherrschaft von Fiat die Richtung vorgab. Als in Europa die automobile Welt Ende der 60er Jahre noch in Ordnung zu sein schien, bereitete Japan still und leise den Durchbruch fernöstlicher Autos vor. Die frühen 70er Jahre, eine Zeit, in der die Kaufkraft ständig wuchs, schrieben die Automobilgeschichte der 60er noch für einige Zeit fort. Das Straßennetz wurde ständig erweitert, neue Autobahnen sorgten für kürzer werdende Entfernungen, und der Wunsch nach mehr PS und schnelleren Autos stand nach wie vor ganz oben auf der Wunschliste jedes Einzelnen: Noch dachte niemand an Waldsterben oder Luftverschmutzung, bis uns Ölkrise und Sonntagsfahrverbot wieder auf den Boden der Tatsachen zurückholten.

Audi 60 L

Mit dem Bau neuer Produktionsanlagen bot die Auto Union 1958 in Ingolstadt zwar 5700 Menschen Arbeit, doch die Zeit des Zweitaktmotors ging allmählich zu Ende. Um der sinkenden Nachfrage nach diesem Konzept entgegenzuwirken, wurde beschlossen, dem DKW F102 einen modernen Motor zu spendieren. Dies geschah 1965, als man die Karosserie des F102 an Front und Heck leicht modifizierte und mit einem 1,7-Liter-Vierzylinder-Viertaktmotor kombinierte. Um den gravierenden Unterschied zum alten DKW nach außen hin deutlich zu machen, wählte man für das neue Modell den Namen Audi, denn die Rechte an dieser Marke lagen historisch betrachtet nach wie vor bei der Auto Union. Ein guter Entschluss – der neue Audi stieß auf großes Interesse und bildete den Grundstock für eine neue erfolgreiche Modellpalette.

Modell	*Audi 60 L*
Hubraum / Zylinder	*1496 ccm / 4 Zyl.*
PS / KW	*55 / 40,3*
Bauzeit	*1968 – 1972*
Stückzahl	---

Audi 100 GL

Als Weiterentwicklung des Audi-Konzepts der 60er Jahre präsentierte man Ende 1968 der Öffentlichkeit den neuen Audi 100. Für die Fachpresse war das wesentliche Hauptmerkmal natürlich wieder der Frontantrieb, weshalb gelegentlich einige Fahrzeuge für Presseaufnahmen werbewirksam in winterlicher Umgebung fotografiert wurden. Der Innenraum des Audi 100 bot überraschend viel Platz, und um den Komfort noch zu steigern, gab es den Wagen alternativ als Viertürer, obwohl die zweitürige Karosserievariante eindeutig harmonischer und eleganter wirkte als der Viertürer. Als die Produktion begann, lief zuerst übrigens der Viertürer vom Band – Fertigungsbeginn für die zweitürige Version war der Oktober 1969.

Modell	*Audi 100 GL*
Hubraum / Zylinder	*1871 ccm / 4 Zyl.*
PS / KW	*112 / 82*
Bauzeit	*1971 – 1974*
Stückzahl	---

Audi 100 Coupé

Als Audis neues Erfolgsmodell, der Typ 100, zwei Jahre Zeit hatte, sich auf dem Markt zu etablieren, kursierten längst Gerüchte, dass man dem Vier- bzw. Zweitürer noch ein elegantes großes Coupé an die Seite stellen wollte. Die dementsprechende Studie präsentierte das Werk bereits im September 1969 zur Internationalen Automobilausstellung in Frankfurt, doch bis zum Serienanlauf und damit zum Abrunden der Modellpalette nach oben hin sollte noch ein Jahr vergehen – kleinstes Modell im Konzern war zu dieser Zeit übrigens noch der NSU Prinz 4! Für viele war dieser Wagen eine perfekte Überraschung: Das schnittige Fastbackcoupé mit vier komfortablen Sitzen basierte von der Technik her auf einem verkürzten Unterbau der Limousine.

Modell	*Audi 100 Coupé*
Hubraum / Zylinder	*1871 ccm / 4 Zyl.*
PS / KW	*115 / 84,2*
Bauzeit	*1970 – 1976*
Stückzahl	*30 680*

Borgward P 100

Carl F. W. Borgward realisierte mit dem P 100 ein Automobil, das seinen persönlichen Vorstellungen entsprach und aufgrund der Ausstattung in der Kategorie der Oberklasse zuhause sein sollte. Der Sechszylindermotor, der den 4720 mm langen Viertürer antrieb und auf 160 km/h beschleunigte, hatte sich bereits in dem Vorgängermodell (Typ 2400) bestens bewährt. Als der Wagen 1960 der Fachpresse vorgestellt wurde, war er das erste Automobil deutscher Produktion, das eine Luftfederung besaß! Als weitere Besonderheit sollte man den P 100 mit einem in England entwickelten Automatikgetriebe ordern können. Der Absatz des Wagens lief zwar gut an, bis 1961 der Konkurs und somit der Zusammenbruch des Borgward-Imperiums näher rückte.

Modell	*Borgward P 100*
Hubraum / Zylinder	*2240 ccm / 6 Zyl.*
PS / KW	*100 / 73,3*
Bauzeit	*1960 – 1961*
Stückzahl	*2587*

BMW 3200 CS Bertone

Nach der Präsentation der Modelle 503 und 507 gab es auf dem Sektor sportlich angehauchter Fahrzeuge bei BMW erst einmal eine Pause, bis der Aufsichtsrat 1961 den Bau eines größeren leistungsstarken Coupés beschloss. Der Wagen sollte mit einem V8-Motor bestückt werden und einen Kundenkreis erreichen, der viel Wert auf Exklusivität legte. Als der 3200 CS Bertone genannte Wagen auf der Frankfurter IAA vorgestellt wurde, stand er – anders als erwartet – ganz im Schatten der so genannten „Neuen Klasse". Die Fachpresse nahm vom 3200 CS nur wenig Notiz – da half es auch nichts, dass das Design am Zeichenbrett des italienischen Meisterkarossiers Nuccio Bertone entwickelt wurde. BMW strich den nur 587 Mal gebauten Wagen (darunter auch ein Cabriolet) 1965 wieder aus dem Programm.

Modell	*BMW 3200 CS Bertone*
Hubraum / Zylinder	*3168 ccm / 8 Zyl.*
PS / KW	*160 / 117,2*
Bauzeit	*1961 – 1956*
Stückzahl	*587*

BMW 1500

Nachdem in BMWs Modellpalette der Nachkriegszeit lange Zeit nur Luxuslimousinen und Kleinwagen die führende Rolle spielten, erschien 1961 mit dem BMW 1500 – man sprach von der „Neuen Klasse" – endlich ein wieder ein Fahrzeug, das in der automobilen Mittelklasse positioniert werden durfte. Die viertürige modern gestylte Limousine ging ab Februar 1962 in Serie und wurde vom Publikum begeistert aufgenommen. BMW konnte schon im ersten Produktionsjahr 20 000 Wagen absetzen, und dieser Trend hielt an. Das Modell 1500 musste Ende 1964 bereits einem verbesserten Nachfolger Platz machen. Dem Wunsch nach mehr Leistung entsprechend lancierte BMW noch eine Alternative mit 1,8-Liter-Motor, doch das sollte erst der Beginn einer neuen automobilen Karriere sein.

Modell	*BMW 1500*
Hubraum / Zylinder	*1499 ccm / 4 Zyl.*
PS / KW	*80 / 58,6*
Bauzeit	*1962 – 1966*
Stückzahl	---

BMW 1600

Mit der so genannten „Neuen Klasse" präsentierte BMW 1961 einen viertürigen Mittelklassewagen. Um das Programmangebot nach unten hin abzurunden, stellte man dieser Baureihe 1966 einen kleineren Zweitürer, den BMW 1600, an die Seite. Der Wagen, der anfangs nur wenig Beachtung fand, entwickelte sich jedoch bald zu einem Bestseller. BMW ließ dem 1600er reichlich Modellpflege angedeihen und brachte das extrem handliche Fahrzeug in immer mehr Versionen auf den Markt. Zweieinhalb Jahre nach Produktionsbeginn stand schon eine 120 PS starke Topversion (Typ 2002 ti) bei den Händlern, doch es sollten noch bissigere Varianten folgen. Als die erfolgreiche Baureihe 1975 allmählich der ersten „Dreier-Serie" Platz machen musste, kam noch schnell eine bis 1977 gefertigte Sparversion (Typ 1502) auf den Markt.

Modell	*BMW 1600*
Hubraum / Zylinder	*1573 ccm / 4 Zyl.*
PS / KW	*75 / 54,9*
Bauzeit	*1966 – 1977*
Stückzahl	*753 000*

BMW 1600 Cabriolet

Ein Jahr nach dem erfolgreichen Start des neuen BMW 1600 zeigten die Bayerischen Motorenwerke 1967 auf dem Stand der Frankfurter IAA ein flottes Cabriolet, dessen Aufbau – ohne störenden Überrollbügel! – von der Stuttgarter Karosserieschmiede Baur entwickelt wurde. Von der Technik her gab es gegenüber der Limousine keine nennenswerten Unterschiede. Schön sah der offene Wagen ja aus, aber bei einem Anschaffungspreis ab 12.000 Mark grenzte sich der Käuferpreis zusehends ein, was die geringe Stückzahl des Modells erklärt. Es gab aber noch andere Probleme: Der Unterbau des Cabriolets war zu instabil. Eine zweite, 1971 aufgelegte Serie, konnte dieses Problem zwar lösen, doch noch immer machte ein weiterer Schwachpunkt – mangelnder Korrosionsschutz – diesem Modell arg zu schaffen.

Modell	*BMW 1600 Cabriolet*
Hubraum / Zylinder	*1573 ccm / 4 Zyl.*
PS / KW	*75 / 54,9*
Bauzeit	*1967 – 1971*
Stückzahl	*1938*

BMW 3.0 CSi

Mit der Präsentation des BMW 2000 C im Jahre 1965 nahmen die Bayerischen Motorenwerke ein elegantes Coupé ins Programm, das zwar im Hause entwickelt, aber außer Haus gebaut wurde – bei den renommierten Karmann-Werken in Osnabrück. Die Urversion dieses flotten Wagens musste sich schon bald der Modellpflege beugen. Als das Coupé ab 1968 zum 2800 CS herangereift war, hatte es dank der verlängerten Motorhaube und anderen optischen Retuschen eine noch ausgeglichenere Form erhalten. Der ab 1971 gefertigte 3.0 CSi wurde schließlich mit einem durchzugskräftigen Einspritzmotor bestückt – seine an die Hinterachse gebrachte Leistung (200 PS) beschleunigte den eleganten CSi bis auf 220 km/h.

Modell	*BMW 3.0 CSi*
Hubraum / Zylinder	*2985 ccm / 6 Zyl.*
PS / KW	*220 / 161,2*
Bauzeit	*1971 – 1975*
Stückzahl	---

BMW 2002 Cabriolet

Es war bekannt, dass die erste Auflage des Vollcabriolets BMW 1600 mit erheblichen fahrwerktechnischen Problemen zu kämpfen hatte. Als das Modell im Jahre 1971 – es war inzwischen zum BMW 2002 herangereift – erneut in einer offenen Version aufgelegt wurde, schien das Problem der Verwindung gelöst zu sein. Der 2002 profitierte nämlich von einem kräftigen Überrollbügel, der dem Wagen nicht nur zusätzliche Stabilität, sondern auch jede Menge Sicherheit verlieh. Schön sah die von der Karosseriefirma Baur entwickelte Lösung in den Augen der Cabriofreunde allerdings nicht aus. Dieser „Henkel", der bald auch das Aussehen vieler anderer Cabriolets beeinflusste, wurde dennoch von den Käufern toleriert, wie letztendlich die Verkaufszahlen bewiesen.

Modell	*BMW 2002 Cabriolet*
Hubraum / Zylinder	*1990 ccm / 4 Zyl.*
PS / KW	*100 / 73,3*
Bauzeit	*1971 – 1975*
Stückzahl	*2272*

Ford 17 M-P3

Nach dem ständigen Designwechsel in Fords Modellprogramm der 50er Jahre eröffnete man das nächste Jahrzehnt mit der „Linie der Vernunft". Schon kurze Zeit nach seinem Debüt nannte der Volksmund den neuen 17 M (werksintern P3) der Linienführung wegen nur noch „Badewanne". Ford konnte den 17 M von Anfang an erfolgreich auf dem Markt positionieren und belegte mit diesem Modell laut Zulassungsstatistik den Platz vor Opel! Neben der zweitürigen Version lief der P3 auch als Viertürer und Kombi vom Band. Zum Schwerpunkt der Modellpflege zählte hauptsächlich das regelmäßige Anheben der Leistungsabgabe. Von einer anderen Verbesserung profitierten die ab Sommer 1962 gebauten Wagen – sie erhielten serienmäßig vordere Scheibenbremsen.

Modell	*Ford 17 M – P3*
Hubraum / Zylinder	*1498 ccm / 4 Zyl.*
PS / KW	*55 / 40,3*
Bauzeit	*1960 – 1964*
Stückzahl	*ca. 670 000*

Ford Capri 2000 GT

Eigentlich sollten Pressefotos über den neuen Ford Capri erst ab Februar 1969 gezeigt werden, doch die Sensationslust um diesen Wagen hatte den Schleier schon zwei Monate früher gelüftet. Ohne Zweifel war es Ford gelungen, mit diesem Wagen neue Käuferschichten zu gewinnen. Vor allem bei jüngeren Fahrern, die etwas Sportliches zu einem attraktiven Preis suchten, stand das Gemeinschaftswerk der europäischen Ford-Ableger besonders hoch im Kurs. Die für die EWG-Länder bestimmten Wagen liefen übrigens bei Ford Deutschland vom Band. Mit einer mehr als gut sortierten Modellpalette (es gab sechs Ausstattungsvarianten!) arbeitete sich das flotte Coupé zielstrebig nach oben, bis der Capri I – er war der schönste von allen – 1974 der zweiten Generation Platz machen musste.

Modell	*Ford Capri 2000 GT*
Hubraum / Zylinder	*1988 ccm / 6 Zyl.*
PS / KW	*90 / 65,9*
Bauzeit	*1969 – 1972*
Stückzahl	*ca. 784 000*

BMW 1600 GT

Der Dingolfinger Unternehmer Hans Glas, der vor allem durch sein legendäres Goggomobil berühmt wurde, baute nicht nur Kleinwagen, sondern auch Modelle der Mittelklasse, wie die Typen 1300 GT und 1700 GT. Die flotten Coupés, deren Karosserie der italienische Designer Pietro Frua entworfen hatte, blieben bis 1966 im Programm – jenem Jahr, in dem BMW das angeschlagene Unternehmen übernommen hatte. Unter der Regie von BMW wurde der 1700 GT noch eine Weile weitergebaut, allerdings musste der Wagen einige Änderungen über sich ergehen lassen: So wurde einerseits die Frontpartie leicht modifiziert, um den Wagen als BMW identifizieren zu können – andererseits sollte das Coupé nun mit dem Motor des BMW 1600 ti bestückt werden, woraus die die Umbenennung in BMW 1600 GT resultiert.

Modell	*BMW 1600 GT*
Hubraum / Zylinder	*1573 ccm / 4 Zyl.*
PS / KW	*105 / 76,9*
Bauzeit	*1966 – 1968*
Stückzahl	*1255*

Glas 2600 V8 / BMW 3000 V8

Das Goggomobil – ein typischer Kleinwagen der 50er Jahre – machte den Automobilbauer Hans Glas zweifelsohne berühmt. Der Erfolg dieses Wagens ermutigte Glas, seine Modellpalette ständig zu erweitern. Den Kleinwagen folgten bald fortschrittliche Mittelklassewagen und ein aufregendes Oberklasse-Modell. Der 1965 präsentierte Glas V8 war ein luxuriöses Coupé, das von einem V8-Motor mobilisiert wurde. Die Maschine entstand nach dem Baukastenprinzip und basierte auf zwei zusammengekoppelten 1,3-Liter-Aggregaten. Die Linienführung des 200 km/h schnellen Wagens hatte der Italiener Pietro Frua entworfen. 1966, nach dem Zusammenbruch der Glas-Werke und der Übernahme durch BMW, wurde das Coupé unter der Regie des neuen Hausherrn noch eine Weile in leicht modifizierter Form weitergebaut.

Modell	*BMW 3000 V8*
Hubraum / Zylinder	*2982 ccm / 8 Zyl.*
PS / KW	*160 / 117,2*
Bauzeit	*1966 – 1968*
Stückzahl	*698*

Melkus 1000 RS

Neben der Einheitsware Trabant und Wartburg gibt es in der Automobilgeschichte der ehemaligen DDR noch etwas ganz Besonderes, und zwar den Melkus. Dieser Wagen mit extrem sportlichem Charakter wurde von dem Dresdner Heinz Melkus entwickelt und konnte auf den Rennstrecken einen Sieg nach dem anderen verbuchen. Um ein solches Projekt in der DDR überhaupt realisieren zu können, musste Melkus sein Vorhaben begründen, weshalb er den Antrag stellte, zu Ehren des 20. Jahrestages der DDR einen Rennsportwagen bauen zu dürfen. Das machte Eindruck und Melkus zum Automobilbauer. Die Wagen ausschließlich an Enthusiasten verteilen durfte er freilich nicht – denn Personen „von Rang und Namen" mussten bevorzugt behandelt werden.

Modell	*Melkus 1000 RS*
Hubraum / Zylinder	*991 ccm / 3 Zyl.*
PS / KW	*70 / 51,3*
Bauzeit	*1968 – 1980*
Stückzahl	*101*

Mercedes-Benz 230 SL

Als Nachfolger des legendären 300 SL stand 1963 zuerst der 230 SL auf dem Genfer Automobilsalon. Das eingangs noch ungewohnte Erscheinungsbild des Sportwagens hob den 230 SL sofort von anderen Fahrzeugen dieser Klasse ab. Sein dominierendes Designmerkmal war ein abnehmbares Coupé-Dach, das sich außerhalb jeglicher Norm zur Fahrzeugmitte hin absenkte. „Pagode" taufte der Volksmund den Sportwagen treffend, weil das Aufsetzdach an die japanische Tempelarchitektur erinnerte. Es sprach sich schnell herum, dass die zweite Generation der SL-Reihe ein wirklicher Reisewagen war – seine Fahrleistungen hatten aber keineswegs zahmen Charakter: 150 PS aus dem 2,3-Liter-Sechszylinder beschleunigten den 230 SL auf 200 km/h.

Modell	*Mercedes-Benz 230 SL*
Hubraum / Zylinder	*2306 ccm / 6 Zyl.*
PS / KW	*150 / 109,9*
Bauzeit	*1963 – 1971*
Stückzahl	*48 912*

Mercedes-Benz 230 SL

Mercedes-Benz sorgte auch bei der zweiten SL-Generation für viele technische Highlights, die schon bald für andere Hersteller wegweisend waren. Als Sensation galt beispielsweise das mühelos von Hand zu bedienende Verdeck – „das schnellste Verdeck der Welt", wie ein Fachmagazin schrieb. Innovative Elemente verwendeten die Mercedes-Ingenieure auch bei der Sicherheitstechnik: Der 230 SL war der weltweit erste Sportwagen, der über eine „Sicherheitskarosserie mit formfester Fahrgastzelle und Knautschzonen vorn und hinten" verfügte. Als Trendsetter machte sich der 230 SL auch einen Namen, weil er Deutschlands erster Personenwagen mit serienmäßiger Drehstrom-Lichtmaschine und Europas erster Sportwagen mit Automatikgetriebe (Extraausstattung) war.

Modell	*Mercedes-Benz 230 SL*
Hubraum / Zylinder	*2306 ccm / 6 Zyl.*
PS / KW	*150 / 109,9*
Bauzeit	*1963 – 1971*
Stückzahl	*48 219*

Mercedes-Benz 230 SL

Auch in den folgenden Jahren ging der Fortschritt am 230 SL nicht vorbei. Anfang 1967 wurde er vom gleich starken 250 SL abgelöst, der einen raffinierten Ölkühler bekam, der auch vom Kühlwasser durchflossen wurde. Von dieser Variante wurden 5196 Exemplare produziert. Elf Monate später, im Jahre 1967, folgte der 280 SL mit größerer Bohrung und 170 PS Leistung bei 5750 U/min. Alle SL-Modelle der zweiten Generation wurden vor allem wieder in den USA ein Hit: Im letzten Produktionsjahr wurde fast 70 Prozent der Wagen exportiert – gegenüber anderen europäischen Sportwagen hatte der SL für Amerikaner einen unschätzbaren Vorzug: Er war mit einer hervorragenden Servolenkung und Automatikgetriebe zu haben – ganz nach amerikanischem Geschmack.

Modell	*Mercedes-Benz 230 SL*
Hubraum / Zylinder	*2306 ccm / 6 Zyl.*
PS / KW	*150 / 109,9*
Bauzeit	*1963 – 1971*
Stückzahl	*48 219*

Mercedes-Benz 350 SL

In der dritten Generation der SL-Baureihe, die 1971 die Nachfolge der „Pagode" antrat, profitierte der Kunde von einer bisher ungewohnten Modellvielfalt. Das Spektrum reichte vom 280 SL mit Reihensechszylinder bis hin zum 560 SL mit V8-Motor. Im Laufe der Zeit gab es insgesamt acht verschiedene Motorisierungen, die zwischen 177 und 245 PS leisteten – das ermöglichte eine Höchstgeschwindigkeit von 200 km/h bis 225 km/h. Die Zeitspanne, die diese SL-Generation überdauerte, war ungewöhnlich lang. Mit 18 Jahren ununterbrochener Produktionszeit war das intern R 107 genannte Baumuster der am längsten produzierte Personenwagen der Marke Mercedes-Benz. Bis 1989 wurde er 237287-mal verkauft. Die Frage, was der R 107 zur SL-Legende beitrug, ist nicht einfach zu beantworten. Als Zweisitzer mit nahezu 1,6 Tonnen Gewicht erschien er auf den ersten Blick weder sportlich (S) noch leicht (L). Dafür attestierten ihm die Fachleute ein dynamisches Erscheinungsbild.

Modell	*Mercedes-Benz 350 SL*
Hubraum / Zylinder	*3499 ccm / 8 Zyl.*
PS / KW	*177 / 129,7*
Bauzeit	*1971 – 1989*
Stückzahl	*237 287*

Mercedes-Benz 230 S

1959 verkaufte Daimler-Benz erstmals mehr als 100 000 Personenwagen. Dass diese Zahl erreicht und künftig nie wieder unterschritten wurde, lag unter anderem an dem einschlagenden Erfolg einer neuen Oberklasse-Limousine, die Daimler-Benz im selben Jahr vorstellte: Es waren die 220er-Modelle der Baureihe W 111. Aufgrund ihrer Heckpartie, die mit dezenten „Flossen" Anklänge an amerikanische Fahrzeuge jener Epoche zeigte, entstand im Volksmund schnell die Bezeichnung „Heckflosse". Die geräumigen Limousinen wurden ausschließlich mit Sechszylindermotoren angeboten. Im Einführungsjahr standen erst der Typ 220 (95 PS), der 220 S (110 PS) und die Einspritzversion 220 SE (120 PS) bei den Händlern zur Probefahrt bereit.

Modell	*Mercedes-Benz 230 S*
Hubraum / Zylinder	*2306 ccm / 6 Zyl.*
PS / KW	*120 / 87,9*
Bauzeit	*1965 – 1967*
Stückzahl	---

Mercedes-Benz 230 S

Das sensationelle an der so genannten Heckflosse war die Karosserie. Mit ihr ging Mercedes-Benz nicht nur optisch neue Wege, sondern auch konstruktiv. Weltweit erstmalig kam hier die von Daimler-Benz entwickelte Sicherheitskarosserie zum Einsatz. Das patentierte Konzept der definierten Knautschzonen in Verbindung mit einer hochfesten Fahrgastzelle und einem „entschärften" Innenraum brachte den Durchbruch für die passive Sicherheit. 1961 erweiterte Mercedes-Benz die Baureihe nicht nur um ein Coupé und ein Cabriolet, sondern führte auch das Spitzenmodell 300 SE mit 160 PS und Luftfederung ein. Im selben Jahr wurde die Heckflossen-Modelle doch noch durch Vierzylindertypen (190 und 190 D bzw. später 200 und 200 D) ergänzt. 1965 erfuhr die Heckflosse ihre letzte Modellpflege, bevor die Produktion dieses Baumusters 1968 eingestellt wurde.

Modell	*Mercedes-Benz 230 S*
Hubraum / Zylinder	*2306 ccm / 6 Zyl.*
PS / KW	*120 / 87,9*
Bauzeit	*1965 – 1967*
Stückzahl	---

Mercedes-Benz 600

Schon Mitte der 50er Jahre machte sich Daimler-Benz Gedanken darüber, wie wohl ein Nachfolger für den großen Mercedes-Benz 300 „Adenauer" aussehen könnte. Man wollte sich für die Entwicklung einer neuen Luxuslimousine ganz bewusst viel Zeit nehmen; denn das Auto, das irgendwann in die Fußstapfen des 300er zu treten hatte, musste alles bisher bekannte in den Schatten stellen. Im September 1963 hatten die Spekulationen der Fachpresse endlich ein Ende: Daimler-Benz präsentierte anlässlich der Frankfurter IAA den großen Mercedes-Benz 600. Laut Pressemitteilung sollte der Luxuswagen in erster Linie den „besonderen Verpflichtungen und Aufgaben führender Persönlichkeiten aus Politik, Wirtschaft, Wissenschaft und Kultur" gerecht werden.

Modell	*Mercedes-Benz 600*
Hubraum / Zylinder	*6330 ccm / 8 Zyl.*
PS / KW	*250 / 183,2*
Bauzeit	*1964 – 1981*
Stückzahl	*2677*

NSU Ro 80

Das „Auto des Jahres 1967", der mit einem Zweischeiben-Wankelmotor ausgestattete Ro 80, setzte neue Maßstäbe in Straßenlage, Sicherheit, Komfort und Leistung. Mit der futuristischen und keilförmigen Karosserielinie wurde ein Design kreiert, das in vieler Hinsicht auch noch heute aktuell anmutet. Der Wankelmotor, der erheblich weniger Bauteile als der herkömmliche Hubmotor benötigte und sich durch geringeres Antriebsgewicht, kleineren Raumbedarf und vibrationsarmen Lauf auszeichnete, machte das Design des Ro 80 mit der flachen Motorhaube erst möglich. Letztlich fiel der Ro 80 der Ölkrise zum Opfer. Die Forderungen nach sparsamem Umgang mit Energie und nach kleineren Autos ließen die Produktion des NSU Ro 80 schließlich nicht mehr wirtschaftlich erscheinen.

Modell	*NSU Ro 80*
Hubraum	*2 x 497 ccm*
PS / KW	*115 / 84,2*
Bauzeit	*1967 – 1977*
Stückzahl	*37 398*

Mercedes-Benz 600

Als das neue Flaggschiff der Daimler-Benz AG 1964 in Produktion ging, konnten Kunden zwischen zwei Radständen (normal oder die lange Pullmann-Version) wählen und somit die Größe ihres 600er bestimmen. Die Bauzeit der Fahrzeuge lag aufgrund der enormen Handarbeit bei mindestens 13 Wochen. Wer eine Pullmann-Variante orderte, musste sogar 18 Wochen einkalkulieren, die Herstellung des Landaulets betrug 26 Wochen! Unabhängig vom Karosserieaufbau arbeitete unter der Haube des Luxuswagens ein V8-Motor mit 6,3 Litern Hubraum. Die Kraftübertragung zur Hinterachse erfolgte mittels einer Vierstufen-Automatik. Um den Fahrkomfort zu steigern, profitierte der 600 von einer Luftfederung mit Niveauregulierung. Zum Produktionsbeginn kostete ein 600 in Normalversion etwa 56.000 Mark – zum Produktionsende im Jahre 1981 war unter 158.000 Mark nichts mehr zu machen.

Modell	*Mercedes-Benz 600*
Hubraum / Zylinder	*6330 ccm / 8 Zyl.*
PS / KW	*250 / 183,1*
Bauzeit	*1964 – 1981*
Stückzahl	*2677*

Modell	*NSU Wankel Spider*
Hubraum	*1 x 500 ccm*
PS / KW	*50 / 36,6*
Bauzeit	*1964 – 1967*
Stückzahl	*2375*

NSU Wankel Spider

1963 debütierte bei NSU das erste Automobil der Welt, das mit einem Wankelmotor bestückt wurde. Um einen passenden Träger für das neuartige Motorenkonzept zu finden, verwandelte man den NSU Sport Prinz zum Cabriolet, fügte einen Wasserkühler hinzu und verfeinerte zwecks besserer Straßenlage die Pendelachse zur Schräglenker-Hinterachse. Obwohl sich das Ergebnis sehen lassen konnte, war das hypermoderne Konzept für Normalverbraucher zu revolutionär. Auch gut illustriertes Prospektmaterial, welches das technische Konzept veranschaulichte, sorgte statt für Klarheit nur für Verwirrung; denn: Der Motor – im Prinzip eine an das Getriebe angeflanschte Scheibe – verbarg sich unter der Klappe des hinteren Gepäckraums, und den Kühler positionierte man unter der vorderen Haube dort, wo man normalerweise die gesamte Technik vermutet.

Opel Kapitän P 2.6

Zweifelsohne gab ein von amerikanischen Automobilen her bekanntes Stylingelement, die so genannte Panoramascheibe, dem neuen Opel Kapitän des Modelljahres 1959 sein typisches Erscheinungsbild. Verwunderlich ist das nicht, denn der große Wagen wurde angeblich direkt bei General Motors entwickelt – Opel in Rüsselsheim soll den Designern lediglich ein Modell in Originalgröße geschickt haben. Unter der Haube werkelte indes noch immer ein seit den 30er Jahren bewährtes Motorenkonzept: Bis an die Grenzen seiner Leistungsfähigkeit modifiziert, gab der auf das Verhältnis 7,5:1 verdichtete Sechszylinder nun 80 PS Leistung ab. Somit beschleunigte der 1340 kg schwere Kapitän in 18,5 Sekunden von 0 auf 100 km/h und erreichte eine Höchstgeschwindigkeit von 144 km/h.

Modell	*Opel Kapitän P 2.6*
Hubraum / Zylinder	*2605 ccm / 6 Zyl.*
PS / KW	*80 / 58,6*
Bauzeit	*1959 – 1963*
Stückzahl	*145 618*

Opel Kapitän A

Als Opels Oberklassemodell, der große Kapitän, 1964 in der letzten Generation zur Bestform auflief, stellte man ihm mit dem Admiral und dem Diplomat noch zwei weitere repräsentative Modelle gegenüber – heute sind diese Typen als „Die großen Drei" ein fester Bestandteil der Firmengeschichte. Opel befasste sich bereits 1960 mit dem Gedanken, die Oberklasse optisch aufzufrischen und den etwas in die Jahre gekommenen Kapitän P 2.6 durch eine neue Modellreihe zu ersetzen, die ab Februar 1964 bei den Händlern stehen sollte. Zuerst konnten Interessenten den neuen Kapitän und den Admiral in Augenschein nehmen, der Diplomat (mit V8-Motor) gesellte sich im Dezember 1964 hinzu. Charakteristisch für alle drei Wagen war ihre äußerst glattflächige Karosserie.

Modell	*Opel Kapitän A*
Hubraum / Zylinder	*2784 ccm / 6 Zyl.*
PS / KW	*125 / 91,6*
Bauzeit	*1964 – 1968*
Stückzahl	---

Opel Diplomat V8

Opels Flaggschiff, der Kapitän, zählte von Anfang an zu den Automobilen, die stets für Bewunderung sorgten – doch das Ende der Fahnenstange war mit diesem Modell längst noch nicht erreicht. In einer Pressemitteilung erklärte man: „Kapitän und Admiral – zwei neue Opel-Wagen der Prominentenklasse. Beide repräsentieren den neuen Stil im Autobau, aber jeder wird den Komfortwünschen verwöhnter Autofahrer auf seine Weise gerecht. Mit der sportlich flachen Bugpartie, den prismenförmigen Scheinwerfern und der rassig abschwingenden Hecklinie sind die Neuen hervorragende Repräsentanten weltmännischer Eleganz".

Modell	*Opel Diplomat V8*
Hubraum / Zylinder	*5354 ccm 8 Zyl.*
PS / KW	*190 / 139,2*
Bauzeit	*1964 – 1968*
Stückzahl	---

Opel Rekord A

1963 zeigte Opel mit dem Rekord A einen Wagen, dessen Karosserielinie sich eindeutig am amerikanischen Chevrolet Corvair orientierte. Dieser neue Look kam gut an und bescherte Opel für die nächsten Jahre volle Auftragsbücher. Mit schöner Regelmäßigkeit erschienen im Rahmen der Modellpflege immer wieder neue Ausführungen unterschiedlichster Motorisierungsstufen. Gleich zwei Monate nach dem Serienanlauf gab es eine Kombiversion, die Opel schon immer „Caravan" nannte. Im September desselben Jahres ergänzte das nur als Zweitürer gebaute Rekord-Coupé die Modellpalette, die letztendlich im Coupé-6, dem Vorläufer des Opel Commodore, gipfelte. Laut Verkaufsstatistik entschied sich die Mehrheit aller Rekord-A-Kunden für die 1,7-Liter-Version, der 1,5-Liter-Motor und die Sechszylinder waren weniger gefragt.

Modell	*Opel Rekord A*
Hubraum / Zylinder	*1488 ccm / 4 Zyl.*
PS / KW	*55 40,3*
Bauzeit	*1963 – 1965*
Stückzahl	*887 488*

Opel Rekord B

Um bei den Mitbewerbern für mehr Ansehen zu sorgen, brachte Opel mit dem Rekord B einen Wagen auf den Markt, der mit einer Bauzeit von nur elf Monaten als eine Art Zwischenmodell zu betrachten war. Der Kunde konnte zwischen drei neu entwickelten Motoren wählen: Als unterste Stufe gab es einen Vierzylinder der 1,5-Liter-Klasse mit 60 PS, dann den 75 PS starken 1,7-Liter-Motor und als Topmodell den Vierzylinder mit 90 PS – eine Maschine der 1,9-Klasse-Klasse. Abgerundet wurde die Vielfalt noch durch ein seidenweich arbeitendes Sechszylindermodell (100 PS; 2,6 Liter). Im Gegensatz zum Rekord A erkannte man den neuen Typ B an seinen rechteckigen Scheinwerfern, die auch die Optik des späteren Erfolgsmodell Rekord C prägten.

Modell	*Opel Rekord B*
Hubraum / Zylinder	*1492 ccm / 4 Zyl.*
PS / KW	*60 / 44*
Bauzeit	*1965 – 1966*
Stückzahl	*296 627*

Opel Commodore Coupé

1967 schloss Opel mit den Commodore-Modellen eine neue Marktnische; denn immer mehr Interessenten wünschten sich ein Auto, das vor allem sportlich interessierte Familienväter ansprechen sollte. Der ausschließlich mit einem Sechszylindermotor ausgestattete Ableger des Opel Rekord C war damals ab 10.000 Mark zu haben, je nach Ausstattungsextras ließ sich der Grundpreis noch um einiges nach oben treiben. Neben der zwei- und viertürigen Limousine fertigte Opel den Commodore auch in einer Coupé-Ausgabe. Dieser flotte Zweitürer ließ die Herzen besonders hoch schlagen, wenn man ihn in der ab 1970 erhältlichen GS/E Ausführung orderte. Als Novum steuerte hier eine elektronische Benzineinspritzung die Gemischaufbereitung des 150 PS starken Motors, der bis auf 200 km/h beschleunigte.

Modell	*Opel Commodore Coupé*
Hubraum / Zylinder	*2490 ccm / 6 Zyl.*
PS / KW	*115 / 84,3*
Bauzeit	*1967 – 1971*
Stückzahl	---

Opel Rallye Kadett

Ein leistungsstarker Motor in einer Sport-Version der kompakten Mittelklasse – diese Idee setzte Opel bereits 1967 mit dem Modell Rallye Kadett um. Dieser flotte Wagen basierte auf der Coupé-Variante der ein Jahr zuvor lancierten Kadett-B-Baureihe. Anfangs begnügten sich Opels Ingenieure noch mit einer leistungsgesteigerten 1,1-Liter-Maschine. Ab 1968 stand ein wesentlich erfolgreicheres Modell bei den Händlern – zwischenzeitlich hatte man nämlich das 1,9-Liter-Triebwerk aus dem Opel Rekord in den Rallye Kadett implantiert. Damit mutierte der handliche Wagen zum gefragten Sportgerät, wie zahlreiche Siege im Wettbewerbssport bewiesen: Unter anderem holte sich der Rallye Kadett gleich mehrfach einen Klassensieg bei der Rallye Monte Carlo.

Modell	*Opel Rallye Kadett*
Hubraum / Zylinder	*1897 ccm / 4 Zyl.*
PS / KW	*90 / 65,9*
Bauzeit	*1967 – 1973*
Stückzahl	---

Opel GT

Mit einem Experimentalfahrzeug der ganz besonderen Art überraschte Opel 1965 die Fachpresse und Besucher der Internationalen Frankfurter Automobilausstellung. Hier zeigte man ein vom Opel Kadett abgeleitetes Coupé, das mit einem 1900 ccm großen Vierzylindermotor bestückt wurde. Zwar dementierte das Werk anfangs eine eventuell geplante Serienproduktion, doch wie man weiß, wurde die Studie im Laufe der Zeit immer weiterentwickelt und 1968 unter dem Namen Opel GT auf den Markt gebracht. Die flotte Karosserie, die dem Wagen letztendlich den entscheidenden Pfiff gab, ließ Opel in Frankreich bei Brissoneaux & Lotz fertigen – die Montage des GT erfolgte im Werk Bochum. Obwohl der nur 90 PS starke Motor im krassen Gegensatz zur Optik des Zweisitzers stand, avancierte der GT innerhalb kürzester Zeit zum Verkaufsschlager.

Modell	*Opel GT*
Hubraum / Zylinder	*1897 ccm / 4 Zyl.*
PS / KW	*90 / 65,9*
Bauzeit	*1968 – 1973*
Stückzahl	*103 373*

Opel Manta A

Mit dem Manta A feierte 1970 eine der erfolgreichsten Coupé-Familien der europäischen Automobilgeschichte Premiere. Über eine halbe Million Manta-A-Modelle fanden bis 1975 begeisterte Käufer, der Nachfolger (Manta B) schraubte die Zahl sogar deutlich über die Millionengrenze. Die Gründe für diese Beliebtheit waren offensichtlich: Eine perfekt gestylte Karosserie ließ den Manta einerseits wie ein rassiges Sport-Coupé erscheinen. Andererseits überzeugte seine Alltagstauglichkeit: es gab fünf Sitzplätze, einen üppigen Kofferraum, hohen Fahrkomfort und sparsame Motoren. Da sich der Newcomer in keine der üblichen Modellreihen einfügen ließ, entwickelte Opel für diesen Wagen den Begriff Familien-Coupé.

Modell	*Opel Manta A*
Hubraum / Zylinder	*1196 ccm / 4 zyl.*
PS / KW	*60 / 44*
Bauzeit	*1970 – 1975*
Stückzahl	*ca. 680 000*

Opel GT/J

Der 90 PS-Motor des Opel GT machte das sportliche Automobil versicherungstechnisch interessant, doch es gab eine Alternative, zu einem noch günstigeren Kurs in das Fahrvergnügen einzusteigen: Opel baute den GT von 1968 bis 1970 in einer schwächeren Version, die mit der 60 PS starken Maschine des Rallye-Kadett bestückt wurde. Das verlockende Angebot entpuppte sich aber als Ladenhüter; denn das 60 PS-Aggregat machte aus dem 185 km/h schnellen Wagen ein nur 155 km/h lahmes Vehikel. Interessanter war da die günstigere GT/J-Ausführung: Sie entsprach optisch in etwa dem GT 1900, doch alle Chromteile wurden hier in Mattschwarz gehalten. Statt Teppich dominierten im Innenraum Gummimatten, und einige Anzeigeinstrumente wurden durch Signalleuchten ersetzt – das machte den Wagen günstiger und das Konzept kam an!

Modell	*Opel GT/J*
Hubraum / Zylinder	*1897 ccm / 4 Zyl.*
PS / KW	*90 / 65,9*
Bauzeit	*1968 – 1973*
Stückzahl	*103 373*

Porsche 911

Modell	*Porsche 911*
Hubraum / Zylinder	*1991 ccm / 6 Zyl.*
PS / KW	*140 / 102,6*
Bauzeit	*1964 – 1969*
Stückzahl	---

Wenn es um den beliebtesten oder auch typischsten aller Sportwagen geht, wird fast immer der Porsche 911 an erster Stelle genannt. Die Aussage ist mustergültig bei Umfragen von Fachmagazinen ebenso wie bei Debatten vom Schulhof bis zur Rennstrecke – nicht nur in Deutschland, sondern in vielen Ländern der Welt. 1963 stellte Porsche den 911 auf der Internationalen Automobilausstellung in Frankfurt zum ersten Mal der Öffentlichkeit vor. Oder, um korrekt zu sein, den Typ 901. Ein Jahr später erhob jedoch Peugeot Einspruch und pochte auf sein verbrieftes Recht, dreistellige Automobil-Kennziffern mit einer Null in der Mitte exklusiv verwenden zu dürfen. Porsche lenkte ein, zum Beginn der Serienproduktion trug der neue Sportwagen die Typenbezeichnung 911.

Porsche 911

Die Form des 911 wurde von Ferdinand Alexander Porsche geschaffen. Der älteste Sohn des damaligen Firmenchefs Ferry Porsche erfüllte mit 25 Jahren die große Aufgabe, einen Nachfolger für den legendären Porsche 356 zu schaffen, der innerhalb von 15 Jahren bereits zum Klassiker geworden war. Wie beim Vorgänger, ist auch das Grundprinzip des 911 stets mustergültig geblieben, und auch die aktuellste Version ist noch immer ein Nachfahre des Urmodells. Bei der Konstruktion des 901 bzw. 911 wurden zahlreiche Wünsche von Ferry Porsche erfüllt. So sollte der neue Wagen im Fahrgeräusch kerniger und im Fahrkomfort angenehmer werden als der 356. Darüber hinaus – Ferry Porsche bestand darauf – sollte im 911 problemlos eine Golfausrüstung untergebracht werden.

Modell	*Porsche 911*
Hubraum / Zylinder	*1991 ccm / 6 Zyl.*
PS / KW	*140 / 102,3*
Bauzeit	*1964 – 1969*
Stückzahl	---

Porsche 911

Da der Porsche 911 an die Tradition des 356 anzuknüpfen hatte, musste er natürlich zuverlässig, schnell und vor allem alltagstauglich sein. Außerdem „sozial akzeptiert" und sehr langlebig. Daran hat sich, wie auch an der sprichwörtlichen Wertstabilität des 911, bis heute nichts geändert. Natürlich gab es im Rahmen der Modellpflege viele Modifikationen: Beschleunigte 1963 der 911 in etwas mehr als neun Sekunden von 0 auf 100 km/h, so sind es 40 Jahre später nur noch fünf Sekunden. Und die Höchstgeschwindigkeit, die damals 210 km/h betrug, wuchs inzwischen auf 285 km/h und mehr an. Kaum ein Jahr verging ohne Änderungen am 911. Längst hat man darüber dicke Bücher geschrieben, dennoch lassen sich einige bedeutende Epochen in der Typengeschichte ausmachen.

Modell	*Porsche 911*
Hubraum / Zylinder	*1991 ccm / 6 Zyl.*
PS / KW	*160 / 117,2*
Bauzeit	*1964 – 1969*
Stückzahl	---

Porsche 912

In seiner ersten Version als „Urtyp" erfreute der 911 von 1963 bis 1973 die Herzen vieler Sportwagenfahrer. Neben den vielen kleinen äußeren Retuschen stach vor allem das Targa-Modell ins Auge, dessen abnehmbares Dachmittelteil für eine ordentliche Zufuhr von Frischluft sorgte. Vom hundertprozentigen Cabrio-Feeling war diese Art der Fortbewegung zwar etwas entfernt, doch der Wagen verkaufte sich gut, und immer häufiger fanden sich Nachahmer, die diese Karosserievariante ebenfalls populär zu machen versuchten. Neben den vielen Motorisierungsstufen, zwischen denen der Kunde wählen konnte, war vor allem das Modell 912 eine preislich interessante Lösung: Hier brachte ein Vierzylindermotor den Wagen auf Trab – allerdings nur bis 185 km/h.

Modell	*Porsche 912*
Hubraum / Zylinder	*1582 ccm / 4 Zyl.*
PS / KW	*90 / 65,9*
Bauzeit	*1965 – 1969*
Stückzahl	*30 745*

Porsche 911 Carrera

Für Porsche-Fans war es interessant, die im Rahmen der Modellpflege vorgenommene Hubraumerweiterung zu verfolgen: Sie wuchs in der ersten Generation des 911 von 2,0 auf 2,2 bis hin zu 2,4 Liter. In diesem Zusammenhang tauchte auch bald die ergänzende Modellbezeichnung Carrera auf – erstmals 1972: Porsche präsentierte mit der Version Carrera RS 2.7 eine Art Basismodell, das sich hervorragend für den sportlichen Einsatz eignete. Der Begriff stammt übrigens von der legendären Carrera Panamericana, einem spektakulären Straßenrennen, das in den 50er Jahren in Mexiko ausgetragen wurde und dem Hause Porsche schon damals regelmäßig große Sporterfolge brachte.

Modell	*Porsche 911 Carrera*
Hubraum / Zylinder	*2687 ccm / 6 Zyl.*
PS / KW	*200 / 146,5*
Bauzeit	*1973 – 1977*
Stückzahl	---

Porsche 911 Turbo

Für den ersten Porsche 911 legte Firmenchef Professor Ferry Porsche die Vorgaben fest. Dabei wusste er noch nicht, dass sich dieses Konzept auf drei Liter Hubraum und mehr vergrößern ließ. 1974 – während der Energiekrise! – debütierte plötzlich der 911 Turbo 3.0! Der aufgeladene Motor dieses Porsche gab bei 5500 U/min die unvorstellbar hohe Leistung von 260 PS ab. Hier waren eindeutig im Rennsport gewonnene Erkenntnisse eingeflossen; denn in diesem Metier hatte Porsche zwischenzeitlich viele Erfahrungen gesammelt. 1972 beherrschten die über 1000 PS starken Rennsportwagen des Typs 917 die amerikanische Can-Am-Serie – der Porsche 911 Turbo profitierte von dieser Entwicklung, denn er war nun der erste Straßensportwagen, dessen Leistung mit Hilfe eines Abgasturboladers gesteigert wurde.

Modell	*Porsche 911 Turbo*
Hubraum / Zylinder	*2993 ccm / 6 Zyl.*
PS / KW	*260 / 190,5*
Bauzeit	*1975 – 1989*
Stückzahl	---

Thurner RS

Rudolf Thurner, der im bayerischen Bernbeuren den nach ihm benannten Thurner RS auf die Räder stellte, verwendete als Ausgangsbasis für seinen coupéförmigen Flitzer solide Großserientechnik – und zwar die von NSU. Die Kunststoffkarosserie des knapp vier Meter langen Flügeltürers ruhte auf dem leicht gekürzten Chassis des NSU TT, von dem man sich auch den Motor entliehen hatte. Das Aggregat wurde quer im Heck platziert und machte den leichten RS etwa 180 km/h schnell. Trotz dem Einsatz ausgereifter Serientechnik blieb der RS stets ein Fahrzeug für Individualisten. Die nach oben wegklappenden Flügeltüren erleichterten zwar das Einsteigen – das machte den Sportwagen aber längst noch nicht zu einem bequemen Alltagsautomobil.

Modell	*Thurner RS*
Hubraum / Zylinder	*1177 ccm / 4 Zyl.*
PS / KW	*65 / 47,6*
Bauzeit	*1969 – 1973*
Stückzahl	*ca. 100*

Trabant 601

Mit der Einführung des Modells 601 liefen 1964 die Montagebänder für den wohl erfolgreichsten Trabi aller Zeiten an. Seine größere trapezförmig gezeichnete Karosserie ließ die Länge des Plastikautos auf 3560 mm anwachsen. Freundliche Lackierungen brachten Abwechslung in den grauen Trabi-Alltag, doch weil man den 601 kostengünstig bauen musste, war er nichts anderes als nur ein optisches Update des Vorgängers. Obwohl sein Konzept längst auf das Abstellgleis gehörte, geschah 1990, zur Zeit der politischen Wende, das Unglaubliche: Für den in den 60er Jahren auf 26 PS gebrachten Zweitaktmotor hatte zwar die letzte Stunde geschlagen, doch unter dem Engagement von Volkswagen rollten noch einmal Trabis vom Band, die mit dem 1,1-Liter-Vierzylinder des VW-Polo bestückt wurden!

Modell	*Trabant 601*
Hubraum / Zylinder	*595 ccm / 2 Zyl.*
PS / KW	*26 / 19*
Bauzeit	*1964 – 1990*
Stückzahl	*ca. 3 000 000*

Volkswagen Karmann-Ghia Studie

Noch während der Entwicklungsphase des legendären Karmann-Ghia, den man hausintern Typ 14 nannte, gab es immer wieder Überlegungen, das Design des Wagens zu verändern oder die Modellpalette eventuell auszubauen. Viele solcher Gedankengänge wurden zwar schnell verworfen, doch einige Ideen waren es wert, in die Tat umgesetzt zu werden – zumindest als Prototyp oder als Designstudie. So entstand 1960 bei der Carozzeria Ghia in Turin dieses cremefarbene Coupé mit knallrotem Interieur, das inoffiziell schon als Nachfolger des Typs 14 gehandelt wurde. Sergio Sartorelli, der für das Design dieser Studie verantwortlich war, arbeitete hier nicht mit weichen geschwungenen Linien, sondern mit mehr sachlichen Stilelementen.

Modell	*Volkswagen Karmann-Ghia Studie*
Hubraum / Zylinder	*1192 ccm / 4 Zyl.*
PS / KW	*30 / 22*
Bauzeit	*1960*
Stückzahl	*Einzelstück*

Modell	*Volkswagen Karmann-Ghia Studie*
Hubraum / Zylinder	*1192 ccm / 4 Zyl.*
PS / KW	*30 / 22*
Bauzeit	*1960*
Stückzahl	*Einzelstück*

Volkswagen Karmann-Ghia Studie

Genau wie der in Serie gebaute Karmann-Ghia basierte auch diese Designstudie auf dem Plattformrahmen des VW-Käfers. Es war erstaunlich, wie eigenständig das Design dieses Versuchswagens wirkte – das einzige, was vielleicht noch an die Serienwagen erinnerte, war die Frontpartie mit den hochgesetzten Lufteinlässen. Ansonsten kamen alle für die späten 50er Jahre typischen Stilelemente zum Einsatz – selbst zur Miniaturausgabe abgewandelte kleine Heckflossen. Das Interieur, einschließlich dem Armaturenbrett, wurde von nur einer Farbe beherrscht – Rot! Hier und dort lockerte eine verchromte Zierleiste die Farbmonotonie auf. Zugegeben, dieser Wagen mit relativ großen Fensterflächen wirkte modern, doch es gab keinen Grund, ihn die Nachfolge antreten zu lassen.

Volkswagen 1500 Cabriolet

1961 erweiterte die Volkswagenwerk AG ihr PKW- Programm durch den Typ 31 – bekannter als VW 1500 Stufenheck. Die handliche Mittelklasse-Limousine, die bis Juni 1973 in Produktion blieb, verkaufte sich außerordentlich gut und wurde etwa zweieinhalb Millionen Mal gebaut. Zeitgleich zum Debüt des VW 1500 stellte man auf der Frankfurter IAA noch ein viersitziges Cabriolet vor, dessen technische Basis exakt der Limousine entsprach. Die Karmann-Werke in Osnabrück, die den offenen Karosserieaufbau herstellten, montierten exakt 16 Cabriolets – überwiegend in Handarbeit. Zum Anlauf einer Serienproduktion kam es aber nicht: Das Projekt musste vorzeitig auf Eis gelegt werden, weil notwendige Versteifungsmaßnahmen der Karosserie den Preis des Cabriolets zu sehr in die Höhe gebracht hätten.

Modell	*Volkswagen 1500 Cabriolet*
Hubraum / Zylinder	*1493 ccm / 4 Zyl.*
PS / KW	*45 / 33*
Bauzeit	*1961*
Stückzahl	*16*

VW Käfer Cabriolet 1302

Bereits 1974 endete im Wolfsburger Volkswagenwerk die Produktion des Käfers. Das Werk Emden baute ihn noch bis 1978 und bei Karmann in Osnabrück lief erst am 10. Januar 1979 das letzte Käfer-Cabriolet vom Band. Die nicht sinkende Nachfrage in Europa wurde bald aus der mexikanischen Fertigung gedeckt; denn dort gab der Bestseller noch immer Tausenden von Menschen Arbeit. Die mexikanische VW-Tochter hielt den Käfer technisch und optisch auf der Höhe der Zeit und ermöglichte seine Fahrt ins 21. Jahrhundert. Erst mit dem Jahr 2003 neigte sich dort die Produktion ihrem Ende entgegen. Mit der im Juli 2003 im mexikanischen Puebla vorgestellten „Última Edición" endete dann aber unwiderruflich der Mythos Käfer.

Modell	*VW Käfer Cabriolet 1302*
Hubraum / Zylinder	*1285 ccm / 4 Zyl.*
PS / KW	*44 / 32,2*
Bauzeit	*1970 – 1979*
Stückzahl	*ca. 155 000*

VW-Porsche 914

Neben der jahrzehntelangen Entwicklungstätigkeit für das Volkswagenwerk kam es noch einmal zu einer engeren Zusammenarbeit mit VW, als Ferry Porsche beschloss, einen Sportwagen unterhalb der Preisklasse des Porsche 911 anzubieten. Da die Ingenieure in Wolfsburg ebenso wie in Stuttgart-Zuffenhausen vom Mittelmotorkonzept überzeugt waren, entstand 1969 der Typ 914 als Mittelmotor-Sportwagen mit herausnehmbarem Dach und Vierzylinder-Einspritzmotor von VW mit anfangs 1,7 Liter Hubraum, gefolgt vom Typ 914-6 mit dem Zweiliter-Sechszylindermotor des 911 T. Der Porsche 911 T war zu jener Zeit mit 125 PS das Einstiegsmodell der Elfer-Baureihe. Das Triebwerk des 911 T brachte auch den VW-Porsche 914-6 auf Trab, leistete dort aber nur 110 PS.

Modell	*VW-Porsche 914*
Hubraum / Zylinder	*1679 ccm / 4 Zyl.*
PS / KW	*80 / 58,6*
Bauzeit	*1969 – 1975*
Stückzahl	*115 646*

VW-Porsche 914-6

Während der Erfolg des VW-Porsche 914 – ein Gemeinschaftswerk von Volkswagen und Porsche – auf dem heimischen Markt etwas zu wünschen ließ, verkaufte sich das eigenwillig gestylte Mittelmotor-Auto auf dem US-Markt etwas besser. Bei einem Preis von mindestens 12.000 Mark für die Vierzylinder-Variante war der Wagen für Volkswagen-Fahrer einfach zu teuer und für Porsche-Enthusiasten nicht aufregend genug. Die Karosserien ließ man bei Karmann in Osnabrück fertigen, und dort wurden auch die Vierzylinder-Versionen montiert. Den Zusammenbau des 201 km/h schnellen Sechszylinder-Modells nahm Porsche selbst vor. Stückzahlmäßig betrachtet, war dem 20.000 Mark teuren 914-6 kein Erfolg beschieden – ein „echter" Porsche kostete nur unwesentlich mehr.

Modell	*VW-Porsche 914-6*
Hubraum / Zylinder	*1991 ccm / 6 Zyl.*
PS / KW	*110 / 80,6*
Bauzeit	*1969 – 1972*
Stückzahl	*3332*

Modell	*Alpine A 110*
Hubraum / Zylinder	*1565 ccm / 4 Zyl.*
PS / KW	*140 / 102,3*
Bauzeit	*1963 – 1976*
Stückzahl	*7160*

Alpine A 110

Jean Rédelé, der Sohn eines französischen Renault-Händlers, kreierte erstmals in den frühen 50er Jahren auf der Basis des legendären 4 CV einen sportlich angehauchten Wagen, der auf Anhieb das Interesse der Fachpresse erregte. Rédéle dachte schon bald über eine Kleinserienfertigung nach und ahnte nicht, dass die unter seiner Regie modifizierten Automobile mit dem Markennamen Alpine bald zu einer festen Größe auf dem Sportwagenmarkt werden sollten. 1963, mit dem Debüt des Alpine A 110, kam der ganz große Durchbruch: Dieses nur 1130 mm hohe Automobil erhielt eine interessant gestylte Kunststoffkarosserie und basierte zunächst auf der Technik des Renault 8, weshalb die Leistungsabgabe der ersten Serie (48 PS) entsprechend mager war. Dank intensiver Modellpflege wuchs das Potential bis auf 140 PS an – das reichte für 215 km/h.

Modell	*Alpine A 310*
Hubraum / Zylinder	*1605 ccm / 4 Zyl.*
PS / KW	*127 / 93*
Bauzeit	*1971 – 1976*
Stückzahl	*2340*

Alpine A 310

Wieder mit einer Kunststoffkarosserie bestückt, betrat 1971 der Alpine A 310 als Nachfolger des A 110 die Bühne. Seine modernisierte Linienführung entsprach ganz dem Zeitgeschmack, außerdem war dieses Modell um einiges größer als sein Vorgänger. Soviel Bequemlichkeit hatten sich Sportwagenenthusiasten aber gar nicht gewünscht. Gerne hätten sie auf ein luxuriöses Interieur verzichtet und dafür mehr Fahrspaß erwartet. Der im Heck platzierte Vierzylindermotor verrichtete normalerweise seinen Dienst im Renault 16 TX. Er wurde für den Einsatz im A 310 leicht modifiziert und benahm sich leider rau und ruppig. Diese Eigenschaften gehörten ab 1977 aber der Vergangenheit an – Alpine nutze nun ein V6-Aggregat und brachte die damit bestückten Wagen als Version A 310 V6 auf den Markt.

Citroen DS 21

Ohne Zweifel veränderte Citroens sensationeller DS in den 50er Jahren die Automobilwelt – ein aerodynamisch geformter Wagen mit hydropneumatischer Federung war eben etwas ganz Besonderes. Die Karriere dieses Automobils, die 1955 als DS 19 begann, setzte sich bis in die 70er Jahre hinein fort. Im Zuge der Modellpflege sorgte der Jahrgang 1969 für besonders viel Aufmerksamkeit: Als erster französischer Wagen erhielt der DS 21 einen Motor mit elektronischer Benzineinspritzung, und im Herbst desselben Jahres lief sogar das 1 000 000ste D-Modell vom Band! 1972 wurde beim DS, der sich nun DS 23 nannte, noch einmal die Leistung angehoben. Obwohl zu dieser Zeit hinter vorgehaltener Hand bereits über einen Nachfolger der D-Modelle diskutiert wurde, fand dieses Spitzenmodell noch viele Käufer.

Modell	*Citroen DS 21*
Hubraum / Zylinder	*2175 ccm / 4 Zyl.*
PS / KW	*106 / 77,6*
Bauzeit	*1969 – 1972*
Stückzahl	---

Citroen SM

Schon 1968 unterzeichneten Citroen und Maserati ein Beratungsabkommen, um gemeinsam ein hochkarätiges Automobil auf die Räder zu stellen. 1970 war die Überraschung perfekt: Überall sorgte das neue Coupé namens SM für Gesprächsstoff. Dieser Wagen war nicht nur ein technisches Wunderwerk, sondern auch der schnellste frontangetriebene Serienwagen der Welt. Neben der raffinierten hydropneumatischen Federung gab es eine geschwindigkeitsabhängige Servolenkung, sechs Scheinwerfer mit automatischer Höhenregulierung und als absolute Besonderheit einen V6-Motor aus dem Hause Maserati mit vier obenliegenden Nockenwellen. Das war zuviel des Guten – diese raffinierte Mechanik überforderte nicht nur die Citroen-Werkstätten, sondern auch die meisten SM-Besitzer.

Modell	*Citroen SM*
Hubraum / Zylinder	*2670 ccm / 6 Zyl.*
PS / KW	*170 / 124,5*
Bauzeit	*1970 – 1975*
Stückzahl	*12 920*

DB Le Mans

Die beiden französischen Automobilkonstrukteure Charles Deutsch und René Bonnet, die unter dem Kürzel DB firmierten, brachten in den 50er und 60er Jahren verschiedene Sportwagenmodelle auf den Markt, die von der Technik her auf Automobilen der Marke Panhard basierten. Die wohl interessanteste und letzte Konstruktion, die die beiden Franzosen gemeinsam entwickelten, war das Modell Le Mans. Der Le Mans verfügte über eine Kunststoffkarosserie und wurde mit dem Motor des Panhard PL 17 bestückt. Um die ins Auge gefasste Höchstgeschwindigkeit von mindestens 150 km/h erreichen zu können, wurde die Leistungsabgabe des Panhard-Aggregats durch Tuning erst einmal angehoben. Von den damals etwa 200 gebauten Fahrzeugen ist heute noch etwa ein Dutzend existent.

Modell	*DB Le Mans*
Hubraum / Zylinder	*848 ccm / 2 Zyl.*
PS / KW	*52 / 38,1*
Bauzeit	*1960 – 1962*
Stückzahl	*ca. 200*

Matra Djet V

René Bonnet, der schon in den 50er Jahren gemeinsam mit seinem Partner Charles Deutsch sportlich angehauchte Wagen auf der Basis des französischen Panhards auf die Räder stellte, brachte sein Wissen und Potential 1964 in die Firma Matra ein, wo man einen weiteren nach seinen Ideen konstruierten Sportwagen realisierte. Dieses Matra Djet genannte Modell wurde als Mittelmotor-Sportwagen konzipiert und besaß eine relativ flache Kunststoffkarosserie. Obwohl Matra den Djet nur mit Vierzylindermotoren der 1,1- bzw. 1,2-Liter-Klasse bestückte, zierte diesen Wagen ein Interieur, das man eher in einem teuren italienischen Automobil vermutet hätte. Während es sich bei dem Unterbau des Djet (Gitterrahmenkonstruktion) um eine Eigenentwicklung handelte, wählte Bonnet als Antriebsaggregat einen Großserienmotor von Renault.

Modell	*Matra Djet V*
Hubraum / Zylinder	*1255 ccm / 4 Zyl.*
PS / KW	*72 / 52,7*
Bauzeit	*1964 – 1968*
Stückzahl	*1681*

Facel Vega II HK A2

Jean C. Daninos, Leiter der Facel-Karosseriewerke, initiierte 1954 den Bau eines Luxuswagens, der von einem V8-Motor der amerikanischen Marke De Soto angetrieben wurde. Die gute Akzeptanz des Automobils veranlasste Daninos, die Modellpalette weiter auszubauen und im Laufe der Jahre nach oben wie nach unten hin abzurunden. Die Karriere der Marke Facel währte zwar nur zehn Jahre lang, aber in dieser Zeit zählten seine Wagen gewiss zu dem Exklusivsten, was der Automobilmarkt zu bieten hatte. Der 1961 lancierte Facel II verzichtete wie alle Facel-Wagen natürlich auch auf die B-Säule, was dem Erscheinungsbild der Karosserie eine ganz besondere Eleganz verlieh. Als Konkurrenzmodelle wie der italienische ISO-Rivolta oder der englische Jensen CV 8 zu haben waren, gab es für den Außenseiter Facel kaum noch eine Möglichkeit, sich auf dem Markt zu halten.

Modell	*Facel Vega II HK A2*
Hubraum / Zylinder	*6270 ccm / 8 Zyl.*
PS / KW	*390 / 285,6*
Bauzeit	*1961 – 1964*
Stückzahl	*184*

Matra M 530

Als Nachfolgemodell zum Djet präsentierte Matra 1967 den Typ M 530. Der vollkommen anders aussehende Wagen mit seinem verquollenen Design entsprach in etwa den Fahrleistungen des Djet (175 km/h bis 200 km/h), obwohl er mit einem größeren Motor aus dem Hause Ford bestückt wurde. Die Vorteile, die das kräftigere Aggregat brachte, wurden leider durch das relativ hohe Gewicht des M 530 kompensiert. Im Rahmen des aufkommenden Sicherheitsdenkens stattete man den Neuling mit Scheibenbremsen an allen vier Rädern aus. Die merkwürdig gestylte Karosserie profitierte gegenüber dem Djet nicht nur von einem besseren Raumangebot, sondern auch von eingearbeiteten Knautschzonen!

Modell	*Matra M 530*
Hubraum / Zylinder	*1699 ccm / 4 Zyl.*
PS / KW	*70 / 51,2*
Bauzeit	*1967 – 1973*
Stückzahl	*9609*

Matra Bagheera

Wie die Modelle Djet und M 530 entstand der Matra Bagheera ebenfalls aus einigen Komponenten anderer Automobilhersteller. Die Entwicklung der Kunststoffkarosserie, die auf einem soliden Stahlrahmenchassis ruhte, war reine Hausarbeit. Das Besondere an diesem Aufbau war, dass hier drei Personen nebeneinander sitzen konnten! Den Großteil der Technik steuerte natürlich Simca bei, denn Matra gehörte zwischenzeitlich der Chrysler-Simca-Verkaufsorganisation an. Da die Motoren von Simca nicht zu den sportlichsten Aggregaten zählten, mussten Bagheera-Besitzer vorerst auf eine forcierte Fahrweise verzichten. Erst die späteren, mit einem 1,5-Liter-Motor ausgestatteten Modelle versprachen Fahrspaß bis etwa 185 km/h – mehr war nicht drin; denn eine geplante 2-Liter-Version wurde nicht mehr realisiert.

Modell	*Matra Bagheera*
Hubraum / Zylinder	*1294 ccm / 4 Zyl.*
PS / KW	*85 / 62,2*
Bauzeit	*1973 – 1980*
Stückzahl	*47 802*

Peugeot 404 Cabriolet

Mit der Markteinführung des Peugeot 404 im Jahre 1960 – zuerst als viertürige Limousine – war die Zeit für den inzwischen leicht betagten, aber immer noch gebauten Peugeot 403 längst noch nicht abgelaufen. Das Werk positionierte den neuen 404 ebenfalls in der Mittelklasse, aber nicht als hauseigenen Konkurrenten. Die Karosserielinie des 404 war nämlich wesentlich moderner gezeichnet. Hier gaben nicht gerundete Kanten, sondern trapezförmige Stilelemente den Ton an. Technisch von der Limousine abgeleitet, aber mit einem noch eigenständigeren Design versehen, präsentierte man im Oktober 1961 auf dem Pariser Salon die zweitürige Cabrioausgabe des 404. Das Cabrio wurde serienmäßig mit einem 1,5-Liter-Vergasermotor bestückt, war auf Wunsch aber auch mit einem 1,6-Liter-Einspritzmotor zu haben.

Modell	*Peugeot 404 Cabriolet*
Hubraum / Zylinder	*1618 ccm / 4 Zyl.*
PS / KW	*72 / 52,7*
Bauzeit	*1961 – 1966*
Stückzahl	*10 380*

Modell	*Peugeot 504 Cabriolet*
Hubraum / Zylinder	*2664 ccm / 6 Zyl.*
PS / KW	*144 / 105,5*
Bauzeit	*1969 – 1983*
Stückzahl	*8135*

Peugeot 504 Cabriolet

1969 brachte Peugeot als Nachfolgemodell zu den Versionen 404 Cabriolet und 404 Coupé den neuen Typ 504 auf den Markt. Wie nicht anders zu erwarten, hatte auch diesmal der italienische Automobildesigner Pininfarina am Design mitgewirkt. Damit die Cabrio-Version bzw. das Coupé noch eleganter aussahen, wurde bei diesen Zweitürern der Radstand auf 2550 mm reduziert, während die viertürige Limousine ein 190 mm längeres Fahrwerk erhielt. Bis 1974 wurde der 504 mit einem Vierzylindermotor bestückt (1971 ccm / 100 PS). Danach implantierte man allen Modellversionen ein kraftvolles V6-Aggregat. Stückzahlmäßig betrachtet, favorisierten die Kunden eindeutig die Coupé-Variante. Sie lief 26 000 Mal vom Band, während es das Cabrio nur auf 8135 Einheiten brachte.

Renault 7

Mit mannigfaltigen Vorzügen wie kompakte Größe, leichtes Handling und Frontantrieb, zählte der Renault 5 auf dem Genfer Salon 1972 zu den Automobilen, die sofort im Rampenlicht standen und bei der Fachpresse breite Beachtung fanden. Keine Frage: Der Renault 5 war (wie die Werbung versprach) der „kleine Freund" für alle Tage, der nicht nur in Frankreich, sondern auch jenseits der Pyrenäen erfolgreich vom Band lief. Die iberische Tochtergesellschaft FASA übernahm 1974 den Renault 5, modifizierte ihn für den dortigen Markt mit einem Stufenheck-Kofferraum und taufte ihn auf den Namen Renault 7. Die „Siete" (spanisch für sieben) getaufte Renault-5-Variante erhielt vier Türen – sechs Jahre, bevor das französische Original mit dieser Option ausgestattet wurde.

Modell	*Renault 7*
Hubraum / Zylinder	*1289 ccm / 4 Zyl.*
PS / KW	*58 / 42,5*
Bauzeit	*1974 – 1980*
Stückzahl	---

AC Cobra 289

Lange Zeit baute die britische Firma AC (Auto Carrier) steuerbegünstigte Dreiräder, bevor man 1953 mit einem hinreißenden Sportwagen für Aufmerksamkeit sorgte. Das AC Ace genannte Modell bildete bald die Produktionsgrundlage für eine vollkommen neue Fahrzeuggeneration, die ohne Probleme mit den typisch italienischen Sportwagen konkurrieren konnte. 1961 verwendete AC anstelle der Bristol-Motoren (6 Zylinder) erstmals amerikanische V8-Aggregate von Ford, denn der Zufall wollte es, dass die finanziell etwas angeschlagenen AC-Werke die Bekanntschaft des amerikanischen Sportwagenexperten Carol Shelby machten. Es war Shelbys Idee, den AC damit zu bestücken – und eine gute: Damit war der AC Cobra geboren, ein Wagen, der die Sportwagenwelt nachhaltig verändern sollte.

Modell	*AC Cobra 289*
Hubraum / Zylinder	*4727 ccm / 8 Zyl.*
PS / KW	*270 / 197,8*
Bauzeit	*1962 – 1965*
Stückzahl	*ca. 650*

AC Cobra 427

Fachjournalisten bezeichnen den 427 noch heute als das brutalste Stück Auto, das je für den öffentlichen Verkehr zugelassen wurde. Dieses Modell unterschied sich nicht nur optisch (bauchigere Kotflügel, breitere Bereifung), sondern auch technisch von den kleineren Cobra-Typen. Um den vor Kraft strotzenden Wagen sicher auf der Straße halten zu können, wurde das Chassis (Radstand 2290 mm) noch einmal überarbeitet. Anstelle von Querfedern stimmte man den Unterbau jetzt mit Schraubenfedern ab und verbreiterte gleichzeitig die Spur, was dem 427 ausgezeichnet stand. Eine Spitzengeschwindigkeit von 240 km/h konnte bereits in der kleinsten Motorisierungsstufe garantiert werden – die Leistungsabgabe von 425 PS war nur ein Mindestwert.

Modell	*AC Cobra 427*
Hubraum / Zylinder	*6997 ccm / 8 Zyl.*
PS / KW	*425 / 311,3*
Bauzeit	*1965 – 1968*
Stückzahl	*410*

Alvis TD 21

Der englische Automobilbauer Alvis, der schon in den 30er Jahren jede Menge interessanter Sportwagen realisierte, vertiefte nach Ende des Zweiten Weltkriegs seine Zusammenarbeit mit dem Schweizer Karosseriebauer Hermann Graber. Graber, der für seine zeitlos und elegant gestylten Aufbauten bestens bekannt war, entwarf nun für das Modell TD 21 eine Cabriolet-Karosserie, die direkt auf das Kastenrahmenchassis montiert werden konnte. Trotz der beeindruckenden Größe dieses Modells stimmte die Linienführung bis ins letzte Detail. Als Alvis 1967 den Automobilbau einstellte, hatte man seit Kriegsende gerade mal 7000 Wagen auf die Räder gestellt – verwunderlich ist das nicht, denn ein Alvis war schon immer ein Automobil für Individualisten.

Modell	*Alvis TD 21*
Hubraum / Zylinder	*2997 ccm / 6 Zyl.*
PS / KW	*119 / 87,1*
Bauzeit	*1961 – 1965*
Stückzahl	*---*

Ashley

Englands legendärster Kleinwagen, der Austin Seven, begeisterte die Briten bis weit in die 50er Jahre hinein. Deshalb versuchten einige Tüftler, den an und für sich veralteten Wagen mit einer modernen Karosserie wieder attraktiv zu machen. Unter anderem nahm sich die Firma Ashley Laminated des Seven an und entwickelte für ihn einen Kunststoffaufbau in Form einer Sportwagen-Karosserie. Dieser Karosseriekörper hätte sich ohne weiteres auf dem A-förmigen Rahmen des kleinen Austin montieren lassen, doch man hielt es für notwendig, den Rahmenunterbau erst einmal zu verbessern. Natürlich standen die flotten Karosserielinien des Ashley im krassen Gegensatz zu dem, was der Wagen leistete – unter der Haube werkelte nach wie vor der kleine 750 ccm-Motor.

Modell	*Ashley*
Hubraum / Zylinder	*747,5 ccm / 4 Zyl.*
PS / KW	*17,5 / 12,8*
Bauzeit	*1958 – 1959*
Stückzahl	*---*

Aston Martin DB 5

Schon immer bestimmten finanzielle Schwierigkeiten den Firmenalltag bei Aston Martin. Als 1947 der Industrielle David Brown das angeschlagene Unternehmen übernommen hatte, lancierte man unter seiner Regie die berühmte DB-Baureihe, wobei dieses Kürzel natürlich für David Brown stand. Nach DB 1, DB 2 und DB 4 stellte man mit dem Modell DB 5 ein Objekt der Begierde auf die Räder, denn dieses Automobil wurde in einem Kinofilm durch Mr. James Bond alias 007 weltberühmt. Die Öffentlichkeit konnte den DB 5 bereits 1963 auf der Frankfurter IAA bestaunen. Unter der Haube des eleganten Coupés arbeitete übrigens der gleiche Motor, der auch Lagonda-Automobile auf Trab brachte – diese Marke gehörte in der Zwischenzeit nämlich auch David Brown.

Modell	*Aston Martin DB 5*
Hubraum / Zylinder	*3995 ccm / 6 Zyl.*
PS / KW	*282 / 206,6*
Bauzeit	*1963 – 1965*
Stückzahl	*1 063*

Aston Martin DB 6 Mk2

Modell	*Aston Martin DB 6 Mk2*
Hubraum / Zylinder	*3995 ccm / 6 Zyl.*
PS / KW	*286 / 209,5*
Bauzeit	*1965 – 1970*
Stückzahl	*1 755*

Nach nur zwei Jahren Bauzeit des DB 5 präsentierte Aston Martin im Herbst 1965 mit dem DB 6 ein Nachfolgemodell, das sich vor allem durch eine überarbeitete Karosserie vom Vorgänger unterschied. Zum einen wurde der Radstand des Plattformrahmens von 2490 auf 2580 mm angehoben und zum anderen der Aufbau etwas verlängert, so dass die Gesamtlänge des DB 6 bei 4620 mm lag. Das „Strecken" tat dem Wagen gut – das Design wirkte noch eleganter und fließender. Außerdem stand den hinten sitzenden Passagieren dank einer neu gestalteten Dachlinie etwas mehr Kopf- und Beinfreiheit zur Verfügung. Eine so genannte Abrisskante am Heck – man fand dieses Stilelement auch bei italienischen Sportwagen – betonte zusätzlich den sportiven Charakter dieses Automobils.

Aston Martin DB 6 Volante

Der aus dem DB 5 hervorgegangene DB 6 stieß nicht bei allen Anhängern britischer Sportwagen auf Zustimmung – manche empfanden dieses Modell als zu schwerfällig. Im Zuge der Modellpflege verbesserte bald eine Servolenkung das Handling. Auf Wunsch war eine Klimaanlage zu haben, und für die Freunde des Offenfahrens gab es den DB 6 auch als Volante – so wurden bei Aston Martin die Cabriolets genannt. Die Karosserie des DB 6 wurde weiterhin in der bekannten Leichtbauweise aus Aluminium (Superleggera-Prinzip) gefertigt und auf dem Plattform-Rohrrahmen montiert. Auch jenseits des Atlantiks stieß der etwa 250 km/ schnelle DB 6 auf großes Interesse – amerikanische Enthusiasten waren einfach begeistert, denn so etwas hatte der US-Markt nicht zu bieten.

Modell	*Aston Martin DB 6 Volante*
Hubraum / Zylinder	*3995 ccm / 6 Zyl.*
PS / KW	*286 / 209,5*
Bauzeit	*1965 – 1970*
Stückzahl	*1 755*

Aston Martin DBS V8

1967 überraschte Aston Martin die Fachpresse mit einem relativ glattflächig gestylten Modell. Dieser neue Typ DBS wurde vorerst noch von dem bekannten Sechszylindermotor angetrieben – 1969 erfolgte der Umstieg auf ein sportliches V8-Aggregat mit 2 x 2 obenliegenden Nockenwellen. Anders als DB 5 und DB 6 wurde der DBS als vollwertiger Viersitzer ausgelegt. Um das zu ermöglichen, verlängerte man abermals den Radstand (nun 2610 mm) und brachte den Wagen auf eine Gesamtlänge von 4590 mm. Die bis 1969 gebauten Sechszylinder-Versionen brachten es auf eine Höchstgeschwindigkeit von „nur" 240 km/h. Die Idee, sich ab Ende 1969 von diesem Aggregat zu trennen, war eine gute Entscheidung: Mit einem V8-Motor bestückt, kletterte die Tachonadel bis zur 273 km/h-Markierung.

Modell	*Aston Martin DBS V8*
Hubraum / Zylinder	*5340 ccm / 8 Zyl.*
PS / KW	*340 / 249*
Bauzeit	*1969 – 1972*
Stückzahl	*405*

Austin-Healey Sprite Mk V

Die Urversion des Austin-Healey Sprite, die dem Wagen mit den aufgesetzten Scheinwerfern zu seinem Spitznamen „Frog" (Frosch) verhalf, war nicht unbedingt jedermanns Geschmack. Als der Frosch – offiziell nannte er sich Mk I – 1961 eingestellt wurde, wollte man die Tradition des handlichen Autos zwar fortsetzen, doch das machte nur Sinn, indem die Karosserielinie erst einmal gründlich überarbeitet wurde. Der Aufwand hat sich gelohnt – bald stand der Sprite als Mk II mit einer geradlinig gestylten Karosserie bei den Händlern. Im Zuge der Modellpflege – ein verbessertes Klappverdeck und Kurbelscheiben – mutierte der Mk II allmählich zum Mk III, Mk IV und Mk V. Als 1971 der letzte Sprite die Werkshallen verließ, sollte sein identisches Schwestermodell – der MG Midget – noch weitere acht Jahre gebaut werden.

Modell	*Austin-Healey Sprite Mk V*
Hubraum / Zylinder	*1275 ccm / 4 Zyl.*
PS / KW	*60 / 44*
Bauzeit	*1961 – 1971*
Stückzahl	*ca. 80 300*

Modell	*Austin-Healey 3000 Mk III*
Hubraum / Zylinder	*2912 ccm / 6 Zyl.*
PS / KW	*150 / 109,8*
Bauzeit	*1964 – 1967*
Stückzahl	---

Austin-Healey 3000 Mk III

Eine nie nachlassende Modellpflege in Verbindung mit regelmäßiger Leistungssteigerung machte den „Big Healey" zu einem Wagen, der seine Fangemeinde noch in den späten 60er Jahren zu begeistern vermochte. 1968 aber wurde die Produktion eingestellt: Austin Healey, eine Marke der BMC (British Motor Corporation) wollte nämlich den Triumph TR 5 bauen, und da konnte man im eigenen Hause kein Konkurrenzmodell dulden. Schade, denn seit 1964 befand sich der 3000 in seiner Version als Mk III in Bestform, was sich auch in den Verkaufszahlen niederschlug. Der etwa 190 km/h schnelle Mk III mit seinem edlen Holz-Armaturenbrett und Mittelkonsole zählt mittlerweile zu dem begehrtesten Modell dieser erfolgreichen Baureihe.

Bond Bug

Neben einigen Mitbewerbern, die ebenfalls mit Kleinwagen ihr Geld verdienten, musste Bond nur vor dem Konkurrenten Reliant den Hut ziehen. Zumindest bis 1969, jenem Jahr, in dem die beiden Produzenten fusionierten. Als Ergebnis dieser Fusion präsentierte man den neuen Bond Bug, und das heißt übersetzt „Wanze". Damit niemand die keilförmige Wanze übersehen konnte, trat sie in der Schockfarbe der 70er Jahre auf – in orange. Zwar gab es den von 1970 bis 1975 gebauten Bug in unterschiedlichen Versionen, doch von der Motorleistung abgesehen, sahen alle Wanzen gleich aus. Im Gegensatz zu den zweitaktenden Bonds der 60er Jahre bestückte man den neuen Wagen mit einem wassergekühlten Vierzylinder, der seinen Platz im Innenraum zwischen den beiden Vordersitzen einnahm.

Modell	Ford Cortina
Hubraum / Zylinder	1198 ccm / 4 Zyl.
PS / KW	46 / 33,7
Bauzeit	1962 – 1964
Stückzahl	---

Modell	*Bond Bug*
Hubraum / Zylinder	*701 ccm / 4 Zyl.*
PS / KW	*29 / 21,2*
Bauzeit	*1970 – 1975*
Stückzahl	---

Ford Cortina

Zur Abrundung des Modellprogramms nach unten hin debütierte bei den englischen Ford-Werken im Herbst 1962 die Cortina-Baureihe. Diese Zwei- und Viertürer konnte man als das britische Gegenstück zum deutschen Ford Taunus 12 M bezeichnen – doch im Gegensatz zu jenem besaß der Cortina nicht einen modernen Front-, sondern noch einen konventionellen Heckantrieb. Motortechnisch orientierte sich der Cortina (4 Zylinder und 1,2 Liter Hubraum) ebenfalls am 12 M. Das vollsynchronisierte Vierganggetriebe konnte wahlweise als Lenkrad- oder Knüppelschaltung geordert werden, außerdem durften die Kunden in Bezug auf den Ausstattungskomfort zwischen der Normalversion und einer höherwertigen De-Luxe-Variante wählen.

Ford Zodiac Mk III

Der englische Ableger der Ford Motor Company baute bereits seit 1911 auf der britischen Insel Automobile. Die Modellpalette, die nach dem Zweiten Weltkrieg auf die Räder gestellt wurde, orientierte sich zwar an den amerikanischen Vorbildern – allerdings wurden Form und Größe dieser Wagen auf europäische Verhältnisse zugeschnitten. Mit dem Zodiac Mk III präsentierte Ford zu Beginn der 60er Jahre einen geräumigen Mittelklassewagen. Der 4640 mm lange Viertürer mit drittem Seitenfenster basierte auf einem Fahrwerk mit 2720 mm Radstand und bot sechs Personen bequem Platz – ein richtiger Familienwagen also. Wer auf die sportliche Fahrweise verzichten konnte, war mit dem Zodiac bestens bedient – einen komfortableren und günstigeren Reisewagen gab es in dieser Klasse kaum.

Modell	*Ford Zodiac Mk III*
Hubraum / Zylinder	*2555 ccm / 6 Zyl.*
PS / KW	*107 / 78,4*
Bauzeit	*1961 – 1966*
Stückzahl	—

Jaguar Mk X

William Lyons hatte es sich zur Aufgabe gemacht, zum Modelljahrgang 1961 den inzwischen betagten Jaguar Mk IX durch ein fortschrittlicheres Modell zu ersetzen. Auf dem gleichen Radstand des Vorgängers basierend – 3050 mm – entstand als Nachfolgemodell nun der Typ Mk X. Der größte Unterschied des neuen Wagens bestand darin, dass seine Karosserie in selbsttragender Bauweise gefertigt wurde und nicht mehr auf einem schweren, massiven Kastenrahmen ruhte. Zu den weiteren Neuerungen zählte auch die hintere Einzelradaufhängung, doch deren Vorteile konnte man bei höherem Tempo kaum auskosten: Der Mk X war zwar ein vom Platzangebot her luxuriöses Fahrzeug, doch auf Grund seiner Größe auch sehr unhandlich und schwerfällig.

Modell	*Jaguar Mk X*
Hubraum / Zylinder	*3781 ccm / 6 Zyl.*
PS / KW	*223 / 163,3*
Bauzeit	*1961 – 1968*
Stückzahl	*18 519*

Jaguar Mk II

Viele Jaguar-Fahrer sahen in dem Mk II die sportlichste Limousine, die es je in der Automobilgeschichte gegeben hat. Sie hatten Recht – vor allem dann, wenn sie sich für eine Ausstattung mit dem durchzugsstarken 3,8-Liter-Motor entschieden hatten. Trotz des langen Radstandes von 2730 mm ließ sich der 4590 mm lange Wagen gut handhaben, und schnell war er auch noch. Das 3,8-Liter-Aggregat brachte den eleganten Viertürer auf eine Höchstgeschwindigkeit von 190 km/h. Im typisch britisch gestylten Innenraum des Mk II dominierten natürlich ein Armaturenbrett aus poliertem Wurzelholz und feudale mit feinstem Leder überzogene Sitze. Zum Modelljahr 1968 wurde die 3.8-Version aus dem Programm genommen, ein Zeichen, dass der Mk II bald einen Nachfolger erhalten sollte.

Modell	*Jaguar Mk II*
Hubraum / Zylinder	*3781 ccm / 6 Zyl.*
PS / KW	*223 / 163,3*
Bauzeit	*1966 – 1968*
Stückzahl	---

Jaguar E-Type Series 1

Das Design des E-Type stammte von Malcolm Sayer, der den E-Type aus dem D-Type heraus entwickelte. Der E-Type debütierte im März 1961 auf dem Genfer Automobilsalon, und Jaguar sorgte zum wiederholten Male für eine weltweite Sensation. Der schlanke Zweisitzer, ästhetisch wie funktional überzeugend, setzte Maßstäbe in vielerlei Hinsicht. Die von Bob Knight neu entwickelte Hinterradaufhängung verlieh dem Sportwagen exzellente Fahreigenschaften und eine sichere Straßenlage. Als Antriebsaggregat besaß der E-Type den Sechszylindermotor seines Vorgängers mit 3.8 Litern Hubraum und 265 PS. Mit einem Fahrzeuggewicht von nur 1168 kg lief der Wagen fast 240 km/h schnell und beschleunigte von 0 auf 100 km/h in knapp sieben Sekunden.

Modell	*Jaguar E-Type Series 1*
Hubraum / Zylinder	*3781 ccm / 6 Zyl.*
PS / KW	*265 / 196,3*
Bauzeit	*1961 – 1964*
Stückzahl	*ca. 15 700*

Jaguar E-Type Series 2

Mit der Präsentation des E-Type etablierte sich Jaguar 1961 definitiv in der Weltspitze des Automobilbaus. Wie nur wenige Modelle in der Automobilgeschichte faszinierte der rassige Sportwagen vom ersten Tag an Publikum und Fachleute gleichermaßen. Obwohl seine Produktion bereits 1974 auslief, wird der E-Type noch heute von vielen Menschen automatisch mit der Marke Jaguar gleichgesetzt. Seine Position als Ikone des Automobilbaus dokumentierte 1996 auch das Museum of Modern Art in New York, das den E-Type in Cabrio-Ausführung als nur eines von drei bedeutenden Automobilen in seine Dauerausstellung aufnahm. Während seiner Bauzeit bereitete der E-Type nicht nur dem Privatfahrer ein sportliches Vergnügen – etliche Teams setzten den E-Type auch erfolgreich im Motorsport ein.

Modell	*Jaguar E-Type Series 2*
Hubraum / Zylinder	*4235 ccm / 6 Zyl.*
PS / KW	*265 / 194,1*
Bauzeit	*1968 – 1971*
Stückzahl	*18 820*

Jaguar E-Type Series 2

Um ständig wettbewerbsfähig zu bleiben, wurde der Jaguar E-Type regelmäßig modifiziert und optimiert, sei es technisch oder auch optisch. Ab Oktober 1964 wurde der Sechszylindermotor mit 4.2 Litern Hubraum angeboten. Neben der Cabriolet-Ausführung stellte Jaguar auch den Series 2 als Coupé auf die Räder. Diese Variante mit links angeschlagener Heckklappe war für manche Enthusiasten zwar gewöhnungsbedürftig, doch sie hatte ihren Reiz: Dank der Fastbackkarosserie stieg der Radstand von 2440 auf 2670 mm, was den auf der hinteren Notsitzbank mitfahrenden Passagieren etwas mehr Kopffreiheit gab. Mit der Präsentation dieses „2+2-Sitzers" eröffnete Jaguar seinen Kunden übrigens zum ersten Mal die Möglichkeit, den E-Type mit Automatikgetriebe zu ordern.

Modell	*Jaguar E-Type Series 2*
Hubraum / Zylinder	*4235 ccm / 6 Zyl.*
PS / KW	*265 / 194,1*
Bauzeit	*1968 – 1971*
Stückzahl	*18 820*

Jaguar E-Type Series 3

Im März 1971 wurde für die Fangemeinde des E-Type ein Traum der besonderen Art Wirklichkeit: Endlich arbeitete unter der langen Haube des Sportlers ein V12-Motor mit 5,3 Litern Hubraum! Die Umstellung von sechs auf zwölf Zylinder war genau genommen schon mehr als überfällig: Jaguar durfte auf keinen Fall den Anschluss an die Konkurrenz verlieren, und die setzte schon seit langem auf enorme Leistungssteigerungen. Was die Enthusiasten aber ein wenig störte, war die Entscheidung, dass der E-Type von nun an auf dem langen Radstand (2670 mm) basierte. Das wirkte sich vor allem negativ auf das Erscheinungsbild des Cabriolets aus, doch man gewöhnte sich dran. Laut Statistik bereicherten übrigens 87 Prozent aller gebauten E-Type den Exportmarkt, der Rest rollte auf britischen Straßen.

Modell	*Jaguar E-Type Series 3*
Hubraum / Zylinder	*5354 ccm / 12 Zyl.*
PS / KW	*276 / 202,2*
Bauzeit	*1971 – 1974*
Stückzahl	*15 287*

Jaguar E-Type Series 3

Der legendäre E-Type, der im letzten Produktionsjahr nur noch in der Roadster-Version gebaut wurde, machte während seiner gesamten Laufbahn nicht nur auf den Straßen und Boulevards, sondern auch auf der Rennpiste eine gute Figur. Den ersten Sieg konnte Jaguar schon 1961 einfahren – Graham Hill wurde bei einem Rennen auf dem Oulton-Park-Circuit Erster. Kurze Zeit später sorgte der E-Type auch in Brands Hatch und Silverstone für Aufmerksamkeit. Sportliche Erfolge ließen die Verkaufszahlen schnell nach oben klettern – vor allem in den USA. Dort musste sich der E-Type aber Ende der 60er Jahre den strengen Abgasvorschriften beugen und mit weniger Motorleistung zufrieden geben. Verständlich, dass vor allem amerikanische Jaguar-Fans sehnsüchtig auf den Zwölfzylinder warteten.

Modell	*Jaguar E-Type Series 3*
Hubraum / Zylinder	*5354 ccm / 12 Zyl.*
PS / KW	*276 / 202,2*
Bauzeit	*1971 – 1974*
Stückzahl	*15 287*

Jaguar XJ 6

Die Präsentation der ersten Generation der XJ-Baureihe fand am 26. September 1968, dem Vorabend der Londoner Motor Show, statt. Rückblickend kann man sagen, dass für Jaguar damit ein neues Zeitalter begann. Die Formgebung der zeitlos schönen Limousine stammte noch weitgehend von Sir William Lyons, dem Gründer und damaligen Chef des Hauses Jaguar. Die ursprünglich interne Projektbezeichnung XJ stand für „eXperimental Jaguar". Die englische Presse war vom neuen Jaguar XJ auf Anhieb begeistert und lobte das Modell in den höchsten Tönen. Die traditionellen Jaguar-Attribute wie Stil, Sportlichkeit, Leistung und Komfort verbanden sich im XJ mit moderner Technik und Laufkultur. Angeboten wurde der Jaguar XJ zunächst mit dem bewährten 4,2 Liter XK-Motor mit Doppelvergaser, der 205 PS leistete.

Modell	*Jaguar XJ 6*
Hubraum / Zylinder	*4235 ccm / 6 Zyl.*
PS / KW	*205 / 150,2*
Bauzeit	*1968 – 1972*
Stückzahl	*78 891*

Jaguar XJ 6

Speziell für die kontinentaleuropäischen Märkte entwickelte Jaguar von dem XJ bald eine Version mit 2,8 Litern Hubraum, da hier größtenteils eine hubraumbezogene Besteuerung üblich war. Diese Motorenvariante leistete 182 PS. Alle XJ-Modelle waren mit Einzelradaufhängung, selbsttragender Karosserie und Scheibenbremsen ausgestattet. Für die Modellbezeichnung XJ 6 entschied man sich, da der Wagen von einem Sechszylindermotor angetrieben wurde. Kenner unterscheiden die Varianten der XJ Serie nach ein paar Merkmalen. So fiel die Serie I (1968 bis 1973) mit einem besonders hohen Kühlergrill auf. Bei der Serie II (1973 bis 1979) positionierte man die Stoßstangen vorne und hinten etwas höher und modifizierte die Scheinwerfer- und Kühlergrill-Anordnung entsprechend.

Modell	*Jaguar XJ 6*
Hubraum / Zylinder	*2791 ccm / 6 Zyl.*
PS / KW	*182 / 133,3*
Bauzeit	*1968 – 1972*
Stückzahl	*78 891*

Jaguar XJ 6

Als 1973 die zweite Generation des XJ vom Band lief, gab es neben äußerlichen Modifikationen auch ein völlig neues Interieur. Alle Instrumente und Schalter hatte man jetzt vor dem Lenkrad gruppiert – direkt im Blickfeld des Fahrers. Mit der dritten XJ-Serie (1979 bis 1992) gab es abermals leichte Modifikationen im Front- und Heckbereich – an diesen wichtigen Veränderungen hatte das Designstudio Pininfarina mitgewirkt: Hinten sitzende Mitfahrer genossen jetzt mehr Kopffreiheit! Im Rahmen konsequenter Modellpflege wurde der Jaguar XJ 6 immer besser. Die 4,2-Liter-Version war bis 1986 erhältlich; der 2,8-Liter-Motor wurde 1973 aus dem Programm genommen und 1975 durch eine neue 3,4-Liter-Variante mit 163 PS ersetzt, die es bis 1979 gab.

Modell	*Jaguar XJ 6*
Hubraum / Zylinder	*4235 ccm / 6 Zyl.*
PS / KW	*248 / 181,6*
Bauzeit	*1973 – 1986*
Stückzahl	---

Jaguar XJ-S Coupé

Im Rahmen der Modellpflege präsentierte Jaguar 1975 mit dem XJ-S Coupé einen Wagen, der angeblich in die Fußstapfen des legendären E-Type treten sollte. Das Coupé, das 1976 in Serie ging, stand aber leider immer im Schatten der Limousinen – es wirkte zu schwerfällig. Obwohl unter der Haube das V12-Aggregat arbeitete, vermisste man den vom E-Type her gewohnten sportlichen Charakter. Der 240 km/h schnelle Wagen kam bald auch in einer Version als Sechszylinder auf den Markt, doch auch diese Alternative konnte sich nicht zum Bestseller hocharbeiten. Das gleiche galt für die luxuriöse Cabriolet-Ausführung mit elektrisch zu betätigendem Faltverdeck. Inzwischen sind die Modelle, die damals kaum einer haben wollte, zum Youngtimer herangereift und haben sich in den Kreis sammelnswerter Klassiker eingereiht.

Modell	*Jaguar XJ-S Coupé*
Hubraum / Zylinder	*5343 ccm / 12 Zyl.*
PS / KW	*287 / 210,2*
Bauzeit	*1975 – 1981*
Stückzahl	---

Lotus Seven Serie 1

Colin Chapman, der berühmte Konstrukteur und Fabrikant von Lotus Renn- und Sportwagen beschäftigte sich schon 1947 mit dem Bau eines kleinen Sportwagens, der auf dem legendären Austin Seven basierte. Der Erfolg motivierte ihn, seinen „Feierabend-Betrieb" ab 1957 in eine richtige Fabrik umzuwandeln und eine Serienfertigung zu starten. Da man in England für ein Bausatzauto weniger Steuern zahlen musste, brachte Chapman seinen Lotus Seven auch als Kit auf den Markt – wer technisch weniger begabt war, aber auf den Fahrspaß eines Lotus Seven nicht verzichten wollte, bestellte sich den leichten Zweisitzer mit Aluminiumkarosserie fertig montiert. Für spätere Versionen favorisierte Chapman anstelle des Leichtmetallaufbaus eine Kunststoffkarosserie.

Modell	*Lotus Seven Serie 1*
Hubraum / Zylinder	*1172 ccm / 4 Zyl.*
PS / KW	*40 / 29,3*
Bauzeit	*1957 – 1970*
Stückzahl	---

Lotus Europa

1966 versteckte Colin Chapman unter der extrem flachen (1100 mm) Kunststoffkarosserie eines neuen Mittelmotor-Sportwagens einen Vierzylindermotor und stellte das Ergebnis unter dem Namen Lotus Europa der Fachpresse vor. Das Aggregat, das den Europa schon in seiner ersten Entwicklungsstufe auf 175 km/h brachte, stammte übrigens von dem Renault R 16. Spätere Versionen profitierten von einem Ford-Motor, der den leichtgewichtigen Wagen bis auf 200 km/h beschleunigte. Eine Schönheit in der Welt der Automobile war der Europa sicherlich nicht, und in die Gruppe alltagstauglicher Automobile konnte man ihn auch nicht einordnen – dieser Wagen war einzig und allein als „Fahrmaschine" konstruiert worden, die ihren Besitzern viel Spaß machen sollte.

Modell	*Lotus Europa*
Hubraum / Zylinder	*1470 ccm / 4 Zyl.*
PS / KW	*78 / 57,1*
Bauzeit	*1967 – 1975*
Stückzahl	*9 230*

Lotus Esprit S 1

1975 präsentiert und ab 1976 gebaut, zeigte sich der Lotus Esprit entgegen dem Gewohnten, was dieses Haus auf die Räder stellte, vollkommen anders geartet. Seine kantige Linienführung geht auf eine von Giorgio Giugiaro entworfene Designstudie zurück. Für den Serienbau wurde das Layout des keilförmigen Sportlers nur geringfügig verändert. Lotus platzierte das Antriebsaggregat, einen Vierzylinder mit 16-Ventil-Technik, längs vor der Hinterachse. Der auf einem Zentralträgerrahmen aufgebaute Mittelmotor-Sportwagen mit Kunststoffkarosserie konnte bis auf 210 km/h beschleunigt werden – dabei drehte die Maschine im munteren Bereich von 6200 Touren. Fast zwei Drittel aller gebauten Fahrzeuge wurden in die USA exportiert, der Rest bewegte sich vorwiegend auf englischen Straßen.

Modell	*Lotus Esprit S 1*
Hubraum / Zylinder	*1974 ccm / 4 Zyl.*
PS / KW	*160 / 117,2*
Bauzeit	*1975 – 1980*
Stückzahl	*718*

MG Typ B

1962 wurde der MG A durch das Nachfolgemodell MG B ersetzt. Dieser offene Sportwagen mit selbsttragender Karosserie erschien drei Jahre später auch als bildhübsches Coupé mit Schrägheckkarosserie. Während MG 1968 die Fertigung der großen Magnette-Limousine einstellte, sorgte der MG B zusammen mit dem kleinen Midget weiter für Produktionsrekorde. Beide Modelle wurden auch im Wettbewerbssport eingesetzt, wobei allerdings der MG B öfter die Nase vorn hatte. Der mit einem Vierzylindermotor bestückte MG B verkaufte sich außerordentlich gut – eine von 1967 bis 1969 gebaute Variante mit sechs Zylindern ließ sich hingegen nur 900 Mal an den Mann bringen. 1974 erhielt der MG B im Rahmen eines letzten Faceliftings Stoßstangen aus Kunststoff – diese Version blieb bis zum Produktionsende 1980 im Programm.

Modell	*MG Typ B*
Hubraum / Zylinder	*1798 ccm / 4 Zyl.*
PS / KW	*95 / 69,6*
Bauzeit	*1974 – 1980*
Stückzahl	–

Mini – Austin Mini Cooper

Der anfangs auch Austin Seven genannte Mini entstand als Reaktion auf die Suezkrise von 1956, denn man sah nun die Zukunft des Automobils im Kleinwagen. Von der Presse gleich begeistert gefeiert und vom Publikum anfangs abgelehnt, musste sich der Mini (er debütierte gleichzeitig auch als Austin Seven 850 und als Morris Mini Minor 850) erst durchboxen, bis man ihn akzeptierte. Zu ungewöhnlich war sein Konzept. Mit einer knapp geschnittenen selbsttragenden Karosserie (2030 mm Radstand; 3050 mm Gesamtlänge) und einem quer platzierten Vierzylinder (848 ccm; 35 PS) hatte der Fronttriebler dennoch den Kleinwagenbau revolutioniert. Das Ziel, ein sparsames und kostengünstiges Automobil fürs Volk zu bauen, hatte Issigonis erreicht.

Modell	*Mini – Austin Mini Cooper*
Hubraum / Zylinder	*997 ccm / 4 Zyl.*
PS / KW	*56 / 41*
Bauzeit	*1961 – 1969*
Stückzahl	*101 242*

Mini – Morris Mini Cooper

Dass der Mini schon kurz nach seinem Debüt auch im Wettbewerbssport mitreden sollte, damit hatte sein später geadelter Konstrukteur nicht gerechnet. Es war aber der Hartnäckigkeit eines gewissen John Cooper zu verdanken, der das Image des Winzlings vor allem durch die von 1961 bis 1971 gebauten sportlichen Cooper-Versionen gefördert hatte. Die Mini-Familie, die im Laufe der Jahre aufgrund ihrer Modellpflege zu einer fast unüberschaubaren Modellpalette herangewachsen war, fand natürlich auch ihren Weg nach Deutschland. Anfangs sorgte der in Düsseldorf ansässige Importeur A. Brüggemann für die Verbreitung des Winzlings. Gemessen am Preis eines VW-Käfers (4.600 Mark) bekam man den Mini zwar erst ab 5.200 Mark, doch dafür erhielt man ein Auto, das sich von konventioneller Einheitsware deutlich abhob.

Modell	*Mini – Morris Mini Cooper*
Hubraum / Zylinder	*997 ccm / 4 Zyl.*
PS / KW	*56 / 41*
Bauzeit	*1961 – 1969*
Stückzahl	*101 242*

Mini – Morris Mini Cooper S

Optisch hat sich der Mini in seiner über 40-jährigen Geschichte nur unwesentlich verändert. Über 5,3 Millionen Käufer konnte er bislang mit seinem knuffigen Design begeistern. Bereits zehn Jahre nach der Modelleinführung sah man ein, dass es nicht sinnvoll war, den Wagen gleichzeitig als Austin Mini und Morris Mini zu verkaufen – endlich wurde aus der Modellbezeichnung „Mini" der gleichlautende Markenname. Als sich die erste Mini-Generation mit dem Sondermodell „Final Edition" im Jahr 2000 verabschiedete, rollte der Evergreen noch immer auf Rädern im Schubkarrenformat. Gut, dass Sir Alec Issigonis damals sämtliche Konventionen des Automobilbaus fallen ließ und ein Konzept entwickelte, nach dem seit langem alle modernen Klein- und Kompaktwagen gebaut werden.

Modell	*Mini - Morris Mini Cooper S*
Hubraum / Zylinder	*970 ccm / 4 Zyl.*
PS / KW	*65 / 47,6*
Bauzeit	*1963 – 1971*
Stückzahl	*45 438*

Morgan 4/4

Lange Zeit baute die britische Firma Morgan sportliche Dreiräder, bevor sie das Angebot 1936 durch ein „normales" Automobil mit vier Rädern ergänzte. Das neue Modell erhielt die Typenbezeichnung 4/4, was für vier Räder und vier Zylinder stand. Die seit 1910 bewährte unabhängige Vorderradfederung, bei der die Räder an Schiebehülsen auf- und abgleiten, wurde weiterhin beibehalten. An diesem Prinzip hatte sich auch 1961 nichts geändert, als Morgan die vierte Generation des Bestsellers 4/4 präsentierte. Das Aggregat, das unter der Haube arbeitete, stammte noch immer von Ford und wurde in drei Leistungsstufen angeboten. Wer einen Morgan sein Eigen nennen wollte, hatte sich nicht nur auf extrem lange Lieferzeiten einzustellen – dieser Wagen verkörperte Fahrspaß pur und war alles andere als ein Alltagsfahrzeug.

Modell	*Morgan 4/4*
Hubraum / Zylinder	*1498 ccm / 4 Zyl.*
PS / KW	*64 / 46,8*
Bauzeit	*1962 – 1967*
Stückzahl	---

Morgan Plus 8

Mit der Vorstellung des Morgan Plus 8 schlug das Herz aller Morgan-Fans ohne Zweifel höher: Dieser 1968 präsentierte Wagen profitierte nämlich von einem bulligen V8-Zylindermotor aus dem Hause Rover. Da die moderne Maschine der 3,5-Liter-Klasse aus Leichtmetall gefertigt wurde und der Morgan nur 850 Kilogramm auf die Waage brachte, eröffneten sich für Morgan-Fahrer von nun an ganz neue Perspektiven – endlich konnte die magische Grenze von 200 km/h durchbrochen werden! Damit der Morgan diesem Leistungsplus gewachsen war und eine akzeptable Straßenlage erhielt, verlängerte man den Radstand geringfügig und erweiterte die Spurbreite auf 1260 mm. Kenner identifizierten den Plus 8 schon von weitem – er rollte serienmäßig auf elegant gestylten Leichtmetallfelgen.

Modell	*Morgan Plus 8*
Hubraum / Zylinder	*3532 ccm / 8 Zyl.*
PS / KW	*184 / 134,8*
Bauzeit	*ab 1968*
Stückzahl	---

Morgan + 4

Morgan sah nur selten eine Veranlassung, irgendetwas am einmal als richtig erkannten Konzept seiner Wagen zu ändern, wie etwa den aus Holz gefertigten Hilfsrahmen, der die Karosserie trägt und der nach einigen Jahren morsch wird. Dementsprechend erfolgten nach dem Übergang vom flachen zum rundlichen Kühler (1955) nur unwesentliche Retuschearbeiten an der Karosserie. Seit 1937 fertigte Morgan den bis dahin nur als Zweisitzer erhältlichen 4/4 auch in einer viersitzigen Ausführung. Diese Tradition wurde bis zum Erscheinen des Modells + 8 beibehalten, obwohl nur wenige Enthusiasten von dieser Möglichkeit Gebrauch machten. Wen wundert das, die Heckpartie des Viersitzers wirkte nicht gerade elegant – vor allem, wenn man den Wagen offen bewegen wollte.

Modell	*Morgan + 4*
Hubraum / Zylinder	*2138 ccm / 4 Zyl.*
PS / KW	*105 / 77*
Bauzeit	*1950 – 1958*
Stückzahl	---

Triumph TR 4

Als Triumphs betagter TR 3 nach einem Nachfolger verlangte, gab es keinen Anlass, sich von dem soliden Kastenrahmen, auf dem der TR 3 basierte, zu trennen. Fest stand aber, dass jede Menge optischer Korrekturen notwendig waren, weshalb man den erfahrenen Designer Giovanni Michelotti mit dem Entwurf der Karosserie beauftragte. Um den TR 4 genannten Neuling weiterhin erfolgreich in den USA verkaufen zu können, war es wichtig, dass bei der Entwicklung amerikanische Bestimmungen berücksichtigt wurden – das betraf insbesondere die Höhe und Anordnung der Scheinwerfer. Im Vergleich zum Vorgänger geriet der TR 4 (erster britischer Wagen mit vollsynchronisiertem Getriebe!) etwas breiter, was ihm aber gut zu Gesicht stand.

Modell	*Triumph TR 4*
Hubraum / Zylinder	*1991 ccm / 4 Zyl.*
PS / KW	*100 / 73,2*
Bauzeit	*1961 – 1967*
Stückzahl	*71 665*

Triumph TR 6

Der zu Beginn des Jahres 1969 präsentierte TR 6 orientierte sich zweifelsohne an der schon für den TR 4 entwickelten Karosserielinie. Sie entstand ursprünglich in Italien bei Michelotti und wurde für den TR 6 noch einmal überarbeit – allerdings bei Karmann in Deutschland. Viel durfte man nicht tun, denn der Aufbau musste aus Kostengründen weiterhin auf das betagte Kastenrahmenchassis passen. Triumph stattete den TR 6 mit einem holzgemaserten Armaturenbrett aus, dessen Kanten aus Sicherheitsgründen weich eingefasst wurden, außerdem erhielt das Lenkrad eine gepolsterte Nabe. Das Wichtigste aber, was den TR 6 für Enthusiasten interessant machte, war der Übergang vom Vierzylinder- zum Sechszylindermotor – 143 PS brachten den Wagen nun auf 200 km/h.

Modell	*Triumph TR 6*
Hubraum / Zylinder	*2498 ccm / 6 Zyl.*
PS / KW	*143 / 104,7*
Bauzeit	*1969 – 1976*
Stückzahl	*94 619*

Alfa Romeo Giulietta Spider

Schon 1959 präsentierte Alfa Romeo in Monza die aktualisierte, zweite Generation des Giulietta Sprint. Das auf der Rennstrecke vorgestellte neue Modell war von keinem Geringeren als Giorgetto Giugiaro, der damals noch für Bertone in Lohn und Brot stand, dezent optimiert worden. Auch der Spider, technisch mit dem Sprint identisch, profitierte von den Neuerungen – er erhielt ab 1962 das auf 1,6 Liter Hubraum vergrößerte Vierzylinder-Aggregat. Die flotte Linienführung des Spiders entstand allerdings am Zeichenbrett Pininfarinas. Ein einfach zu bedienendes Klappverdeck gehörte zur Serienausstattung, machte den Spider aber nur bedingt wetterfest. Wer ein Optimum an Wetterschutz suchte, war mit dem gegen Aufpreis lieferbaren Hardtop bestens bedient.

Modell	*Alfa Romeo Giulietta Spider*
Hubraum / Zylinder	*1570 ccm / 4 Zyl.*
PS / KW	*112 / 82*
Bauzeit	*1955 – 1965*
Stückzahl	*26 346*

Alfa Romeo 2600 Spider

Eine Klasse über der Giulia-Limousine rangierten die Modelle der 2600er-Reihe. Formal orientierten sich die verschiedenen 2600 an den Typen der zuvor produzierten Baureihe 2000. Doch unter den Hauben der ebenfalls als Limousine, Sprint und Spider erhältlichen Wagen arbeitete nun ein Sechszylinder-Reihenmotor und sorgte mit bis zu 145 PS für einen standesgemäßen Antrieb. In der schönsten Karosserieversion als Spider beschleunigte der Wagen auf atemberaubende 215 km/h. Der Aufbau des Spiders entstand übrigens im Hause Touring und wurde in einer ganz speziellen Leichtbauweise gefertigt. Als dieser langjährige Karosserielieferant plötzlich seine Pforten schließen musste, hatte auch für die damals schon selten zu sehende Offenversion die letzte Stunde geschlagen.

Modell	*Alfa Romeo 2600 Spider*
Hubraum / Zylinder	*2584 ccm / 6 Zyl.*
PS / KW	*145 / 106,2*
Bauzeit	*1962 – 1968*
Stückzahl	*2 555*

Alfa Romeo Giulia 1600

Der expandierenden Firma Alfa Romeo wurde es mit der Zeit in Portello zu eng, weshalb 1961 eine neue Produktionsstätte – das Werk Arese – am Rande Mailands bezogen wurde. Als weiterer Höhepunkt in der Firmengeschichte warf ein großes, geniales Auto bereits seinen Schatten voraus: Der Giulia stand in den Startlöchern. Mit ihm gelang dem Werk der Durchbruch auch auf den Exportmärkten. Der von der Optik her anfangs noch gewöhnungsbedürftige Viertürer blieb sechs Jahre lang in Produktion und begeisterte mit seiner faszinierenden Technik. Seine Fahrleistungen hatten durchaus Sportwagen-Charakter, und die Karosserie glänzte mit einem für die frühen 60er Jahre beispiellos niedrigem Cw-Wert von 0,34.

Modell	*Alfa Romeo Giulia 1600*
Hubraum / Zylinder	*1570 ccm / 4 Zyl.*
PS / KW	*92 / 67,4*
Bauzeit	*1962 – 1968*
Stückzahl	---

Alfa Romeo Giulia Sprint 1300 GT Junior

1962 erschien ein weiteres, für die Alfa Romeo-Historie bedeutungsvolles Automobil: die Giulia. Sie wurde in dem neuen Produktionsstandort Arese auf die Räder gestellt. Unter der Haube der aerodynamisch wegweisenden Limousine arbeitete ein 1,6-Liter-Leichtmetallmotor mit zwei obenliegenden Nockenwellen. Ab 1963 bzw. ab 1966 standen der viertürigen Giulia-Limousine noch eine neu gestaltete Coupé- und Spider-Version zur Seite. Der Giulia Sprint GT wurde bald unter dem Spitznamen „Bertone" bekannt und lief in zahlreichen gut abgestuften Motorausführungen bis 1976 vom Band. Anders als die gewählte Modellbezeichnung „Sprint" – das heißt so viel wie Kurzstreckenlauf – entwickelte sich das hübsche Coupé zu einem Bestseller, der 15 Jahre lang in zahlreichen Motorisierungsstufen gebaut wurde.

Modell	*Alfa Romeo Giulia Sprint 1300 GT Junior*
Hubraum / Zylinder	*1290 ccm / 4 Zyl.*
PS / KW	*80 / 58,6*
Bauzeit	*1962 – 1968*
Stückzahl	*ca. 222 000*

Alfa Romeo Giulia Sprint GTA

Ab 1965 eroberte der bissige GTA die Pisten Europas. Der GTA (Gran Turismo Allegeritta) war ein reinrassiger Rennwagen in Form des Bertone. Das Kürzel des überaus erfolgreichen Renn-Tourenwagens deutete auf die Bauweise hin: Seine Karosserie bestand aus leichtem Aluminium. Unter dieser leichten Haut ließ feinste Renntechnik das Herz aller Sportwagenfans höher schlagen: So wurde das Gemisch in den vier Zylindern jeweils von zwei Zündkerzen gezündet – eine Technik, die bei den heute modernen Twin-Spark-Motoren noch immer für eine Extraportion Temperament verantwortlich ist. Auf das Konto des GTA gingen neben zahllosen Siegen und nationalen Titeln nicht weniger als sechs Tourenwagen-EM-Titel.

Modell	*Alfa Romeo Giulia Sprint GTA*
Hubraum / Zylinder	*1570 ccm / 4 Zyl.*
PS / KW	*115 / 84,2*
Bauzeit	*1965 – 1970*
Stückzahl	---

Alfa Romeo Spider

1966, mit dem Debüt eines neuen Spiders, setzte Alfa Romeo zwar die Tradition des alten Giulietta-Spiders lückenlos fort, doch es war für viele Enthusiasten nicht leicht, sich an das neue Design zu gewöhnen. Der Duetto oder wegen seiner Heckform auch Rundheck-Spider genannte Wagen erhielt deshalb im Zuge der Modellpflege ab dem Jahrgang 1970 ein überarbeitetes Hinterteil. Das neue Heck mit Abrisskante machte den Spider nur bedingt attraktiver, aber den ständig steigenden Verkaufszahlen nach ließ sich mit diesem Design jetzt leben. Das Schönste an dem Wagen war vielleicht die Tatsache, dass man ihn in vielen Motorisierungsstufen ordern konnte, und zwar als Spider 1300 Junior, 1600, 1750 und 2000.

Modell	*Alfa Romeo Spider*
Hubraum / Zylinder	*1570 ccm / 4 Zyl.*
PS / KW	*92 / 67,3*
Bauzeit	*1966 – 1982*
Stückzahl	---

Alfa Romeo Montreal

Die 70er Jahre begannen im Hause Alfa Romeo gleich mit einer Sensation: Es erschien der spektakuläre V8-Sportwagen namens Montreal, dessen Form aus der Hand des Bertone-Zeichners Marcello Gandini stammte. Der Montreal war eine Weiterentwicklung eines schon 1967 gezeigten Mittelmotor-Wagens – es brauchte noch etwas Zeit, um aus dem eher für den Rennsport gedachten Prototypen einen humanen Straßensportwagen zu machen. Das mit einem Leichtmetallmotor (2 x 2 obenliegende Nockenwellen!) bestückte Coupé rollte auf sportlichen Leichtmetallfelgen und sollte vor allem Käufer ansprechen, die eine Alternative zu einem Porsche oder Ferrari Dino suchten – entgegen aller Erwartungen verkaufte sich der Wagen mehr schlecht als recht.

Modell	*Alfa Romeo Montreal*
Hubraum / Zylinder	*2593 ccm / 8 Zyl.*
PS / KW	*200 / 146,5*
Bauzeit	*1970 – 1975*
Stückzahl	*3 925*

Autobianchi Bianchina Cabrio

Die italienische Marke Bianchi, die 1955 gemeinsam mit Fiat und dem Reifenhersteller Pirelli noch einmal als Autobianchi SpA neu gegründet wurde, spezialisierte sich auf den Bau von individuellen Kleinwagen, die vom Konzept her den Fiat-Modellen 500 und 600 entsprachen. Mit dem Bianchina Special Cabriolet debütierte 1960 das luxuriöseste und eleganteste Fahrzeug, das es jemals auf Fiat-500-Basis gegeben hat. Das nur 3040 mm kurze Cabrio (2 Zylinder; 500 ccm; 21 PS) mit viel Chromschmuck und modernen pfostenlosen Kurbelfenstern stieß prinzipiell auf Begeisterung – nicht nur in Italien! Auch in der abgewandelten Form als kleiner Kombi (Modell Panoramica) machte das Auto bis 1970 eine gute Figur.

Modell	*Autobianchi Bianchina Cabriolet*
Hubraum / Zylinder	*500 ccm / 2 Zyl.*
PS / KW	*21 / 15,4*
Bauzeit	*1960 – 1970*
Stückzahl	*ca. 9 000*

Modell	*Autobianchi Stellina*
Hubraum / Zylinder	*767 ccm / 4 Zyl.*
PS / KW	*25 / 18,3*
Bauzeit	*1963 – 1967*
Stückzahl	---

Autobianchi Stellina

Auf dem Turiner Salon 1963 präsentierte Autobianchi das Modell Stellina, eine weitere Edelausgabe auf Basis des zuverlässigen Bestsellers Fiat 600. Obwohl die strömungsgünstige zweisitzige Kunststoffkarosserie mit abfallender Frontpartie den Motor unter der vorderen Haube vermuten ließ, wurde das wassergekühlte Vierzylinder-Aggregat (767 ccm; 25 PS) dem Fiat entsprechend natürlich im Heck platziert – der relativ flache Stauraum unter der vorderen Haube ließ sich als Kofferraum nutzen. Mit einer bescheidenen Höchstgeschwindigkeit von nur 115 km/h war der Stellina allerdings nicht so flott wie er aussah. Nur wenige Enthusiasten konnten sich für diesen Wagen begeistern. Als 1967 gerade noch 12 Exemplare abgesetzt werden konnten, stellte man die Produktion ein.

Dino 246 GT

Schon 1965 zeigte Ferrari auf dem Pariser Salon eine Stilstudie in Form eines kleinen Mittelmotor-Sportwagens, der von einem V6-Motor mobilisiert wurde. In einer ständig weiterentwickelten Form ging der elegante Flitzer 1967 endlich in Serie. Er nannte sich zunächst Dino 206 GT. Nur 150 Exemplare wurden bis 1969 gebaut. Erst in der zweiten Auflage – als Dino 246 GT mit mehr Power unter der Haube – gelang dem Coupé der große Durchbruch. Die italienische Fachpresse, die den Wagen mit der bildhübschen Pininfarina-Karosserie ausgiebig testete, erkannte im 246 GT sofort einen Konkurrenten zum Porsche 911. Weil die Fahrleistungen beider Wagen in etwa identisch waren, setzte bald auch Deutschland der Boom nach der italienischen Alternative ein.

Modell	*Dino 246 GT*
Hubraum / Zylinder	*2418 ccm / 6 Zyl.*
PS / KW	*190 / 139,2*
Bauzeit	*1969 – 1974*
Stückzahl	*3 883*

Ferrari 250 GTO

Mit dem 250 GTO brachte Ferrari einen Wagen auf den Markt, den man zwar auf öffentlichen Straßen bewegen durfte, doch das wahre Zuhause dieses Modells war eher die Rennpiste. Der 250 GTO war einerseits das Ergebnis der konsequenten Weiterentwicklung der Berlinetta 250 GT, andererseits schielte man bei der Konstruktion auf den Testa Rossa Rennsportwagen. Ähnlich dem Testa Rossa, saß der Motor beim 250 GTO tief im Rohrrahmen. Das wurde möglich, weil dieses Aggregat dank einer Trockensumpfschmierung auf eine Ölwanne verzichten konnte. Von dieser Platzierung profitierte in erster Linie der Karosserieaufbau, denn Stardesigner Pininfarina machte sich diesen Kunstgriff zunutze, indem er den Karosseriekörper relativ flach und stromliniengünstig gestaltete.

Modell	*Ferrari 250 GTO*
Hubraum / Zylinder	*2953 ccm / 12 Zyl.*
PS / KW	*300 / 219,8*
Bauzeit	*1962 – 1964*
Stückzahl	*36*

Ferrari 330 GT 2+2

Es gehörte zur Tradition des Hauses, dass Ferrari jedes Jahr im Januar zur Pressekonferenz lud, um den Fachjournalisten die Neuheiten der kommenden Saison zu präsentieren. Die Euphorie der Pressevertreter hielt sich 1964 allerdings in Grenzen – der neue 330 GT war ihrer Meinung nach ein viel zu plump geratenes Auto. In der Tat hatte die Linienführung nichts Aufregendes zu bieten, für einen Ferrari war sie einfach zu brav. Als man in der zweiten Bauserie auf massive Doppelscheinwerfer verzichtete, wirkte das viersitzige Coupé wesentlich eleganter, was die Fangemeinde endlich mit vollen Auftragsbüchern belohnte. Inzwischen hatte sich auch herumgesprochen, dass der 330 GT zwar kein ausgesprochener Sportwagen, aber ein hervorragendes Langstreckenfahrzeug sei.

Modell	*Ferrari 330 GT 2+2*
Hubraum / Zylinder	*3967 ccm / 12 Zyl.*
PS / KW	*300 / 219,8*
Bauzeit	*1964 – 1967*
Stückzahl	*1085*

Ferrari 330 GTC

Die Amerikaner waren schon immer in Ferraris Sportwagenkreationen vernarrt. Jedes neue Modell wurde euphorisch aufgenommen, und das angesehene Fachmagazin „Road & Track" schrieb einmal: „Jeder der gern Auto fährt, schuldet sich zumindest einen davon!" Ähnliche Wogen der Begeisterung fand auch die Gazette „Car and Driver", die es nach einem ausgiebigen Test mit dem Ferrari 330 GTC folgendermaßen auf den Punkt brachte: „Trete die Kupplung, dreh' den Zündschlüssel um und gib dem Gaspedal einen feinen nervösen Tritt". Wer das tat, bekam zu spüren, dass der 330 GTC gar kein so braves Coupé, sondern ein ausgesprochener Sportwagen war – der kurze Radstand gab dem 242 km/h schnellen Gefährt ein perfektes Handling.

Modell	*Ferrari 330 GTC*
Hubraum / Zylinder	*3967 ccm / 12 Zyl.*
PS / KW	*300 / 219,8*
Bauzeit	*1966 – 1968*
Stückzahl	*604*

Ferrari 330 GTS Zagato

Neben den Coupé-Versionen 330 GT 2+2 und 330 GTC brachte Ferrari dieses Baumuster noch als Spider-Variante (330 GTS) auf den Markt. Leider gehörte die Werksausführung des Spiders mit der von Pininfarina gezeichneten Karosserie nicht unbedingt zu den aufregendsten Fahrzeugen, ihr fehlte irgendwie der Pfiff. Ein anderer Designer – Zagato – nahm das zum Anlass, das Problem auf seine Art zu lösen, und entwarf einen Dachaufbau in Targa-Form. Bei dieser Konstruktion ließ sich bei Bedarf zwar das Dachmittelteil entfernen, ein vollkommen offenes Fahrvergnügen konnte Zagatos Variante nicht bieten. Damit die Dachpartie im Einklang mit der Optik des gesamten Wagens stand, wurde zusätzlich die Linienführung der Frontpartie gestrafft.

Modell	*Ferrari 330 GTS Zagato*
Hubraum / Zylinder	*3967 ccm / 12 Zyl.*
PS / KW	*300 / 219,8*
Bauzeit	*1968*
Stückzahl	*Einzelstück*

Modell	*Ferrari 275 GTB*
Hubraum / Zylinder	*3286 ccm / 12 Zyl.*
PS / KW	*280 / 205,1*
Bauzeit	*1964 – 1966*
Stückzahl	*472*

Ferrari 275 GTB

Zwei Jahre lang mussten Ferrari-Enthusiasten auf einen neuen Straßensportwagen warten, nachdem 1962 die Produktion des Modells 250 GT eingestellt wurde. Erst 1964 präsentierte das Werk den neuen 275 GTB. Als Berlinetta konzipiert – so bezeichnet man in Italien flotte kompakte Coupés – zeigte sich der 275 GTB mit klaren Linien. Kenner wissen, dass dieses Design die Handschrift des großen Designers Pininfarina ist. Einen Ferrari 275 GTB konnte man durchaus als anspruchsvolles und kompromissloses Sportgerät für den aktiven Fahrer bezeichnen, denn einige dieser Straßensportwagen mischten sogar bei der Targa Florio oder in Le Mans mit. Mit dem 275 GTB präsentierte das Werk übrigens den ersten Ferrari mit unabhängiger Hinterradaufhängung und hinten platziertem Transaxle-Getriebe.

Modell	*Ferrari 275 GTB – N.A.R.T. Spider*
Hubraum / Zylinder	*3286 ccm / 12 Zyl.*
PS / KW	*300 / 219,8*
Bauzeit	*1966 – 1968*
Stückzahl	*10*

Ferrari 275 GTB – N.A.R.T. Spider

Der neue Ferrari 275 GTB erlebte bereits nach kurzer Zeit seine erste größere Modifikation, denn bei Geschwindigkeiten jenseits von 200 km/h wurde der Bug des Wagens zu leicht. Er lag unruhig auf der Straße und verlangte vom Fahrer höchste Konzentration und permanente Lenkkorrekturen. Ein optischer Kunstgriff in Form einer verlängerten Frontpartie beseitigte das Problem letztendlich. Die verlängerte Front verbesserte aber nicht nur den Geradeauslauf, sie sorgte auch für ein noch interessanteres Erscheinungsbild dieses Vollblutsportwagens. Ferrari baute den 275 GTB zwar noch in einer Spider-Version, doch die war stilistisch vollkommen anders geartet. Eine weitaus interessantere Spider-Ausführung, die auch vom Werk abgesegnet wurde, entstand in den USA bei dem dortigen Ferrari-Importeur Luigi Chinetti. Er nannte seine Kreation 275 GTB – N.A.R.T. Spider.

Ferrari 365 GTB/4

1967 überquerten drei Ferrari P-4 Rennwagen gemeinsam die Ziellinie beim Daytona-Beach-Rennen in Florida. Als im Herbst des nächsten Jahres ein neuer Straßensportwagen präsentiert wurde, war der Sieg einigen Journalisten wohl noch im Gedächtnis – sie nannten den Neuling einfach nur „Daytona". Hausintern hörte der grandiose Zwölfzylinder allerdings auf das Kürzel 365 GTB/4. Die Ziffernfolge 365 definierte, wie bei Ferrari üblich, den Hubraum eines einzelnen Zylinders – das machte für den 365 GTB/4 in der Summe 4,4 Liter Hubvolumen. GTB stand für Gran Turismo Berlinetta und die Ziffer 4 verwies auf die vier obenliegenden Nockenwellen des Aggregats. Der bullige Zwölfzylinder, der den 365 GTB/4 auf die atemberaubende Höchstgeschwindigkeit von 275 km/h brachte, wurde übrigens von sechs Doppelvergasern beatmet.

Modell	*Ferrari 365 GTB/4*
Hubraum / Zylinder	*4390 ccm / 12 Zyl.*
PS / KW	*352 / 257,8*
Bauzeit	*1968 – 1973*
Stückzahl	*1245*

Ferrari 365 GTS/4

Ohne Zweifel stellte Ferrari mit dem 365 GTB/4 einen der schönsten und schnellsten Sportwagen der 60er Jahre auf die Räder. Noch 1979, sechs Jahre nach Produktionsende, belegte solch ein Modell beim legendären 24-Stunden-Rennen in Daytona den zweiten Platz. Das Blechkleid entstand wieder einmal am Zeichenbrett Pininfarinas. Als besonderes Stilelement integrierte er in die Frontpartie ein durchlaufendes Plexiglasband, das die Scheinwerfer und Blinker als komplette Einheit aufnahm. Leider entsprach das nicht den amerikanischen Bestimmungen, weshalb man den Wagen bald mit höher positionierten „Schlafaugen-Scheinwerfern" ausstattete. Ab 1969 baute Ferrari den 365 GBT/4 auch in einer Spider-Version – dieses offene Gegenstück war unter dem Kürzel 365 GTS/4 zu ordern.

Modell	*Ferrari 365 GTS/4*
Hubraum / Zylinder	*4390 ccm / 12 Zyl.*
PS / KW	*352 / 257,9*
Bauzeit	*1969 – 1973*
Stückzahl	*121*

Fiat Nuova 500

Beim „Cinquino" – wie die Italiener ihren Fiat 500 liebevoll nannten – stand eigentlich nie die Fahrleistung des Wagens im Vordergrund. Zwar war der Nuova Sport, der einen seitlich auffallenden Farbstreifen besaß, mit 105 km/h eindeutig der schnellste Vertreter der Baureihe – doch als Verkaufsargument spielte dieser Wert eher die untergeordnete Rolle. Egal für welches Modell man sich entschied – Hauptsache, man war mobil. Detailverbesserungen wie die ab 1965 vorn angeschlagenen Türen interessierten Normalverbraucher ebenso wenig wie die feinen Unterschiede zwischen einem 500 D und 500 F. 18 Jahre lang, von 1957 bis 1975, wurde dieser wegweisende Automobilklassiker produziert. Zu den 3,3 Millionen Exemplaren kommen noch etwa 340 000 Lizenzbauten hinzu, die überwiegend in der Zeit von 1972 bis 1975 entstanden.

Modell	*Fiat Nuova 500*
Hubraum / Zylinder	*594 ccm / 2 Zyl.*
PS / KW	*22 / 16,1*
Bauzeit	*1957 – 1975*
Stückzahl	*3 300 000*

Ferrari 365 GTC/4

Ferraris 365 GTC/4 war von Anfang ein Sonderling: Als er im Modellprogramm auftauchte, stand er sofort im Schatten des großen Daytona 365 GTB/4. Er sah auch gewöhnungsbedürftig aus, doch man musste ihn erst einmal gefahren haben, um ihn schätzen zu lernen. Angeblich gab es Daytona-Besitzer, die sich parallel einen 365 GTC/4 hielten, weil er fast ebenso viel Spaß machte und nicht so problematisch war. Das Design des GTC/4 hatte zwar Stardesigner Pininfarina entworfen, doch die sechs runden Heckleuchten und die in die Karosserie integrierten Stoßstangen waren nicht jedermanns Geschmack. Der 365 GTC/4 fiel seines Aussehens wegen in jene Sportwagenkategorie, der noch der Lamborghini Jarama, der ISO-Grifo und der Maserati Khamsin angehörten – und diese Wagen entwickelten sich auch nicht zum Bestseller.

Modell	*Ferrari 365 GTC/4*
Hubraum / Zylinder	*4390 ccm / 12 Zyl.*
PS / KW	*330 / 241,8*
Bauzeit	*1971 – 1972*
Stückzahl	*480*

Fiat 1500 Spider

Was sich mit einem ausgereiften Automobilkonzept alles machen ließ, zeigte Fiat 1959 mit der Präsentation des 1200 Spider. Das Grundprinzip dieses Wagens, Frontmotor und Heckantrieb, war von dem traditionellen 1100er abgeleitet worden. Der Fiat 1200 Spider musste sich allerdings schon ein Jahr später seiner ersten Modellpflege unterziehen, denn er war untermotorisiert. Sein zweiter Anlauf als Fiat 1500 sah wesentlich Erfolg versprechender aus: Der modifizierte Vierzylindermotor verfügte nun über zwei obenliegende Nockenwellen und gab bei 6 000 Touren eine Leistung von 80 PS ab. Mit der Einführung weiterer Modifikationen entwickelte sich der 1500 stufenweise zum Typ 1600 S – zwei Jahre vor Produktionsende kamen diese Modelle auch als Coupé auf den Markt.

Modell	*Fiat 1500 Spider*
Hubraum / Zylinder	*1481 ccm / 4 Zyl.*
PS / KW	*80 / 58,6*
Bauzeit	*1959 – 1966*
Stückzahl	*ca. 34 000*

Fiat 1500

Im April 1961 debütierte bei Fiat eine neue Mittelklasse, und zwar im Doppelpack: Der neue Wagen, der vor allem durch seine glattflächige schnörkellose Karosserie und die Doppelscheinwerfer auffiel, bereicherte den Markt gleich in den Versionen 1300 und 1500. Vom Platzangebot her standen die Neulinge den großen Sechszylinder-Wagen in nichts nach – doch diesmal hatte man aus Kostengründen einen Vierzylindermotor favorisiert. Neben der viertürigen Limousine lief der 1300 bzw. 1500 auch noch in einer Kombi- und einer Taxiversion mit verlängertem Radstand vom Band. Die Baureihe wurde übrigens mit einem vollsynchronisierten Vierganggetriebe bestückt und erhielt im Zuge des einsetzenden Sicherheitsdenkens ein Armaturenbrett mit gepolsterten Kanten.

Modell	*Fiat 1500*
Hubraum / Zylinder	*1481 ccm / 4 Zyl.*
PS / KW	*80 / 58,6*
Bauzeit	*1961 – 1967*
Stückzahl	*ca. 600 000*

Fiat 2300 S Coupé

Mit dem eleganten Coupé 2300 stellte Fiat eine alles in allem durchaus gelungene Kombination auf die Räder – das anlässlich der Turiner Automobilausstellung 1960 gezeigte Fahrzeug stand stets im Mittelpunkt der Fachpresse. Der zweisitzig ausgelegte Karosserieaufbau mit hinterer Notsitzbank wurde von dem Karosseriebauexperten Ghia kreiert. Ghia fügte als besonderes Stilelement eine dreigeteilte Heckscheibe ein, die von der Formgebung her den so genannten Panoramascheiben ähnelte. Unter der Haube des Coupés werkelte serienmäßig ein 105 PS starker Sechszylindermotor, an dem auch Fiats „Haustuner" Carlo Abarth großen Wohlgefallen fand: Er steigerte die Leistung mühelos auf 136 PS und machte den dann 2300 S genannten Wagen 190 km/h schnell.

Modell	*Fiat 2300 S Coupé*
Hubraum / Zylinder	*2279 ccm / 6 Zyl.*
PS / KW	*136 / 99,6*
Bauzeit	*1961 – 1968*
Stückzahl	---

Fiat 124 Sport Spider

Zwischen 1959 und 1968 stieg die Produktion bei Fiat von 425 000 auf 1 751 400 Fahrzeuge. Davon profitierte auch der Exportmarkt. Diese positive Entwicklung war unter anderem der Tatsache zu verdanken, dass Fiat stets eine ausgewogene Produktpalette führte: 1964 kam mit dem Fiat 850 ein neuer Kleinwagen auf den Markt, der durch zahlreiche andere Modelle mit größerem Hubraum ergänzt wurde. Dazu zählten der Fiat 125 und der Typ 124, wobei letzterer vor allem in der Spider-Version schnell zum Traumwagen avancierte. Die elegante offene Karosserie wurde übrigens von Pininfarina entworfen. Wer sich für den 124 Spider entschied, profitierte nicht nur von dem Fahrvergnügen, das dieses Modell bot: Der Fiat kostete knapp 2.000 Mark weniger als ein Alfa Romeo Spider.

Modell	*Fiat 124 Sport Spider*
Hubraum / Zylinder	*1438 ccm / 4 Zyl.*
PS / KW	*90 / 65,9*
Bauzeit	*1966 – 1982*
Stückzahl	*ca. 130 000*

Fiat 124 Sport Coupé

Einem Sportwagen angemessen, arbeitete unter der Haube des Fiat 124 ein modernes Aggregat mit zwei obenliegenden Nockenwellen, die von einem Zahnriemen angetrieben wurden. Diese Auslegung war in den 60er Jahren noch relativ ungewohnt, wurde aber zusehends populär. 1966, als der Typ 124 debütierte, bestückte man ihn zuerst mit einem Aggregat der 1,4-Liter-Klasse. Im Laufe der Zeit wuchs der Hubraum auf 1,6 bzw. 1,8 Liter an – die letzte Bauserie profitierte sogar von einem 2-Liter-Aggregat mit fünf Gängen, das den Wagen 180 km/h schnell machte. Ein Großteil der gebauten Wagen fand den Weg über den Atlantik, denn Coupé und Spider ließen sich auch in den USA hervorragend verkaufen. Um den dort herrschenden strengen Abgasgesetzen zu entsprechen, wurden diese Modelle bereits mit einer Bosch-Einspritzanlage ausgerüstet.

Modell	*Fiat 124 Sport Coupé*
Hubraum / Zylinder	*1995 ccm / 4 Zyl.*
PS / KW	*118 / 86,4*
Bauzeit	*1966 – 1982*
Stückzahl	*ca. 130 000*

Fiat 130 Coupé

Nachdem Fiat die Produktion des großen Coupés 2300 S Ende 1968 einstellte, mussten Enthusiasten, die etwas Vergleichbares suchten, bis 1971 warten. Der Nachfolger kam in Gestalt des Fiat 130. Er zeigte sich äußerst modern, denn Stardesigner Pininfarina hatte in die Kühlerfront Breitbandscheinwerfer integriert. Verglichen mit dem alten 2300 S, fühlten sich die hinten sitzenden Passagiere dank des üppigen Radstands diesmal wohler. Leider fand die Präsentation des großen 130 Coupés zu einem denkbar ungünstigen Zeitpunkt statt: Die Autofahrer und potentielle Kaufinteressenten beschäftigten sich mehr mit der Ölkrise als mit Prospekten hochkarätiger Automobile, was sich logischerweise negativ auf den Verkaufserfolg auswirkte.

Modell	*Fiat 130 Coupé*
Hubraum / Zylinder	*3235 ccm 6 Zyl.*
PS / KW	*165 / 120,9*
Bauzeit	*1971 – 1977*
Stückzahl	*ca. 4 500*

Fiat X 1/9

Nur selten haben Automobilhersteller den Mut, einen Wagen in Serie zu bauen, der vom Konzept her ursprünglich nur als Designstudie gedacht war. Dem kleinen Mittelmotor-Sportwagen Fiat X 1/9 erging es nicht anders. Er war zuerst nicht mehr als ein interessantes Concept-Car des Karosseriebauers Bertone, das ab 1972 bei Fiat glücklicherweise realisiert werden konnte. Die motortechnische Ausgangsbasis bildete ein Vierzylinder-Reihenmotor, der den X 1/9 etwa 175 km/h flott machte. Dank dieses Aggregats profitierte der Wagen von einer relativ günstigen Versicherungsklasse, und genau das machte ihn für jüngere Fahrer interessant und begehrenswert. Während Fiat die Produktion 1982 einstellte, führte Bertone die Fertigung im Alleingang noch bis 1989 fort.

Modell	*Fiat X 1/9*
Hubraum / Zylinder	*1290 ccm / 4 Zyl.*
PS / KW	*75 / 55*
Bauzeit	*1972 – 1982*
Stückzahl	*ca. 180 000*

Fiat Dino Spider

Das Konzept, nach dem Fiat den sportlichen Dino-Spider kreierte, schien recht einfach zu sein: Auf ein von Fiat entwickeltes Fahrgestell wurde eine von Pininfarina gestylte Karosserie gesetzt, und der Motor, der für viel Fahrspaß sorgen sollte, stammte aus dem Hause Ferrari. Die Kombination dieser Komponenten ließ in der Tat ein interessantes Automobil entstehen, das auf dem Turiner Salon 1966 bei der Fachpresse förmlich für Aufregung sorgte. Tester richteten das Hauptaugenmerk natürlich auf den V6-Motor mit je zwei obenliegenden Nockenwellen pro Zylinderreihe. Dieses Aggregat war eine reine Ferrari-Konstruktion und brachte den Dino Spider auf 210 km/h. Als der Hubraum des V6 später auf 2,4 Liter angehoben wurde, ergab das kaum Vorteile – Wagen der zweiten Serie brachten ein höheres Gewicht auf die Waage.

Modell	*Fiat Dino Spider*
Hubraum / Zylinder	*1987 ccm / 6 Zyl.*
PS / KW	*160 / 117,2*
Bauzeit	*1966 – 1972*
Stückzahl	*ca. 1580*

Modell	*Fiat Dino Coupé*
Hubraum / Zylinder	*2418 ccm / 6 Zyl.*
PS / KW	*180 / 131,9*
Bauzeit	*1967 – 1972*
Stückzahl	*ca. 4200*

Fiat Dino Coupé

Im Gegensatz zum Fiat Dino Spider ließ Fiat für die Coupé-Variante die Karosserie nicht von Pininfarina, sondern von Bertone entwerfen. Technisch betrachtet, zählten beide Wagen zu dem Interessantesten, was der Sportwagenmarkt Ende der 60er Jahre zu bieten hatte: Der V6-Motor unter der Haube stammte nämlich von Ferrari und diente unter anderem als Basis für die Homologation eines neuen Formel-2-Motors. Das Dino Coupé, das im Gegensatz zum Spider einen längeren Radstand erhielt (2550 anstelle von 2280 mm) verlangte förmlich danach, forciert gefahren zu werden. Es hing gut am Gas und wurde vor allem im oberen Drehzahlbereich so richtig munter. Die Kraft des V6 gelangte mittels eines Fünfganggetriebes an die Hinterachse.

Iso Grifo GL 365

Von den wenigen Modellen, die bei Iso auf die Räder gestellt worden sind, zählte der Grifo zweifelsohne zum erfolgreichsten. Es gab den Exoten in mehreren Motorisierungsstufen, weshalb er als GL 300, GL 350 und GL 365 auf den Markt kam. Mit all diesen Modellen wollte Rivolta nur ein Ziel erreichen – sie sollten mit Ferrari konkurrieren. Im Gegensatz zum Ferrari mit zwölf Zylindern gab Rivolta amerikanischen V8-Großserienmotoren den Vorzug. Als besonderes Highlight implantierte man 1968 einem Grifo einen V8 der 7-Liter-Klasse. Er hatte die Kraft, bis auf 300 km/h zu beschleunigen – ein Grifo GL 365 musste sich mit einer Höchstgeschwindigkeit von „nur" 270 km/h zufrieden geben. Als ein paar Jahre nach dem Tode Rivoltas die Firma in amerikanischen Besitz überging, zeichnete sich der Niedergang der Marke bereits ab – der letzte Wagen verließ 1974 das Werk.

Modell	*Iso Grifo GL 365*
Hubraum / Zylinder	*5354 ccm / 8 Zyl.*
PS / KW	*365 / 267,3*
Bauzeit	*1965 – 1966*
Stückzahl	---

Iso Grifo GL 365

Bekannt wurde die Firma Iso eigentlich schon durch ihre spektakuläre Kleinwagenkonstruktion, die als Lizenz an BMW verkauft wurde und dort als BMW-Isetta vom Band lief. Damit war das Thema Automobilbau für Isos Firmenchef Renzo Rivolta aber längst noch nicht abgehakt – Rivolta strebte nach höherem und präsentierte 1962 mit dem Iso Rivolta IR 300 ein weiteres Automobil. Das mit einem Chevrolet-Motor (V8) bestückte Coupé sollte in der Sportwagenklasse für Aufmerksamkeit sorgen, doch es dauerte noch eine Weile, bis sich Rivolta am Ziel seiner Träume sah – der Durchbruch kam erst ein Jahr später mit dem Modell Grifo. Das Design des Coupés wurde übrigens nicht nur von Bertone entworfen, auch die Herstellung der Karosserie erfolgte im Hause des Karosseriebauexperten.

Modell	*Iso Grifo GL 365*
Hubraum / Zylinder	*5354 ccm / 8 Zyl.*
PS / KW	*365 / 267,3*
Bauzeit	*1965 – 1966*
Stückzahl	---

Lamborghini 350 GTV

Nachdem sich Ferruccio Lamborghini zunächst im Traktoren-, Ölbrenner- und Klimaanlagenbau einen Namen in der italienischen Nachkriegs-Industriegeschichte schaffte, gründete er 1963 seine Automobilfirma in Sant Agata. Der Legende nach war Sportwagenfan Lamborghini zuvor bei Enzo Ferrari vorstellig, um Verbesserungsvorschläge für dessen Fahrzeuge zu unterbreiten, was Ferrari sich von einem Traktorenhersteller natürlich verbeten hatte. Als Reaktion darauf holte Lamborghini zum Gegenschlag aus und präsentierte bald einen ersten eigenen Wagen, den 350 GTV. Damit nahm der Mythos seinen Lauf, und niemand hatte damals gedacht, dass einmal die Prominenz Schlange stehen würde, um einen Lamborghini zu kaufen.

Modell	*Lamborghini 350 GTV*
Hubraum / Zylinder	*3497 ccm / 12 Zyl.*
PS / KW	*360 / 263,7*
Bauzeit	*1963*
Stückzahl	*2*

Lamborghini 350 GT

Als Weiterentwicklung des ursprünglichen Prototyps wurde 1963 auf dem Genfer Autosalon Lamborghinis erster Serienwagen, der 350 GT gezeigt. Er besaß einen über vier Nockenwellen gesteuerten V12-Motor mit 270 PS, ein Fünfganggetriebe, Einzelradaufhängung sowie vier Scheibenbremsen. Da die Resonanz der Fachpresse durchaus positiv ausfiel, gab es keinen Grund, für die Produktion noch große Veränderungen vorzunehmen. Dass der 350 GT gegenüber dem 350 GTV in der Leistung erheblich gedrosselt wurde, begründete das Werk damit, dass diese Maßnahme den Sportwagen drehmomentfreudiger und alltagstauglicher mache. Die Karosserie des 350 GT wurde übrigens bei der Carozzeria Touring nach dem „Superleggera-Prinzip“, einer speziellen Leichtbauweise, angefertigt.

Modell	*Lamborghini 350 GT*
Hubraum / Zylinder	*3464 ccm / 12 Zyl.*
PS / KW	*270 / 197,8*
Bauzeit	*1963 – 1966*
Stückzahl	*143*

Lamborghini 400 GT 2+2

Noch während der Bauzeit des 350 GT entstanden 23 Wagen in leicht modifizierter Form: Man nannte sie auf Grund der angehobenen Motorleistung 400 GT. Von dieser Leistungssteigerung profitierte auch Lamborghinis nächstes Serienmodell, der 400 GT 2+2. Im Unterschied zum Vorgänger wurde die Karosserie nun aber aus Stahlblech und nicht mehr aus Aluminium gefertigt. Außerdem platzierte man in der Frontpartie Doppelscheinwerfer. Da die Dachpartie im Heckbereich noch einmal gründlich überarbeitet wurde, ging es auf den hinteren Notsitzen zwar nicht mehr ganz so beengt zu – aber trotz der Bezeichnung „2+2“ war dieses Modell alles andere als ein Viersitzer. Das Bedürfnis, diesen 250 km/h schnellen Wagen besitzen zu wollen, kostete damals umgerechnet 28.000 Euro.

Modell	*Lamborghini 400 GT 2+2*
Hubraum / Zylinder	*3929 ccm / 12 Zyl.*
PS / KW	*320 / 234,4*
Bauzeit	*1966 – 1968*
Stückzahl	*247*

Lamborghini Miura P 400

Im März 1966 wurde auf dem Genfer Salon mit dem grandiosen neuen Miura nicht nur das automobile Symbol einer Epoche, sondern auch der Traum aller Sportwagen-Enthusiasten vorgestellt. Die Entstehungsgeschichte des Miura – er wurde nach einem Kampfstier benannt! – begann bereits 1964, als Lamborghinis Techniker Dallara, Stanzani und Wallace ihrem Chef ein neues Chassis präsentierten, auf dem man den Motor mittig und quer zur Fahrtrichtung platziert hatte. Dieses Chassis sorgte ein Jahr später für viel Wirbel unter Italiens Karosseriebauern; denn jeder wollte es einkleiden. Letztendlich erhielt Bertone den Zuschlag – er entwarf das für die Serienfertigung mustergültige Design. Noch heute findet diese Linie Beachtung; denn das Museum of Modern Art in New York hat den Miura inzwischen zur automobilen Ikone erklärt.

Modell	*Lamborghini Miura P 400*
Hubraum / Zylinder	*3929 ccm / 12 Zyl.*
PS / KW	*320 / 234,4*
Bauzeit	*1966 – 1969*
Stückzahl	*475*

Lamborghini Miura P 400 S

Als reinrassiges Sportgerät ausgelegt, unterschied sich der ab März 1967 ausgelieferte Miura von den bisherigen Modellen vor allem durch die Lage des Antriebsaggregats. Es war eine gute Entscheidung, mit dem Miura einen Mittelmotor-Sportwagen zu lancieren – der Ruf Lamborghinis als Schmiede spektakulärer Sportwagen festigte sich zusehends. Wegen der große Nachfrage blieb dem Werk allerdings nur wenig Zeit für Verbesserungen. Die bedeutendste Veränderung, die der Miura im Rahmen der Modellpflege über sich ergehen lassen musste, war das Anheben der Leistung. Die Serie, die davon profitierte, kam unter dem Kürzel P 400 S zu den Händlern. Neben der aufgewerteten Technik gab es auch ein aufgewertetes Interieur sowie die Möglichkeit, eine Klimaanlage zu ordern.

Modell	*Lamborghini Miura P 400 S*
Hubraum / Zylinder	*3929 ccm / 12 Zyl.*
PS / KW	*370 / 271*
Bauzeit	*1969 – 1971*
Stückzahl	*140*

Lamborghini Islero

Der auf den ersten Blick wie ein braver Familienwagen aussehende Islero outete sich als ein echter Lamborghini natürlich auch durch den V12-Motor aus Aluminium mit vier Nockenwellen, Einzelradaufhängung und Scheibenbremsen. Er wurde in erster Linie aber als ein relativ bequemes Langstreckenfahrzeug konzipiert. Kürzer als der 400 GT 2+2, profitierte er dennoch von mehr Innenraum und einer uneingeschränkten Rundumsicht. Im Spätsommer des Jahres 1969 erblickten der Islero S und GTS das Licht der Autowelt. Sie erhielten ein höherwertiges Interieur, technische Verbesserungen an der Radaufhängung und einen kräftigeren Motor. Optisch erkannte man die Modelle S und GTS an ihren Entlüftungsöffnungen hinter den Vorderrädern, leicht ausgestellten Radhäusern sowie fest montierten Dreiecksfenstern in den Türen.

Modell	*Lamborghini Islero*
Hubraum / Zylinder	*3929 ccm / 12 Zyl.*
PS / KW	*340 / 249*
Bauzeit	*1968 – 1969*
Stückzahl	*225*

Lamborghini Miura Spider

In seiner letzten und dritten Auflage (1971 bis 1972) stand der Lamborghini Miura in der Version P 400 SV bei den Händlern zur Probefahrt bereit. Man hatte es nun geschafft, dem V12-Zylinder 385 PS zu entlocken. Das reichte aus, um bis auf 290 km/h zu beschleunigen – die frühen Miura lagen nur unwesentlich darunter. Neben dem Serienmodell existierten aber noch ein paar interessante Abkömmlinge auf Miura-Basis. Diese vom Werk präparierten Wagen hatten die Aufgabe, im Wettbewerbssport für Gesprächsstoff zu sorgen. Eine andere Variation, der Miura Spider, wurde als Showcar auf den internationalen Automobilsalons gezeigt – zuerst 1968 in Brüssel. Schade, dass diese Studie in den Kinderschuhen stecken blieb und nicht in Serie gefertigt wurde.

Modell	*Lamborghini Miura Spider*
Hubraum / Zylinder	*3929 ccm / 12 Zyl.*
PS / KW	*320 / 234,4*
Bauzeit	*1968*
Stückzahl	*Einzelstück*

Lamborghini Espada

1968 brachte Lamborghini den außergewöhnlich gestylten Espada auf den Markt. Er basierte auf der 1967 präsentierten Bertone-Studie namens Marzal und verband Optik, Leistung und Handling eines Top-Sportwagens mit dem Komfort und Luxus einer viersitzigen Limousine. Im Gegensatz zum Marzal-Showcar verzichtete man in der Serie allerdings auf die ursprünglich vorgesehenen Flügeltüren à la Mercedes-Benz 300 SL. Trotzdem blieb der 250 km/h schnelle Espada ein Hingucker im Straßenverkehr: Das 4730 mm lange und 1860 mm breite Automobil war gerade nur 1180 mm hoch bzw. flach! An den Stückzahlen gemessen, avancierte der Espada bald zu dem erfolgreichsten Modell des Unternehmens Lamborghini.

Modell	*Lamborghini Espada*
Hubraum / Zylinder	*3929 ccm / 12 Zyl.*
PS / KW	*350 / 256,4*
Bauzeit	*1968 – 1978*
Stückzahl	*1217*

Lamborghini Jarama

Der eher funktional ausgelegte Nachfolger des 400 GT Islero, der Jarama, entstand auf einer komplett neuen Bodengruppe, die Lamborghinis Techniker vom Modell Espada ableiteten. Dieser selbsttragende Plattformrahmen aus Stahl nahm den 4 Liter großen V12-Motor exakt zwischen den Vorderrädern auf und verhalf dem Wagen somit zu einem optimalen Schwerpunkt, denn der Jarama war ausgesprochen schnell (250 km/h) und agil. Rational und bewusst unspektakulär gestylt, bezeichnete die Fachpresse dieses Modell als eine kühne Vision, die Dynamik und Schönheit ausdrücke. Genau genommen waren das schmeichelnde Worte – hinter vorgehaltener Hand sprach man über den Wagen ganz anders; denn dieses Design ließ das Herz eines Sportwagen-Fans gewiss nicht höher schlagen.

Modell	*Lamborghini Jarama*
Hubraum / Zylinder	*3929 ccm / 12 Zyl.*
PS / KW	*350 / 256,4*
Bauzeit	*1970 – 1976*
Stückzahl	*327*

Lamborghini Urraco P 250

Mit einem Design aus dem Atelier des berühmten Karosseriestylisten Bertone zog 1970 der neue Urraco P 250 mit quer eingebautem 2,5 Liter V8-Mittelmotor und 220 PS auf der Auto Show in Turin alle Blicke auf sich. Der P 250 wurde von der Fachpresse als seltene und schöne Verbindung von Ausgewogenheit und Harmonie, Innovation und Leidenschaft beschrieben. Man hätte auch sagen können, dass dieses Auto Lamborghinis Antwort auf den Ferrari Dino, den Maserati Biturbo oder einen Porsche war. Mit dem Serienanlauf ließ sich das Werk allerdings noch Zeit: Die ersten Urraco wurden 1972 ausgeliefert, viele davon in die USA. Um den dortigen Abgasvorschriften zu entsprechen, mussten amerikanische Enthusiasten eine deutliche Leistungseinbuße in Kauf nehmen – ihre Version (1994 ccm) erhielt nur 182 Pferdestärken.

Modell	*Lamborghini Urraco P 250*
Hubraum / Zylinder	*2462 ccm / 8 Zyl.*
PS / KW	*220 / 161,2*
Bauzeit	*1972 – 1976*
Stückzahl	*520*

Lamborghini Countach LP 400

Lamborghinis begnadete Techniker Paolo Stanzani und Marcello Gandini entwickelten für den Modelljahrgang 1971 etwas ganz Besonderes – den vom Motorsport inspirierten Prototyp Countach LP 500. Der Wagen, der sein Debüt auf dem Genfer Salon feierte, sollte allen Sportwagenfans gerecht werden, die sich erst im extremen Hochgeschwindigkeitsbereich wohl fühlten. Der LP 500 – praktisch ein Alu-Körper in dynamischer Keilform und mit extrem stabiler Straßenlage – sollte in abgewandelter Form (LP 400) tatsächlich bald die Grundlage für ein neues Serienmodell bilden, das in fünf Sekunden von 0 auf 100 km/h beschleunigen konnte. Die Höchstgeschwindigkeit des LP 400 wurde vom Werk mit 300 km/h angegeben – in Wahrheit lag sie aber „nur" bei etwa 290 km/h.

Modell	*Lamborghini Countach LP 400*
Hubraum / Zylinder	*3929 ccm / 12 Zyl.*
PS / KW	*375 / 274,7*
Bauzeit	*1974 – 1978*
Stückzahl	*150*

Modell	*Lamborghini Countach LP 400*
Hubraum / Zylinder	*3929 ccm / 12 Zyl.*
PS / KW	*375 / 274,7*
Bauzeit	*1974 – 1978*
Stückzahl	*150*

Lamborghini Countach LP 400

Mit dem Countach setzte Lamborghini neben dem Miura wieder einmal neue Akzente im Sportwagenbau. Der Wagen, der auf einem Gitterrohrrahmen basierte und mit nach oben öffnenden Flügeltüren ausgestattet wurde, sollte für lange Zeit den Begriff kompromissloser Sportlichkeit und kultivierter Aggressivität definieren. Schon lange bevor der Countach in Bestform als LP 5000 Quattrovalvole erschien (ab 1985), ließ sich der Österreicher Walter Wolff 1975/76 drei Sonderanfertigungen bauen, die einen extrem leistungsgesteigerten Motor, ein verbreitertes Fahrwerk und einen Heckspoiler erhielten. Seit 1998 gehört die Marke Lamborghini der Audi AG an, unter deren Regie die Tradition der Luxuswagen-Manufaktur fortgesetzt wird.

Lancia Flavia

Das 1960 erschienene Modell Flavia sorgte auf Anhieb in der automobilen Mittelklasse für viel Gesprächsstoff: Diese viertürige Limousine besaß nämlich einen komplett aus Leichtmetall gefertigten Vierzylinder-Boxermotor, der seine Kraft auf die Vorderräder abgab. Kurz nach seinem Debüt erhielt das Aggregat sogar eine mechanische Benzineinspritzung, doch die gesamte Technik zählte nicht unbedingt zu dem zuverlässigsten, was der Markt zu bieten hatte. Lancia galt in jenen Jahren jedoch als sportliche Nobelmarke und zählte Prominente wie Brigitte Bardot, Sophia Loren, Jean-Paul Belmondo, Gary Cooper, Marcello Mastroianni und Alain Delon zu den Kunden. Diese Klientel gab meist anderen Karosserieformen den Vorzug – Lancia stellte den Flavia auch als Coupé und Cabriolet auf die Räder.

Modell	*Lancia Flavia*
Hubraum / Zylinder	*1488 ccm / 4 Zyl.*
PS / KW	*75 / 55*
Bauzeit	*1960 – 1967*
Stückzahl	*41 114*

Lancia Flavia Coupé

Genau wie die viertürige Limousine war auch die zweitürige Coupé-Ausgabe des Flavia ein fortschrittlicher Wagen mit Frontantrieb und Scheibenbremsen. Im Rahmen der Modellpflege wurde die Hubraumgröße seit 1960 etappenweise angehoben, parallel dazu gab es eine Leistungssteigerung. Bevor im März 1967 die zweite Serie aller Flavia-Versionen vom Band lief, wurde erst einmal das Interieur gründlich überarbeitet. Neben bequemeren Sitzen mit verbessertem Seitenhalt zählten zusätzlich Verankerungen für Sicherheitsgurte zum Standard, außerdem gab es gegen Aufpreis eine heizbare Heckscheibe. Von der Optik her wurden die Doppelscheinwerfer etwas tiefer platziert, was dem Wagen eine niedrigere Gürtellinie und mehr Eleganz verlieh.

Modell	*Lancia Flavia Coupé*
Hubraum / Zylinder	*1800 ccm / 4 Zyl.*
PS / KW	*92 / 67,4*
Bauzeit	*1967 – 1969*
Stückzahl	---

Lancia Flavia Coupé 2000

Das teure Motorsport-Engagement, dem sich Lancia schon immer verschrieben hatte, brachte das Unternehmen in den 60er Jahren in eine finanzielle Schieflage, weshalb der Automobilbauer 1969 von Fiat übernommen wurde. Unter der Fiat-Regie konnte Lancia sein sportliches Profil auch weiterhin schärfen – darüber hinaus standen finanzielle Mittel für Neuentwicklungen zur Verfügung. So erschien auch das Flavia-Coupé 1969 in einer moderneren Ausführung. Pininfarina hatte die Optik der Karosserie noch einmal gründlich überarbeitet. Zusammen mit vielen technischen Verbesserungen am Fahrwerk und dem Anheben der Leistung hatte das neue Coupé nur noch wenige Gemeinsamkeiten mit seinem Vorgänger.

Modell	*Lancia Flavia Coupé 2000*
Hubraum / Zylinder	*1991 ccm / 4 Zyl.*
PS / KW	*117 / 85,7*
Bauzeit	*1969 – 1972*
Stückzahl	---

Lancia Beta Spider

Unter der Regie des Fiat-Konzerns wurde beschlossen, dass Lancias Modellpalette zum Jahrgang 1973 mit einem besonders sportlichen Mittelklassemodell ergänzt werden sollte. Für den Wagen – er wurde Beta genannt – wurden drei verschiedene Karosserieversionen vorgesehen: Ein Coupé, ein Sportkombi (HPE) und ein Spider. Interessant waren alle Varianten; denn Lancia definierte die Begriffe Kombi und Spider etwas anders als die Konkurrenz. Der Kombi ähnelte nämlich mehr einem traditionellen Fastbackcoupé, und der Spider bot durch sein herausnehmbares Dachmittelteil nur einen eingeschränkten Frischluftgenuss. Spider-Besitzer schien das kaum zu stören – der Wagen, den andere Hersteller als Targa-Version bezeichnet hätten, sah extrem gut aus.

Modell	*Lancia Beta Spider*
Hubraum / Zylinder	*1992 ccm / 4 Zyl.*
PS / KW	*135 / 98,9*
Bauzeit	*1973 – 1985*
Stückzahl	---

Maserati 3500 GT Spider

Die fünf Maserati-Brüder hatten sich gleich zu Beginn ihrer automobilen Karriere dem Rennsport verschrieben – vor allem Carlo und Alfieri Maserati, die hauptsächlich Rennwagen konstruierten. Erst als Maserati 1947 nach Modena umzog, befasste sich das Team intensiver mit der Entwicklung von Straßensportwagen. Sportwagenfans waren von den Neuheiten sofort begeistert, und als Maserati 1958 den 3500 GT präsentierte, hatte sich die Marke in der Kategorie hochkarätiger Straßensportwagen endlich etabliert. Im Gegensatz zu einem Ferrari arbeitete unter der Haube des 3500 GT nur ein Sechszylinder-Aggregat. Es hatte den Vorteil, dass es unkomplizierter als ein Zwölfzylinder war und trotzdem kultiviert lief.

Modell	*Maserati 3500 GT Spider*
Hubraum / Zylinder	*3485 ccm / 6 Zyl.*
PS / KW	*220 / 161,2*
Bauzeit	*1958 – 1964*
Stückzahl	*ca. 2000*

Maserati Mistral Spider

Es zählte bald zur Tradition des Hauses, dass Maserati sein schnellstes Pferd im Stall nach dem Namen eines Windes benannte. Der Mistral – Nachfolger des Typs 3500 GT – machte 1963 den Anfang. Dieser Wagen war ein heißer Wind im wahrsten Sinne des Wortes – seine reizvolle und vor allem harmonische Linienführung entstand am Zeichenbrett des Karosseriers Pietro Frua. Neben dem Coupé fertigte man den Mistral auch in einer Spider-Version, die jedoch nur 120-mal verlangt wurde. Da der Wagen als Exote relativ lange im Programm blieb, wurde er im Rahmen der Modellpflege regelmäßig aufgewertet – vor allem unter der Haube: Schöpfte der Motor seine Kraft anfangs aus nur 3485 ccm, so waren es bald 3693 ccm und zum Schluss 4014 ccm.

Modell	*Maserati Mistral Spider*
Hubraum / Zylinder	*3693 ccm / 6 Zyl.*
PS / KW	*245 / 179,5*
Bauzeit	*1963 – 1970*
Stückzahl	*ca. 120*

Maserati Indy

Mit dem Indy lancierte Maserati 1969 einen umgerechnet etwa 35.000 Euro teuren Wagen, den man als gut gelungenen Mix technischer Meisterleistung, brillanten Karosseriedesigns und Markenimage bezeichnen konnte. Wie üblich, war auch dieses Modell wieder ein Wagen für ausgesprochene Enthusiasten: Während komfortablere Wagen anderer Hersteller längst mit hinterer Einzelradaufhängung ausgestattet waren, begnügte sich der Indy noch immer mit einer Starrachse und hinteren Blattfedern. Nach Werksangaben beanspruchte dieses Modell den Ruf eines vollwertigen Viersitzers, und zwar eines schnellen: Dank des durchzugskräftigen V8-Motors pendelte sich die Höchstgeschwindigkeit bei etwa 245 km/h ein, was kein anderer Viersitzer nachmachen konnte.

Modell	*Maserati Indy*
Hubraum / Zylinder	*4136 ccm / 8 Zyl.*
PS / KW	*260 / 190,4*
Bauzeit	*1968 – 1974*
Stückzahl	*1136*

Maserati Bora

Der Bora – klimatisch betrachtet ein kalter Fallwind an der Küste Dalmatiens – war der Namensgeber für ein graziles flaches Coupé, das Maserati 1971 der Presse vorstellte. Da ein Großteil aller Maserati-Wagen in die USA exportiert wurde, musste der Bora den dortigen Abgasbestimmungen entsprechen, die zu Beginn der 70er Jahre drastisch verschärft wurden. Das modern konzipierte Fahrwerk des Bora erhielt anstelle der einfachen Starrachse jetzt Doppelquerlenker, was den Fahrkomfort erheblich steigerte. Die Karosserielinie des 270 km/h schnellen Exoten wurde unter der Regie von Giugiaro beim Designstudio Ital Design entworfen und fast unverändert in den Serienbau übertragen.

Modell	*Maserati Bora*
Hubraum / Zylinder	*4719 ccm / 8 Zyl.*
PS / KW	*310 / 227*
Bauzeit	*1971 – 1980*
Stückzahl	*571*

Modell	*Maserati Merak*
Hubraum / Zylinder	*2965 ccm / 6 Zyl.*
PS / KW	*220 / 161,1*
Bauzeit	*1972 – 1983*
Stückzahl	*ca. 1800*

Maserati Merak

Schon 1968 begann zwischen Citroen und Maserati eine Zusammenarbeit, die der Autowelt nicht nur den aufregenden Citroen SM, sondern auch den Maserati Merak bescherte. So ist es nicht verwunderlich, dass Maserati für das eine oder andere Teil, das in dem Wagen verbaut wurde, auf das Ersatzteillager des französischen Partners zurückgriff. Andererseits revanchierte sich Maserati damit, dass der V6-Motor, der den Merak auf Trab brachte, auch im Citroen SM genutzt werden konnte. Neben der Standardversion mit 3 Litern Hubraum stellte Maserati eigens für den italienischen Markt noch eine 2-Liter-Version auf die Räder. Trotz ungenügender Laufkultur und mangelnder Zuverlässigkeit verkaufte sich das Mittelmotor-Coupé recht gut – für einen Maserati war es nämlich ausgesprochen preiswert.

Vignale Gamine

Wer wollte, konnte schon in den 60er Jahren seinen Traumwagen per Katalog ordern – und zwar beim Otto-Versand. Der wickelte auch die Garantieansprüche ab, doch für die Inspektion musste man einen Fiat-Händler besuchen, denn der Wagen aus dem Katalog war eigentlich ein Fiat, auch wenn er offiziell Vignale Gamine hieß! Das interessante Wägelchen basierte auf der Bodengruppe des Fiat 500 und wurde mit einer Sonderkarosserie bestückt, die Alfredo Vignale, ein im italienischen Grugliasco ansässiger Designer, entworfen hatte. Der elegante Kühlergrill, der an die Zeit der 30er Jahre erinnert, ist übrigens nur eine Attrappe. Ein Bestseller wurde der Fahrspaß aus dem Katalog allerdings nicht – nur 50 Käufer konnten sich für den damals 4.000 Mark teuren Vignale begeistern.

Modell	*Vignale Gamine*
Hubraum / Zylinder	*499 ccm / 2 Zyl.*
PS / KW	*18 / 13,2*
Bauzeit	*1967 – 1969*
Stückzahl	*ca. 50*

Saab Sonett II

Nachdem Saabs Entwicklungsingenieur Rolf Mellde mit dem Sonett I bereits einen kleinen sportlichen Roadster auf die Räder gestellt hatte, sollte es noch eine Weile dauern, bis dieser Versuchsträger in abgewandelter Form als Serienfahrzeug (Sonett II) bei den Händlern stand. In dieser Zeit wurde aus dem offenen Wägelchen ein handliches Fastbackcoupé mit niedriger Gürtellinie, die im Bereich der Hinterräder anstieg. Um ein möglichst geringes Gewicht zu erzielen, fertigte Saab den Karosseriekörper des Sonett aus Kunststoff, arbeitete aber aus Gründen der Stabilität einige Stahlverstrebungen ein. Im Vergleich zu den Saab-Limousinen rollte der zweisitzige Sonett auf einem um 350 mm verkürzten Unterbau mit nur 2150 mm Radstand.

Modell	*Saab Sonett II*
Hubraum / Zylinder	*841 ccm / 3 Zyl.*
PS / KW	*60 / 44*
Bauzeit	*1966 – 1970*
Stückzahl	*258*

Saab Sonett II

Als der Saab Sonett II 1966 seine Premiere feierte, gehörte er zu den wenigen Automobilen, die bei der Fachpresse besonders viel Begeisterung auslösten. Vor allem dann, wenn man die große Motorhaube des kleinen Wagens nach vorne wegklappte. Hier verbarg sich – typisch für die frühen Saab-Autos – ein Dreizylinder-Zweitaktmotor (841 ccm / 60 PS), der seine Kraft per Vierganggetriebe (Lenkradschaltung!) an die Vorderräder brachte. In den Augen vieler Sportwagenfans war das allerdings eine unsportliche Lösung, weshalb Saab bald einen Vierzylindermotor von Ford favorisierte. Damit kletterten zwar die Verkaufszahlen nach oben, doch in Bezug auf die Höchstgeschwindigkeit hatte sich nur wenig verändert: Der Dreizylinder-Saab lief 155 km/h, die Version mit dem V4-Aggregat 160 km/h.

Modell	*Saab Sonett II*
Hubraum / Zylinder	*1498 ccm / 4 Zyl.*
PS / KW	*65 / 47,6*
Bauzeit	*1966 – 1970*
Stückzahl	*1498*

Saab Sonett III

An den Verkaufszahlen gemessen, zählte der Saab Sonett II nicht unbedingt zu den Bestsellern des Hauses. Er wurde zwar auf dem Markt akzeptiert und fand seine Fangemeinde, doch nach Ansicht der Experten war das Konzept noch steigerungsfähig. Um einen neuen Vorstoß zu wagen, wurde der Sonett zum Modelljahrgang 1970 noch einmal optisch und technisch überarbeitet. Fest stand, dass der neue Sonett III ausschließlich mit einem durchzugskräftigen Vierzylindermotor bestückt werden sollte. Auch die moderne Knüppelschaltung war für einen Wagen der sportlichen Kategorie ein absolutes Muss. Schon bald sollte sich zeigen, dass sich die Investitionen gelohnt hatten – vor allem kam das frische Design des Wagens in Verbindung mit Leichtmetallfelgen gut an.

Modell	*Saab Sonett III*
Hubraum / Zylinder	*1498 ccm / 4 Zyl.*
OS / KW	*65 / 47,6*
Bauzeit	*1970 – 1974*
Stückzahl	*8336*

Volvo 121

Der schon 1956 vorgestellte Volvo 121 zählte bereits kurz nach seinem Debüt zu den weltweit wichtigsten Automobilneuheiten überhaupt. Er war das Ergebnis einer Vorstudie, bei der Volvo verschiedene Varianten ausgewertet hatte – deshalb kam er in der Erfolg versprechenden Viertürer-Version auf den Markt. Seine Karosserie war eine komplett geschweißte Konstruktion, die Volvo auch sorgfältig vor Korrosion geschützt hatte. Auch beim Motor handelte es sich um eine Neukonstruktion – das hausintern „B16A" genannte Aggregat leistete anfangs 60 PS, im Rahmen der Modellpflege steigerte man die Leistungsabgabe auf 80 PS. Mit dem Typ 121 bot Volvo übrigens zum ersten Mal ein Modell an, das auf Wunsch auch in der damals so beliebten Zweifarblackierung zu haben war.

Modell	*Volvo 121*
Hubraum / Zylinder	*1582 ccm / 4 Zyl.*
PS / KW	*60 / 44*
Bauzeit	*1956 – 1970*
Stückzahl	*644 700*

Volvo Amazon

Wenn von Volvos Bestseller, dem Typ 121 die Rede ist, fällt auch immer der Begriff „Amazon". Diese Modellbezeichnung trug der Wagen allerdings nur auf dem skandinavischen Markt. In Europa durfte sie nicht genutzt werden – dort hatte sich bereits ein Motorradhersteller den Namen schützen lassen. Der 121 alias Amazon wurde im Rahmen der Modellpflege stets verbessert und weiterentwickelt (Typ 122 S; 123 GT), wobei der Jahrgang 1961 von ganz besonderer Bedeutung war: Im Oktober selbigen Jahres erschien eine zweitürige Version, die ausschließlich in Schweden, Norwegen und Dänemark verkauft wurde. 1965 belegte der Amazon in Schweden den ersten Platz der Verkaufsstatistik, und Volvo profilierte das Modell als ein Fahrzeug, das praktisch kein Öl verbrauche.

Modell	*Volvo Amazon*
Hubraum / Zylinder	*1778 ccm / 4 Zyl.*
PS / KW	*68 / 49,8*
Bauzeit	*1961 – 1970*
Stückzahl	---

Felber FF

Auch die Schweiz war in den 60er und 70er Jahren stets mit einigen interessanten Automobilen auf den internationalen Salons vertreten. Willy Felber, Inhaber der Firma Haute Performance Morges überraschte mit schöner Regelmäßigkeit die Fachpresse; denn die Automobile, die er auf die Räder stellte, trafen gewiss nicht den Geschmack der breiten Masse. Der sündhaft teure FF wurde beispielsweise auf einem Chassis des Ferrari 330 GTC aufgebaut. Obwohl die Karosserie in gewisser Weise dem frühen Ferrari 125 S ähnelte, hörte es Felber gar nicht gern, wenn man seinen FF als Replikat bezeichnete. Angeblich sollen von dem FF maximal zwei Dutzend Exemplare gebaut worden sein. Sicher ist aber, dass dieses Auto mit Ferrari-Technik auch heute noch jede Menge Fahrspaß verspricht.

Modell	*Felber FF*
Hubraum / Zylinder	*3967 ccm / 12 Zyl.*
PS / KW	*300 / 220*
Bauzeit	*1974 – 1979*
Stückzahl	---

Volvo P 1800

Auf der Automobilausstellung in Brüssel präsentierte Volvo 1961 ein völlig neues Automobil, einen Sportwagen. Dieser P 1800 genannte Zweitürer wurde einem interessierten Publikum und der Fachpresse zum ersten Mal live vorgestellt. Volvo hatte zwar im Jahr zuvor ein Pressefoto des Erlkönigs freigegeben, aber jetzt war der elegante zweisitzige Sportwagen mit völlig neuem Motor endlich zu begutachten. In den ersten Jahren wurde dieses Fahrzeug in England endmontiert, da Volvo in seinem ausgelasteten Werk auf der Insel Hisingen bei Göteborg nicht über ausreichende Kapazität verfügte. Der P 1800, nicht nur ein Sport-, sondern auch ein hervorragender Reisewagen, erhielt in Kalifornien übrigens einen Preis für sein überaus attraktives Design.

Modell	*Volvo P 1800*
Hubraum / Zylinder	*1780 ccm / 4 Zyl.*
PS / KW	*90 / 66*
Bauzeit	*1961 – 1972*
Stückzahl	*ca. 40 000*

Monteverdi 375 S

Der Schweizer Peter Monteverdi war nicht nur ein begeisterter Rennfahrer, sondern auch ein begnadeter Automobilkonstrukteur. 1967 realisierte er seinen Traum vom eigenen Sportwagen. Das elegante Coupé, an dessen brillanter Linienführung der italienische Karosseriedesigner Pietro Frua mitgewirkt hatte, war zuerst auf der Frankfurter IAA zu sehen und musste sich dort gegen die Konkurrenz von Bizzarini, De Tomaso und Iso durchsetzen. Eine leichte Aufgabe, denn der Monteverdi war hervorragend verarbeitet und mit einem luxuriösen Interieur ausgestattet. Unter der Haube sorgte ein V8-Motor amerikanischer Herkunft für ordentliche Schubkraft. Daran hat sich bis zum Einstellen der Marke im Jahre 1984 nie etwas geändert.

Modell	*Monteverdi 375 S*
Hubraum / Zylinder	*7206 ccm / 8 Zyl.*
PS / KW	*375 / 274,7*
Bauzeit	*1967 – 1969*
Stückzahl	---

AMC Javelin

Dieses Coupé von American Motors, dem kleinsten amerikanischen Automobilhersteller, wurde nicht nur in den Staaten, sondern auch in Deutschland gebaut! Die Karmann-Werke in Osnabrück nahmen sich in den 60er Jahren der Montage von 287 Wagen an, doch die Vorurteile, die über amerikanische Automobile herrschten, ließen sich nicht beseitigen – das Projekt war zum Scheitern verurteilt. Vom Design her entsprach der Javelin durchaus europäischen Vorstellungen, erst der Blick unter die Haube offenbarte seinen wahren Charakter: Hier arbeitete ein V8-Aggregat, das seine Kraft wahlweise über ein manuelles Viergang- oder ein Dreigang-Automatikgetriebe an die Hinterräder brachte. Während der Javelin auf dem deutschen Markt floppte, machten er in den Staaten Ford und Chevrolet Konkurrenz.

Modell	*AMC Javelin*
Hubraum / Zylinder	*5633 ccm / 8 Zyl.*
PS / KW	*230 / 168,5*
Bauzeit	*1968 – 1972*
Stückzahl	---

Buick Riviera

Buick, eine Marke des General Motors-Konzerns, fertigte zu Beginn der 60er Jahre noch immer Fahrzeuge, die auf einem klassischen Kastenrahmenchassis aufbauten. Das machte durchaus Sinn, denn nur dieser Unterbau konnte Wagen mit einem Radstand bis zu 3200 mm die notwendige Stabilität bieten. Der 1963 vorgestellte Buick Riviera wurde übrigens von Bill Mitchell entworfen, der in der Designabteilung die Nachfolge von Harley Earl antrat. Das wuchtige Coupé, dessen Linienführung in späteren Jahren sehr gelitten hat, verkaufte sich wegen seines interessanten Preises durchaus gut – Buick lag generell unter dem Preisniveau von Cadillac, machte aber in Bezug auf Ausstattung und Leistung keinerlei Abstriche.

Modell	*Buick Riviera*
Hubraum / Zylinder	*6569 ccm / 8 Zyl.*
PS / KW	*325 / 238*
Bauzeit	*1963 – 1965*
Stückzahl	*112 144*

Cadillac Fleetwood 60 Special

Nach einer Phase der immer größer werdenden Heckflossen, die 1959 ihren formalen Höhepunkt erreichten, fand Cadillac zu Beginn der 60er Jahre am konservativen Karosseriedesign anscheinend mehr Wohlgefallen – allerdings machte das die von Haus aus großen Wagen nicht schöner. Im Kontrast zu dieser Nüchternheit hob der Luxuswagenhersteller nun die Motorleistung permanent an. Je nach Baumuster – es gab 13 verschieden Modelle – lag der Hubraum zwischen 6,3 und 8,2 Liter! Dem Modell Sixty Special, das nur als Viertürer auf den Markt gebracht wurde, tat solch ein kraftvolles Aggregat gut; denn die große Repräsentationslimousine (3300 mm Radstand) brachte von Haus aus viel Gewicht auf die Waage.

Modell	*Cadillac Fleetwood 60 Special*
Hubraum / Zylinder	*7025 ccm / 8 Zyl.*
PS / KW	*330 / 241,7*
Bauzeit	*1966*
Stückzahl	---

Cadillac Eldorado Hardtop Coupé

Dass frontangetriebene Fahrzeuge jede Menge Vorteile in sich vereinten, war den Automobilherstellern Mitte der 60er Jahre längst bekannt. Die meisten auf dem Markt erhältlichen Fronttriebler bewegten sich in den unteren Hubraumklassen, denn man vertrat die Ansicht, dass dieses Konzept für großvolumige Motoren ungeeignet sei. Leider hatten die angeblichen Experten die Rechnung ohne Oldsmobile und Cadillac gemacht. Als Oldsmobile den Frontantrieb in der 7-Liter-Klasse salonfähig machte, musste Cadillac notgedrungen nachziehen, um keine Marktanteile zu verlieren. Man antwortete mutig mit dem Eldorado Hardtop Coupé, ohne zu wissen, ob die Käufer einen Fronttriebler mit 7 Litern Hubraum akzeptieren würden. Sie akzeptierten – der Hubraumriese (später 8,2 Liter) verkaufte sich gut.

Modell	*Cadillac Eldorado Hardtop Coupé*
Hubraum / Zylinder	*7025 ccm / 8 Zyl.*
PS / KW	*345 / 252,7*
Bauzeit	*1967 – 1970*
Stückzahl	---

Chevrolet Corvette Sting Ray

Chevrolets begehrter Sportwagen, die Corvette, verabschiedete sich zu Beginn der 60er Jahre von ihrem gewohnten Erscheinungsbild. Das neue Outfit, das den Jahrgang 1963 prägte, entstand nämlich nicht mehr am Zeichenbrett des Designers Harley Earl. Inzwischen war Bill Mitchell für die Linienführung verantwortlich, und der drückte dem Wagen, der ab nun auch als Coupé gebaut wurde, seinen eigenen Stempel auf. Zum Beispiel die geteilte Heckscheibe. Dieses so genannte Split-Window, das es nur 1963 gab, unterstrich gekonnt die aggressive Form der nach wie vor aus Kunststoff gefertigten Karosserie. Wichtiger als das neue Erscheinungsbild aber war die Verbesserung des Fahrwerks – endlich profitierte die Corvette von einer unabhängigen Hinterradfederung!

Modell	*Chevrolet Corvette Sting Ray*
Hubraum / Zylinder	*5359 ccm / 8 Zyl.*
PS / KW	*250 / 183,1*
Bauzeit	*1963 – 1967*
Stückzahl	*45 546 (nur Coupés)*

Chevrolet Corvette Sting Ray

Mit dem Jahrgang 1967 wurde das Corvette-Konzept wieder einmal neu definiert. Der inzwischen in vierter Generation gebaute Bestseller strotzte schon im Stand vor Kraft. Vor allem, wenn er mit dem gegen Aufpreis lieferbaren 7,4-Liter-Achtzylinder bestückt wurde. Die Kraft, die diese Maschine freisetzte, konnte der Wagen gut verdauen, denn zwischenzeitlich wurde das Fahrwerk zur absoluten Perfektion gebracht. Alternativ zum Cabriolet baute Chevrolet die Corvette wie gewohnt auch als flottes Coupé. Das Besondere an der neuesten Generation war die Möglichkeit, dass man den oberen Teil des Daches – genauer gesagt die beiden oberen Dachhälften – herausnehmen konnte. Dank diesem Kunstgriff brauchten auch Coupé-Besitzer nicht auf ein Frischluftvergnügen verzichten.

Modell	*Chevrolet Corvette Sting Ray*
Hubraum / Zyl.	*7440 ccm / 8 Zyl.*
PS / KW	*465 / 340,6*
Bauzeit	*1967 – 1974*
Stückzahl	*ca. 150 000*

Chevrolet Camaro

Als Ford den sportlich angehauchten Mustang auf den Markt brachte, ließ die Antwort aus dem Hause Chevrolet nicht lange auf sich warten. Mit dem Camaro stand ab 1967 ein Wagen bei den Händlern, der – an amerikanischen Maßstäben gemessen – relativ klein und handlich war. Im Zuge der Modellpflege profitierte der Camaro von immer stärkeren Motoren, obwohl das Fahrwerk diesem Kraftangebot nicht sonderlich gewachsen war. Camaro-Besitzer störte das kaum – sie wollten in erster Linie ein Auto mit guten Beschleunigungswerten, ein Muscle-Car also. Die Linienführung der zweiten Camaro-Generation ab 1970 orientierte sich mit Hinblick auf Exportchancen zwar leicht am europäischen Design, doch spätestens mit der Ölkrise war der Camaro bei uns nur noch ein Auto für Insider.

Modell	*Chevrolet Camaro*
Hubraum / Zylinder	*4094 ccm / 6 Zyl.*
PS / KW	*100 / 73,3*
Bauzeit	*1970 – 1975*
Stückzahl	---

Chevrolet Caprice

Im Zuge des aufkommenden Sicherheitsdenkens – angefacht durch den amerikanischen Verbraucheranwalt Ralph Nader und der amerikanischen Gesetzgebung – wurden in den 60er Jahren in den Staaten kaum noch Automobile gebaut, die dem europäischen Geschmack entsprachen. Wuchtige Stoßstangen und großzügig bemessene Knautschzonen bestimmten weitgehend das Aussehen. Was aber blieb, war der blubbernde V8-Motor; denn Komfort spielte nach wie vor die große Rolle. So zählten auch beim Caprice das elektrisch zu betätigende Verdeck und eine Klimaanlage zum Serienstandard. Sechs Personen konnten in diesem Cabrio bequem Platz nehmen und sich bei Tempo 200 km/h den Fahrtwind um die Nase wehen lassen.

Modell	*Chevrolet Caprice*
Hubraum / Zylinder	*6473 ccm / 8 Zyl.*
PS / KW	*150 / 110*
Bauzeit	*1973*
Stückzahl	---

Chrysler Imperial Crown Southampton

Während zu Beginn der 60er Jahre viele amerikanische Automobilhersteller nach wie vor das Kastenrahmenchassis favorisierten, entschied sich Chrysler für die moderne Bauweise der selbsttragenden Karosserie. Ganz im Kontrast zum Fortschritt sorgte da 1961 der Imperial Crown für Aufmerksamkeit. Das riesige Auto, dessen Linienführung am Zeichenbrett des Designers Virgil Exner entworfen wurde, knüpfte unerwartet wieder an die Heckflossen-Ära an – Exner arbeitete mit Stilelementen, die Mitbewerber längst zu den Akten gelegt hatten. Dass das ein Fehlgriff war, bekam der Konzern schnell zu spüren – der Wagen verkaufte sich nicht sonderlich gut. Nachfolgende Imperial Crown-Modelle zeigten sich bei weitem schlichter.

Modell	*Chrysler Imperial Crown Southampton*
Hubraum / Zylinder	*6768 ccm / 8 Zyl.*
PS / KW	*350 / 256,3*
Bauzeit	*1961*
Stückzahl	*12 250*

Dodge Polara Hardtop-Coupé

Ein besonderes Kennzeichen des zweitürigen Dodge Polara des Jahrgangs 1964 war seine V-förmig gestylte C-Säule, die dem Wagen nicht nur Sicherheit und Stabilität, sondern auch ein filigranes Erscheinungsbild gab. Mit dem Debüt dieses Modells konnte die Marke gleichzeitig ihr 50stes Firmenjubiläum feiern. Vielleicht wollte es der Zufall, dass 1964 auch das bisher erfolgreichste Geschäftsjahr war. Zur Grundausstattung des Polara, den es noch in zahlreichen anderen Karosserievarianten gab, zählte ein automatisches Dreiganggetriebe. Entsprechend dem Modell Dart, hatten Polara-Käufer die Wahl zwischen einem Sechszylinder-Reihenmotor (Spitze 156 km/h) oder einem drehmomentstärkeren V8-Aggregat, das bis auf 180 km/h beschleunigte.

Modell	*Dodge Polara Hardtop-Coupé*
Hubraum / Zylinder	*5210 ccm / 8 Zyl.*
PS / KW	*233 / 170,7*
Bauzeit	*1964*
Stückzahl	---

Dodge Dart Phoenix

Nachdem die Heckflossen-Ära in den späten 50er Jahren ihren Höhepunkt erreicht hatte, schrumpften diese Stilelemente ab dem Modelljahr 1960, um bis 1962/63 für immer zu verschwinden. Auch der zum Modelljahr 1960 neu eingeführte Dodge Dart folgte diesem Trend. Außerdem sorgte die im Chrysler-Konzern für alle Modelle eingeführte Bauweise der selbsttragenden Karosserie für Gesprächsstoff – Chrysler verkaufte diesen Fortschritt unter der Bezeichnung Unibody. Der neue Dart übernahm in der Produktpalette die Rolle des Vorgängers Coronet und verkaufte sich auf Anhieb gut. Gleich im ersten Modelljahr lieferte Dodge 136 168 mit einem Sechszylinder-Reihenmotor bestückte Exemplare aus. Der als Alternative gefertigte Achtzylinder konnte sogar 187 000 Mal abgesetzt werden.

Modell	*Dodge Dart Phoenix*
Hubraum / Zylinder	*5208 ccm / 8 Zyl.*
PS / KW	*233 / 170,7*
Bauzeit	*1960*
Stückzahl	*187 000*

Dodge Charger

Es ist nicht von der Hand zu weisen, dass der in Serie gebaute Dodge Charger sich stilistisch in vielen Punkten an der Charger II-Studie von 1965 orientierte. Die Fachpresse ging bei ihrer Interpretation damals sogar noch weiter und sah in dem Serienmodell nichts anderes als eine Hardtop-Version des Dodge Coronet – allerdings mit einem über die gesamte Wagenbreite verlaufenden Kühlergrill. In dem Grill wurden übrigens geschickt die Scheinwerfer versteckt – als Gegenpol dominierten am Heck die Rückleuchten zusammen mit den Bremsleuchten und Blinkern als breites, durchgehendes Lichtband. Unter der Haube des Charger arbeitete natürlich ein V8-Motor der 5,2-Liter-Klasse. Gegen Aufpreis konnte ein 7-Liter-Aggregat, der so genannte Street Hemi geordert werden.

Modell	*Dodge Charger*
Hubraum / Zylinder	*5210 ccm / 8 Zyl.*
PS / KW	*233 / 170,6*
Bauzeit	*1966 – 1967*
Stückzahl	---

Ford Mustang

Der Automobilmarkt in den USA hatte in den 50er Jahren einige Überraschungen zu bieten, mit denen kaum jemand gerechnet hatte: Erst erschien mit der Corvette ein handlicher Sportwagen, der sich vom Start weg gut verkaufte. Dann antwortete Ford mit dem Thunderbird und wunderte sich, dass der Markt noch immer für die etwas kleineren Sportwagen offen war. Das Gros der etwas kleineren Wagen kam aber aus Großbritannien oder Italien, und Ford überlegte, wie man diesem Import einen Riegel vorschieben konnte. Die einzige Möglichkeit war, mit einem weiteren kleinen Modell zu antworten. Lee Iacocca, seinerzeit Chef im Hause Ford, hatte eine Idee, und genau die sollte ab 1964 in Form des Ford Mustang auf dem Sportwagenmarkt für Aufmerksamkeit sorgen.

Modell	*Ford Mustang*
Hubraum / Zylinder	*3273 ccm / 6 Zyl.*
PS / KW	*122 / 89,3*
Bauzeit	*1964 – 1967*
Stückzahl	---

Ford Thunderbird Serie III

Man kann jeden Oldtimersammler verstehen, wenn er auf der Suche nach einem Thunderbird den in den 50er Jahren gebauten Modellen den Vorzug gibt. Als 1961 die neueste Thunderbird-Generation debütierte, gab es zum Entsetzen vieler Sportwagenfans plötzlich eine lieblose Linienführung ohne jeglichen Stil. Der gestreckte flache Karosserieaufbau zeigte sich im so genannten „Cigar Shape" und sah eigentlich nur von vorn einigermaßen ansprechend aus – hier setzte zumindest der Chromschmuck ein paar Akzente. Die verschiedenen Karosserieversionen wie Hardtop-Coupé, Convertible und Roadster bestimmten letztendlich den Preis des neuen Thunderbird. Je nach Motorisierungsstufe lag die Höchstgeschwindigkeit zwischen 180 und 200 km/h.

Modell	*Ford Thunderbird Serie III*
Hubraum / Zylinder	*6348 ccm / 8 Zyl.*
PS / KW	*304 / 222,7*
Bauzeit	*1961 – 1963*
Stückzahl	*214 375*

Modell	*Ford Mustang*
Hubraum / Zylinder	*4728 ccm / 8 Zyl.*
PS / KW	*203 / 148,7*
Bauzeit	*1964 – 1967*
Stückzahl	---

Ford Mustang

Viele der in die Staaten importierten europäischen Sportwagen wurden hauptsächlich von jüngeren, finanziell gut situierten Enthusiasten gekauft, weshalb der anvisierte Neuling der Marke Ford – er sollte Mustang heißen – alles andere als ein braves Familienauto sein durfte. Preislich musste er sich unter dem Niveau einer Corvette oder eines Thunderbird bewegen, denn nur so konnten hohe Stückzahlen realisiert werden, Dass das machbar war, konnte Ford schon 1961/62 mit zwei Stilstudien beweisen: Diese Mustang-Vorläufer basierten auf bereits vorhandenen technischen Komponenten und mussten praktisch nur noch zur Serienreife gebracht werden, was 1964 dann der Fall war. Als der Mustang endlich präsentiert wurde, rissen die Kunden den Händlern die Wagen förmlich aus den Händen.

Ford Mustang

Der Erfolg des Mustang, der zum Großteil auf Fords ausgereifter Großserientechnik basierte, schlug sich bereits im ersten Produktionsjahr positiv auf die Verkaufsstatistik nieder. Mehr als 680 000 Exemplare hatten zwischenzeitlich die Werkshallen verlassen und ein Ende des Booms war lange noch nicht in Sicht. Da Ford viele Mustang-Komponenten auch in anderen Modellreihen verwendete, konnte der markante Trendsetter zu dem interessanten Preis ab 2.360 Dollar angeboten werden. Dieser Preis ließ sich durch optionales Zubehör natürlich extrem nach oben treiben – wer wollte, konnte anstelle des manuellen Getriebes eine Automatik ordern. Oder ein Rallye-Paket, das unter anderem breitere Reifen, einen Bremskraftverstärker, einen Tourenzähler und Sicherheitsgurte beinhaltete.

Modell	*Ford Mustang*
Hubraum / Zylinder	*4728 ccm / 8 Zyl.*
PS / KW	*275 / 201,4*
Bauzeit	*1964 – 1967*
Stückzahl	---

Ford Mustang

Mit dem Modelljahrgang 1966 brachte Ford den letzten Mustang der Urversion auf den Markt, den man an den markanten Dreifach-Heckleuchten erkannte. Es gab zwar zwischenzeitlich eine weitere Karosserievariante als Fastbackcoupé, doch die Mehrzahl der Käufer entschied sich noch immer für das hübsche Cabriolet oder Hardtop-Coupé. Obwohl Ford diese Versionen als Viersitzer bezeichnete, konnten sich die hinten sitzenden Passagiere nur auf kürzeren Strecken wohl fühlen. Optionales Zubehör stand den frühen Modellen besonders gut. Es gab jede Menge so genannter Performance-Kits, mit denen man seinen Mustang technisch und optisch aufwerten konnte. Einmal modifiziert, hatten viele Fahrzeuge kaum noch Ähnlichkeit zum Original – doch das schien begeisterte Mustang-Anhänger kaum zu stören.

Modell	*Ford Mustang*
Hubraum / Zylinder	*4728 ccm / 8 Zyl.*
PS / KW	*275 / 201,4*
Bauzeit	*1964 – 1967*
Stückzahl	---

Ford Mustang

Ford konnte sich glücklich schätzen, gleich beim Debüt des sportlichen Mustang (17. April 1964) mehr als 22 000 Bestellungen schreiben zu dürfen! Anscheinend hatte der neue Wagen den Nerv des Publikums voll getroffen, denn dieser Wagen war eben anders als alle anderen. Seine lange Schnauze und die kurz gehaltene Heckpartie bestimmten die Optik, und das sollte für die nächsten Jahre auch erst einmal so bleiben. Wurden die ersten Baumuster noch von einem Sechszylindermotor angetrieben, so kamen bald V8-Aggregate aller Hubraumklassen und Leistungsstufen zum Einsatz. Spätestens als immer mehr Käufer die PS-starken Versionen favorisierten, musste Ford schleunigst das Fahrwerk des Wagens verbessern und vordere Scheibenbremsen einführen.

Modell	*Ford Mustang*
Hubraum / Zylinder	*4728 ccm / 8 Zyl.*
PS / KW	*228 / 167*
Bauzeit	*1964 – 1967*
Stückzahl	---

Ford Mustang Shelby GT 500 KR

Je nach Art der Motorisierung pendelte sich die Tachonadel des Mustang in dem Bereich zwischen 160 und 200 km/h ein. Dieser Wert galt allerdings nur für die bis Anfang 1965 gebauten Wagen; denn dann betrat Rennwagenspezialist Carroll Shelby die Bühne. Er lancierte zunächst den GT 350. Dieser schon äußerlich veränderte Wagen – er zeigte sich mit einer Fastbackkarosserie – wurde zwar mit dem 4,7-Liter großen V8-Motor bestückt. Spezialvergaser, Rennansaugleitungen, eine Doppelauspuffanlage und andere technische Leckerbissen entlockten dem Triebwerk nun bis zu 330 PS. Bald stellte man dem 350 GT den noch brutaleren GT 500 KR an die Seite, wobei die Buchstabenfolge KR für „King of the Road" stand!

Modell	*Ford Mustang Shelby GT 500 KR*
Hubraum / Zylinder	*6989 ccm / 8 Zyl.*
PS / KW	*360 / 263,7*
Bauzeit	*1968 – 1970*
Stückzahl	---

Ford Mustang Shelby GT 500

Schon mit dem Jahrgang 1967 verabschiedete sich der Mustang von seinem wohlproportionierten Erscheinungsbild. Die Wagen wurden zunehmend breiter und länger und legten zum Start in die siebziger Jahre noch einmal kräftig zu. Carroll Shelby, der unter anderem auch schon den legendären Cobra-Sportwagen zu mehr Power verhalf, schien das wenig zu stören: Mehr Platz unter der Haube gab ihm mehr Spielraum für Tuningarbeiten. In schöner Regelmäßigkeit bereicherten weitere leistungsgesteigerte Derivate den Markt, unter anderem auch der GT 500. Trotz der verbreiterten Spur wirkte dieses Fastbackcoupé von der Optik her sehr ausgewogen, fast schon etwas zurückhaltend. Dieser Eindruck täuschte natürlich; denn Shelby implantierte dem GT 500 auf Wunsch sogar einen 7-Liter-Motor.

Modell	*Ford Mustang Shelby GT 500*
Hubraum / Zylinder	*7033 ccm / 8 Zyl.*
PS / KW	*340 / 249*
Bauzeit	*1969 – 1970*
Stückzahl	---

Lincoln Continental Mk I

Mit dem 1961 lancierten Continental brachte Lincoln einen Luxuswagen auf den Markt, der vor allem als Regierungsfahrzeug und standesgemäßes Gefährt für Staatsoberhäupter genutzt wurde. Neben der Standardversion – viertürige Limousine – verließen manche Continental auch als Cabriolet oder Hardtop-Coupé die Werkshallen. Trotz des beeindruckenden Radstandes von 3120 mm basierten die etwa 5400 mm langen Wagen nicht mehr auf einem Kastenrahmenchassis – Lincoln setzte inzwischen auf die moderne Bauweise der selbsttragenden Karosserie! Eines dieser Continental-Modelle – eine 6400 mm lange Sonderanfertigung – gelangte 1963 zu trauriger Berühmtheit: Es war der Wagen, in dem Präsident Kennedy ermordet wurde.

Modell	*Lincoln Continental*
Hubraum / Zylinder	*7045 ccm / 8 Zyl.*
PS / KW	*319 / 233,7*
Bauzeit	*1961 – 1967*
Stückzahl	*ca. 21 000*

Lincoln Continental Mk III

Mit der Präsentation des Lincoln Continental Mk III wurde die bisher gebaute Cabriolet-Version aus dem Programm gestrichen, und als weitere Überraschung kehrte Lincoln plötzlich wieder zum alten Kastenrahmenchassis zurück. Warum sich Lincoln für diesen Schritt nach hinten entschied, blieb ein Geheimnis – immerhin war der Mk III nicht länger, sondern um einiges kürzer geworden (Radstand 2980 mm). Die Fachpresse interpretierte dieses hochwertige Fahrzeug als Antwort auf Cadillacs großen Eldorado. Zu den besonders interessanten Ausstattungsdetails des Lincoln gehörte natürlich die Verwendung von Leder im Interieur, aber auch das Äußere des Wagens sorgte für Bewunderung: Zum Beispiel die hinter Klappen verborgenen Frontscheinwerfer oder die in den Kofferraumdeckel eingearbeitete Silhouette des Fachs für das Reserverad.

Modell	*Lincoln Continental Mk III*
Hubraum / Zylinder	*7536 ccm / 8 Zyl.*
PS / KW	*370 / 271*
Bauzeit	*1969 – 1970*
Stückzahl	---

Oldsmobile Toronado

Noch zu Beginn der 60er Jahre vertraten viele Automobilhersteller die Meinung, dass der Frontantrieb nur eine optimale Lösung für Fahrzeuge der unteren Hubraumklassen sei. Oldsmobile bewies genau das Gegenteil und präsentierte 1966 mit dem Modell Toronado einen frontangetriebenen Wagen, der mit einem V8-Motor der 7-Liter-Klasse bestückt wurde. Im Rahmen der Modellpflege wurde das Aggregat später sogar auf 7,5 Liter Volumen erweitert. Alles funktionierte tadellos, und bald hatte das riesige Coupé auch einen Mitbewerber aus dem Hause Cadillac, den Fleetwood Eldorado. Der Karosserieentwurf des Toronados ist übrigens das Werk des Designers Bill Mitchell – er gab dem 5400 mm langen Aufbau das „gewisse Etwas", das den 200 km/h schnellen Wagen optisch interessant machte.

Modell	*Oldsmobile Toronado*
Hubraum / Zylinder	*6995 ccm / 8 Zyl.*
PS / KW	*380 / 278,3*
Bauzeit	*1966 – 1970*
Stückzahl	*143 134*

Pontiac Grand Prix

Vom Status her konnte man die großen Pontiac-Wagen der 60er Jahre als verfeinerte Chevrolets bezeichnen; denn diese Marke gehörte neben Buick, Cadillac, Chevrolet und Oldsmobile zum General Motors-Konzern. Neben üblichen kosmetischen Veränderungen, um die kaum ein Modelljahrgang herumkam, profitierte Pontiacs Grand Prix-Baureihe ab dem Baujahr 1961 von vielen technischen Neuerungen: Man hatte das Automatikgetriebe noch einmal gründlich überarbeitet – es schaltete wesentlich sanfter und trug somit zur Steigerung des Fahrkomforts bei. Dank selbst nachstellender Bremsen wurde der große Straßenkreuzer noch sicherer; denn Abbremsen bedeute in diesem Fall ein fast 200 km/h schnelles und zwei Tonnen schweres Auto zu verzögern.

Modell	*Pontiac Grand Prix*
Hubraum / Zylinder	*6364 ccm / 8 Zyl.*
PS / KW	*352 / 257,8*
Bauzeit	*1962*
Stückzahl	---

Pontiac Firebird

Als jüngste Marke des General Motor-Konzerns präsentierte Pontiac 1966 einen zum Chevrolet Camaro konkurrierenden Wagen, den Firebird. Wie sein konzerneigenes Gegenstück gab es dieses Modell in einer Coupé-Version und als Cabriolet. Der Firebird (Feuervogel) besaß einen selbsttragenden Karosserieaufbau, was bei Pontiac längst noch nicht dem Standard entsprach. Zwar hatte man schon bei anderen Modellen diese moderne Bauweise favorisiert, doch das inzwischen veraltete Kastenrahmenchassis hatte bei einigen Baumustern noch keineswegs ausgedient. Ein breites und sorgfältig abgestuftes Motorenspektrum ließ kaum Wünsche offen, gegen Aufpreis gab es als empfehlenswertes Extra für die besonders leistungsstarken Versionen Scheibenbremsen.

Modell	*Pontiac Firebird*
Hubraum / Zylinder	*5340 ccm / 8 Zyl.*
PS / KW	*253 / 185,3*
Bauzeit	*1967 – 1969*
Stückzahl	---

Holden Premier EH

Der australische Automobilhersteller Holden – bis 1948 lediglich ein zum General Motors-Konzern gehörendes Montagewerk – stellte bereits in den 50er Jahren eigene Limousinen auf die Räder. Die dem amerikanischen Design angelehnten Wagen verkauften sich zwar gut, entsprachen von der Optik her aber längst nicht mehr dem Zeitgeschmack. Gemeinsam mit GM entwickelte man zum Beginn der 60er Jahre ein paar neue Baureihen, unter anderem den Typ Premier EH. Der EH war ein geräumiger Mittelklassewagen, der vor allem in der Form als Kombi großen Anklang fand. Aber auch die Limousine verkaufte sich auf dem australischen Markt und in Neuseeland außerordentlich gut – es gab sie neben der Standardversion auch in einer Luxusausführung.

Modell	*Holden Premier EH*
Hubraum / Zylinder	*2440 ccm / 6 Zyl.*
PS / KW	*101 / 74*
Bauzeit	*1963 – 1965*
Stückzahl	---

VW Karmann Ghia TC

Dieser etwas eigenwillig gestylte VW Karmann Ghia TC war schon zu Bauzeiten ein in Europa kaum bekanntes Exemplar. Das flott aussehende Automobil entstand nämlich als Weiterentwicklung der uns bekannten Karmann-Ghia-Modelle beim brasilianischen Tochterunternehmen Karmann Ghia do Brasil. 1960 wurde das brasilianische Werk des Osnabrücker Karosseriebauspezialisten in unmittelbarer Nachbarschaft zu VW do Brasil gegründet. Der Karmann Ghia TC – das Kürzel TC stand für „Touring Coupé" – wurde 1970 der Öffentlichkeit präsentiert und war ausschließlich für den südamerikanischen Markt bestimmt. Eigentlich schade, denn der TC, der werksintern unter dem Namen „Minas" lief, hätte mit seinem angenehmen Erscheinungsbild sicherlich auch bei uns eine Marktchance gehabt.

Modell	*VW Karmann Ghia TC*
Hubraum / Zylinder	*1584 ccm / 4 Zyl.*
PS / KW	*54 / 40*
Bauzeit	*1970 – 1975*
Stückzahl	*ca. 18 000*

VW Karmann Ghia TC

Die Linienführung des Karmann Ghia TC entstand am Zeichenbrett des Turiner Designers Giorgietto Giugiaro – er hatte den originalen Karmann-Entwurf stilistisch überarbeitet und der Optik den letzten Schliff gegeben. Technisch basierte der TC auf der deutschen Version des Karmann Ghia Coupés, dessen Mechanik ja bekanntlich vom VW Käfer stammte. Der Logik entsprechend müsste sich unter der Motorhaube des TC eigentlich ein Antriebsaggregat des Käfers befinden, doch die brasilianische Karmann-Ghia-Version wurde vom hubraum- und leistungsstärkeren Boxermotor des VW 1500/1600 (Typ 3) angetrieben. Dem Käfer folgend, verschraubte man die Ganzstahlkarosserie des Coupés mit dem Fahrgestell.

Modell	*VW Karmann Ghia TC*
Hubraum / Zylinder	*1584 ccm / 4 Zyl.*
PS / KW	*54 / 40*
Bauzeit	*1970 – 1975*
Stückzahl	*ca. 18 000*

VW SP II

Spätestens als der Volkswagen SP II 1972 in Serie ging, wusste man, dass diesem Wagen die Bodengruppe des VW Typ 3 als Chassis diente. Der Zentralrohrplattformrahmen nach Art des Käfers war eine kostengünstige und grundsolide Ausgangsbasis, auch die Vorderachse stammte vom Typ 3. Das Antriebsaggregat des Typ 3 erwies sich allerdings als zu schwach, weshalb alle VW SP II der zweiten Serie mit dem Motor des VW 411 bestückt wurden. Von diesem deutschen Baumuster stammten auch die Doppelscheinwerfer, die in die flache Vorderfront eingelassen wurden. Kunstlederüberzogene Sporteinzelsitze, eine schmale Rucksitzbank und eine reichhaltige Instrumentierung bestimmten das Interieur des SP II. Mit umgerechnet etwa 7.500 Euro kostete der SP II ungefähr 1.250 Euro mehr als der ebenfalls in Brasilien produzierte Karmann Ghia TC.

Modell	*VW SP II*
Hubraum / Zylinder	*1679 ccm / 4 Zyl.*
PS / KW	*68 / 49,8*
Bauzeit	*1972 – 1974*
Stückzahl	*10 262*

VW SP II

Die Marke Volkswagen bescherte vor allem dem brasilianischen Markt ein paar exotische VW-Modelle, denen der Auftritt auf dem europäischen Markt leider versagt blieb – zumindest auf offiziellem Wege. Einer dieser hübschen Sonderlinge war der Volkswagen SP II. Das elegante Sportcoupé wurde weitgehend unter der Regie des damaligen brasilianischen VW-Chefs Rudolf Leiding entwickelt. Als VW do Brasil das Modell zur Produktionsreife gebracht hatte, übernahm Karmann Ghia do Brasil später die Serienfertigung. Genau wie der VW Karmann Ghia TC blieb der zweisitzige SP II (hinten gab es nur eine Notsitzbank) eine rein südamerikanische Angelegenheit. Die offizielle öffentliche Vorstellung des SP II fand übrigens im April 1971 auf der Industrieausstellung in São Paulo statt.

Modell	*VW SP II*
Hubraum / Zylinder	*584 ccm / 4 Zyl.*
PS / KW	*54 / 40*
Bauzeit	*1972 – 1974*
Stückzahl	*10 262*

Datsun Fairlady 2000

Schon lange, bevor japanische Automobilhersteller auf dem europäischen Markt Fuß fassten, bedienten sie erfolgreich die ostasiatischen Märkte. Die Mehrzahl ihrer frühen Modelle entsprach kaum dem europäischen Geschmack – doch es gab Ausnahmen: So präsentierte der Nissan-Konzern schon 1962 mit dem Modell Fairlady einen attraktiven offenen Zweisitzer, der sich sogar auf dem US-Markt großer Beliebtheit erfreute. Das zuerst mit einem 1,5-Liter-Motor bestückte Auto orientierte sich optisch an vergleichbaren britischen und italienischen Sportwagen. Während die Coupé-Variante (Modell Silvia) nur in der 1,5-Liter-Version zu haben war, erhielt der offene Fairlady ab 1967 ein bissiges 2-Liter-Aggregat. Es beschleunigte den knapp 4000 mm Meter langen Wagen auf 205 km/h.

Modell	*Datsun Fairlady 2000*
Hubraum / Zylinder	*1982 ccm / 4 Zyl.*
PS / KW	*150 / 110*
Bauzeit	*1967 – 1970*
Stückzahl	*—*

Datsun 240 Z

1969, anlässlich des Tokioter Automobilsalons, präsentierte Nissan mit dem 240 Z einen modernen Wagen, den man allein schon wegen seines Designs der Sportwagenklasse zuordnete. Das Auto mit der interessanten Ausstattung war in dieser Kategorie gut aufgehoben – unter seiner langen Haube arbeitete nämlich ein Sechszylindermotor, der den 240 Z auf eine Höchstgeschwindigkeit von 190 km/h beschleunigte. Mit dem 240 Z unternahm der Nissan-Konzern übrigens erste Gehversuche auf dem europäischen Markt – leider hinkte der Absatz anfangs allen Erwartungen hinterher. Der 240 Z, dessen Linienführung von Albrecht Graf Goertz entworfen wurde, bereicherte bis zum Einstellen des Exports im Jahre 1984 den europäischen Sportwagenmarkt.

Modell	*Datsun 240 Z*
Hubraum / Zylinder	*2393 ccm / 6 Zyl.*
PS / KW	*130 / 95,2*
Bauzeit	*1969 – 1974*
Stückzahl	*150 076*

Honda S 800 Cabrio

1966 debütierte nicht nur im Land der aufgehenden Sonne, sondern auch auf dem Pariser Automobilsalon der aus dem Honda S 600 weiterentwickelte Typ S 800. Dieses elegante Automobil wurde mehr als erfolgreich nach Europa exportiert und hatte als extrem sportlich angehauchter Kleinwagen das Zeug, sogar aussichtsreich gegen einige britische Sportwagen mit größerem Hubraum zu konkurrieren. Der Leistungsabgabe angemessen, besaß der S 800 entgegen seinen Vorgängern nun ein verbessertes Getriebe, und die Kraftübertragung zur Hinterachse erfolgte nicht mehr per Einzelradketten, sondern mittels eines üblichen Hypoid-Achsantriebs. Außerdem erhielt der schnelle Wagen vordere Scheibenbremsen. Gegen Aufpreis konnte für das Cabriolet ein Hardtop geordert werden.

Modell	*Honda S 800 Cabrio*
Hubraum / Zylinder	*791 ccm / 4 Zyl.*
PS / KW	*70 / 51,2*
Bauzeit	*1966 – 1970*
Stückzahl	*ca. 11 400*

Honda S 800 Coupé

Auch die Abwandlung des S 800 Cabriolets zum Fastbackcoupé fand auf dem internationalen Markt großen Zuspruch. Dieser enge und lautstarke Flitzer besaß gegenüber den Cabriolets eine etwas vergrößerte Frontscheibe. Sein Rückfenster wurde zur praktischen Heckklappe modifiziert, ein Kunstgriff, der den Zugriff zum Kofferraum vereinfachte. Das Coupé (Radstand 2000 mm, Gesamtlänge 3200 mm) basierte auf einem Kastenrahmenchassis und besaß vorne wie hinten eine Einzelradaufhängung. Die Kraftübertragung erfolgte noch immer per Kettenantrieb (!) auf die Hinterachse – anstelle des Vierganggetriebes mit unsynchronisiertem erstem Gang wurde optional ein Fünfganggetriebe angeboten. 1970 stellte Honda die S-Baureihe ein, wobei der Löwenanteil der Fertigung auf die S 800-Versionen fiel.

Modell	*Honda S 800 Coupé*
Hubraum / Zylinder	*791 ccm / 4 Zyl.*
PS / KW	*70 / 51,3*
Bauzeit	*1966 – 1970*
Stückzahl	*ca. 11 400*

Mazda 360 Carol

Da sich der Unterbau des optisch gelungenen zweisitzigen Coupés vom Typ R 360 auch ohne größere Modifikationen für andere Karosserieaufbauten eignete, erweiterte Mazda 1962 das Modellprogramm noch um eine viertürige Limousine. Bei gleicher Gesamtlänge (2980 mm) erhielt dieser P 360 oder auch „Carol" genannte Wagen allerdings einen auf 1930 mm verlängerten Radstand (Coupé nur 1760 mm). Während das Coupé von einem luftgekühlten Zweizylinder-Heckmotor angetrieben wurde, implantierte man der Limousine im Heck einen wassergekühlten Vierzylinder. Parallel zur Baureihe 360 fertigte Mazda noch die Typen 600. Sie erhielten bei gleichem Radstand lediglich einen größeren Karosserieaufbau (Länge 3200 mm) und wurden von einem 568 ccm großen Vierzylinder mobilisiert.

Modell	*Mazda 360 Carol*
Hubraum / Zylinder	*358 ccm / 4 Zyl.*
PS / KW	*19 / 14*
Bauzeit	*1962 – 1965*
Stückzahl	---

Modell	*Mazda Cosmo 110 Sport*
Hubraum	*2 x 491 ccm*
PS / KW	*110 / 80,5*
Bauzeit	*1967 – 1972*
Stückzahl	*ca. 1 450*

Mazda Cosmo 110 Sport

Erste Erfahrungen im Automobilbau sammelte Mazda – das Unternehmen ist aus der Firma Toyo Kogyo in Hiroshima hervorgegangen – bereits in den 30er Jahren. Man baute motorisierte Dreiräder und LKW, deren Produktion auch nach dem Zweiten Weltkrieg fortgeführt wurde. 1961 schloss Mazda einen Lizenzvertrag mit NSU, um den von Felix Wankel entwickelten Rotationskolbenmotor nutzen zu können. Der Mazda 110 S Cosmo, der als erstes Modell der großen japanischen Marke von dieser Technik profitierte, war ab 1967 zu haben – allerdings nicht für den europäischen Markt. Anders als der deutsche NSU-Wankel-Spider, verfügte der Cosmo über ein Zwei-Kammer-Aggregat und schöpfte seine Kraft aus einem Kammervolumen von 2 x 491 ccm.

Mazda R 130

Das R 130 Coupé (Luce) wurde 1969 eingeführt. Wie sein Vorgänger, der R 110, basierte es auf dem weiterentwickelten Prototypen RX-87. Dieser Versuchsträger, der schon 1967 auf der 15. Tokioter Motor Show vorgestellt wurde, bildete eine Art Grundstein für alle zukünftigen Mazda-Modelle, die mit einem Wankel-Motor bestückt werden sollten. Das Aggregat, das man dem R 130 implantierte, verfügte über ein Kammervolumen von 2 x 654 ccm. Mit einem Radstand von 2580 mm und einer Gesamtlänge von 4590 mm hatte Mazda das flotte Coupé recht großzügig konzipiert – fünf Personen konnten bequem Platz nehmen. In Hinblick auf das immer größer werdende japanische Autobahnnetz war der R 130 eine gute Wahl – dieser Fronttriebler lief beachtliche 190 km/h.

Modell	*Mazda R 130*
Hubraum	*2 x 654 ccm*
PS / KW	*126 / 92,3*
Bauzeit	*1970 – 1972*
Stückzahl	---

Mazda RX-2

Kurz nachdem sich die ersten Mazda-Wagen mit Wankel-Motor-Technik auf dem japanischen Markt etabliert hatten, begann man, die Modellpalette zügig und konsequent auszubauen. Neben dem R 130 stand als Alternative noch der RX-2-Capella bei den Händlern, der nicht nur den heimischen Markt bediente. Der Capella war unter anderem das erste japanische Automobil mit Rotationskolbenmotor, das nach Europa (zuerst in die Schweiz) geliefert wurde. Sein Motor leistete 120 PS bei 6500 U/min und verfügte über ein maximales Drehmoment von 156 Nm bei 3500 U/min. Die Serienfertigung des RX-2 lief im Mai 1970 an. Vom Komfort und Platzangebot her konkurrierte dieses Modell direkt mit dem R 130, allerdings konnte man für den RX-2 anstelle des manuellen Vierganggetriebes eine Automatik ordern.

Modell	*Mazda RX-2*
Hubraum	*2 x 573 ccm*
PS / KW	*120 / 87,9*
Bauzeit	*1970 – 1978*
Stückzahl	---

Modell	*Mazda RX-4*
Hubraum	*2 x 491 ccm*
PS / KW	*105 / 76,9*
Bauzeit	*1972 – 1978*
Stückzahl	---

Mazda RX-4

1971 führte Mazda den RX-3 als Viertürer und als Coupé ein. Dieses Modell war das erste Mazda-Wankelauto, das nach Deutschland exportiert wurde. 1972 folgten noch eine Kombiversion mit Automatikgetriebe und der vom RX-3 abgeleitete RX-4. Das Zweikammer-Aggregat, mit dem diese Modelle bestückt wurden, gab bei 7000 U/min exakt 105 PS Leistung ab – ein maximales Drehmoment von 134 Nm stand bereits bei 3500 U/min zur Verfügung. Neben den Standardversionen gab es den RX-3 und RX-4 noch in einer höherwertigen GT-Ausstattung. Um den sportlichen Charakter des GT zu unterstreichen, stattete man diese Variante mit einem Fünfganggetriebe aus. Der Motor des GT leistete 120 PS und verfügte über ein maximales Drehmoment von 156 Nm bei 3500 U/min.

Toyota 2000 GT

Das einzige echte japanische „Agenten-Auto" hieß Toyota 2000 GT und war nicht nur auf fernöstlichen Straßen, sondern auch auf der Leinwand zu sehen: Und zwar in dem englischen Streifen „Man lebt nur zweimal" – da wurde der 2000 GT von James Bond als Dienstwagen-Cabriolet genutzt. Entgegen japanischem 60er-Jahre-Design zeigte sich der flotte Sportwagen mit einer besonders interessanten Linienführung – die entstand nicht in Japan, sondern in den USA am Zeichenbrett des Designgurus Graf Albrecht Goertz. Um den 2000 GT schnell bewegen zu können, wurde er mit einem Sechszylindermotor bestückt. Das von Yamaha konstruierte Aggregat verfügte über zwei obenliegende Nockenwellen und stand vergleichbaren europäischen Triebwerken in nichts nach.

Modell	*Toyota 2000 GT*
Hubraum / Zylinder	*1988 ccm / 6 Zyl.*
PS / KW	*150 / 110*
Bauzeit	*1967 – 1970*
Stückzahl	*351*

Toyota Sports 800

Als Toyota 1961 mit dem Modell „Publika" eine Limousine der 700 ccm-Hubraumklasse auf den japanischen Markt brachte, dachte Designer Shozo Sato längst über eine hübschere Verpackung des Wagens nach. An seinem Zeichenbrett entstand die Linienführung, die dem Wagen 1965 zum zweiten Auftritt verhalf – diesmal nannte man ihn Toyota Sports 800. Der flotte Sports mit seinem leicht vergrößerten luftgekühlten Boxermotor wurde ausschließlich für den japanischen Markt gebaut. Das Dachmittelteil der selbsttragenden Stahlkarosserie ließ sich bei Bedarf abnehmen – Porsche machte diese Konstruktion unter dem Namen „Targa" zum Begriff. Um reichlich Sportwagenfeeling aufkommen zu lassen, bestückte Toyota das Armaturenbrett des Sports mit vielen Instrumenten, doch die 100 km/h-Markierung konnte erst nach 13,3 Sekunden erreicht werden.

Modell	*Toyota Sports 800*
Hubraum / Zylinder	*790 ccm / 2 Zyl.*
PS / KW	*49 / 92,2*
Bauzeit	*1965 – 1979*
Stückzahl	*ca. 3300*

A

B

C

D

Bildnachweis

Ein Werk dieser Größenordnung zu illustrieren ist nur mit kollegialer Unterstützung möglich. Autor und Verlag wissen das zu schätzen und bedanken sich bei allen, die zum Gelingen beigetragen haben. Ganz besonderer Dank gilt Herrn Müller-Brunke in Engelsberg, der uns 140 Motive aus seinem Archiv zur Verfügung stellte. Hans G. Isenberg aus Fellbach leistete vor allem mit historischem Bildmaterial einen wertvollen Beitrag, und last but not least trugen auch das Automuseum in Melle, die Imperial Palace Automobil-Collection in Las Vegas sowie die Pressestellen der Automobilindustrie zum Gelingen des Werkes bei: BMW Group Mobile Tradition; Daimler Chrysler AG; Fiat SpA, General Motors Konzern, Peugeot SA, Dr. Ing. E.H. Porsche KG, Rolls-Royce & Bentley Motor Cars, und Volkswagen AG.

Mercedes-Benz
Mercedes-Benz